最新バリア技術

―バリアフィルム，バリア容器，封止材・シーリング材の現状と展開―

Advances in Barrier Technologies

《普及版／Popular Edition》

編集 永井一清，黒田俊也，山田泰美，狩野賢志，宮嶋秀樹

シーエムシー出版

巻頭言

これまで，バリア材料開発とそれらのバリア性評価の検討は，1960年代から続く食品包装フィルムの分野で主に行われ，ボトル等の容器へと展開されてきた。しかし近年急速に発展している有機ELや太陽電池等のフレキシブル基板で必要とされるバリア性は，食品包装分野で求められるバリア度よりも数桁厳しいとされており，従来と違った視点でのハイバリア性に関する基礎科学と応用技術の構築が求められるようになった。逆に，これらが従来の食品，医薬品やエレクトロニクス部材等の包装分野の新しい展開の可能性を広げる相乗効果ももたらしている。

さらに，有機ELや太陽電池等のデバイス全体として見た場合，フレキシブル基板だけでなく封止材にも同レベルのバリア性が要求されている。また，封止材を厚くしたシーリング材は土木・建材分野を中心に利用されている。数年前に発覚した建物の構造設計に対する不信感を打開する観点からも，ゼネコンや建築資材メーカーにとって建物の安全性に寄与する重要な材料である。

バリア産業の発展は，分析評価技術の進歩で支えられている。分析評価時間として考えると，食品包装用途のガス透過性の速さを10秒台で走る100メートル走とすると有機EL基板用途は2日かけて行われる箱根駅伝位の時間のかかり方の違いがある。食品包装用途のバリア度の測定評価技術は1980年代には確立され，2000年代にかけて国際標準化も達成されている。太陽電池や有機EL用途で求められるバリア度は，ここ10年程の間に求められるようになってきたものであり，各担当者がそれぞれの工夫をこらして特性評価を行っているのが実情である。有機EL基板に求められるレベルのハイバリア性評価のための標準規格はなく，測定精度の保証のために基準として必要な標準フィルムも存在しない状況である。そのため現在，バリアに関する科学技術を専門に扱う㈳バリア研究会が中心にISO/IEC，SEMIやJIS等の規格と標準試料の取りまとめを行っている。

このようにバリア技術は，私たちの暮らしの中に無くてはならない重要なものの一つに成長しているのである。そして各特性の向上により，私たちの生活はより豊かなものになっていくことであろう。興味深いことに，これだけバリア産業が活発化しているが，バリアフィルム，バリア容器，封止材・シーリング材を並べて解説しているものは無いことであった。産業界や学術分野が独立して発展してきた歴史のためであろうか。

本書は，バリア技術を基礎，分析・評価，応用の観点からまとめあげたものである。基礎面では，バリア性のメカニズムとバリア材料について，各専門分野において長年に渡りご研究をなされている方々による実用的な説明がなされている。分析・評価面では，バリア性の分析・評価の説明を系統的にまとめあげるとともに，市販装置を用いた分析・評価の実用例が分析・装置メーカーの方々を中心に紹介されている。応用面では，バリア技術が利用されている分野をフィルム用途，容器用途，封止材・シーリング材用途に大別し，企業および公的研究機関の研究者・技術者により実務に基づいた解説がなされている。そして47名の執筆者による，全318ページ，246の図・写真，103の表の大作が完成した。今や「バリア学」と体系付けられる時期に来ている。

この様な包括した内容は，化学，食品，電機・電子，医療・医薬品，輸送，建築，プラント，分析等の企業の情報源として有用である。知りたいことがあったときに，どこをどの様な観点から調べれば良いのかがわかる，いわゆる手引書としても活用できる。また，これからバリア産業分野を勉強する企業の若手社員や大学生・大学院生の入門書としても使えるものである。本書がバリア学の研究者・技術者に何かしらのお役に立つことを切に願っている。最後に，本書の出版においてご尽力いただいた執筆者の方々とシーエムシー出版の三島和展氏と藪下泰弘氏に心から御礼申し上げる。

2011年10月

永井一清，黒田俊也，山田泰美
狩野賢志，宮嶋秀樹

普及版の刊行にあたって

本書は2011年に『最新バリア技術－バリアフィルム,バリア容器,封止材・シーリング材の現状と展開－』として刊行されました。普及版の刊行にあたり，内容は当時のままであり加筆・訂正などの手は加えておりませんので，ご了承ください。

2018年４月

シーエムシー出版　編集部

執筆者一覧（執筆順）

永井一清　明治大学　理工学部　応用化学科　教授

平田雄一　信州大学　繊維学部　化学・材料系　応用化学課程　准教授

狩野賢志　富士フイルム㈱　先端コア技術研究所

伊藤幹彌　公益財団法人　鉄道総合技術研究所　材料技術研究部　主任研究員

永井伸吾　尾池工業㈱　フロンティアセンター　主任部員

柏木幹文　日本ゼオン㈱　新事業開発部　課長

池田功一　日本ゼオン㈱　高機能樹脂・部材事業部　課長

葛良忠彦　包装科学研究所　主席研究員

松田修成　東洋紡績㈱　フィルム開発部　マネージャー

岡部貴史　ユニチカ㈱　フィルム事業本部　フィルムカスタマー・ソリューション部　開発１Ｇ

小松弘幸　㈱三井化学分析センター　材料物性研究部　袖ヶ浦物性試験グループ　機械物性チーム　チームリーダー

大谷新太郎　㈲ホーセンテクノ　取締役

行嶋史郎　㈱住化分析センター　電子事業部　課長

鹿毛剛　鹿毛技術士事務所　所長

辻井弘次　ジーティーアールテック㈱　企画開発部　部長

井口惠進　㈱テクノ・アイ　代表取締役

竹本信一郎　ツクバリカセイキ㈱　技術部　顧問

松原哲也　八洲貿易㈱　第一事業本部　第二営業グループ

宮嶋秀樹　㈱三ツワフロンテック　東京支社　課長

佐藤圭祐　㈶化学研究評価機構　高分子試験・評価センター　大阪事業所　試験室　試験室長補佐

金井庄太　㈱アルバック　筑波超材料研究所　ナノスケール材料研究室　主任

村上裕彦　㈱アルバック　筑波超材料研究所　所長

吉泉麻帆　アルバック理工㈱　研究開発部　分析サービス室

遠藤聡　アルバック理工㈱　研究開発部　課長

高橋善和　㈱TI　代表取締役社長

田中幹雄　㈱クレハ　加工技術センター　副センター長　兼　分析評価研究室長

新見健一　三菱ガス化学㈱　特殊機能材カンパニー　企画開発部
鈴木豊明　藤森工業㈱　研究所　樹脂加工技術グループ　グループリーダー
武田昌樹　住友ベークライト㈱　フィルム・シート研究所　研究部　包装技術センター　主席研究員
See, GL　Polymer Research Center, Texchem Polymers Sdn.Bhd.
Pun, MY　Polymer Research Center, Texchem Polymers Sdn.Bhd.
Konishi, Y　Polymer Research Center, Texchem Polymers Sdn.Bhd.；Group Sales & Business Development, Texchem-Pack（M）Bhd.
白倉　昌　アイル知財事務所　特別参与
清水一彦　㈱吉野工業所　基礎研究所
森　宏太　東洋製罐グループ綜合研究所　第２研究室
山田泰美　日東電工㈱　研究開発本部　環境・エネルギー研究センター　主任研究員
黒田俊也　住友化学㈱　先端材料探索研究所　主席研究員
星　優　リンテック㈱　技術統括本部　研究所　製品研究部　粘着材料研究室　室長
赤池　治　三菱樹脂㈱　本社新規事業企画・開発部　バリアフィルム・太陽電池部材プロジェクト　兼　バリアフィルム開発センター　XBR開発グループ　グループリーダー
坂本隆文　信越化学工業㈱　シリコーン電子材料技術研究所　第二部開発室　室長
沓名貴昭　三菱ガス化学㈱　芳香族化学品カンパニー　企画開発部　主査
有田奈央　㈱スリーボンド　研究開発本部　開発部　輸送開発課
伊藤真樹　Dow Corning（東レ・ダウコーニング㈱）　Electronics Solutions　Associate Research Scientist
管野敏之　㈱MORESCO　技術顧問
王　小冬　㈱MORESCO　基盤技術研究部
若林明伸　㈱MORESCO　基盤技術研究部
鳥居智之　サンスター技研㈱　ケミカル事業部　ケミカル研究開発部

執筆者の所属表記は，2011年当時のものを使用しております。

目　　次

第1章　バリア性のメカニズム

第2章　バリア材料の特徴と製造方法

第3章 バリア性の評価方法と分析実用例

第4章　バリアフィルム，バリア容器の現状と展開

第5章 封止材・シーリング材の現状と展開

第1章　バリア性のメカニズム

1　均質構造

永井一清*

1.1　はじめに

ガスバリア性が注目され始めたのは，1960年代に食品包装へのプラスチック（高分子）フィルムの応用が検討され出した頃からである。食品を保護する目的から始まったバリア材も，時代の流れとともに電気電子用途や光学材料用途へと展開している。バリア性の要求レベルは，有機ELや太陽電池等への用途展開により，バリア度の極限に迫ろうとしている。

ガラスや金属は完全なガスバリア性を有しているが，高分子材料はガスを透過させてしまう。つまり高分子材料におけるバリア性は，“低透過性”と言い換えることができる。

本節では，高分子均質フィルム材料のバリア性のメカニズムについて概説する。不均質材料の詳細は次節以降にまとめられているので，そちらを参照いただきたい。

1.2　高分子均質材料の透過機構

1.2.1　溶解・拡散機構

高分子均質フィルムを通してのガス透過は，単純に分子の大きさだけに依存するのではなく，ガス分子の高分子への溶解性も影響を与えている。この考えは，“溶解 — 拡散機構”と呼ばれている。ガスはまずフィルムの表面に溶解して，この溶解した分子がフィルム中の高分子鎖間隙を拡散していくという考え方である。ガス成分Aの透過係数をP_A，溶解度係数をS_A，そして拡散係数をD_Aと表記すると，次式のような関係が成り立つ。

$$P_A = S_A \times D_A \tag{1}$$

バリア性を高めるためには，材料の溶解度係数と拡散係数を小さくする必要があることがわかる。

高分子フィルムへの混合ガスのバリア性を評価したい場合もある。この際には，ガスの混合物ではなく単成分のガスを用いて透過実験を行い，各単成分の結果を用いて材料を比較検討する場合も多い。この場合，次式のように成分Aと成分Bの透過係数の比をとり，理想的透過選択性$\alpha_{A/B}$として取り扱われる。

*　Kazukiyo Nagai　明治大学　理工学部　応用化学科　教授

$$\alpha_{A/B} = \frac{P_A}{P_B} \tag{2}$$

したがって，式(1)から式(2)は次のように書き換えられる。

$$\alpha_{A/B} = \frac{P_A}{P_B} = \left(\frac{S_A}{S_B}\right) \times \left(\frac{D_A}{D_B}\right) \tag{3}$$

ここで溶解度係数の比（S_A/S_B）は溶解選択性，そして拡散係数の比（D_A/D_B）は拡散選択性と呼ばれている。成分Ｂに対する成分Ａの選択性を増加させるためには，溶解選択性もしくは拡散選択性を増加させる必要がある。

1.2.2　高分子均質フィルムのガス透過係数

表１に，代表的な高分子均質フィルムの酸素，二酸化炭素および水蒸気の透過係数の一覧をまとめる[1~7]。高分子の主鎖と側鎖の構造を変えるだけで，約１億倍異なる透過性・バリア性を生み出すことができる。例えば，高分子間の二酸化炭素の透過性の違いは，溶解度係数よりも拡散係数に依存している。様々な高分子フィルムに対する二酸化炭素の溶解度係数は１桁程の範囲にまとまっているが，拡散係数には３桁以上の幅がある（図１）[8]。フィルム中のガスの拡散を高めるために，高分子鎖の凝集を小さくしたり嵩高い置換基を導入して高分子鎖間隙を広げた構造が取られている。それとは対照的に水素結合や双極子相互作用等により高分子鎖間の凝集力が高まるような置換基を分子内に導入して，高分子鎖間隙を狭めたり高分子鎖の運動性を抑制して拡散を低下させている。それぞれの高分子の例として，ポリ（1-トリメチルシリル-1-プロピン）(PTMSP）とポリビニルアルコールが挙げられる。

どの高分子においても，水蒸気が一番速くフィルムを透過する。その次は，二酸化炭素である。

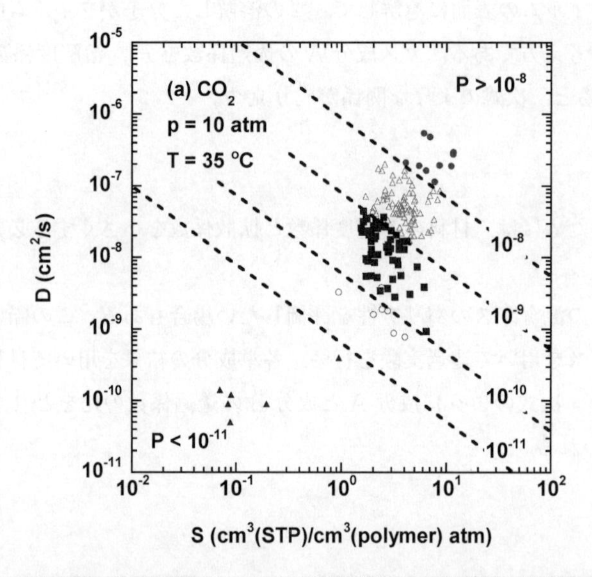

図１　種々の高分子均質フィルムの二酸化炭素の拡散係数と溶解度係数との関係（Reprinted with permission from Elsevier©2005.[8]）

表1　代表的な高分子均質フィルムの酸素（$P(O_2)$），二酸化炭素（$P(CO_2)$）および水蒸気（$P(H_2O)$）の透過係数*

高分子名	温度（℃）	$P(O_2)$	$P(CO_2)$	$P(H_2O)$	文献
ポリビニルアルコール	23—25	0.00006	—	19(RH40%)	1
エチレン(30)—ビニルアルコール（70）共重合体	23—25	0.0001	—	—	2
ポリアクリロニトリル	30	0.0003	0.0018	300	2
ポリ塩化ビニリデン	30	0.0053	0.029	1.0	2
ポリエチレンテレフタレート	30	0.035	0.17	180	2
ナイロン6	30	0.038	0.16	280	2
ポリ塩化ビニル（可塑剤未添加）	30	0.045	0.16	280	2
ポリ乳酸（結晶化度25%）	35	0.34	1.3	—	3
高密度ポリエチレン（0.964 g/cm^3）	30	0.40	1.8	12	2
酢酸セルロース（可塑剤未添加）	30	0.80	2.4	6800	2
ブチルゴム	30	1.3	5.2	120	2
ポリカーボネート	30	1.4	8.0	1400	2
ポリプロピレン（0.907 g/cm^3）	30	2.2	9.2	65	2
ポリスチレン	30	2.6	11	1200	2
低密度ポリエチレン（0.922 g/cm^3）	30	6.9	28	90	2
ネオプレン	30	4.0	26	910	2
テフロン®	30	4.9	13	33	2
天然ゴム	30	23	150	2600	2
ポリ（ビス—トリフルオロエトキシフォスファゼン）	35	77	470	—	4
ポリプロピレンオキシド	30	83	710	—	5
ポリジメチルシロキサン	30	600	3200	40000	2
アモルファステフロン AF2400®（TFE/BDD87）	35	960	—	—	6
ポリ（1－トリメチルシリル－1－プロピン）	30	13000	44000	—	7

＊　透過係数の単位：$\times 10^{-10} cm^3(STP)cm/(cm^2 \cdot s \cdot cmHg)$

この3種類のガスの中では，酸素が一番遅く透過する。透過係数に違いが表れているということは，表1に示した高透過性から高バリア性の高分子フィルムまで，すべてにガス選択性があるということである。

高分子の一次構造だけでなく，結晶構造等の高次構造もガス透過性に影響を与えている。フィルム中の高分子の結晶化度が大きくなるにつれて，ガス透過性も低下する。酸素等の小さなガス分子でも，結晶中を拡散することは困難であるからである。これが低密度ポリエチレンと比較して，高密度ポリエチレンのガスバリア性が高い理由の一つである。高分子均質フィルムでは，結晶化度が増加するにつれてガスバリア性が向上することが定説である。しかしながら，結晶構造によっては，むしろガスバリア性が低下するという逆の現象も見つかってきている[9]。

酸素や二酸化炭素の透過係数が小さな高分子でも，水蒸気の透過性が比較的大きな素材もある。ポリアクリロニトリルは，乾燥状態ではニトリル基同士の強い双極子相互作用により高分子鎖同士が密に凝集している。そのためガスの拡散が抑制されている。しかし極性の大きな水分子が存在すると，この水分子もニトリル基と相互作用を持つため，部分的にニトリル基同士の相互作用が弱められる部分ができてくる。それに伴い高分子鎖同士の凝集が弱められるため，水蒸気の拡散性は高められるのである。高分子と水との間に相互作用がある時には，加湿下での酸素などのガス透過性と乾燥状態でのガス透過性は異なる場合がある。

これらのガス透過性を，溶解性と拡散性の観点から考えてみる。

1.3　溶解性と溶解選択性

1.3.1　一般の高分子フィルムへの溶解挙動

高分子均質フィルムへのガスの溶解性の大きさは，ガスの凝縮性の大きさに関係している。分子の凝縮性が大きくなるにつれて，フィルムへの溶解性は増加していく。一般に，分子が大きくなるにつれて凝縮性も大きくなっていく。この凝縮性を表す尺度には，ガスの臨界温度，沸点，Lennard-Jones 定数などがある[10,11]。例えば，ガスの臨界温度と高分子の溶解度係数との間には，比例関係が得られることが知られている。そして臨界温度 T_c(K) と溶解度係数 S(cm^3(STP)/(cm^3 cmHg)) との間には次式が成り立つことが半経験的に求められている[11,13]。

$$\ln S = M + 0.016 T_c \tag{4}$$

ここで M は，高分子フィルムに固有の定数である。各種高分子フィルムにおける M の値を表2に示す[5,6,12,14]。通常 M の値は，負となる。この M の値が大きな高分子ほど溶解度係数が大きなことを示している。

興味深いことに $\ln S$ と T_c の傾きは，高分子フィルムの一次構造や高次構造の違い，そしてガスの種類に依存せずに一定値0.016となる。つまり溶解選択性は，高分子フィルムの構造などに依存しないことを意味している。

表2　代表的な高分子均質フィルムの溶解性のパラメーター*M*の値

高分子名	*M*	文献
ポリプロピレンオキシド	−8.8	5
ポリジメチルシロキサン	−8.8	5
アモルファステフロン AF2400®（TFE/BDD87）	−8.7	6
ポリスルホン	−7.7	12
ポリ（1—トリメチルシリル—1—プロピン）[a]	−6.4	14

a)　文献14のデータを用いて式(4)から計算した値

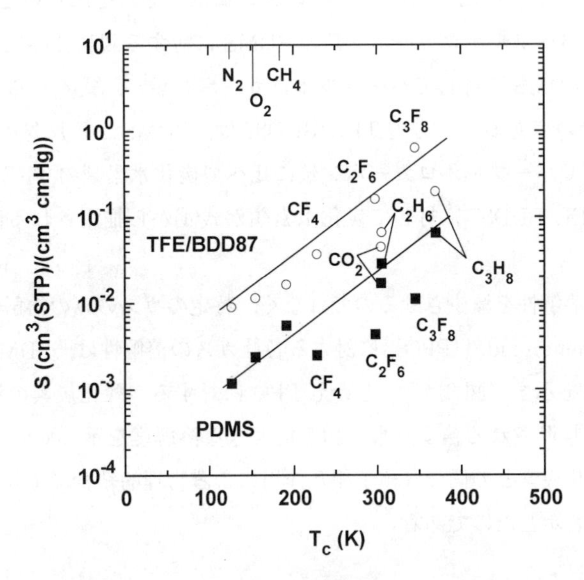

図2　アモルファステフロンAF2400®(TFE/BDD87)(○）とポリジメチルシロキサン（PDMS)(■）の種々のガスの溶解度係数と臨界温度との関係（データは文献6,16から抜粋）

1.3.2　特定のガスの溶解性の制御

式(4)の関係が成り立つ条件は，高分子フィルムとガスの間に，特殊な強い相互作用（たとえば，双極子相互作用など）がない場合に限られる[5,6,15]。フッ素系高分子としてアモルファステフロンAF2400®（poly(2,2-bis(trifluoromethyl)-4,5-difluoro-1,3-dioxole-co-tetrafluoroethylene)(TFE/BDD87)），そして非フッ素系高分子としてポリジメチルシロキサン（PDMS）を例として，それぞれのフィルムに対するパーフルオロカーボン類と炭化水素類の溶解度係数とそれらの臨界温度との関係を図2に示す[6,16]。フッ素系高分子であるTFE/BDD87では，式(4)と同じ傾きはパーフルオロカーボン類に対して観察された。炭化水素類の溶解度係数は，その勾配から推定される値よりも30～70％低い値であった。それとは反対に，非フッ素系高分子であるPDMSでは，式(4)と同じ傾きは炭化水素類に対して観察された。パーフルオロカーボン類の溶解度係数は，その勾配から推定される値よりも30～60％低い値であった。図2より式(4)は，高分子の構造とガスの構造が類似した際に成り立つものであり，高分子の構造とガスの構造が対照的に異なる場合には，そのガスの溶解性を一定量減少させる傾向が示されている。

低分子と架橋されたゴム状高分子との相互作用は，古くからFlory-Rehnerモデルにより解析されている[17]。PDMSに対するパーフルオロカーボン類と炭化水素類のFrory-Huggins高分子 — ペネトラント相互作用パラメーターχは，ともに分子サイズが大きくなるにつれて系統的に増加した[16]。χの値とガスの臨界体積との間には，パーフルオロカーボン類と炭化水素類ともに直線関係が得られた。そして，炭化水素類に比べてパーフルオロカーボン類の値の方が大きなχの値を有していた。たとえば，C_3H_8とC_3F_8のχの値は，それぞれ0.39と1.94と算出された。炭化水素類に比べてパーフルオロカーボン類のPDMSに対する親和性の低さを表している。またこの作用により，PDMSに対してパーフルオロカーボン類が，式(4)から推測される溶解度よりも低い値を示したのである。一方のTFE/BDD87は，PDMSと正反対の特性を示していた。つまり，相対的にみてパーフルオロカーボン類に比べて炭化水素類のTFE/BDD87に対する親和性が低いため，TFE/BDD87に対して炭化水素類が式(4)から推測される溶解度よりも低い値を示したのである[6]。

特定のガスのみの溶解性を減少させるのではなく，特定のガスのみの溶解性を増加させる事例もある。Poly(propylene oxide)(PPO) に対する各種ガスの溶解性は，PDMSなどの非フッ素系高分子と同様の傾向を示す（図3)[5,15]。しかしPPOに対する二酸化炭素の溶解性については，ガスの臨界温度から推測される値よりも，約5倍大きな溶解度を示している。これは，PPOのエーテル結合と二酸化炭素との間の双極子相互作用による物理的結合により，推定値よりも高い二酸化炭素の溶解性を示したのである。

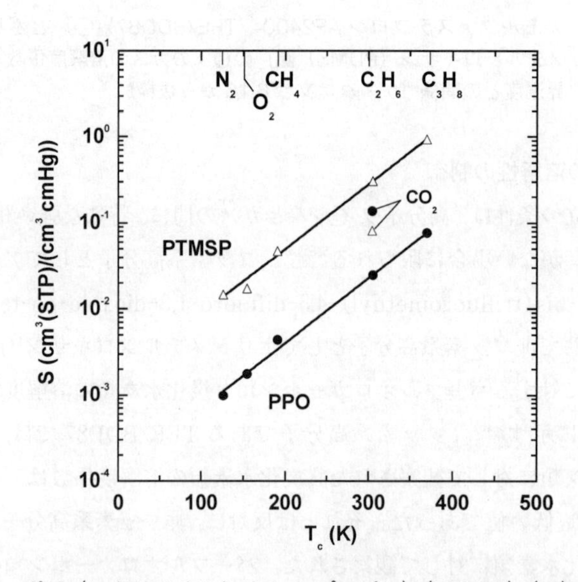

図3　ポリ（1-トリメチルシリル-1-プロピン）(PTMSP)（△）とポリプロピレンオキシド（PPO）（●）の種々のガスの溶解度係数と臨界温度との関係（データは文献5,15から抜粋）

それとは反対に，同じ図に示したPTMSPに対する二酸化炭素の溶解度は，式(4)から推定される値よりも約70%低い値を示した[18]。PTMSPのガラス転移温度は250℃以上あり[19]，この溶解度の測定温度においてフィルムはガラス状態である。この非平衡状態の高分子フィルムへのガスの溶解性は，平衡状態であるゴム状高分子の場合とは異なり，分子鎖運動の凍結された領域への溶解性を考慮しなければならない。この領域へのガスの溶解挙動は，分子運動の凍結された高分子鎖とガス分子との相互作用が，無機固体表面へのLangmuir型単層分子吸着と同じであると仮定する二元収着モデルにより解析が行われている[20]。各種ガスに対して，PTMSPの分子鎖運動の凍結された領域へのガス分子の親和性を表すLangmir affinity parameter bを算出し，その値の比較検討を行った[18]。興味深いことに，PTMSPに対する二酸化炭素のbの値は，他のガスの傾向から推測される値よりも約90%低い値であった。それ故，このフィルムに対する二酸化炭素の溶解度のみが推定値よりも低い値を示したのである。しかしながら，なぜPTMSPに対する二酸化炭素の親和性のみが低いのかという本質的な理由は不明である。

1.4　拡散性と拡散選択性

1.4.1　一般の高分子フィルム中の拡散挙動

高分子フィルム中のガスの拡散性は，ガス分子の大きさに関係している。一般に分子が大きくなるにつれて，拡散性は減少していく。この分子の大きさを表す尺度には，ガスの臨界体積，van der Waals 径，kinetic diameterなどがある[10,21,22]。たとえば，高分子フィルム中の拡散係数とガスの臨界体積との間には相関関係が成り立つことが知られている。そして臨界体積V_c (cm^3/mol) と拡散係数D(cm^2/s) との間には次の関係が成り立つことが経験的に求められている[12,13]。

$$D=\frac{\tau}{V_c^{\eta}} \tag{5}$$

ここでτとηは，高分子フィルムに固有の定数である。いくつかの高分子のτとηの値を，表3に示す[5,6,12,14]。ηの値は，高分子フィルムの分子ふるい効果を比較する点で重要である。大きなηの値をもつ高分子フィルムは，小さなηの値をもつ高分子フィルムよりも分子ふるい効果が大きいからである。一般に汎用性高分子では，ガラス状高分子フィルムの方がゴム状高分子フィル

表3　代表的な高分子均質フィルムの拡散性のパラメーターτとηの値

高分子名	τ	η	文献
ポリプロピレンオキシド	8.3×10^{-3}	1.7	5
ポリジメチルシロキサン	2.6×10^{-2}	1.5	5
ポリ（1-トリメチルシリル-1-プロピン）[a]	4.8	2.6	14
アモルファステフロン AF2400®（TFE/BDD87）	6.8×10^{7}	6.7	6
ポリスルホン	4.8×10^{8}	8.4	12
ポリ塩化ビニル	4.5×10^{11}	10	12

a)　文献14のデータを用いて式(5)から計算した値

ムよりもηの値は大きい。これは，ガラス状高分子フィルムの方がゴム状高分子フィルムよりも，分子ふるい効果が大きいためである。つまり，ガラス状高分子フィルムの方がゴム状高分子フィルムよりも，式(5)で示した拡散選択性が大きいことを意味している。拡散性は，主に高分子フィルム中の自由体積分率（高分子フィルムの中の空間の割合）と高分子鎖の運動性に関係するものであり，それぞれの効果がτとηの二つの値に影響を与えている。

1. 4. 2　特定のガスの拡散性の制御

式(5)の関係は，すべてのガス種に対して成り立つわけではない。図4に示すように，フッ素系高分子のTFE/BDD87に対する各種ガスの拡散性は，そのガス種がパーフルオロカーボン類と炭化水素類の違いに関わらず同一曲線上に示される[6]。しかし，同じ図に示したPTMSPに関しては，パーフルオロカーボン類と炭化水素類の拡散性に明白な違いが観察されている[18]。

高分子フィルム中をガスが移動する際に，ガス分子の大きさが関係することは明らかであるが，そのガス分子の大きさをどのように評価すれば良いのかを議論しなければならない。高分子鎖と高分子鎖の間隙をガス分子がすり抜ける際には，そのガス分子の断面の大きさが重要であると容易に予測される。球状である単原子ガス分子同士の比較は容易であるが，高級炭化水素類などでは形の決定の判断が難しい。そして，時間の変化とともにガス分子のコンホメーションも変化していく。式(5)で用いているガスの臨界体積は，三次元でガスの大きさを相対的に比較できる因子として，筆者は意味づけて用いている。図4より明らかなように，ガスの臨界体積が同じくらいの分子では拡散性の大小が，分子の大きさに対して逆転している結果（例えば，C_2H_6とCF_4）もあり，式(5)により絶対的な評価を下すことはできない。

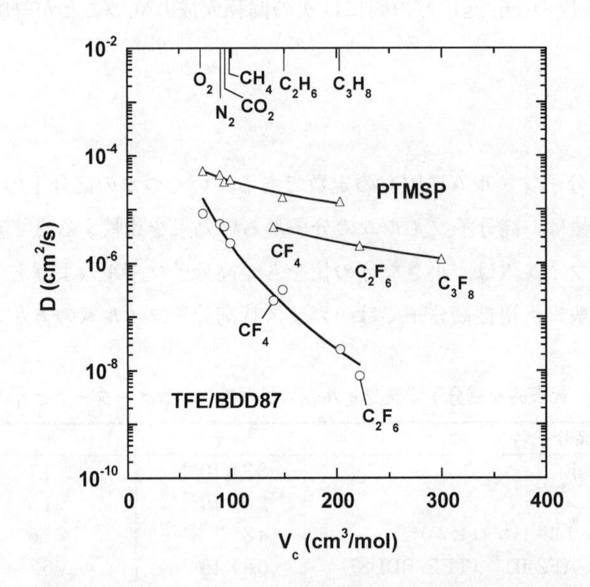

図4　アモルファステフロンAF2400®（TFE/BDD87）（○）とポリ(1-トリメチルシリル-1-プロピン)（PTMSP）（△）の種々のガスの拡散係数と臨界体積との関係（データは文献6,18から抜粋）

PTMSPとTFE/BDD87の自由体積分率は，それぞれ0.29と0.30であり[6,18,23]，ほぼ同じとみなせる。しかし図4に示したようにガスの拡散特性が異なるのは，自由体積の構成のされ方が両者で異なるからである。この空間の大きさとその分布の平均は，陽電子消滅法などの結果を用いて相対的に評価できる[23~25]。陽電子消滅法により決定されるパラメーターのうち，τ_nは空間の大きさを，そしてI_nはその空間の量を表す。τ_nのnは，整数である。この数字が大きいほど検出される空間が大きい。

表4にまとめたように，PTMSPはTFE/BDD87と比較してτ_4とI_4の値が大きい。同じ条件での測定結果では[23]，PTMSPはTFE/BDD87よりもτ_4が20%大きく，I_4は約2倍大きい。これはPTMSPがTFE/BDD87よりもフィルム中に大きな空間を有し，かつその量が多いということを示している。両高分子のフィルム全体の自由体積分率が同じであることから，TFE/BDD87の自由体積は，主に相対的に小さな空間（すなわち，τ_1やτ_2レベル）から構成されていると推察される。そのため，すべてのガス種において，TFE/BDD87と比較してPTMSPは高い拡散性を示すといえる（図4）。

しかしこれらの自由体積の空間の大きさと分布の平均値からだけでは，PTMSPのパーフルオロカーボン類と炭化水素類の拡散性の違いが説明できない。PTMSPは，剛直な主鎖とかさ高い置換基を有しているため疎な高分子鎖のからみ合いをしている。その高分子鎖の間隙の平均径は4.5~6Å程度と見積もられている[26,27]。PTMSPはガラス状態であるため，一つの仮説として，ちょうどゼオライトなどの無機多孔材のように高分子鎖が固定され，それらから形成される間隙が連続して存在しているのかもしれない。ゼオライトへのガス吸着特性から求められたkinetic diameterでは，C_3H_8とCF_4の分子の直径は，それぞれ4.3Åと4.7Åである[22]。この尺度では，C_3H_8の方がCF_4よりも分子径が小さく評価される。この考え方に基づいた方が，PTMSPフィルム中の拡散挙動をよく説明できる。実際に，図4では，PTMSPに対するC_3H_8の拡散性の方がCF_4の拡散性よりも約3倍高い値を示している。

表4　アモルファステフロンAF2400®(TFE/BDD87）とポリ（1-トリメチルシリル-1-プロピン）(PTMSP）の陽電子消滅法のパラメーター値

特性	TFE/PDD87[12]	PTMSP[12]	PTMSP[25]
ガラス転移温度（℃）	240	>300	>300
フィルム密度（g/cm^3）	1.74	0.75	0.75
自由体積分率	0.30	0.29	0.29
τ_3(ns)	1.32±0.03	1.31±0.03	2.68±0.45
I_3(%)	4.87±0.3	9.64±0.3	4.37±0.48
$\tau_3^3\times I_3$(ns^3%)	11.2	21.7	84.1[a]
τ_4(ns)	5.8±0.1	7.0±0.1	10.9±0.22
I_4(%)	13.6±0.6	30.1±0.6	33.80±0.63
$\tau_4^3\times I_4$(ns^3%)	2650	10320	43771[a]
$\tau_3^3\times I_3+\tau_4^3\times I_4$	2661	10342	43855[a]

a)　文献25のデータを用いて計算した値

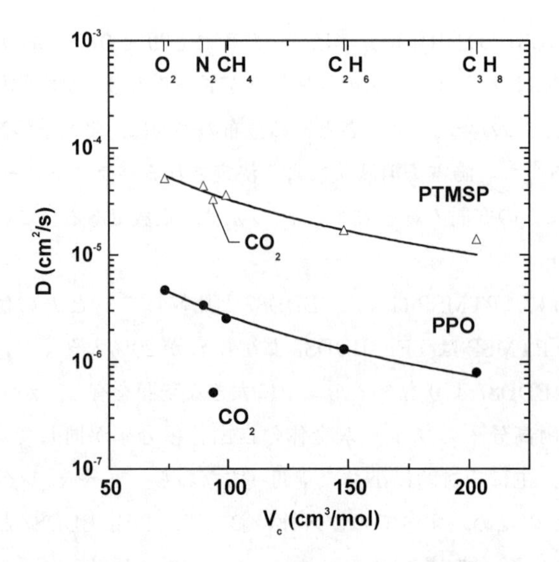

図５　ポリ（1-トリメチルシリル-1-プロピン）(PTMSP)（△）とポリプロピレンオキシド（PPO)（●）の種々のガスの拡散係数と臨界体積との関係（データは文献5,15から抜粋）

図５に示すPPO中の二酸化炭素の拡散性は，これまで述べてきたPTMSPに対する拡散の考え方とは異なる[5,15)]。PPOフィルムのガラス転移温度は，－67℃である[5)]。この図で行った測定温度において，PPOフィルムはゴム状態である。PPOのエーテル結合と二酸化炭素との双極子相互作用により高い二酸化炭素の溶解性を前述した。PPOに対する二酸化炭素に対してのみ観察された拡散性の低下は，この相互作用に起因したものである[5,15)]。すなわち，二酸化炭素と高分子との結合が強いゆえに，二酸化炭素の高分子からの脱着が抑制され，分子の大きさから推測される拡散性を発現出来ないのである。

1.5　おわりに

高分子均質フィルム材料の開発は，その用途展開とともに発展してきている。昨今のエレクトロニクス分野への利用に伴い，要求されるバリア性のレベルも高くなっている。また高分子均質フィルムでは，ガスバリア性と誘電率，屈折率，色彩との相関も得られることが明らかになってきた[28～30)]。バリア産業用途に限らず材料の設計は，分子レベルで行われ始めた。次世代のバリア材料開発には，分子サイズレベルでの構造制御が不可欠であると考える。

文　献

1) W. J. Koros and C. M. Zimmerman, "Comprehensive Desk Reference of Polymer Characterization and Analysis", R. F. Brady ed., American Chemical Society, Oxford University Press, New York (2003)
2) S. M. Allen, M. Fujii, V. Stannett, H. B. Hopfenberg, and J. L. Williams, *J. Membr. Sci.*, **2**, 153 (1977)
3) T. Komatsuka, A. Kusakabe, and K. Nagai, *Desalination*, **234**, 212 (2008)
4) K. Nagai, B. D. Freeman, A. Cannon, and H. R. Allcock, *J. Membr. Sci.*, **172**, 167 (2000)
5) K. Nagai and T. Nakagawa, "Advanced Membranes for Separations", B. D. Freeman, I. Pinnau Eds, ACS Symposium Series 876, American Chemical Society, Washington DC (2004)
6) T. C. Merkel, V. Bondar, K. Nagai, B. D. Freeman, and Yu. P. Yampolskii, *Macromolecules*, **32**, 8427 (1999)
7) K. Nagai, A. Higuchi, and T. Nakagawa, *J. Polym. Sci.* : Part B: *Polym. Phys.*, **33**, 289 (1995)
8) S. Kanehashi and K. Nagai, *J. Membr. Sci.*, **253**, 117 (2005)
9) S. Kanehashi, A. Kusakabe, S. Sato, and K. Nagai, *J. Membr. Sci.*, **365**, 40 (2010)
10) B. E. Poling, J. M. Prausnitz, and J. P. O'Connell, "The Properties of Gases and Liquids Fifth Edition", McGraw-Hill, New York (2000)
11) D. W. van Krevelen, "Properties of Polymers", Elsevier, Amsterdam (1990)
12) B. D. Freeman and I. Pinnau, "Polymer Membranes for Gas and Vapor Separation: Chemistry and Materials Science", B. D. Freeman, I. Pinnau Eds., Chapter 1, American Chemical Society: Washington, DC (1999)
13) S. V. Dixon-Garrett, K. Nagai, and B. D. Freeman, *J. Polym. Sci.* : Part B: *Polym. Phys.*, **38**, 1461 (2000)
14) 永井一清，樋口亜紺，仲川勤，膜，**24**, 126 (1999)
15) 永井一清，高分子論文集，**60**, 468 (2003)
16) T. C. Merkel, V. I. Bondar, K. Nagai, B. D. Freeman, and I. P innau, *J. Polym. Sci.*: Part B: *Polym. Phys.*, **38**, 415 (2000)
17) P. J. Flory, *J. Chem. Phys.*, **18**, 108 (1950)
18) T. C. Merkel, V. Bondar, K. Nagai, B. D. Freeman, *J. Polym. Sci.*: Part B: *Polym. Phys.*, **38**, 273 (2000)
19) T. Masuda, E. Isobe, T. Higashimura, K. Takada, *J. Am. Chem. Soc.*, **105**, 7473 (1983)
20) R. W. Baker, "Membrane Technology and Applications", McGraw-Hill, New York (2000)
21) A. R. Berens and H. B. Hopfenberg, *J. Membrane Sci.*, **10**, 283 (1982)
22) D. W. Breck, "Zeolite molecular sieves", Wiley, New York (1974)
23) B. D. Freeman and A. J. Hill, "Structure and Properties of Glassy Polymers", M. R. Tant, A. J. Hill Eds., Chapter 21, ACS Symposium Series 710, American Chemical Society: Washington DC (1998)

24) K. Nagai, B. D. Freeman, and A. J. Hill, *J. Polym. Sci.*: Part B: *Polym. Phys.*, **38**, 1222 (2000)
25) Yu. P. Yampolskii, A. P. Korikov, V. P. Shantarovich, K. Nagai, B. D. Freeman, T. Masuda, M. Teraguchi, and G. Kwak, *Macromolecules*, **34**, 1788 (2001)
26) V. P. Shantarovich, Z. K. Azamatova, Yu. A. Novikov, and Yu. P. Yampolskii, *Macromolecules*, **31**, 3963 (1998)
27) Yu. P. Yampolskii, V. P. Shantorovich, F. P. Chernyakovskii, A. I. Kornilov, and N. A. Plate, *J. Appl. Polym. Sci.*, **47**, 85 (1993)
28) S. Miyata, S. Sato, K. Nagai, T. Nakagawa, and K. Kudo., *J. Appl. Polym. Sci.*, **107**, 3933 (2008)
29) S. Sato, T. Ose, S. Miyata, S. Kanehashi, H. Ito, S. Matsumoto, Y. Iwai, H. Matsumoto, and K. Nagai, *J. Appl. Polym. Sci.*, **121**, 2794 (2011)
30) S. Kanehashi, S. Sato, and K. Nagai, *Polym. Eng. Sci.*, (2011)

2　複層構造（ラミネート等）

平田雄一[*]

2.1　はじめに

水蒸気バリア性（防湿性）と酸素バリア性を両立する高分子膜は，ポリエチレンテレフタレート（PET）等の芳香族系ポリエステルやポリ塩化ビニリデン（PVDC）とごくわずかである。乾燥状態ではナイロンやセロハン，ポリビニルアルコール，エチレン‐ビニルアルコール共重合体等の酸素バリア性は分子間水素結合により形成される緻密な構造や分子運動性の抑制などのため高くなる。しかしながら高湿度条件下では，水蒸気の影響で分子間水素結合が切断され酸素バリア性が著しく失われる場合がある。疎水性の低密度ポリエチレン（LDPE）や高密度ポリエチレン（HDPE）の水蒸気バリア性はPETに匹敵するが，その酸素バリア性は極めて低い。エチレン－ビニルアルコール共重合体膜の様な相対湿度増加時における酸素バリア性の減少を防ぐには水蒸気の透過性が低い膜，たとえばポリエチレンのような水蒸気バリア膜と貼り合せるとよい。これをラミネートするという。重ね合わされた膜のうち，水蒸気の透過性の低い膜を高い湿度側に向けて使用する。膜の両側の湿度がともに高いあるいは水と接触する場合は，水蒸気バリア膜で酸素バリア膜を両側から挟み込む。また，ポリエチレンは不活性なことから食品と接触する内側に利用できるという利点もある。PVDCについてはピンホールに対する耐性が低いのでPETでラミネートすることにより，ピンホールからの透過を防いでいる。このようにして高分子膜のラミネートにより，複数の高分子膜の長所をうまく利用することで実用的なバリア膜を得ることができる。以下，ラミネート膜の気体透過性について述べる。

2.2　ラミネート膜の気体透過式とその誘導

ラミネート膜の低分子の透過現象は，電気回路における抵抗の直列接続の考え方と同じである。図1に示すように二つの抵抗（R_1とR_2）を直列につないで電圧Eの電流Iを流すと抵抗R_1とR_2には各々電圧降下E_1，E_2が生じる。このとき回路全体の合成抵抗Rと電圧Eは以下の様に表される。

$$R = R_1 + R_2 \tag{1}$$

$$E = E_1 + E_2 \tag{2}$$

電気回路全体と各抵抗を流れる電流は同じで電流Iとなる。これらのパラメーターE，IおよびRをラミネート膜の透過現象に関連づけると，電圧降下は低分子の分圧差Δp，電流は透過流束J，抵抗は透過率の逆数（L/P）と見なすことができる。ここで膜厚はL，透過係数はPである。

まず各高分子薄膜の透過係数が低分子の圧力に依存しない場合を考える。図2に示すように透過係数P_iと膜厚l_iを有する2枚の薄膜（$i=1$と2）を重ね合せたラミネート膜を膜面に対して

＊　Yuichi Hirata　信州大学　繊維学部　化学・材料系　応用化学課程　准教授

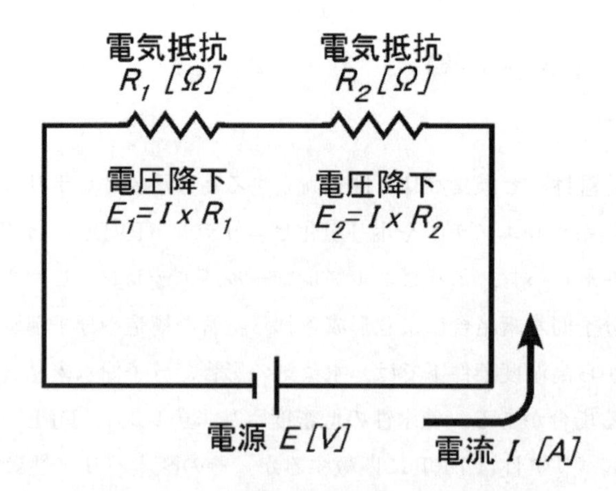

図１　抵抗を直列接続した回路

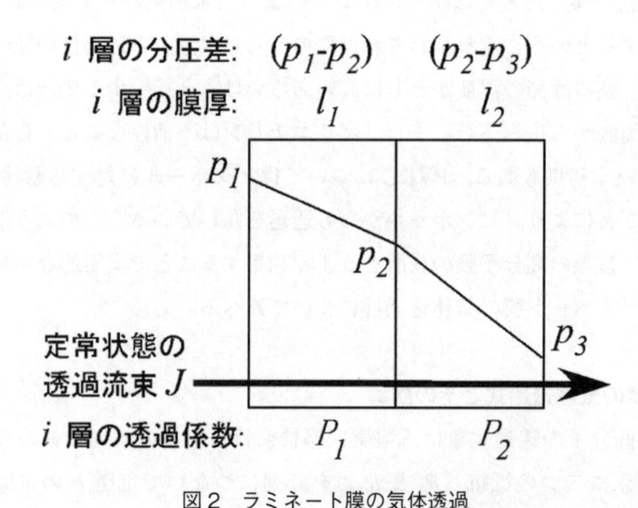

図２　ラミネート膜の気体透過

垂直に低分子が透過する。Fick の第１法則は，以下の式に示すように拡散係数 D と膜の供給側界面と透過側界面の低分子の濃度勾配（$d\bar{C}/dx$）によって表されるが，ラミネート膜の各層の界面での低分子の濃度は不連続であるので，濃度の代わりに各層の界面で平衡状態にある低分子の分圧 p と透過係数 P で表すことにする。

$$J = -D\frac{d\bar{C}}{dx} = -P\frac{dp}{dx} \tag{3}$$

ラミネート膜全体の見かけの透過係数 P_{Total} は各々の膜の気体透過係数（P_1 と P_2）と構成する膜の厚さ（l_1 と l_2）を用いて，次のように導くことができる。透過の定常状態では各層を通る気体の流束（J_1 と J_2）はラミネート膜全体の透過流束 J と等しいことから，(4)式の様に表される。

$$J=\frac{P_{Total}(p_1-p_3)}{L}=\frac{P_1(p_1-p_2)}{l_1}=\frac{P_2(p_2-p_3)}{l_2} \quad (4)$$

このときラミネート膜の膜厚 L は次のように表される。

$$L=l_1+l_2 \quad (5)$$

(5)式は次のように書き換えられ，

$(p_1-p_2)=\frac{J\cdot l_1}{p_1}$，$(p_2-p_3)=\frac{J\cdot l_2}{p_2}$，そして，$(p_1-p_3)=\frac{J\cdot L}{P_{Total}}$と表されることから

$(p_1-p_3)=(p_1-p_2)+(p_2-p_3)$の関係から，(6)式が得られる。

$$\frac{L}{P_{Total}}=\frac{l_1}{P_1}+\frac{l_2}{P_2} \quad (6)$$

ラミネート膜が n 層の薄膜から成る場合は，

$$\frac{L}{P_{Total}}=\sum_{i=1}^{n}\frac{l_i}{P_i} \quad (7)$$

$$L=\sum_{i=1}^{n}l_i \quad (8)$$

これらの式はラミネート膜の透過現象は重ね合わせた膜の順序や透過の方向に無関係であることを示している。そして，前提条件として各層にある膜の透過係数が圧力に依存せず，各層の境界が連続的な圧力勾配を構成していなければならない。もし，圧力依存性がある場合には，積層の順序や透過の方向によって，ラミネート膜全体の透過流束が変わってくる。

2.3　ラミネート膜の透過の異方性

ポリビニルアルコールやナイロンは化学構造に水酸基やアミノ基などの極性基をもつことから分子間の水素結合により，それらの高分子の薄膜が乾燥状態で酸素バリア性が高いことはよく知られている。一方で水蒸気透過性が高く，高湿度条件下では水蒸気の膜への収着による分子間水素結合の切断による酸素バリア性の低下が問題となる。これらの親水性の高分子膜をポリエチレンのような疎水性高分子膜とラミネート膜を構成することで水蒸気および酸素バリア性を両立することができる。親水性高分子膜の水蒸気透過性は水蒸気の供給圧力依存性が高く，ラミネート膜の場合でも親水性の高分子膜は低湿度側に配置する必要があることは冒頭で述べた。これは高分子薄膜の積層順序や水蒸気の透過の方向によって透過流束に異方性が現れるためである。

図２と同様に２枚の薄膜から構成されるラミネート膜の水蒸気透過の異方性について述べる。図３に示すように各々の薄膜が親水性高分子薄膜Ａと疎水性高分子薄膜Ｂの組み合わせの場合に二つの透過方向について考える。ラミネート膜の親水性高分子薄膜側を供給側に向けた場合の透過の方向をF(AB)，透過流束を J_{AB} とし疎水性高分子薄膜を供給側に向けた場合の透過の方向をF(BA)，透過流束を J_{BA} とする。ラミネート膜中の圧力勾配は透過の方向によって異なる。

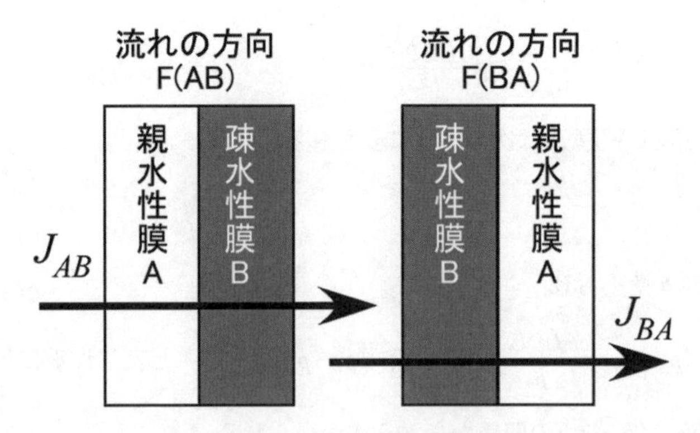

図３　ラミネート膜の透過の異方性

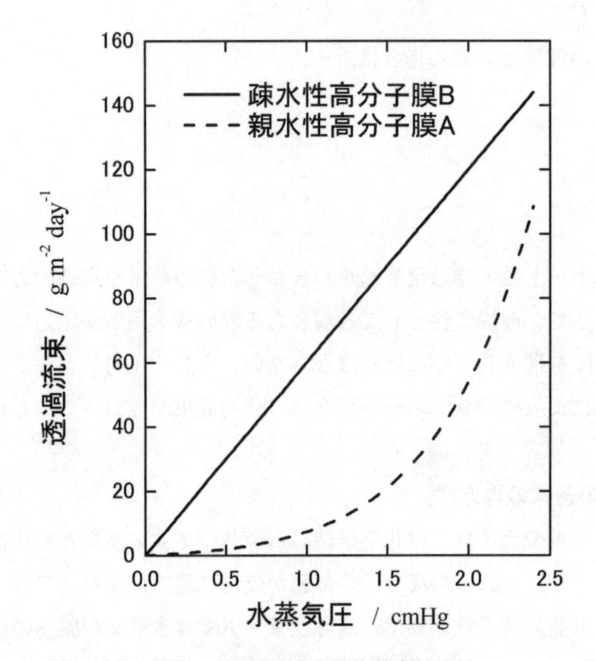

図４　透過流束の圧力依存性

C. E. Rogers らによって透過流束の異方性の予測が透過実験の結果と一致することが報告されている[1]。彼らの手法に従い，ここではラミネート膜中の重ね合せた膜の界面の水蒸気の分圧とラミネート膜の透過流束の求め方について図４に示される特徴をもつ親水性高分子膜Ａと疎水性高分子膜Ｂを用いて述べる。

図４に示すように疎水性高分子薄膜の透過係数は圧力に依存性せず一定であることから透過流束は供給圧力の増加に伴い直線的に増加する。一方，親水性高分子薄膜の透過性は圧力依存性があり，供給圧力の増加に伴い透過流束は指数関数的に増大する。上記のような水蒸気透過特性をもつ親水性高分子膜Ａと疎水性高分子膜Ｂの膜厚の等しい膜を１枚ずつ重ね合したラミネート

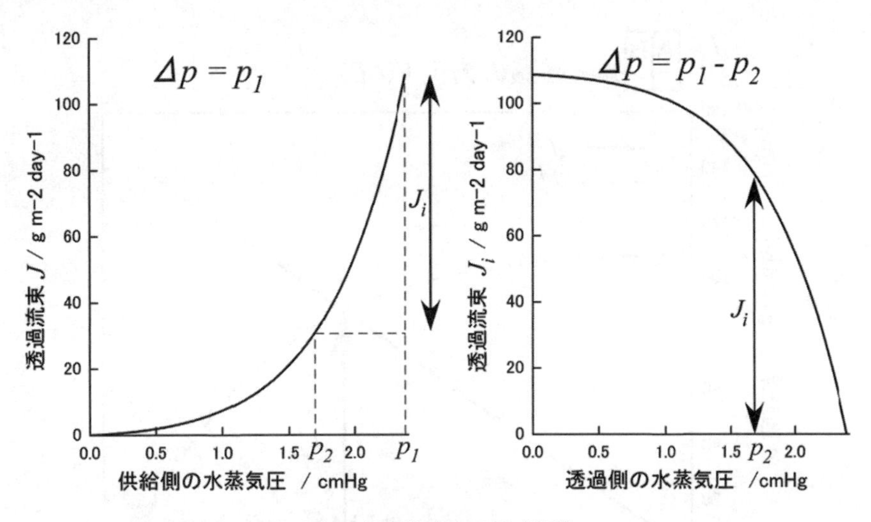

図5　透過流束 J_i の図式解法

膜の水蒸気透過流束の水蒸気供給圧依存性について考える。図5の親水性高分子薄膜Aの透過流束 J の供給側水蒸気圧依存性のグラフは，透過側圧力はゼロに保たれる場合で供給側と透過側の圧力差 Δp は膜の供給側の水蒸気圧（p_1）と等しい，一方，供給側の水蒸気圧（p_1）は一定で透過側の水蒸気圧（p_2）がゼロでない場合の薄膜に生じる透過流束 J_i の供給側と透過側の圧力差は $\Delta p = p_1 - p_2$ となり，透過側の水蒸気圧の増加に伴い減少する。透過流束 J_i はラミネート膜における供給側に置かれた薄膜層の透過流束に相当し，図5に示すように図式解法によって求められる。

均一膜でもラミネート膜であっても定常状態では，供給側の薄膜と透過側の薄膜の各々の透過流束が等しくならなければならず，この値はラミネート膜全体の透過流束とも一致する。図2に示すように供給側の薄膜に生じる圧力差（Δp）は供給側の水蒸気圧 p_1 と二つの薄膜の接触界面の水蒸気圧 p_2 の差となり，ここでは供給側の薄膜の流束を J_i^I と表す。透過側の薄膜の透過流束は，J^{II} と表され，透過側の水蒸気圧がゼロ（$p_3=0$）に保たれる場合は膜に生じる圧力差は二つの薄膜の接触界面の水蒸気圧 p_2 と等しくなる。図6に透過方向がF(AB) の場合の J_i^I と J^{II} の接触界面の水蒸気圧 p_2 の依存性を示す。J_i^I と J^{II} の二つの曲線の交点における水蒸気圧 p_2 とラミネート膜全体の透過流束（透過方向がF(AB) なので，ここでは J_{AB} に相当）は，ラミネート膜の供給側の圧力が p_1 そして透過側の圧力がゼロ（$p_3=0$）に保たれているときの定常状態の値である。ラミネート膜の供給側の圧力 p_1 を変化させながら図6の交点を求めることで供給側水蒸気圧の異なる J_{AB} あるいは J_{BA} および接触界面の水蒸気圧 p_2 を推定することができる。

図7に J_{AB} と J_{BA} の供給水蒸気圧依存性を示す。親水性高分子薄膜Aを供給側に向けて水蒸気透過を行った場合の透過流束 J_{AB} の方が，疎水性高分子薄膜Bを供給側に向けて水蒸気透過を行った場合の透過流束 J_{BA} よりも水蒸気圧が高い領域で透過流束が増大していることがわかる。ここで各薄層の膜厚 l_1 と l_2 は等しいのでラミネート膜全体および各薄層の透過流束への各薄層

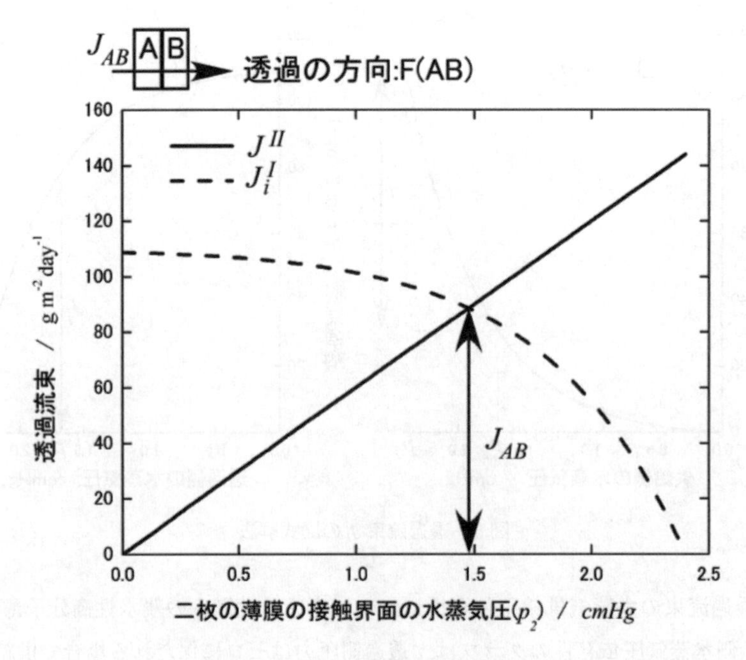

図６　ラミネート膜の透過流束の評価

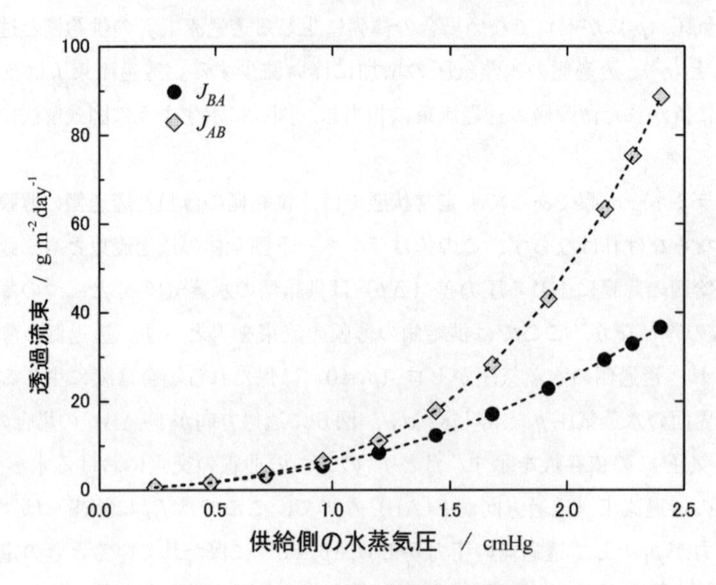

図７　ラミネート膜の透過流束異方性

の膜厚の影響はなく，各薄層の透過流束の大小関係は各薄層の透過係数 P_i と圧力差 Δp の掛け算によって決まる。各薄層の圧力差は，定常状態における２枚の薄層の接触界面の水蒸気圧 p_2 が決まると求めることができる。例として，３つの異なる水蒸気圧を供給した場合の定常状態でのラミネート膜内の水蒸気圧の分布を図８に示す。親水性高分子薄膜Ａに注目すると透過の方

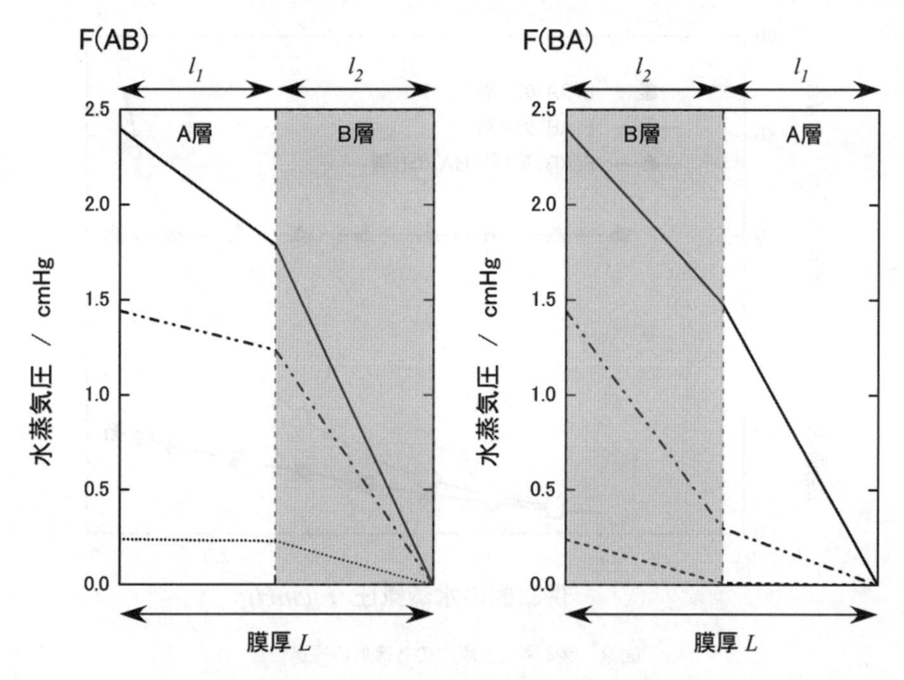

図8　ラミネート膜内の水蒸気圧の分布

向がF(AB) の場合のA層の圧力差Δpおよび圧力勾配（$\Delta p/l_1$）が透過の方向がF(BA) の場合のA層の圧力差Δpおよび圧力勾配（$\Delta p/l_1$）よりも小さくなっている。一方で，F(AB) の場合のA層の高圧側の水蒸気圧は，ラミネート膜の供給圧p_1と等しく，F(BA) の場合のA層の高圧側はA層とB層の接触界面の水蒸気圧p_2と等しい。親水性高分子薄膜をラミネート膜の供給側に配置することで透過側よりも水蒸気圧の高い状態に曝されていることになる。

次に各薄層の透過性についてみていく。A層とB層の厚さが同じことから，透過性の大小関係への膜厚への影響はないが，ここでは透過性の比較を各薄層の透過率（$P_i/l_i=J/\Delta p$）の値を用いて行う。図9に各薄層の透過率の供給側水蒸気圧の依存性を示す。疎水性高分子薄膜Bは透過係数Pに水蒸気圧依存性がわずかなことから，ラミネート膜の供給側に配置しても透過側に配置してもB層の透過率は供給側水蒸気圧に依存せず一定である。一方，親水性高分子薄膜から成るA層は，ラミネート膜内での配置によって，水蒸気透過率が大きく異なっていることがわかる。供給側にA層を配置することで，透過側にA層を配置した場合と比較して，水蒸気圧が高い領域で透過率が大きく増大している。図9の最も供給側水蒸気圧の高い条件では，水蒸気透過率が約5倍も増加している。これは供給側に親水性のA層を配置することで，透過側にA層を配置するよりもA層にかかる水蒸気の圧力差は小さいが，水蒸気圧の値自体が高い領域（高活量あるいは高湿度）では，A層に可塑化を引き起こすほど水蒸気が取り込まれ，結果としてA層の水蒸気透過性が増加すると考えられる。水蒸気による膜の可塑化は水蒸気透過性だけでなく他の気体分子（酸素など）の透過性も増加させる。このような現象は水蒸気バリアと酸素

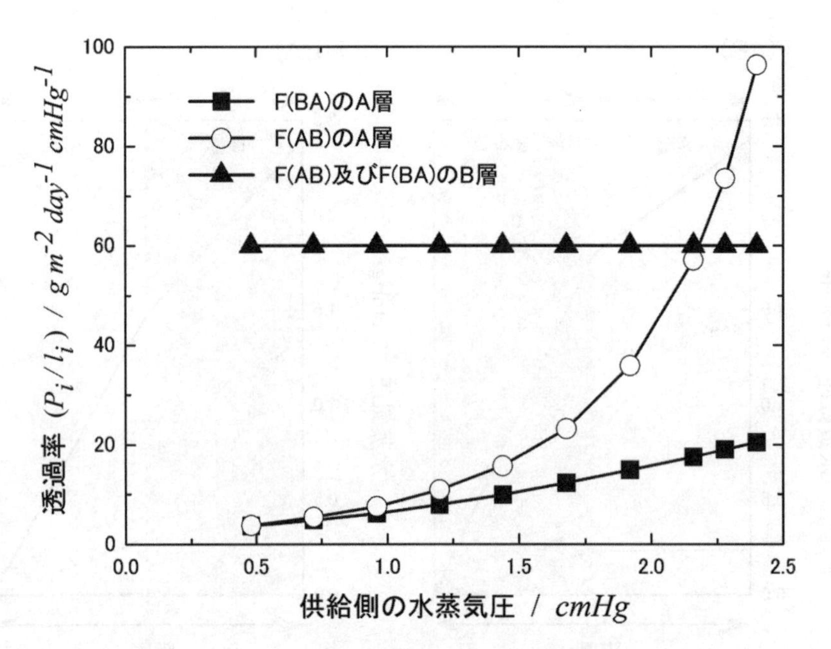

図9　ラミネート膜内の各薄層の透過性

バリアの両方の性質を低下させる。

以上のように親水性高分子薄膜が高い水蒸気圧に曝されると可塑化により，水蒸気透過性は増加することから，ラミネート膜の両面に水蒸気が多く存在する高湿度条件下や液体水との接触を考慮する場合は，親水性高分子薄膜と疎水性高分子薄膜の2枚からなるラミネート膜では不十分である。そのような条件では親水性高分子薄膜を2枚の疎水性高分子薄膜によって挟み込むことで親水性高分子薄膜の吸湿による可塑化を防ぐとよい。3層のラミネート膜の中間層に配置された親水性高分子薄膜の相対湿度の見積の詳細は，参考文献を挙げておくので参照されたい[2,3]。親水性中間層の可塑化を抑制する基本的な考え方としては，より高湿度側あるいは液体水と接触する側に水蒸気透過率の低い疎水性膜を厚く貼ることが望ましい。

文　献

1) C. E. Rogers *et al.*, *Industrial and Engineering Chemistry*, **49**, 1933 (1957)
2) 永井一清ほか，気体分離膜・透過膜・バリア膜の最新技術，p19, シーエムシー出版 (2007)
3) Technical Bulletin No.110 (クラレ㈱米国法人)

3　複層構造（有機／無機積層膜型ガスバリアフィルム）

狩野賢志*

3.1　はじめに

ガスバリアフィルムを構成によって分類すると，バルクフィルムのガスバリア性によってバリア性を発現させているものと，薄層のバリア層を付与することによりバルクフィルムよりもバリア性を向上させているもの，の二種類に大別される。さらにはバリア層の種別が，樹脂，金属，金属化合物等によって細分化される。用いられる材料によってバリア性能のみならず，光学物性に代表される各種物性も異なるが，特にエレクトロニクス用途では，高いバリア性と同時に透明性が要求される用途が多い（図1）。

樹脂フィルムのガスバリア性はその化学構造に最も大きな影響を受ける。一般にバルク状態での凝集エネルギーが大きい物質が高いガスバリア性を発現する。また，非晶状態よりは結晶状態の方が高いバリア性を有し，本質的に多結晶系である結晶性高分子フィルムに於いては，主には非晶部を経由してガスが透過すると考えられている。

塩化ビニリデン，塩化ビニル，ポリビニルアルコール，エチレン－ビニルアルコール共重合樹脂などは極性基間の相互作用やパッキング，水素結合などにより高い凝集エネルギーを持ち，比較的バリア性の高い材料として知られている。これらの材料はコート剤やバルクフィルムとして用いられており，特に酸素ガスに対して，高いバリア性を示すことが知られている。

これらの樹脂はすべてガラス転移温度を持ち，この温度を境として気体分子の透過性も大きく異なる。ガラス転移温度以上では高分子主鎖のミクロブラウン運動と呼ばれる運動モードが活発

Variations	Schematic	Performance	Transparent
Polymer Film	Polymer	△	○
Polymer Coated	Polymer / Polymer	△	○
Metal Foil	Metal / Polymer	○	×
Metal Layer	Metal / Polymer	○	×
Oxide Layer	Oxide / Polymer	○	○

図1　各種ガスバリアフィルムの構成

＊　Kenji Kano　富士フイルム㈱　先端コア技術研究所

であり，この運動とカップルして気体分子が高分子内を拡散運動することが可能となる。一方で，ガラス転移温度以下ではミクロブラウン運動は凍結されるため，ガス透過性はローカルモードと呼ばれる高分子セグメントよりも小さな運動単位の示す運動モードと相関することが知られている。フィルムとして用いられる樹脂材料は，使用温度域ではガラス転移温度以下であり，ガラス状態にあることが殆どである。

樹脂バリアフィルムは食品や医薬品の包装材の一部などで，広く用いられているが，ガスバリア性能（WVTR：Water Vapor Transmission Rate）は数 g $m^{-2}day^{-1}$ 程度に留まる。さらに高いガスバリア能を付与するため，無機膜を高分子フィルムに付与することが行われている。無機膜を付与する方法として良く使われている方法は二種類有り，一つはアルミ箔を用いて行われるラミネートと，もう一つは真空成膜を使う方法である。真空成膜にもいくつかの種類があり，蒸着法，スパッタリング，Chemical Vapor Deposition，Atomic Layer Deposition などが挙げられる。

無機物のバリア性は非常に高く，材質としては気体分子を全く通さないが，フィルム上に成膜される無機膜には必ずガスの通り道となる欠陥が含まれてしまうため，ガスは欠陥を通じて透過することになる。この透過メカニズムは，defect-dominated などと呼ばれることもある。高いバリア性を有するバリアフィルムを得るためには，無機膜の欠陥をいかに減らすかが技術課題の一つとなる。無機膜を用いたガスバリアフィルムは樹脂フィルムに比べて二桁以上高いガスバリア性を発現する。また，材料としてアルミニウムなどの金属を用いると，フィルムは光や各種電磁波を遮断することが出来るので，耐光性の低い物質を包装する用途にも使用することが出来る。反対に透明性を求める用途では酸化物などの金属化合物をバリア層として選択する必要がある。

無機層を有するガスバリアフィルムを用いても，エレクトロニクス用途が求める高いバリア性を，無機膜一層のみで得ることは難しい。そこで近年になって，複数の無機層をバリア層として有する，いわゆる積層型のバリアフィルムがいくつか開発されている。これら積層型ガスバリアフィルムは有機 EL などの非常に高い水蒸気バリア性（$<1\times10^{-6}gm^{-2}day^{-1}$）を求める用途に開発されており，単層の無機バリア層のみを有するフィルムに対して非常に高い性能を示す。現在市場にある測定法ではこれらのフィルムの評価が不可能であり，これらの新しいガスバリアフィルムに適用可能な水蒸気透過能評価法の開発が必須となっている。

積層型バリアフィルムは何種類か発表されているが，中でも有名なのは，Vitex System 社が開発した，Barix と呼ばれる有機／無機積層型のバリア層を用いたガスバリアフィルムである[1)]。図 2 に構成例を示す。フィルム基材上にフラッシュ蒸着と呼ばれる方法で成膜される UV 硬化型のアクリレートと，反応性スパッタで成膜される酸化アルミニウムを交互に積層することで，高いバリア能を獲得することに成功している。

GE 社の発表した Graded Ultra High Barrier[2)] は，プラズマ CVD を用い，ソースを交互に替えることでガスバリア層である SiOxNy と，有機層である SiOxCy を交互に積層するタイプのガスバリア膜である。ガスバリア層と有機層との境界が過渡的に組成変化することを特徴としてい

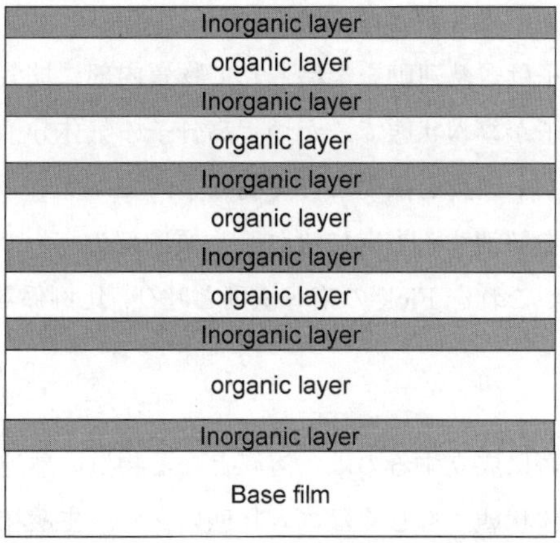

Inorganic layer
organic layer
Inorganic layer
organic layer
Inorganic layer
organic layer
Inorganic layer
organic layer
Inorganic layer
organic layer
Inorganic layer
Base film

図2　Vitex Systems 社の有機／無機積層型バリアフィルムの構成例

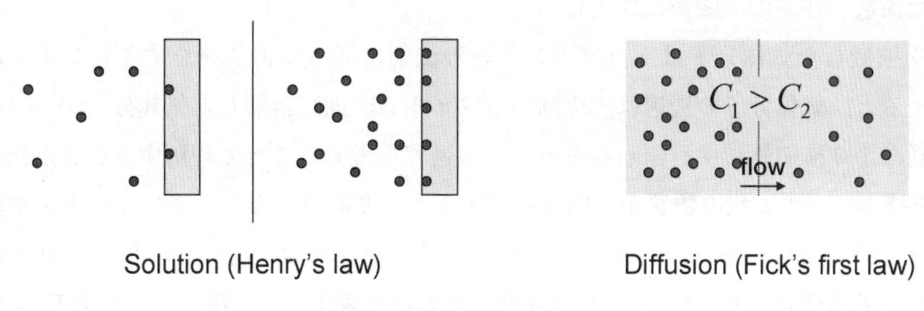

図3　Solution-Diffusion Theory

る。

Tera Barrier 社は，nanoparticle を含む sealing layer を有機層として用いることで，無機層に存在する欠陥を埋め，パフォーマンスを大幅に改善することが出来ると発表した[3]。Nanoparticle は無機層の欠陥を埋める役割（sealing cap）と，水と酸素に対するゲッター剤（chemical agent）の両者の役割を有しており，結果として $10^{-6}gm^{-2}day^{-1}$ 台のバリア能が得られるとしている。

3.2　溶解拡散メカニズム[2]

積層膜のメカニズムを議論する前に，単一の物質で構成される膜のガス透過現象について理解しておく必要がある。物質のガス透過性は，気体の物質への溶解現象と，溶解した気体分子の物質内での拡散現象の組み合わせで理解することが出来る（図3）。

分圧 p を持つ気体にある物質が晒されたとき，ヘンリーの法則により，物質表面の気体分子の濃度 C は分圧 p に比例する。

$$C=S\times p$$

このとき，比例係数 S を溶解度係数と呼ぶ。

物質に溶解された気体分子は，熱運動を契機として物質内部に拡散する。気体分子が溶解する相手が高分子のとき，高分子がゴム状態で，かつ，高分子の気体分子間の相関が小さいときは，気体分子は高分子のセグメント運動を摂動として高分子内でブラウン運動を行う。このとき，気体分子は物質内の濃度勾配を解消する方向に流れ，物質内部の点 x での流れ J の大きさは，気体分子の濃度勾配に比例する。これを Fick の第一法則と呼び，比例係数 D は拡散係数と呼ばれる。

$$J = -D\frac{\partial C}{\partial x}$$

フィックの第一法則が厳密に成立するのは，溶媒となる物質の熱運動が活発に行われている状態のときであり，物質が液体状態，もしくはゴム状態にあり，主緩和と呼ばれる運動モードが結晶化やガラス化によって凍結していない必要がある。しかしながら，一般にガス透過性の議論に関しては，結晶やガラス状態においても上記の式は広く使われており，その場合，拡散係数は見かけの拡散係数と呼ぶのが厳密には正しい。

物質内を拡散した気体分子は，再びヘンリーの法則に従って再蒸発をする。フィルムを例に取って考えると，気体分子の透過は，片側からフィルム表面に溶解した気体分子が，フィルム内を拡散運動により横切り，反対側から再蒸発する過程を考えることで理解することが出来る。ある厚み l を持つフィルム状の物質が，図 4 に示すように左右で異なる分圧を持つガス雰囲気に晒されたとき，一方の分圧を p_1，もう一方を p_2 とする。それぞれの分圧の雰囲気に晒されている表面の気体分子濃度 C_1，C_2 は，分圧と溶解度係数の積で表すことが出来，これを Fick の第一法則に導入すると，定常状態における膜の一方から他方への気体分子の流れは，以下のように求めることが出来る。

$$\begin{aligned} J &= -D\frac{\partial C}{\partial x} \\ &= -D(C_2 - C_1)/l \\ &= DS(p_1 - p_2)/l \\ &= P(p_1 - p_2)/l \end{aligned}$$

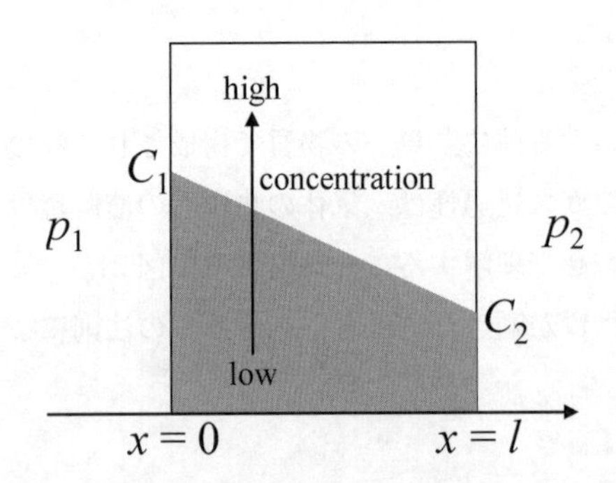

図 4　Schematics of steady state concentration profile

このとき，P を透過係数と呼ぶ。透過係数は物質によって固有の値であり，拡散係数と溶解度係数の積で表すことが出来る。工業的にはフィルムの厚みの効果も入れた数値が実用的であるので，フィルムのガス透過性は，ある分圧に晒されたときの流れの量を比較することが多い。気体分子が水であれば WVTR と呼ばれる数値が好んで使われており，単位は $gm^{-2}day^{-1}$ である。上記の式では，流れ J がこれに対応する。

3.3　過渡的状態

すでに述べたように，定常状態の物質のガス透過性はどれだけのガス分子が表面から物質内部に溶解できるか（溶解度係数）と，溶解した分子がどれくらいの速度で物質内部で運動できるか（拡散係数）の積によって表現することができる。しかしながら，前項で述べたような定常状態を取るには，物質がある期待雰囲気に晒されてから十分長い時間待つ必要がある。

例えば，前項の例で，p_2 が0，p_1 が p となるような雰囲気である場合，初期に物質に含まれている気体分子の濃度が0だとすると，厚み方向 x における時間 t での気体分子の濃度は以下の式で与えられる。

$$C(x,\ t) = C_1\left(1-\frac{x}{l}\right) - \frac{2C_1}{\pi}\sum_{n=1}^{\infty}\frac{1}{n}\sin\left(\frac{n\pi x}{l}\right)e^{-Dn^2\pi^2t/l^2}$$

上式で，C_1 は分圧 p に晒される表面でのガス濃度で，$C_1 = Sp$ で与えられる。このとき，物質内部では気体分子濃度の二次微分が0になる方向，すなわち x 方向の濃度勾配が直線となるように気体分子の濃度が変化する（図5）。

初期に物質に気体物質が含まれていない状態［$C(x, t=0)=0$］から測定が開始されるとき，過渡状態では時間と透過量（水蒸気の場合は WVTA：Water Vapor Transmission Amount）のグラフは，ゆるやかな立ち上がりを示し，定常状態に達すると直線関係となる（図6）。

このとき，直線の部分から時間軸に外挿して求めた時間 L を lag time と呼ぶ。lag time は物質内での気体分子の運動の早さによって決定され，拡散係数と以下の式の関係にある。

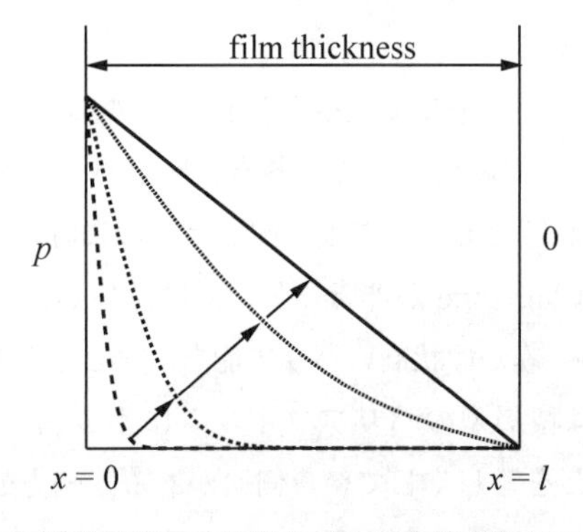

図5　過渡状態での物質内での気体分子濃度の変化

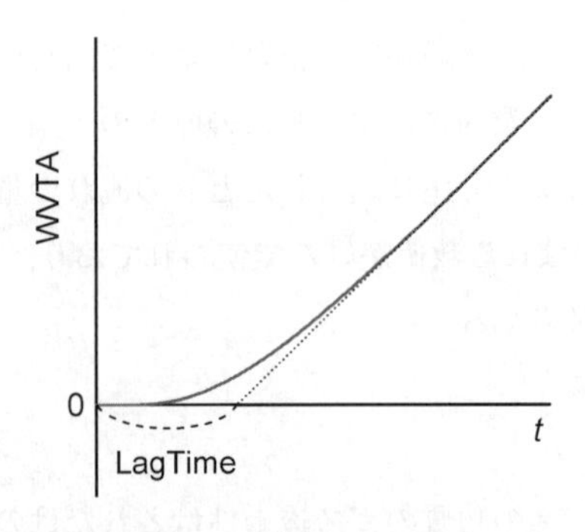

図6　Lag time effect

$$L=\frac{l^2}{6D}$$

上記の式から拡散係数を求めることが出来るため，ガス透過試験は拡散係数を求めるために使われることもある。また，拡散係数と透過係数を求めることにより，溶解度係数を求めることも可能である。

3.4　積層膜のガス透過メカニズム

これまでは，対象となるフィルムが一つの物質からなっている系について述べてきたが，積層膜におけるガスバリア性は，各層の性能によって求めることが出来る。各層のWVTRがw_kで表されるn層の積層フィルムの場合，積層膜全体でのWVTRはw_kの調和平均の$1/n$で表される。

$$\mathrm{WVTR}=\frac{1}{\sum_{k=1}^{n} w_k^{-1}}$$

これは同じ性能を持つバリア層をn層積層しても，トータルでの性能としてはWVTRが一層の$1/n$にしかならないことを示している。しかしながら，先章で紹介したような積層フィルムは単層のそれと比べ，非常に高いバリア性を示すことが知られており，このような計算によって求められる性能とは隔たりがある。

この性能差の理由の一つとして，先項で述べたlag timeの影響を挙げることが出来る。Graffら[5]は，有機-無機積層型のバリア膜について，各有機層がバリアフィルムに挟まれているためにWVTAの時間発展が定常状態としての濃度勾配をとるのに時間がかかることから，有機／無機積層型のバリアフィルムはlag timeが非常に長く，膜全体が定常状態に移行するのに桁違いに長い時間が必要となるため，みかけ状高いバリア能を示すと議論している（図7）。

lag timeの長時間化効果は積層型のバリアフィルムに本質的に備わっており，定常状態のWVTRを正確に測定することを難しくしている側面がある。一方で，過渡的な効果ではあるにせよ，十分な長期にわたってガスの透過を遮断する効果を発現していることは明らかであるた

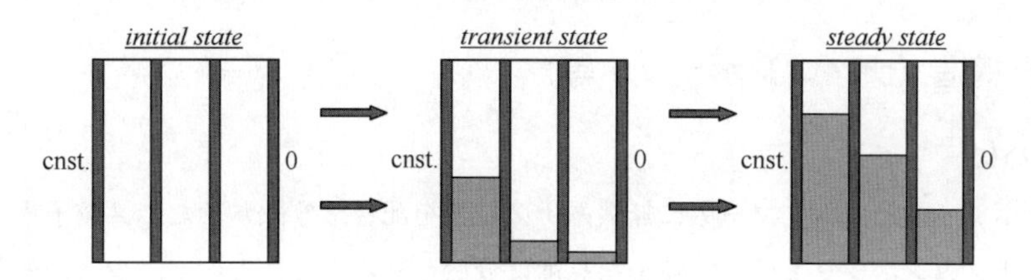

図7　Transient status of gas molecule concentration in organic-inorganic multistack barrier film

め，積層型のバリアフィルムの性能を議論する場合は定常状態だけではなく，過渡状態での透過に関しても議論する必要がある。このためには，評価方法に関しても，過渡状態のガス透過性を評価できることが望まれる。

積層型のバリアフィルムに関しては，桁違いに長いlag timeの存在などから，膜中での水分子の振る舞いについても興味が持たれるところである。特に水分子の濃度分布の時間発展に関しては，積層膜中での水分子の挙動に関して重要な情報を与える。

Bryanら[6]は，X線および中性子の反射測定から，酸化アルミニウムとアクリレートの積層バリア膜中における，水分子の厚み方法のプロファイルを測定し，水分子がアクリレートと酸化アルミニウムの界面に凝集していることを報告している。この結果は，有機層の無機層の界面に水分子を捕集するゲッター的な能力があることを示しており，有機／無機積層型バリアフィルムの高いバリア性を説明するもう一つの可能性を示している。

文　献

1)　L. M. Moro, *et. al*, *IMID/IDMC Aug 23* (2006)
2)　Tae Won Kim *et. al*., *J. Vac. Sci. Technol. A*, **23**, 371 (2005)
3)　US Patent Application No: 2010/0089,636
4)　「包装材料のバリアー性の科学」，仲川勤，日本包装学会
5)　G. L. Graff, *et. al*., *J. Appl. Phys*., **96**, 1840 (2004)
6)　B. D. Vogt *et al*., *J. Appl. Phys*., **97**, 114509 (2005)

4　複合構造（ナノコンポジット等）

伊藤幹彌*

4.1　はじめに

ナノコンポジットとはポリマー中に無機系ナノ粒子を配合，分散させたナノ粒子複合材料のことである。ナノコンポジットはナノ粒子を高度に分散させることによって，少量の配合で特性の大きな改善，改良が可能であり，ポリマーの利点を生かして製品の特性向上が可能と考えられている。向上が期待される特性には各種機械特性，熱特性のほか，難燃性やガスバリア性なども報告がある[1)]。ここではナノコンポジットの素材に関する概説およびガスバリア性の発現メカニズムを述べたうえで，加熱老化を想定した条件において酸素透過性測定を実施したのでその結果についても記述する。

4.2　ナノコンポジットとは

4.2.1　ナノコンポジットの特徴[2)]

ナノコンポジットとはマトリックスがポリマーで分散相がナノ次元（通常 1～100 nm）の超微粒子であるような複合材料のことを言う。広義には，分散相の種類が無機物であっても有機物であっても構わない。

一般的なポリマー系ナノコンポジットは，ポリマーマトリックスに対して無機系の超微細粒子が分散した系を示す。こうした系では分散相の濃度が数 % と低くても，粒子の全表面積は非常に大きくなり，粒子間距離は著しく短くなる。図 1 にナノコンポジットの TEM 写真の例を示す。

表 1 は代表的な分散系の場合の粒子間距離と粒子の全相対表面とを示したものである。表から明らかなようにナノコンポジットでは全相対表面が非常に大きく，粒子間距離は極端に短い。このため，粒子間相互作用は著しく増大し，分散相の間にあるマトリックスの分子運動は大きく拘束される。このことがナノコンポジットの各種性能発現の基本的な要因となっている。

ポリマー系ナノコンポジットの開発は 1987 年に㈱豊田中央研究所によって完全層はく離型のナイロン-6/ モンモリロナイト系ナノコンポジットが発明されたことが大きなきっかけとなり，その後，関連の研究が急速に進んだ。それは以下のような要因によるものと考えられる。

①少量の分散相微粒子の存在により系の諸物性が著しく向上する。

②ナノコンポジットの合成に関して，通常，新規な化合物を使用しない。

③ナノコンポジットの製造設備が比較的安価で，既存設備の手直し程度で良い場合が多い。

特に②，③の要因は企業で実施する場合にコスト面で有利であり，企業がこの分野の研究開発に注力し始めた背景にはこうした要因があったものと考えられる。

4.2.2　ナノコンポジットの性能[3)]

ナノコンポジットを従来材料と比較した時に得られる利点として以下の事項が挙げられる。な

---

*　Mikiya Ito　公益財団法人　鉄道総合技術研究所　材料技術研究部　主任研究員

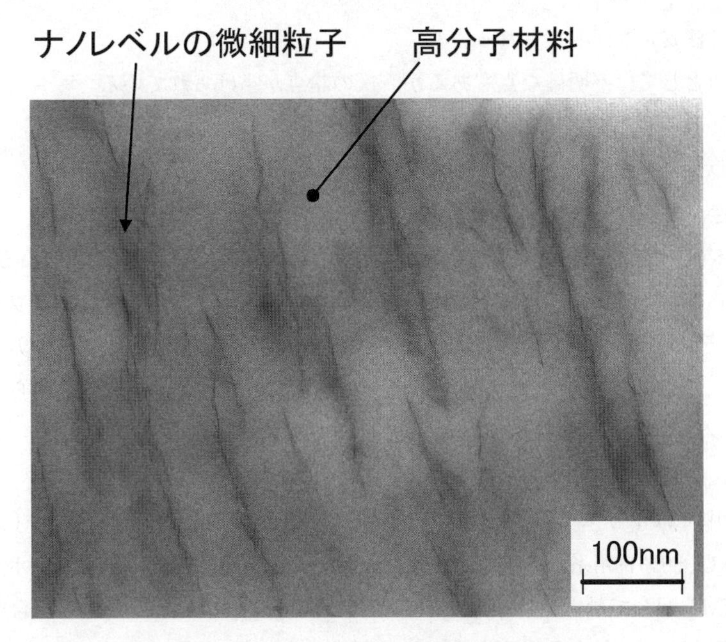

図1　ナノコンポジットの電子顕微鏡（TEM）写真

表1　2 vol%分散系での粒子半径と粒子間距離，全相対表面との関係

分散系の種類	粒子半径		粒子間距離 (nm)	粒子の全相対表面
	nm	μm		
マクロ分散系	40000	40	160000	1
ミクロ分散系	400	0.4	1600	100
ナノコンポジット	4	0.004	16	10000

お，この場合，分散相は層はく離型の粘土化合物で，濃度は5 wt% 以下の材料を対象としている。

(1)機械的・熱的性質の向上

・弾性が大きく向上する（1.5～2倍）

・摩擦・摩耗特性が向上する

・熱変形温度が上昇する

・熱膨張係数が半減する（熱に対する寸法安定性が高まる）

(2)機能的性質の向上

・ガス透過度が1/2～1/5になる（水蒸気，酸素など）

・燃焼性が低減する

・透明性が優れている

・顔料の着色性が向上する

(3)その他

・比重が元のポリマーと同程度である

・吸水性，寸法安定性が改良される

一方，欠点としては不明確な点もあるが，次の諸点が挙げられている。

・破断伸びが低下する

・成形品のウェルド強度がやや低下する

4. 2. 3　難燃性

ナノコンポジットの難燃性は J. W. Gilman らによって詳細な検討がなされている[4]。この中で J. W. Gilman らはコーンカロリメータを用いてナイロン-6，ポリスチレン，ポリプロピレン / 無水マレイン酸それぞれの系において単品および粘土化合物であるモンモリロナイト（以下，MMT とする）を 3~5 % 配合したナノコンポジットを用いて着火・燃焼性を明らかにした。結果として，ナノコンポジットはいずれの系においても発熱速度（Heat Release Rate）が 50~75% 低下した。

また，本文中ではポリスチレンの系で標準的に使用される難燃剤配合製品（臭素系難燃剤 DBDPO と Sb_2O_3 30% 併用系）の結果が併記されている。結果として，ナノコンポジットではわずか 3 % の MMT 配合で最大発熱速度が 48% 低下しているのに対し，難燃剤配合製品では 30% もの配合にも関わらず，最大発熱速度は 56% の低下であった。

従来，ポリマーが高い難燃性を得るためには多量の難燃剤を配合する必要があり，程度の差こそあれ，ポリマーの軽量かつ柔軟といった特性を犠牲にする必要があった。しかし，ナノコンポジットの技術を適用することで，少量の配合でポリマーの特性を生かしながら，大きく難燃性が改善できる可能性が示唆された。

4. 3　ガスバリア性の発現メカニズム

一般的にポリマーマトリックス中にアスペクト比が大きく，ガス透過性が低い粒子が含まれているとポリマーのガスバリア性が向上する。これは図 2 に示すような，ガスの透過経路における迂回効果によるものと考えられている[5]。こうしたメカニズムはナノコンポジットに限定されるものではないが，一般的なナノコンポジットはアスペクト比の高い粘土化合物がナノレベルで分散した系であり，こうした迂回効果のメカニズムが比較的該当する系といえる。

ポリマーの燃焼時には分解ガスのガス透過といったプロセスも含まれており，ガス透過性は燃焼性にも影響を与えている[6]。

ガスバリア性の向上は包装材料の他，燃料電池などの電気電子分野への応用において重要な開発要素である。また，ポリマーの燃焼特性にも影響するなど，従来とは異なる視点からも見直されるテーマである。ナノコンポジット材料の開発はこうした面からも注目されるテーマであり，近年ではポリオレフィンやゴム系材料のナノコンポジット化なども検討されている[7,8]。

4. 4　加熱老化条件における酸素透過特性

ナイロン-6 は加熱老化条件で機械的強度や伸びの低下，黄変の増加といった一連の劣化挙動

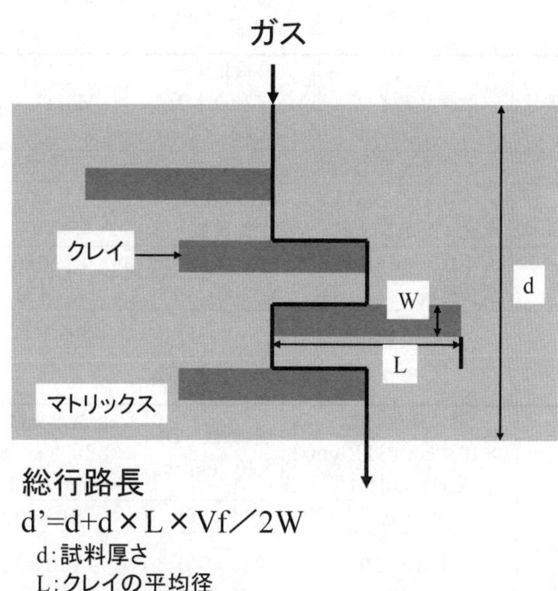

図2　迂回効果によるガスバリア性の向上

を示す。さらに，ナイロン-6にMMTをナノレベルで分散させたナノコンポジットは単体のナイロン-6と比較して急速に劣化する傾向がみられる[9]。一般大気中においてナイロン-6の加熱老化には酸素の影響が大きい。そこで，MMT配合の加熱老化特性への影響を把握する目的で，ガラス転移温度（T_g）以上の条件で酸素透過性を測定した。

試験品としてはナイロン-6単体，ナイロン-6/MMTナノコンポジット，ナイロン-6/MMT混合材料の3種類とした。ここで，ナイロン-6/MMT混合材料はナイロン-6とMMTを単純に混合して配合した材料のことであり，ナノコンポジットとはMMTの分散性が大きく異なる材料である。これら試験品の詳細を表2に示す。これら試験品を用いて酸素透過性を測定した。試験は全ての試験品でT_g以上となる65℃で実施した。試験の結果を表3に示す。

試験品番号3のナノコンポジットは3種類の中で最も低い透過係数（P）を示し，次いで混合材料，ナイロン-6単体が最も高い透過係数を示した。このことからMMTの配合はガスバリア性の向上に効果を有し，同程度の配合量であっても高度なナノ分散によって高いガスバリア性が得られることが明らかとなった。こうした結果はT_g以下の温度で測定した結果とも良く相関する[10]。

一方，溶解度係数（S）は，ナイロン-6単体と比較して，ナノコンポジットおよび混合材料が

表２　試験品

試験品番号	試験品タイプ	有機化処理 MMT（net MMT）（wt%）	MMT（wt%）
1	ナイロン-6 単体	0	0
2	ナイロン-6/MMT	1.15（0.86）	0
3	ナノコンポジット	2.3（1.72）	0
4	ナイロン-6/MMT	0	0.86
5	混合材料	0	1.51

表３　酸素透過性の測定結果

試験品番号	試験品タイプ	透過係数（P）（$\times 10^{-12}$cm^3(STP)cm/cm^{2}s cmHg）	拡散係数（D）（$\times 10^{-9}$cm^2/s）	溶解度係数（S）（$\times 10^{-4}$cm^3(STP)/cm^{3}cmHg）	遅れ時間（θ）（$\times 10^{-3}$sec）
1	ナイロン-6 単体	14.8 ± 0.5	29.4 ± 5.0	5.03 ± 0.97	2.71 ± 0.54
3	ナイロン-6/ MMT ナノコンポジット	4.33 ± 0.10	2.89 ± 0.31	15.0 ± 3.0	25.0 ± 2.7
5	ナイロン-6/MMT 混合材料	9.63 ± 0.21	6.75 ± 0.53	14.3 ± 3.9	10.6 ± 0.8

表４　黄変度に基づいた加熱老化の活性化エネルギー

試験品番号	活性化エネルギー（J/mol）
1	99.76
2	78.03
3	78.67
4	63.93
5	65.31

極めて高い結果を示した。また，両材料は約 2 wt% の MMT を配合しており，ともに溶解度係数は類似していた。これらの結果から，MMT はナイロンマトリックスよりも酸素に対する相溶性が高いことが推定され，その結果として酸素の溶解度係数が高まったものと考えられた。また，ナノコンポジットにおいては MMT 配合にあたり MMT 表面を有機化処理している。こうした有機化処理剤の影響も懸念されるが，溶解度係数に顕著な違いはなく，これら有機化処理剤の酸素透過に与える影響は限定的と考えられた。

加熱老化試験の結果から，それぞれの黄色度変化に基づく活性化エネルギーは表 4 に示すようにナイロン-6 単体が最も高い[11]。黄色度変化は物性との相関も高く，こうした結果はナイロン-6 単体が加熱老化試験に最も高い抵抗性を有することを示している。一方，酸素透過性の測定結果からナイロン-6 単体は最も透過係数が高く，ガスバリア性が低いことが分かった。以上の結果から加熱老化特性を考えると，ナイロン-6 の加熱老化特性は酸素の透過係数よりも溶解度係数に大きく影響されると推定された。

実際，ナイロン-6 単体の酸素の透過係数はナノコンポジットおよび混合材料に比べて大きいが，溶解度係数は低い。このことから，ナイロン-6 単体の酸素との相互作用はナノコンポジットおよび混合材料と比べて少ないと考えられる。一方，ナノコンポジットおよび混合材料といった MMT 配合材料はナイロン-6 単体と比べて透過係数は低いものの，溶解度係数が高く，材料自身が酸素と相互作用を生じやすいものと考えられる。

この要因の一つとして，MMT 配合材料の遅れ時間（θ）はナイロン-6 単体と比較して十分に長いことがあげられる。この結果は，MMT 配合材料は加熱老化環境において酸素を材料中に長時間滞留させることを示す。材料中に滞留した酸素は材料と反応する時間が長く，透過する酸素量が少なくとも，透過過程にある酸素が材料と高い割合で反応することが考えられる。こうしたメカニズムによって，MMT を配合したナイロン-6 は酸素透過係数が低くとも，加熱老化速度が増加したものと考えられる。

以上に示したように，ナイロン-6 は MMT 配合によって加熱老化が進みやすくなることが分かった。しかし，試験に用いた材料はいずれも 100℃以下の温度条件ではほとんど劣化は進行しない。本検討では加速劣化の観点も含めて最大 150℃の温度条件まで実施したため劣化速度の違いが明らかとなったが，通常の環境ではこうした特性の違いはほとんど分からない程度のものである。高分子材料の選択は機械的特性をはじめとした要求特性に加えて，温度条件などの使用環境を十分考慮の上で行うが，ナノコンポジットの適用についても同様である。材料の良い面だけでなく新たな試みに伴う差異も把握し，想定する使用環境などを明確にした上で適用することが重要と思われる。

文　　献

1)　臼杵有光，豊田中央研究所 R&D レビュー，**30**, 4, 47 (1995)
2)　中條澄，ナノコンポジットの世界，p.13，工業調査会 (2000)
3)　同上，p.35，工業調査会 (2000)
4)　J. W. Gilman *et al., Chem. Mater.*, **12**, 1866 (2000)
5)　栗田秀樹，東亞合成研究年報，**6**, 49 (2003)
6)　西沢仁編，高分子の難燃化技術，113, シーエムシー出版 (1996)
7)　M. Kato *et al., Polym. Eng. Sci.*, **43**, 1312 (2003)
8)　A. Usuki *et al., Polymer*, **43**, 2185 (2002)
9)　M. Ito, K. Nagai. *J. Appl. Polym. Sci.*, **108**, 3487 (2008)
10)　K. Tamura *et al., J. Polym. Sci. Part B*, **47**, 583 (2009)
11)　M. Ito, K.Nagai. *J. Appl. Polym. Sci.*, **118**, 928 (2010)

第2章　バリア材料の特徴と製造方法

1　バリア材料の分類

永井伸吾*

1.1　まえがき

バリア材料の分類と言った場合，何の話題を期待するかは，携わる産業分野によって全く異なる物になるだろう。バリア（Barrier）について英和辞書を引いてみると，「障壁」，「フェンス」，「難関」などの意味が掲載されており，広い意味で何かを妨げる物と考えてよい。例えばガスバリア材料の場合は広い意味で気体の障壁となる材料ということになる。しかし，科学的な視点で考えるガスバリアの場合，厚いコンクリートの壁から薄い紙，さらには流体すら，想定する条件によっては気体の障壁になり得るし，全くガスが通過しない場合や微量にガス通過する場合について，透過するレベルがどの程度からバリアでどの程度からバリアではないのかと言ったように，想定する条件や結果に対して明確にバリア材料が定義されているわけではない。またエンジニアリングの視点からバリア材料について考えてみると，開発者の意図と利用者の意図が必ずしも一致するとは限らないこともあり，バリア材料を定義，分類する事は簡単な様で簡単ではないという側面もある。このように，「バリア」，「バリア材料」というキーワードは一般的に知られているようで，実は非常に漠然としたものである。

1.2　バリア材料とは

では，バリア材料とそう呼ばれない材料の境界線が何なのかという素朴な疑問について，産業界における「バリア」というキーワードの起源について調査を試みた結果を報告する。

「バリア」または「バリヤ」という言葉が含まれる特許文献または実用新案をPATOISやIPDLで調査した結果，1966年頃からの文献を検索する事が出来た。内容は，交通に関する物や防爆など電気部品の安全対策関連の技術分野が多い様に思われた。その他にはショットキーバリヤのような半導体関連の技術分野も多くみられた。一方，最近の特許文献から見られる「バリア」と産業の関係については，光学，ガス，物質，電気等様々な応用分野で「バリア」という単語が登場する事がわかった。最近の「バリア」キーワードが登場する分野は主にエレクトロニクスであり，その技術は微細，微小と関連深い分野であった（表1）。

さらに具体的なキーワードとして「ガスバリア」という名前が登場する特許文献を調査した結果，古いもので1974年頃のものが検索された。内容としては，ポリ塩化ビニリデン積層ポリオレフィンフィルムに関するもの，樹脂組成物や包装材料，蒸着フィルムといった技術分野の文献

＊　Shingo Nagai　尾池工業㈱　フロンティアセンター　主任部員

表1　公開特許文献等にみられるバリア（バリヤ）技術

公開番号	発明	バリアとの関連性
特願　昭41-50358	液体ガスタンクバリヤ	船舶用液化ガスタンク（液体）
特願　昭45-26556	本質安全防爆用バリヤ	送電バリア（電気）
特願　昭45-13776	ショットキーバリヤダイオード	ショットキーバリア（電子）
実願　昭49-233	タイマなどの接点バリヤ体	絶縁（電気）
実願　昭48-137732	有料道路等のゲート，バリヤ	柵（交通）
特許公開2011-101366	多視点映像表示システム	パララックスバリア（光学）
特許公開2011-101028	半導体装置の製造方法	バリアメタル（金属拡散）
特許公開2011-100914	インダクタ用樹脂成型ケース	インダクタ相間バリア（電気）
特許公開2011-100845	固体撮像装置	水素バリア膜（ガス）
特許公開2011-100770	受光素子アレイの製造方法	ショットキー障壁（電子）

表2　公開特許文献にみられるガスバリア（ガスバリヤ）技術

公開番号	発明	利用分野
特願　昭49-14825	熱可塑性樹脂組成物	アクリルニトリル樹脂材料
特願　昭50-19572	二軸配向筒状多層フィルム	塩ビ配管
特願　昭49-102349	合成樹脂燃料タンク	ポリアミド・燃料タンク
特願　昭50-122468	二軸配向三層フィルム	PVDCフィルム包装
特願　昭50-98028	ガスバリヤー性包装材料	PVDC，PAフィルム包装
特願　昭51-145634	ポリプロピレンフィルム	アルミ蒸着フィルム包装
特願　昭52-27861	袋の滅菌方法	フィルム包装の滅菌方法
特願　昭52-97232	ガスバリヤー性積層材	PA積層ポリオレフィンフィルム
特許公開2011-99527	断熱シート	真空断熱シート
特許公開2011-98879	バリアフィルム用蒸着材	バリアフィルム用蒸着材
特許公開2011-98750	防錆フィルム	金属製品用包装材
特許公開2011-9856	酸素吸収多層体および容器	酸素吸収多層容器
特許公開2011-97884	試料解析装置	遺伝子解析用PCRチップ
特許公開2011-94807	真空断熱材の製造方法	真空断熱材
特許公開2011-94121	樹脂組成物，多層構造体	バリア性樹脂コーティング
特許公開2011-94090	樹脂硬化体からなる封止材	光電素子の封入
特許公開2011-93600	液体紙容器	液体紙容器
特許公開2011-84013	透明ガスバリア性フィルム	包装，表示体基板

がみられた。また，最近の特許文献からは真空断熱材や容器，樹脂組成物，ガスバリア性フィルムなどの内容が多く見られた。ガスバリア関連技術に関しては，現在でもそれほど大きな変化は無いように見えるが，特に半導体分野での応用を想定しているものが見られるところが最近の特徴である（表2）。

これらの結果から考察して，すでに一般化されている絶縁被覆や容器のような物に対して現在「バリア」という概念は持たれていないようである。これらの事から，「バリア」という言葉は古くは保護や安全確保の意味合いで用いられていたが，半導体産業関連技術の影響を受けて，その他の産業分野にも定着してきた要素技術に対して用いられるようになったのではないかと推測で

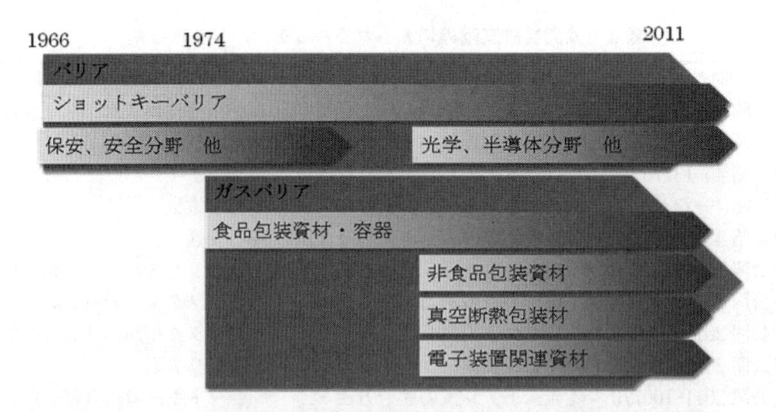

図1　バリア，ガスバリアの応用分野の変遷と発展（1966年からの調査）

きる（図1）。では，一般的にバリア材料と呼ばれる物の応用別，素材別の分類について具体的に解説していきたい。

1.3　食品包装資材としてのバリア材料

特許文献の検索結果から判断して，包装資材としてのバリア材料の誕生とプラスチック産業の発展に密接な関係があるように思われる。1957年から食品包装の雑誌を発刊している日本アイ・ビー社の「食品包装」にその歴史が紹介されていたので，簡単にまとめて紹介する。ポリエチレンの工業化は1953年に成功したとされており，国内では1954年に積水化学が硬質塩化ビニルの生産を開始，三井石油化学がポリエチレンの製造技術導入するなど，プラスチック産業の発展の時代であった。当時の包装とは段ボールが主流であったと言われる。1960年以降になると高度経済成長を背景に流通の大きな変化がもたらされ，1970年以降はファーストフード店，コンビニエンスストア，スーパーマーケットなどの出店が相次ぎ，現在のプラスチックを主とする包装産業へと移り変わったと言われている[1]。包装材料の技術面における発展に大きな影響をもたらしたのはインスタント食品の普及，具体的には冷凍食品，レトルト食品や電子レンジ対応食品等の普及であると考えられる。特に耐熱性や耐寒性の要求，また環境問題がクローズアップされる等，包装材料メーカーは絶えず技術開発の必要性にせまられた。現在もこの流れは継続しており，高透明ブロックPP[2]やスカベンジャー包装[3]等，様々な複合材料を生み出す結果につながった。

食品包装資材といっても，食品の種類は多岐にわたり，新鮮さや適切な保存方法は単一ではなく包装材料に求められる機能は単純ではない。食品は大きく分けて多水分食品，中間水分食品，低水分食品にわけられる。多水分食品の多くは，生鮮食品であり冷蔵によって鮮度を保つため，ガスの遮断よりも雑菌などに対して食品を保つ事が必要である。中間水分食品は酸化による変色などが問題となる場合があり，低水分食品は水分によって品質が低下する（図2）。

ところで，バリア包装が必要とされる食品の多くはソーセージやその他加工食品等の中間水分食品であり，従って要求されるバリア性としてはガスバリア性（主に酸素バリア性）であること

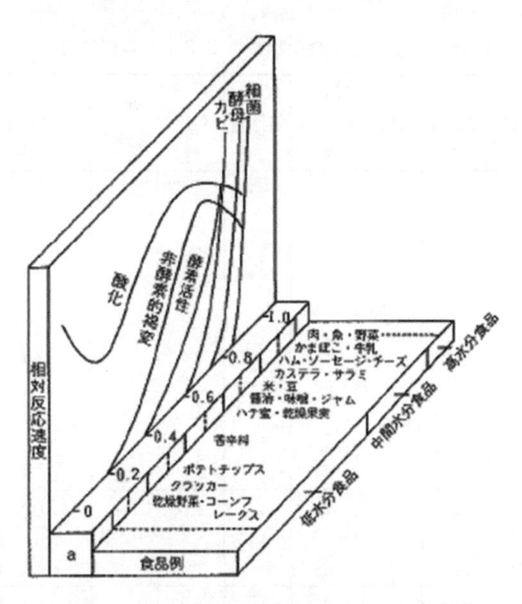

図2　食品の変質に及ぼす水分活性の影響[15]

が多い。防湿性が必要とされる食品としてはスナック菓子等のドライフード等であるが，食品全体の割合から見ると非常に少ない（表3）。

1.4　包装における防湿バリア材料

我々日本人にとって湿度の制御，調湿の技術は古くから利用されており，それは生活の随所に見る事が出来る。例えば，日本家屋の木材や土壁，障子等は寸法変化を伴いながら吸湿したり，給湿したりすることによって結露を防止するという機能を有すると言われている。特に，1,200年前に造られた校倉造りの正倉院は宝物を保管する倉庫として非常に優れた機能を有する建築物と言われている。このように重要文化財等の保存における湿度管理は非常に重要な要素である事が知られており，例えば古墳内部の石室の壁画を保存するには湿度100%を維持する必要があるといわれている。実際に少しでも乾燥が生じると，ひび割れや壁画の脱落，カビが発生すると言われており，石室が地下に密閉されて高湿度を保っている事は保存という観点では意味があると言われている[4]。我々が暮らす地球上の環境では保存という目的に対して乾燥させる事が必ずしも良い保存状態を維持できるというわけではなく，場合によっては劣化を加速させるというケースもしばしば見られるようである。このように，湿度と劣化の関係について，古くから知られていた事を裏付けるような歴史を知る事ができるが，これらは防湿技術というより調湿技術と呼ぶのが適切である。

前述の話題と関係してか，実は防湿技術の応用例は調湿のように多くは見当たらず，それ程古い歴史がある訳ではなさそうである。実際，包装の分野では特殊な場合を除いては，防湿を目的とする場合には，乾燥剤を使用するのが一般的である。いかに透湿度の低いバリア材料を使用し

表３　食品物包装材要求特性とフィルムの物性[16]

	要求品質	耐寒性	耐熱性	強靭性	耐ピンホール性	防湿性	ガスバリア性	ガス透過性	防曇性	保香性	耐油性	透明性	ヒートシール性
分類	乾燥食品					○						○	○
	油脂食品						○				○		○
	水物食品			○	○		○			○			○
	含水食品						○						○
	ボイル食品		○	○	○		○						○
	レトルト食品		○	○	○		○						○
	ガス充填包装食品				○		○						○
	真空包装食品	○		○	○		○						○
	冷凍食品	○			○								○
	生鮮食品							○	○			○	
基材	OPP	○	○	○	○	◎	×	◎	(◎)	×	△	◎	△
	PET	○	◎	○	○	△	△	△	×	◎	◎	◎	×
	ONY	◎	◎	◎	◎	×	○	×	×	○	◎	◎	×
表面加工	Ｋコート					◎	◎	×		○			
	蒸着品	◎				◎	◎	×		○		×	
	LLDPE	○	△	○	○	○	×	○	○	×	×	○	
	CPP	×	◎	×	×	○	×	○	(○)	×	△	◎	○

ても，長い時間経過と主に内部の湿度は外気と平衡に達する。さらに，防湿バリア性が災いして，包装内部の湿度が低下しない。すると，外気温の変動に応じて結露が生じてしまい本来の目的が果たせないということになる。乾燥剤の使用量は次の一般式で表わされる。

$$W=\frac{A\cdot R\cdot M}{K}+\frac{D}{2}$$

ここで，Aは包装の全表面積（m^2），M期間（月），R包装材料の透湿度（$g/m^2/24\,hr$），D包装内の吸湿性のある包装材料（kg），K予想される外気条件による係数である[5]。このように，包装における防湿バリア材料としては一般的な包装材料に乾燥剤を併用するのが基本的な考え方である。

1.5　エレクトロニクス分野における防湿バリア材料

防湿バリアというのは，技術的にも敷居が高く，現実に産業として応用されていないのかというと，そうでもない。例えば，半導体の特性と水分の影響については次の様な報告がある。たとえばp-n接合を有するトランジスタなどでは湿度が増すにつれて逆方向の電流が増すと言われている。また，有機半導体ではアントランセン結晶が水分によって酸化し，別の分子構造に変化する事，水分の吸着によって光電効果が低下する現象が知られている[6]。このように，防湿というバリア技術はエレクトロニクス分野で主に必要とされているのである。近年，特に注目されている有機ELや薄膜太陽電池等の新しいエレクトロニクスの分野でも同様の問題を抱えている事は，周知のとおりである。具体的には保護する材料の量や有効に機能させる期間などから想定した水蒸気透過率（Water vapor transmission rate/WVTR）で 10^{-6} g/m^2/day 程度のガスバリア性が必要と言われており，Mg 薄膜カソードの劣化を例に OLED に必要なバリア性について言及している[7]。

では，10^{-6} g/m^2/day がどの程度の量であって，その根拠がどの様なものか考えてみたい。例えば温度 40℃，湿度 90％の保有する水分濃度はおよそ，46 g/m^3 である。この条件は，JIS K7129 に定められている試験条件の一つである。この雰囲気で定常となっている 1 m^3 の空間を仮にスライスした時にその空間に存在する水分量がどの程度なのか考えてみた場合，100 μm にスライスした場合その中にある水分量はおよそ 5 ×10^{-3} g，100 nm の厚みにスライスした場合，その中に存在する水分量は 5 ×10^{-6} g 程度である（図 3）。すなわち，仮に 1 ×10^{-6} g/m^2/day で水蒸気が透過する 1 m^2 のバリア材料で作られた薄い箱の内部と 40℃90%RH である外の雰囲気とが平衡になるまでの時間は単純に割り算すると厚さ 100 um の箱なら 7 年，厚さ 100 nm の箱なら 3 日程度となる。このように，薄膜のデバイス分野で WVTR の小さい値を要求する理由の一つは，デバイスの容積が小さい事と関係がありそうである。また，前項で解説した場合と同様に箱内部の水分濃度を維持する為には乾燥剤が必要であると考えられる。乾燥剤を使わない場合であれば，箱内部の初期水分濃度の管理が必要である。先程の例で厚さ 100 um の箱を想定した場合，箱の内部の最初の水分量は一般的な日本の空気より 2,000 倍以上乾燥した状態で平衡状態になってなければ，内部の乾燥状態を維持できる時間は計算通りに再現されないと考える事もできる。また，極端な乾燥雰囲気では物質から放出される水分についても考慮する必要がある。真空中での放出ガスのデータではホウ素ケイ酸ガラスの場合，室温で 1 時間後の放出ガス量は 9.3×10^{-6} Pa.m^3/s/m^2，ポリエチレンの場合 1.7×10^{-4} Pa.m^3/s/m^2 と言われている。これらのガスの成分は主に水であるとも言われている[8]。

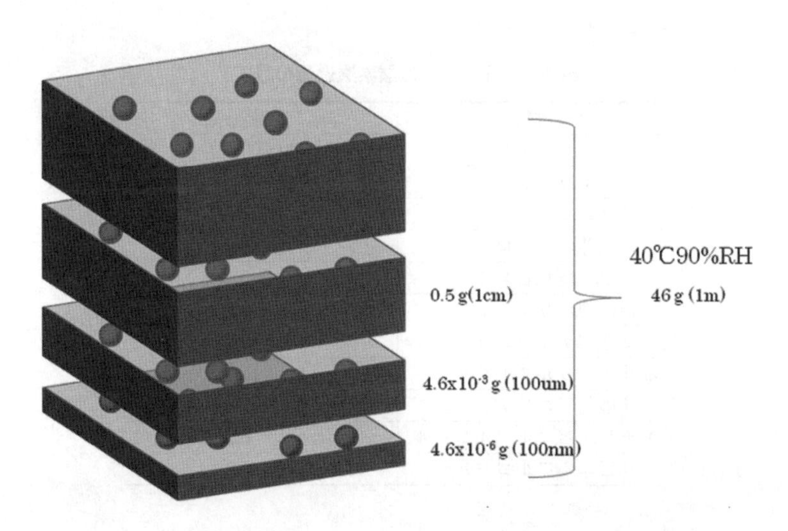

図３　加湿された１m^3 の空間をスライスした場合の厚みとその空間の保持する水分量

1.6　高分子のバリア材料

ここからは，バリア材料の素材について解説する。バリア材料として包装関係の書籍で必ず登場する高分子材料はPVDC（ポリ塩化ビニリデン）であり，日本においては呉羽化学がクレハロンという商品名で1956年に工業化した。バリア材としてのPVDCはフィルム状に加工されたもの，又は他のプラスチックにコーティングして用いられる。バリア材料としてPVDC以外に代表的な高分子としてはEVOH（エチレンビニルアルコール）やPVA（ポリビニルアルコール）等も広く用いられている。EVOHは1972年にエバールという商標でクラレにより製造販売された。PVAフィルムとしては日本合成化学のボブロンなどが知られている[9]。高分子フィルムのバリア材料としては，蒸着薄膜をコーティングしてバリア性を強化したPET，ONy，OPP等も広く普及しているが，これらの高分子材料はミドルバリア材料と呼ばれている。高分子のバリア材料とは一般的にPVDC，PVA，EVOH等の事を言う。各種高分子の酸素透過度の目安を（表4）に示す[10]。

1.7　その他の高分子材料

バリア材料に分類できるかどうかは明確ではないが，機能生成高分子として前述したバリア材料と同じ目的で利用される高分子材料がある。中でもエポキシ樹脂は耐水性，熱的特性が優れている事から開発要素が高く電気電子産業では半導体の封止材料として利用されている。比較的新しい材料としては，日本ゼオン社のポリオレフィン系樹脂，ゼオネックスやゼオノアフィルムは防湿性と透明性が優れた樹脂として知られている[11]。また，帝人デュポン社のテオネックスやグンゼのＦフィルムなど，光学特性と低吸湿性を特徴とするプラスチックが開発されている。これらのプラスチックは真空蒸着などでガスバリア性を強化して利用される事があり，このように二次加工されたプラスチックフィルムはガスバリアフィルムと呼ばれる。

表4　高分子材料の酸素透過量の目安[10]

材料	透過量
低密度ポリエチレン	1,0000
高密度ポリエチレン	5,000
ポリプロピレン	4,000
二軸延伸ポリプロピレン	2,900
高湿ポリ塩化ビニル	240
二軸延伸ポリエステル	40
二軸延伸ナイロン6	30
ポリアクリルニトリル	15
ポリ塩化ビニリデン	3
エチレンビニルアルコール	0.2
ポリビニルアルコール	0.2

1.8　真空薄膜堆積技術を応用した高分子バリア材料

真空薄膜堆積技術でプラスチックのガスバリア性を強化する技術は非常に重要な要素技術となっている。この薄膜の事をコンバーティングの世界ではバリア膜と呼んでおり，バリア膜がコーティングされたプラスチックフィルムをバリアフィルムと呼んでいる。真空堆積法で作られるバリア膜は主にアルミナやシリカの様なセラミクス，アルミなどから成る薄膜であるが，物質としては特殊な部類に入る。真空で成膜する薄膜は熱平衡状態からずれた雰囲気で作成される為，膜の呼び名はバルクと同じでも，実際にはバルクとは異なる組成，構造，歪みを有している。その為，バルクの様な特性が得られない場合や，バルクにはない特性を発現する場合がある[12]。また，薄膜の物性が作成方法に大きく依存する事やプラスチックに加工した場合はプラスチックの影響を強く受けた複合的な特性が発現する場合があり，薄膜そのものの特性を正確に把握する事が難しいという特徴をもつ。バリアフィルムに関しても前述した複合的な特性が見られ，しばしばバリア性の評価結果にズレが生じる事がある。例えば，高分子フィルムの場合，一般的な100 um ポリエステルの含有する1％の水はOLEDの機能を劣化させるのに十分な量であるとされ，プラスチックの透過特性を分析評価する場合には，透過成分と放出成分の分離が難しいとされている[13]。この問題は透過度が微量な複合型バリアフィルムに起こりやすく，バリア性を評価する事が難しい材料であると言える。

1.9　薄膜技術だけで造られるバリア材料

プラスチックのバリア性を強化するだけではなく，薄膜で保護したい対象を直接封止する技術は現在バリアという分野において最も重要な技術として注目されている。これらは一種のコーティング材料と見る事ができるが，むしろ「材料」というより「方法」と見た方が良いかもしれない。真空薄膜堆積法で作成されるバリア膜としては，先ほど述べたアルミナやシリカのような物で大差は無いが，プラスチックのバリア性を強化する方法が主にPVD（Physical Vapor Deposition）であるのに対して，こちらはCVD（Chemical Vapor Deposition）が主流である。理由の一つは半導体デバイスにみられるトレンチ（細長い溝）をコーティングする為には成膜に指向性の無いCVDが向いている為と考えられる。特に，バリアに関して最近注目を浴びている技術がALD（Atomic Layer Deposition）である。これも一種のCVDと考えられるのだが，単分子の吸着，掃気，反応，掃気を繰り返す事で，緻密な膜を堆積させる事ができると言われている。ALDに関する研究では有機ELのカソードを模してCa薄膜をガラスに成膜し，これをALDで封止した後，高湿度下で加速してCaの劣化速度に関してCaの酸化による光学特性の変化から算定したWVTRが5～10 nmのAl_2O_3膜で10^{-5}～10^{-4} g/m^2/dayとの報告例もあり（図4），よりガラスに近いコーティング方法として期待されている[14]。

1.10　さいごに

バリア技術は産業の発展と主に歩んできた，中でも防湿分野におけるバリア材は半導体産業を

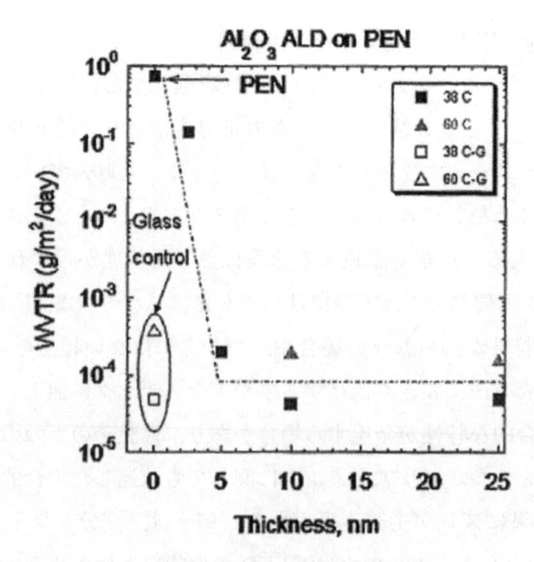

図4　ALD の WVTR 測定結果[14)]

中心に目覚ましい進化を遂げてきた。今後もさらに新しい市場の開発に必要な技術として発展していくものと思われる。

文　献

1）川村勝志，食品包装 (11) 18 (2010)
2）田淵大三，食品包装 (4) 36 (2011)
3）日本ゼオン，食品包装 (11) 42 (2011)
4）稲松照子，湿度のはなし，p10，日本規格協会 (1997)
5）高分子学会　高分子と吸湿委員会編，材料と水分ハンドブック，p680，共立出版 (1968)
6）高分子学会　高分子と吸湿委員会編，材料と水分ハンドブック，p695，共立出版 (1968)
7）P. E Burrows, *et al.*, *Proc. SPIE.*, **4105**, 75 (2001)
8）日本真空技術株式会社編，真空ハンドブック増訂版，p46 (1982)
9）伊藤義文，最新版！ハイバリア蒸着フィルム，p30，日報企画販売 (2001)
10）猪狩恭一郎，バリヤー材料の発展と最近の傾向 (9) 127，日本包装学会誌 (2000)
11）南　幸治，透明プラスチックの最新技術と市場，p23，シーエムシー (2001)
12）白木靖寛　他，薄膜工学，p2，丸善 (2003)
13）Holger Norenberg *et al.*, *Proc. SVC*, **49**, 631 (2005)
14）P. F. Carcia *et. al.*, *J. Appl. Phys.*, **106**, 023533 (2009)
15）日本機械学会編，湿度水分計測と環境のモニタ，p348，技報堂出版 (1992)
16）東洋紡績㈱編，包装用フィルム概論，p238，㈱東洋紡パッケージング・プラン・サービス (1997)

2　均質材料

柏木幹文[*1]，池田功一[*2]

2.1　はじめに

バリア性を高めるという事は，その材料の分子の透過を制御する事となる。一般に気体の透過メカニズムは多孔質膜と非多孔質膜で異なっている。

多孔質膜の場合，ポアゾン流やクヌーセン流で，非多孔質膜では均質材料（高分子膜）として溶解拡散のメカニズムで解析を行っている。特に均質材料では，材料独自の溶解度係数と拡散係数の依存が大きいと考えられる（図1）。

本項では弊社が開発した高分子材料であるシクロオレフィンポリマーを用いた均質材料からなる水蒸気バリア膜としての応用展開を紹介する。

2.2　シクロオレフィンポリマーとは

一般にシクロオレフィンを重合して得られる高分子主鎖に脂環構造を有する高分子をシクロオレフィンポリマーと言われている。日本ゼオンでは独自の合成技術により反応性の高いノルボル

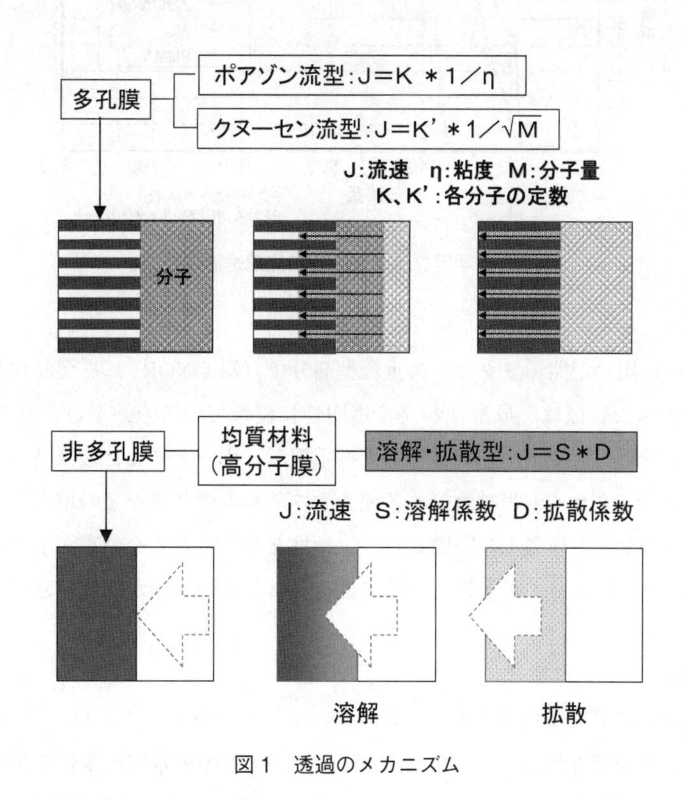

図1　透過のメカニズム

＊1　Motofumi Kashiwagi　日本ゼオン㈱　新事業開発部　課長

＊2　Koichi Ikeda　日本ゼオン㈱　高機能樹脂・部材事業部　課長

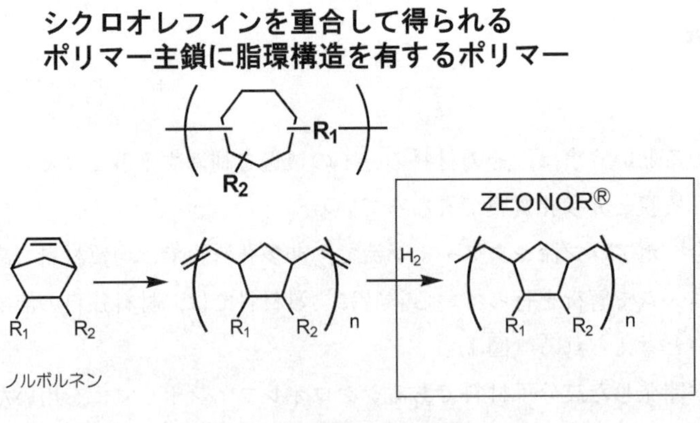

シクロオレフィンを重合して得られる
ポリマー主鎖に脂環構造を有するポリマー

R_1
R_2
ZEONOR®
H_2
R_1 R_2
ノルボルネン
R_1 R_2 n
R_1 R_2 n

図２　シクロオレフィンポリマー

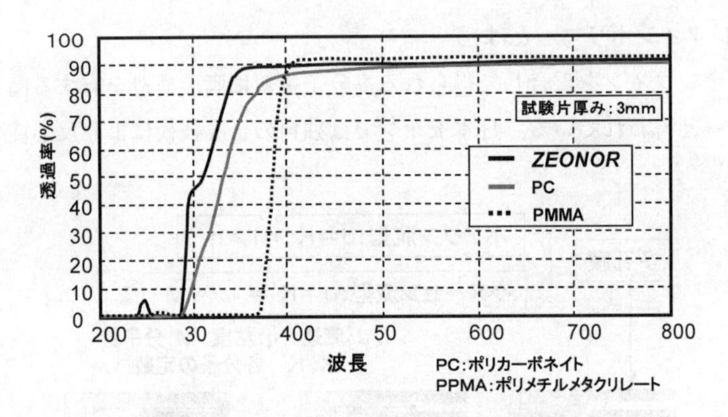

図３　光学用プラスチックの光線透過率比較

ネン類をモノマーに用いた開環メタセシス重合型高分子（ZEONOR®）を製品化した（図２)。

この高分子の大きな特徴は，成型性が良く透明性に優れている点が挙げられる[1~4]（図３)。この特徴を活かした分野としてノートパソコン・携帯電話・カーナビなどの液晶バックライト用導光板，液晶 TV のバックライト用拡散板，各種光学フィルムの基材などの用途等に広く展開されてきた。またこの高分子の構造上の特徴として，極性基を全く含まない点が挙げられる。この構造上の特徴を活かす事により，耐湿性，バリア性材料としての展開が期待できる。

2. 3　吸湿性試験

透明性に優れている高分子材料として，ポリエチレンテフタレート（以下 PET と略す）が代表的な高分子として挙げられる。そこで ZEONOR®と PET の吸水率の変化を測定してみた。湿度を変化させた時の重量変化を比べたところ，PET は湿度に対応して重量が上昇するのに対して ZEONOR®は重量変化がほとんど無い事がわかった（図４)。

高温高湿（85℃，85%RH）テスト前後の ZEONOR®と PET の濁度（HAZE）変化を比較した

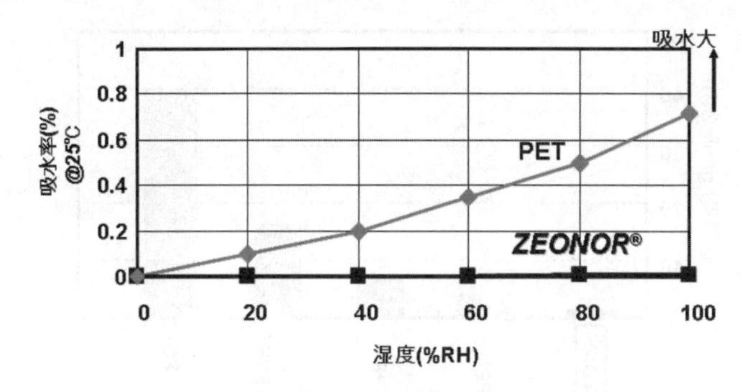

図4　ZEONOR®，PETの湿度と吸水率の関係

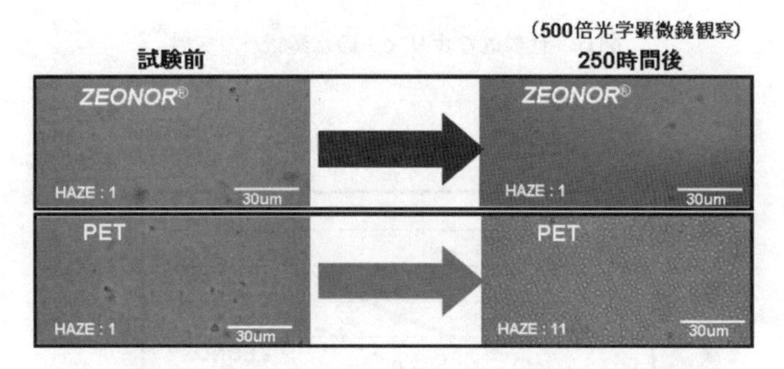

図5　高温高湿試験前後におけるZEONOR®とPETの外観変化

ところPETの変化が大きい事がわかった。そこで表面状態を観察してみたところPETには，フィルム内部に水の浸入と思われる痕跡が観察されたが，ZEONOR®は，フィルム内部の水の浸入痕跡は観察され無い事がわかった（図5）。

2.4　水蒸気バリア性

水蒸気のバリア性を他の一般的な高分子材料と比較してみると，40℃，90%RHの環境下でPETの約5倍，PEN（ポリエチレンナフタレート）の約2倍と明らかに他の高分子材料に比較して水蒸気バリア性が高い事がわかる（図6）。

また，ZEONOR®の水蒸気バリア性は，他高分子と比較して温度の影響が少なく，T_g以下では大きな変動は見られない（図7）。

前述したように，均質材料のガス透過は溶解度係数と拡散係数に依存する。このような結果はZEONOR®が極性基を持た無い独特な分子構造を持つ高分子材料なので水蒸気の溶解度係数が通常の高分子材料よりも低いのではないかと考えられる。

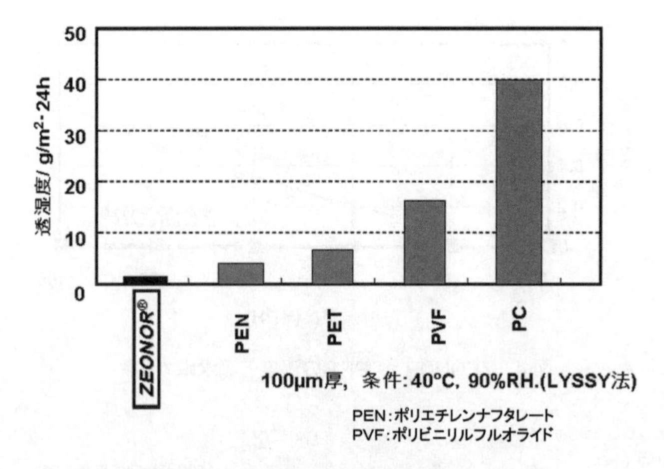

図6　代表的なポリマーの水蒸気バリア性

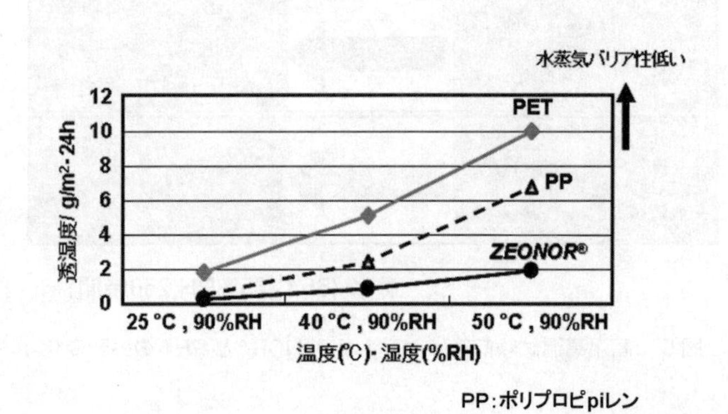

図7　代表的なポリマーの温度と水蒸気バリア性の関係

2.5　ハイバリア材料への応用

ZEONOR®は透明性に優れているので，プラスチックフィルムとして太陽電池，有機エレクトロニクス分野への展開が期待できる[5]。しかしながら，単独の材料としてはバリア性が不十分であるため，材料表面にCVDや蒸着によるSiO_2やSiN等の無機材料との複合化が検討されている。ゼオノア®を原料にゼオン独自の成型方法で作られたフィルムは，フィルム表面上にPETフィルムのような突起（スパイク）が存在し無いので，無機膜の成膜面からリークを極力抑えた，高精度なハイバリア層形成が期待できる（図8，9）。

また，太陽電池，有機エレクトロニクス分野では，無機材料との多層化したハイバリアフィルムを高温高湿で応力のかかるような環境におかれる可能性がある。このような環境でベースフィルムは，伸びや強度を保持できなければ無機材料にクラックが発生してしまい，必要なバリア性能が保つ事が出来ない。

ZEONOR®，耐加水分解性PET，PETのプレッシャークッカー試験（120℃，100%RH，

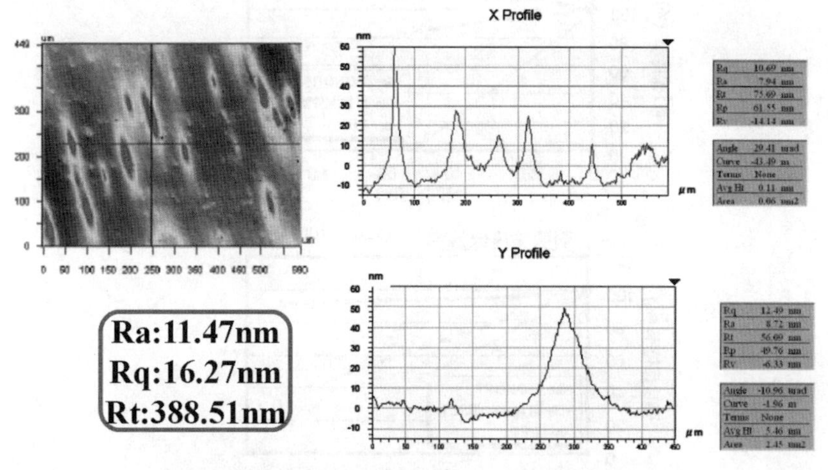

数10nmの突起（スパイク）が存在する

図8　PETの表面形状比較
（日本ビーコ㈱ WYKO NT1100にて測定）

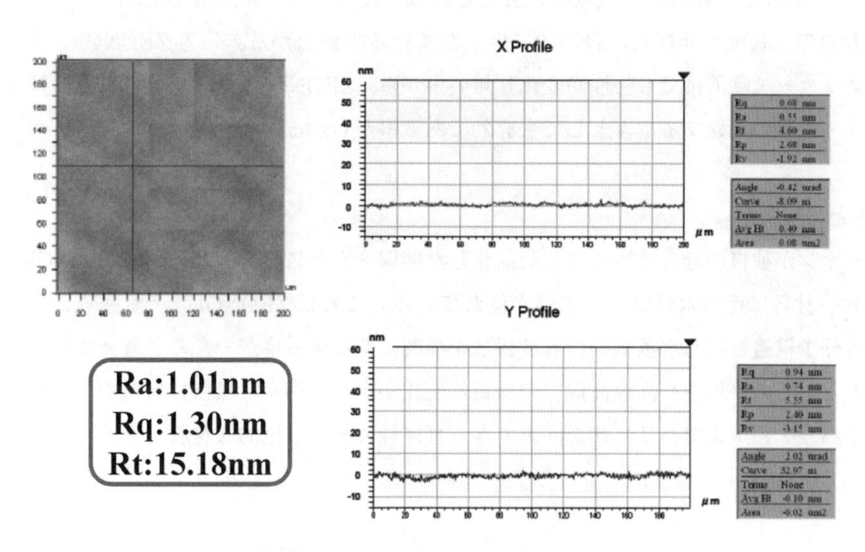

突起（スパイク）が観察されなかった

図9　ZEONOR®の表面形状比較
（日本ビーコ㈱ WYKO NT1100にて測定）

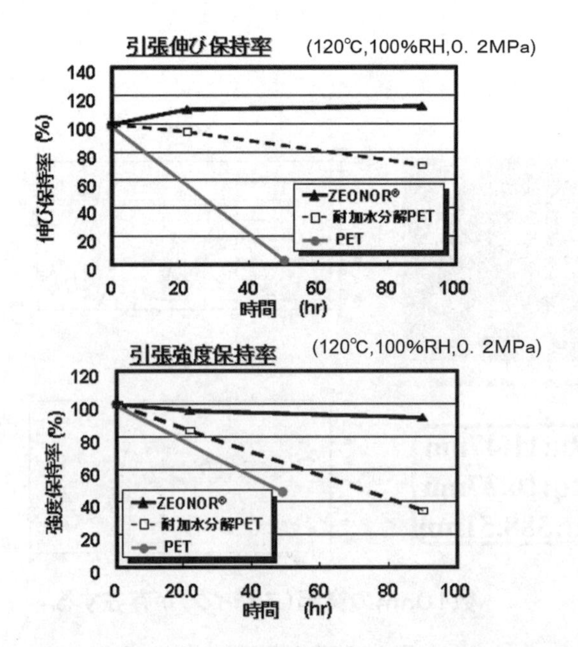

図10　ZEONOR®，PETのプレッシャークッカー試験における経時的な引張特性変化

0.2 MPa）における，経時的な機械物性変化を比較すると，PET及び耐加水分解性PETは，差はあるものの，強度／伸び共に経時的に低下している事がわかる。一方ZEONOR®は，プレッシャークッカー試験前後でも物性が変化し無い事から，ZEONOR®は，無機材料との複合化したハイバリア材料の基盤フィルムとしても有効である事がわかる（図10)。

2.6　まとめ

日本ゼオンが独自の合成技術により製品化した開環メタシス重合型高分子（ZEONOR®）は，他の高分子材料に比べ水蒸気バリア性が優れている。これはZEONOR®が極性基を全く含まない独特の分子構造を持ち水蒸気の溶解度係数を極端に低くする事ができると考えている。また，フィルムとしての平坦性や高温高湿での機械的変化が少ない事から無機材料との組み合わせにより，ハイバリア領域までバリア性を向上できる可能性のある実用的な材料と考えられる。

文　　献

1)　小原禎二，高分子，57，613 (2008)
2)　勝亦徹，プラスチックス，60 (1)，73 (2009)

3）　熊沢英明，プラスチックエージ，**53**（5），87（2007）
4）　本間精一，プラスチックエージ，**55**（5），104（2009）
5）　藤崎ら，Journal of the SID, 16/12, pp1251-1257（2008）

3　ラミネート材

葛良忠彦*

3.1　はじめに

現在，種々のプラスチック材料が包装材料など多くの分野で使用されている。これらのプラスチック材料は，ポリマーの1次構造の違いによってその特性は大きく異なる。したがって，特性の異なるプラスチック材料を複合化することにより，使用目的に必要な特性を得ることが行われている。複合化の技術としては種々のものが開発されているが，ラミネートによる多層化が最も有効な手段である。

本節では，まずバリア性ラミネート材の種類と用途について概観し，次にラミネート材に適用されるバリアフィルムの具体例とラミネート材の製造方法について述べる。

3.2　バリア性ラミネート材の種類と用途

バリア性ラミネート材は，食品や医薬品などの包装材料としての用途が最も多い。食品を保存する技法としては，真空包装，ガス置換包装，脱酸素剤封入包装，乾燥食品包装，アセプティック充填包装，液体熱充填包装，レトルト食品包装など，種々の方法がある。これらの食品保存技法に使用される包材には種々の機能・特性が要求されるが，中でもガスバリア性は特に重要である。酸素の食品に及ぼす影響としては，まず酸化による食品の化学的変化，すなわち食品の品質劣化が挙げられる。また，酸素は好気性細菌やカビの増殖を促進させ，食品の微生物による変敗を進行させる。

各種食品包装技法で適用されているフィルム包材の場合，多層構成のラミネート材が用いられる。多層フィルム包装としては，袋（パウチ）の形態がとられるため，ヒートシール層（シーラント）が必須となる。パウチの基本構成としては，印刷基材／シーラント，印刷基材兼ガスバリア材／シーラント，印刷基材／ガスバリア材／シーラント，印刷基材／補強材／ガスバリア材／シーラントなどがある。印刷基材としては，PET，2軸延伸ポリプロピレン（OPP），2軸延伸ナイロン（ONY）が，シーラントとしては，低密度ポリエチレン（LDPE），高密度ポリエチレン（HDPE），無延伸ポリプロピレン（CPP）などのポリオレフィンが一般に使用されている。ガスバリア材としては，後述するような種々のものが適用されている。

表1に，ガスバリア多層フィルム包装の構成と用途を示す。

3.3　ラミネート用バリアフィルム

3.3.1　樹脂系バリアフィルム

(1)　EVOH系フィルム

エチレンとビニルアルコールの共重合体であるEVOHは，現在主要なガスバリア材である。

---

*　Tadahiko Katsura　包装科学研究所　主席研究員

表1　ガスバリア性フィルム包装の包装技法とパウチ構成及び用途例

包装技法	要求特性	多層パウチ構成例	主な用途
真空包装	ガスバリア性	KOP／LDPE，ONY／LDPE，KONY／LDPE，PET／LDPE	畜産加工食品（ハム，ソーセージ）
	防湿性	PET／EVOH／LDPE，ONY／EVOH／LDPE，NY／EVOH／LDPE	水産加工品（かまぼこ類），生麺
	突刺強度	OPP／EVOH／LDPE，PET／アルミ蒸着PET／LDPE	カット野菜，緑茶，コーヒー
ガス置換包装	ガスバリア性	KOP／LDPE，ONY／LDPE，KONY／LDPE，NY／MXD／NY／LDPE	削り節，スナック類，緑茶，コーヒー
	防湿性	PET／EVOH／LDPE，ONY／EVOH／LDPE，NY／EVOH／LDPE	チーズ，ハム，ソーセージ
	低温ヒートシール性	OPP／EVOH／LDPE，PVAコートOPP／LDPE，アルミ蒸着PET／LDPE	水産加工食品
		OPP又はPET／アルミ蒸着CPP，シリカ（アルミナ）蒸着PET／LDPE	和菓子，カステラ
脱酸素剤封入包装	ガスバリア性	KOP／LDPE，ONY／LDPE，KONY／LDPE，NY／MXD／NY／LDPE	餅，和菓子，洋菓子
	防湿性	PET／EVOH／LDPE，ONY／EVOH／LDPE，NY／EVOH／LDPE	米飯，水産加工食品
		OPP／EVOH／LDPE，シリカ（アルミナ）蒸着PET／LDPE	珍味
アセプティック（無菌）包装	ガスバリア性	ONY／EVOH／LDPE，PET／EVOH／LDPE	スライスハム，餅
乾燥食品包装	ガスバリア性	ONY／LDPE，PET／LDPE，OPP／LDPE	加工食品（シューマイ，ギョーザ，ピラフ）
	防湿性	KOP／LDPE，ONY／LDPE，KONY／LDPE，KPET／LDPE	海苔，削り節，米菓，スナック
		OPP／EVOH／LDPE，PET／EVOH／LDPE，NY／MXD／NY／LDPE	インスタントラーメン，粉末食品
		PVAコートOPP／LDPE，シリカ（アルミナ）蒸着PET／LDPE	
レトルト食品包装	ガスバリア性	ONY／CPP，PET／アルミ箔／CPP	カレー，シチュー，ミートソース
	耐熱性	PET／アルミ箔／ONY／CPP，ONY／MXD／ONY／CPP	ハンバーグ，ミートボール，米飯
飲料・液体食品包装	ガスバリア性	ONY／LDPE，KONY／LDPE	液体スープ，ジュース
	自立性，非収着性	PET／アルミ箔／LDPE，PET／1軸延伸HDPE／アルミ箔／CPP	

注1）LDPE：低密度ポリエチレン，CPP：無延伸ポリプロピレン，OPP：2軸延伸ポリプロピレン，
PVDC：ポリ塩化ビニリデン，KOP：PVDCコートOPP，NY：ナイロン，ONY：2軸延伸NY，
KONY：PVDCコートONY，PET：ポリエチレンテレフタレート，
EVOH：エチレンビニルアルコール共重合体，PVA：ポリビニルアルコール，
MXD：MXD6ナイロン（メタキシリレンアジパミド）

注2）LDPEの代わりにLLDPE（線状低密度ポリエチレン）が多用されている。
低温ヒートシール性が必要な場合，EVA（エチレン酢酸ビニル共重合体）が使用される場合がある。
また，耐熱性が要求される場合，CPPが使用される。

表2　EVOH系，MXD6ナイロン系共押出フィルム

バリア材料	メーカー	商品名	材料構成
EVOH	グンゼ	ヘプタックスHP	NY6/EVOH/NY6
		ヘプタックスOH	NY6/EVOH/NY6/LLDPE
	ユニチカ	エンブロンE	NY6/EVOH/NY6
	三菱樹脂	ダイアミロンMF	NY6/EVOH/NY6
		スーパーニールE	NY6/EVOH/NY6
	クロリン化成	ハイラミナーNVL	NY6/EVOH/LLDPE
	フタムラ化学工業	ECO-B	PP/EVOH/PP
MXD6ナイロン	グンゼ	ヘプタックスVP	NY6/MXD6/NY6
	ユニチカ	エンブロンM	NY6/MXD6/NY6
	三菱樹脂	スーパーニールSP	NY6/MXD6/NY6
	出光ユニテック	ユニアスロン	NY6/MXD6/NY6
	東洋紡	ハーデン-MX	NY6/MXD6/NY6

EVOH樹脂は，クラレと日本合成化学が，それぞれ「エバール」と「ソアノール」という名称で提供しており，両社もフィルムの製造販売を行っている。フィルムには，種々の銘柄が両社から提供されている。日本合成化学から，EVOHの結晶サイズをコントロールする技術により開発された，ハイバリア性を維持しつつ，延伸性・シュリンク性などの特性をもつグレードが上市されている[1]。クラレからは，EVOHの新しいグレードである「エバール」SPシリーズが上市されている。このシリーズは，バリア特性に関しては従来のグレードと同等であるが，成形品の2次加工適正をEVOH樹脂の分子レベルでの変性を施して改善している。この改質により，EVOHの収縮フィルムの開発，深絞り容器・フィルムの開発，PP／EVOH共押出ハイバリア延伸フィルムの開発などが可能となった[2]。

共押出フィルムとしては，グンゼの「ヘプタックス」[3]，ユニチカの「エンブロン」，三菱樹脂の「ダイアミロン」，クロリン化成の「ハイラミナー」などのEVOH／NY6系のものや，フタムラ化学の「ECO」などのEVOH／ポリオレフィン系のものなどが提供されている。表2に，EVOH系共押出フィルムと次に述べるMXD6ナイロン系共押出フィルムの代表的な銘柄と主な構成例を示す。

(2) MXD6ナイロン系フィルム

ナイロンフィルムは強度があり，従来から2軸延伸フィルムが基材として多く使用されている。また，高いガスバリア性が要求される用途には，PVDCコート2軸延伸ナイロン（KONY）が使用されてきた。最近，このKONYの代替として，メタキシリレンジアミンとアジピン酸から重合されたMXD6ナイロンフィルムが使用されるようになった。ラミネート用単体フィルムもあるが，NY6やLLDPEなどとの共押出フィルムの用途が多い。

NY6／MXD6／NY6構成の多層フィルム「スーパーニール」（三菱樹脂）は，KONYに匹敵するバリア性を示す[4]。その他に，MXD6／NY6ナイロン系の共押出フィルムとしては，「エンブロンM」（ユニチカ），「ハーデンMX」（東洋紡）[5]，「ユニアスロン」（出光ユニテック）[6]，「ハイ

ラミナーNMZ」（クロリン化成）などがある。

三菱ガス化学からは，MXナイロンの新グレード「K7007C」が上市されている。これは，高剛性などの機械物性を維持しつつ，融点を低下させることにより押出特性を改良し，ポリオレフィンとの共押出，熱成形，ブロー成形などを容易に行えるように改良したグレードである[7]。

(3) PVDCフィルム

旭化成ケミカルズの「サラン-UB」フィルムは，塩化ビニリデンの比率が高く，可塑剤が使用されていないため，非常に高いバリア性を示す。相対湿度依存性がなく。耐熱水性に優れるため，ボイル・レトルト食品の用途に適している[8]。

(4) ポリグリコール酸フィルム

クレハは，脂肪族ポリエステルでるポリグリコール酸（PGA）の商業生産を開始した。PGAは，高いガスバリア性を示し，高い突刺し強度と引張強度を示す樹脂である。しかし，PGAは脂肪族ポリエステルであるため，加水分解し易い特性を示す。この点は，欠点でもあるが，リサイクル適正に優れるなどの利点もある。PGAのガスバリア性の特徴は，EVOHに比べて相対湿度依存性が少ないことである[9]。現在，PET／PGA／PET構成の軽量PETボトルへの応用が考えられている[10]。PGAは，バニラエッセンス，メントール，リモネンなどの香気物質に対するバリア性も非常に良好である[12]。今後，バリアフィルムとしても適用されるものと思われる。

3.3.2 樹脂コートバリアフィルム

(1) PVDCコートフィルム

PVDC樹脂は，塩化ビニリデンモノマーと塩化ビニル，アクリル酸エステル，アクリロニトリルなどのモノマーと乳化共重合して製造される。PVDCは，コート用，単体フィルム用，共押出フィルム・シート用として，ガスバリア性包材の中で最も多く使用されている。中でもPVDCコートフィルム（Kコートフィルム）の使用量が特に多い。フィルム基材としては，2軸延伸PP（OPP），2軸延伸NY（ONY），PET，無延伸NY（CNY）など，種々のものが使用されている。コーティング方法としては，エマルジョン法と樹脂粉末を溶剤に溶解させて塗布するレジン法がある。使用量としては，OPP基材のエマルジョン法の物が多いが，ガスバリア性特性では，PET基材のレジン法のものの方が優れている。また，これは耐水性にも優れている。

PVDCコートフィルム（Kコートフィルム）は，種々の多層パウチ構成で使用されている。しかし，環境問題から包材用樹脂の脱塩素化が進み，PVDCコートフィルムの使用量が減少した。最近，PVDC系フィルムがまた見直される傾向にあるが，代替品として需要が伸びたものとしては，アルミナ系およびシリカ系の透明蒸着PETフィルムとPVA系コートOPPフィルムがある。

(2) PVAコートフィルム

ポリビニルアルコール（PVA）は，ポリ酢酸ビニル（PVAc）をけん化して得られる樹脂である。PVAは，耐熱性，耐油性，耐薬品性，保香性に優れている。また，乾燥状態での酸素透過度は非常に低い。しかし，OH基をもっているため，高湿度の雰囲気では水分子がOH基に水素結合し，ガスバリア性が極端に悪くなる欠点がある。しかし，PVDC コート OPP の代替として，PVA をコートした OPP フィルムが，東セロ，凸版印刷，二村化学から上市されている。東セロの「A-OP」の酸素透過度は，湿度の低い 20℃，30%RH では，0.7 cc/m^2・24 hr・atm と良好であるが，酸素透過度にはかなり湿度依存性がある[11]。このため，後述するように，ナノコンポジットの技術を応用して，湿度依存性の改良が行われている。

(3) アクリル酸系樹脂コートフィルム

PET フィルム基材に樹脂材料をコーティングしたバリア材としては，上述の PVDC コートフィルムや PVA コートフィルムなどがあるが，クレハから「ベセーラ」という PET 基材にアクリル酸系ポリマーをコーティングしたバリアフィルムが上市されている。酸素ガス透過度は，0.5 cc/m^2・24 hr（20℃，80%RH）と良好である。透湿度は，50 g/m^2・24 hr（40℃，90%RH）と大きいが，耐水性は PVA コートフィルムとは異なって良好で，ボイルやレトルト食品用包材として適用が可能である[12]。

3.3.3 ナノコンポジット系樹脂コート・バリアフィルム

ナノコンポジットは，ナノ次元の大きさの超微粒子がポリマーなどの連続相中に分散している複合系のことである。ナノ粒子として用いられる代表的なものは，クレイの一種である層状無機物のモンモリロナイトで，大きさは，厚さ 1 nm，長さ 100 nm 程度である。合成マイカも用いられる。

ガスバリア性の大幅な向上を実現するためには，層状ナノ粒子のブレンド量をかなり多くする必要がある。層状ナノ粒子を多く樹脂に充填すると，透過ガスの透過経路が長くなり，ガスバリア層を厚くしたのと同等の効果が得られてガス透過度が低くなる。

ナノコンポジット系樹脂コート・バリアフィルムの樹脂コート剤は，ベースポリマーとしては，PVA 系ポリマーが適用されている。PVA は，水酸基を持っているため，ナノ粒子の高濃度充填に適しているのではないかと思われる。PVA 樹脂は相対湿度依存性があるが，結晶化度を高くすると湿度依存性が低減できる。

平板状ナノ粒子を応用したナノコンポジット系コートフィルムは，種々のタイプが製品化されており[13~21]，基材フィルムとしては，OPP，PET，ONY が使用されている。ナノコンポジット系コーティング剤の樹脂としては，PVA 以外にウレタン系樹脂も適用されている[21]。表 3 に，ナノコンポジット系樹脂コートフィルムの種類を示す。

表 3 ナノコンポジット系樹脂コートバリアフィルム

メーカー	商品名	コーティング材	基材	参考文献
東セロ	A-OP AG，EXS	PVA 系ナノコンポジット	OPP	13)，14)
ユニチカ	セービックス	PVA 系ナノコンポジット	OPP，PET，ONY	15)，16)
興人	コーバリア	有機ポリマーハイブリッド	ONY	19)，20)
フタムラ化学	NCX	ポリウレタン系ナノコンポジット	OPP	21)
クラレ	クラリスタ	PVA 系ナノコンポジット（両面）	PET，ONY	17)，18)

3.3.4　透明蒸着バリアフィルム

アルミ蒸着フィルムもガスバリア材として使用されているが，透明性が得られない。シリカ（SiOx）やアルミナ（Al_2O_3）をコートしたフィルムは非塩素系であり，透明でガスバリア性に優れるため用途が拡大している。

SiOx をコートする一般的な方法は，アルミ蒸着と同様の PVD（物理蒸着）法である。PVD の真空蒸着法では，フレーク状の1酸化ケイ素（SiO）を抵抗加熱や電子線（EB）照射などによって加熱，昇華させて PET フィルムなどの基材フィルム上に $SiO_{1.5\sim1.7}$ の形で蒸着される。この PVD 法による SiOx コートフィルムの酸素ガス透過度は，約 2 cc/m^2・24 hr で，水蒸気透過度は，2〜3 g/m^2・24 hr である。PVD 法の難点としては，SiOx の x の値を真空度などの蒸着条件を制御し，1.5 に近づけるとバリア性や耐熱水性が向上するが，褐色に着色することが挙げられる。

SiOx をコートする方法としては，PVD 法以外に CVD（化学蒸着）法があり，2酸化ケイ素（SiO_2）に近い緻密なコーティングが得られる。CVD 法によるコートフィルムは，バリア性が良好で，クラックが発生しにくく，かつ蒸着したフィルムに着色がないという長所がある。しかし，蒸着速度は PVD 法に比べて遅い。

表4に，国内各社の透明蒸着フィルムを示す[22〜33]。大日本印刷の「IB」フィルムは，CVD 法による蒸着品であるが，それ以外の製品は PVD 法によるものである。

透明蒸着フィルムは，酸素バリアパウチ包装や防湿パウチ包装，あるいは成形容器の蓋材，ラミネートチューブや紙容器などのバリア材に適用されている。また，従来，レトルトカレーの「ボンカレー」には，PET／アルミ箔／CPP 構成のパウチが使用されてきたが，最近透明蒸着 PET／ONY／CPP 構成が適用されるようになった。この新しいタイプの「ボンカレー」は，電子レンジでの加熱が可能である。写真1と写真2に，透明蒸着 PET バリアフィルムが適用されたレトルトパウチの製品例を示す。これらのパウチには，電子レンジ加熱時の自動蒸気抜き機構

表4　各種透明蒸着フィルム

メーカー	商品名	コーティング方法	基　材	参考文献
凸版印刷	GL，GX	シリカ蒸着 アルミナ蒸着	PET PET，ONY，OPP	24)〜28)
三菱樹脂	テックバリア	シリカ蒸着	PET，ONY，PVA	29)
尾池パックマテリアル	MOS	シリカ蒸着	PET	
大日本印刷	IB	シリカ CVD アルミナ蒸着	PET，ONY PET，OPP	22)，23)
東洋紡	エコシアール	シリカ／アルミナ2元蒸着	PET，ONY	30)，31)，32)
東レフィルム加工	BARRIALOX	アルミナ蒸着	PET	33)
麗光	ファインバリヤー	シリカ蒸着 アルミナ蒸着	PET PET	
東セロ	TL-PET	アルミナ蒸着	PET	

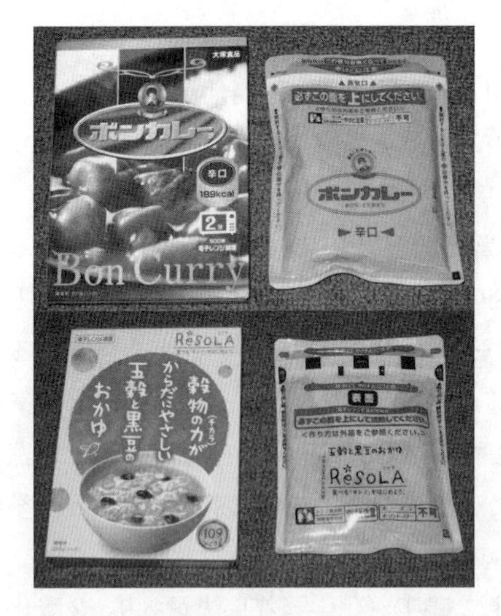

写真１　透明蒸着バリアフィルムを適用したレトルトパウチ製品
材料構成：透明蒸着 PET/ONY/CPP
上：ボンカレー（大塚食品）
下：ReSOLA（大塚食品）

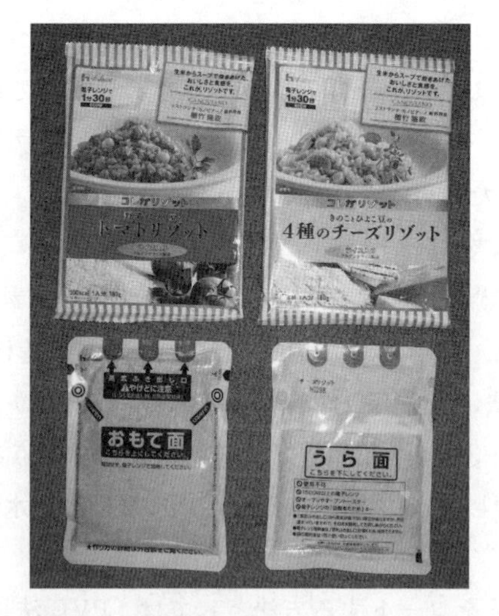

写真２　透明蒸着バリアフィルムを適用したレトルトパウチ製品
材料構成：透明蒸着 PET/ONY/CPP
コレガリゾット（ハウス食品）

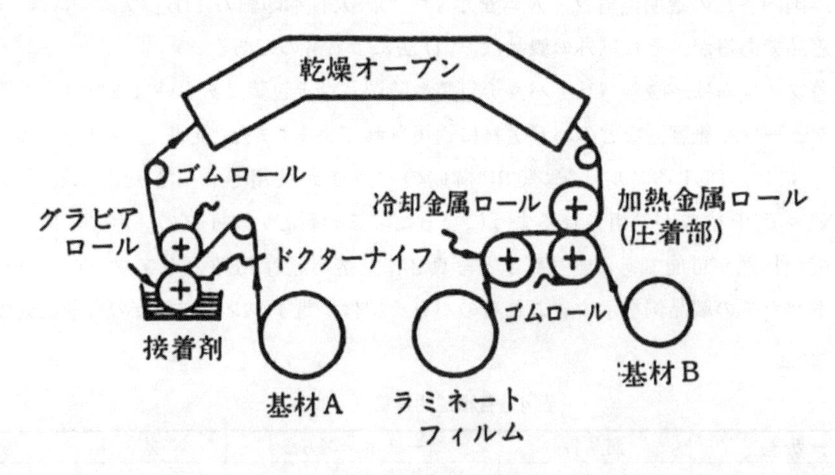

図１　ドライラミネーター

が適用されている。

3. 4　ラミネート材の製造方法

3. 4. 1　ドライラミネーション

ドライラミネーションは，酢酸ビニル樹脂エマルジョンなどの水性接着剤を使用するウェットラミネーションに対する呼び方で，有機溶剤を使用するラミネート方法である。ドライラミネーションは，図１に示すようなラミネーターによって行われる。この方法では，有機溶剤に溶解し

表5　ドライラミネートフィルムの主な構成と用途

分　類	構成例	用　途
スナック，一般構成	OPP/CPP（PE） KOP/CPP（PE） MST/CPP（PE） OPP/EVOH/PE	米菓，ラーメン スナック，珍味 お茶 削り節パック
水物，ボイル構成	NY/PE（CPP） PET/PE（CPP） KNY/PE（CPP） PET/EVOH/PE	漬物，液体スープ 惣菜，冷凍食品 こんにゃく 味噌
透明レトルト構成	PET/CPP NY/CPP PET/PVDC/CPP PET/NY/CPP	餅，シューマイ ハンバーグ，ミートボール，おでん 米飯
アルミ箔レトルト構成	PET/Al/CPP PET/Al/NY/CPP	カレー，ハンバーグ，ミートソース，マーボ豆腐 業務用調理食品

KOP：PVDC コート OPP
MST：防湿セロファン
KNY：PVDC コート2軸延伸ナイロン

た接着剤を基材フィルムに塗布し，乾燥オーブンに通して溶剤を蒸発させ，他のフィルムと加熱圧着される。接着剤の塗布は，ロール表面に凹部（セル）があるコーティングロールを使用するグラビヤコート方式によるのが一般的である。接着剤としては，OH 基をもった主剤と NCO をもった硬化剤とを混合して用いる2液反応型のイソシアネート系（ポリウレタン系）接着剤が一般的に使用される。

食品包装分野におけるドライラミネートフィルムの主な構成例と用途を表5に示す。用途としては，ドライラミネーションの耐熱水性を生かしたレトルトパウチやボイル構成が主要である。多層パウチのヒートシール強度は，層間のラミネート強度とも関係するが，ドライラミネーションは高い接着強度が得られるため，高いヒートシール強度が要求される水物の用途にも適している。スナック食品用などの一般構成には，後述する押出ラミネーションが広く用いられているが，PP は押出特性があまり良好でないため，ヒートシール層が PP の場合にドライラミネーションが適用される。表5以外の用途としては，蓋材や深絞り用などがある。

3.4.2　押出ラミネーション

押出ラミネーションは，押出コーティングとも呼ばれ，PE，PP，エチレン酢酸ビニル共重合体（EVA），アイオノマーなどを，T ダイからフィルム状に溶融押出しを行い，フィルムが溶融状態にあるうちに基材と圧着後冷却することによりラミネートする押出コーティングと，図2に示すように，基材と第2のフィルムの間に溶融押出を行うサンドイッチラミネーションとがある。押出コーティング用の基材としては，PET，OPP，2軸延伸ナイロン，アルミ箔，紙などがある。サンドイッチラミネーションでは，これらの基材と PE や PP などのシーラントフィルムの組合わせが一般的である。

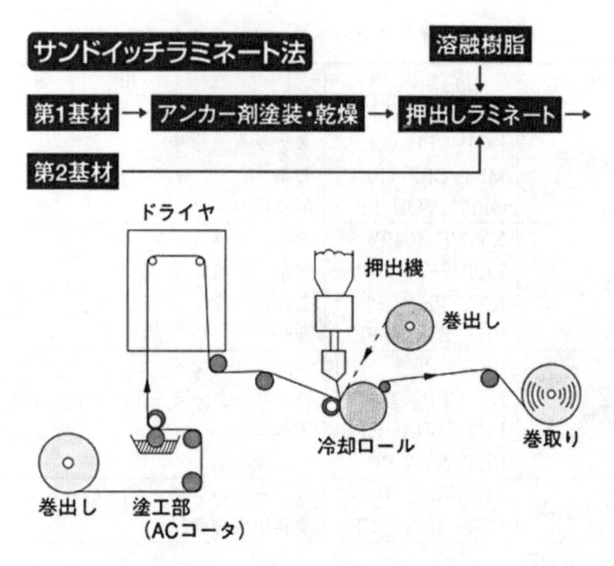

図２　押出ラミネーター（サンドイッチラミネート法）

これら紙以外の基材フィルムと押出樹脂との接着を良好にするために，プライマー処理（アンカー処理）が行われるのが普通である。アンカー処理は，有機溶剤に溶解した有機チタネート系，ポリエチレンイミン，イソシアネート系（ポリウレタン系）のアンカー剤を基材表面に塗布して乾燥する方法がとられる。

押出ラミネーションで得られる多層フィルムは，耐熱水性が十分でないため，レトルト用途には適用できないが，スナック食品をはじめ，乾燥食品を中心として多用されている。また，牛乳容器として使用されている紙カートンには，板紙にLDPEを押出コーティングしたものが用いられている。

3. 4. 3　共押出ラミネーション

共押出ラミネーションは，２台以上の押出機を用いて異種の樹脂を溶融状態でダイ内部あるいはダイの開口部において接合させ，多層フィルムやシートを１工程で製造する方法である。共押出ラミネーションには大別して，フラットダイを用いたＴダイ法とサーキュラーダイを用いたインフレーション法がある。

共押出ラミネーションにおける層間の接着性は，樹脂の種類よって大きく異なる。表６に，共押出における樹脂間の接着性を示す。表に示されるように，ポリオレフィンとナイロン，PVDC，EVOHなどのガスバリア性樹脂との接着性は劣っている。これらの樹脂を共押出によって接着するには，接着材層を介在させる必要がある。代表的な接着材としては，ポリオレフィンに極性基を導入したアイオノマーや無水マレイン酸変性ポリオレフィンが使用される。

共押出フィルムとしては，表２に示したように，EVOH系とMXD6ナイロン系のガスバリア性フィルムが多くのメーカーから上市されている。代表的な構成としては，PO／EVOH／PO,

表6　樹脂間の接着性

素材の組合わせ	接着性
LDPE/HDPE	◎
LDPE/LDPE	◎
EVA/HDPE	◎
EVA/LDPE	◎
アイオノマー/ナイロン	◎
アイオノマー/LDPE	◎
無水マレイン酸変性 LDPE/LDPE	◎
無水マレイン酸変性 HDPE/HDPE	◎
無水マレイン酸変性 PP/PP	◎
無水マレイン酸変性 LDPE/EVOH	◎
無水マレイン酸変性 HDPE/EVOH	◎
無水マレイン酸変性 PP/EVOH	◎
EVA/PVC	◎
アイオノマー/PP	○
EVA/PP	○
PE/PP	○
EVA/ナイロン	×
アイオノマー/ポリエステル	×
アイオノマー/PVDC	×
EVOH/PE	×
EVOH/PP	×
EVA/AN 系ポリマー	×
PE/ナイロン	×
PP/PS	×

◎：非常に良好，○：良好，×：劣る

NY／EVOH／PO などがある。ポリオレフィン（PO）としては，EVA，LDPE，LLDPE，アイオノマー，PP などが用いられる。これらの多層フィルムの用途としては，スライスハム用などの深絞真空包装が一番多く，全体の需要の半分近く占めている。その次に，漬物，味噌などの水物食品類用が多く，畜肉加工品，スキンパックと続いている。

文　　献

1)　谷口雅彦，食品包装，**52** (5)，38 (2008)
2)　三宅大介，ジャパンフードサイエンス，**49** (12)，49 (2010)
3)　渡辺祥司，コンバーテック，**36** (8)，95 (2008)
4)　桂　昌義，機能性・環境対応型包装材料の新技術，p.149，シーエムシー・リサーチ (2003)

5) 松田修成，コンバーテック，**36** (8) 73 (2008)
6) 高重真男，コンバーテック，**36** (8)，88 (2008)
7) 加藤智則，包装技術，**46** (3)，27 (2008)
8) ジャパンフードサイエンス，**49** (12)，68 (2010)
9) 田中幹雄，他，日本包装学会第19回年次大会　予稿集，60 (2010)
10) 平野政弘，工業材料，**56** (12)，47 (2008)
11) 増田健一，他，日本包装学会第19回年次大会　予稿集，62 (2010)
12) 大場弘行，ジャパンフードサイエンス，**40** (3)，59 (2000)
13) 吉井優博，ジャパンフードサイエンス，**45** (12)，45 (2006)
14) 戸田欽一，工業材料，**56** (12)，57 (2008)
15) 角野岳志，プラスチックエージ，**50** (3)，81 (2004)
16) 西村　弘，包装技術，**45** (11)，29 (2007)
17) 尾下竜也，日本包装学会誌，**15** (4)，185 (2006)
18) 大久保浩之，包装技術，**45** (11)，47 (2007)
19) 久保田修壮，コンバーテック，**36** (8)，68 (2008)
20) 幸原　淳，ジャパンフードサイエンス，**49** (12)，57 (2010)
21) 今泉卓三，ジャパンフードサイエンス，**44** (7)，65 (2005)
22) 藤井　均，プラスチックスエージ，**50** (3)，88 (2004)
23) 千葉大道，「最新ガスバリヤーフィルム」，第3講（情報機構セミナー予稿集，2008）
24) 磨　秀晴，食品包装用複合フィルム便覧，p.217（日本食品出版，1997）
25) 渡辺二郎，プラスチックスエージ，**46** (2)，91 (2000)
26) 中込顕一，食品包装，**53** (11)，40 (2009)
27) 高原　健，ジャパンフードサイエンス，**44** (7)，52 (2005)
28) 高原　健，包装技術，**45** (11)，37 (2007)
29) 吉田重信，コンバーテック，**37** (3)，107 (2009)
30) 大谷寿幸，伊藤勝也，石原英昭，成形加工，**13** (10)，665 (2001)
31) 松田修成，包装技術，**45** (11)，54 (2007)
32) 松田修成，「最新ガスバリヤーフィルム」，第4講（情報機構セミナー予稿集，2008）
33) 宮島秀行，食品包装用複合フィルム便覧，p.225（日本食品出版，1997）

4 蒸着材 ―2元透明蒸着バリアフィルムについて

松田修成*

4.1 はじめに

透明蒸着フィルムは1980年代後半から，研究開発が盛んになり，1988年頃にPETフィルムベースにシリカ系薄膜（SiOx：0.1μm程度）を真空蒸着したバリアフィルムが開発，企業化され，透明レトルト用途をねらい商品化されたものの残念ながら，このときは広く浸透するには至らなかった。しかし，その後の生活様式の変化（個別食事化，電子レンジの普及等）が進み，流通の面からは，食品の流通形態の変化，管理システムの進展が見られ，また，近年は，製品安全，特に食品に対する信頼性が揺らぐような事件の発生が複数見られた。これらのため，製品の安全性といった観点からも，包装形態への要求（バリア特性）は，厳しくなってきている。

もうひとつのキーワードとなているのが，環境対応である。1997年～98年にかけてのダイオキシン発生問題に対する関心の高まりにより，従来，バリアフィルムとしては主力であったPVDC（ポリ塩化ビニリデン）をコートしたK-PET，K-NY，K-OPPが塩素系素材であり，燃焼時にダイオキシンを発生する可能性があるとういうことで，他の素材に変える動きが起こった。このときに，透明蒸着PET，PVAコートOPPがバリア性と環境対応の点から代替フィルムの一つとして，大きく伸びた。また，NYベースバリアフィルムの市場では，MXD6系或いは，EVOH系共押（CCF）バリアNYが伸び，それまでのKNYとの位置が入れ替わり，現在では共押バリアNYがナイロン系バリアフィルムの主力の地位につきながら，バリア市場全体は大きくのびている（表1）。

透明蒸着フィルムとしては，12000tを超える使用量となっており，85%はポリエステル（PET）ベースであり，15%がナイロン（NY）ベースの透明蒸着フィルムである。

4.2 透明蒸着フィルムの市場展開

透明蒸着フィルムを，蒸着材料で分けると，酸化アルミニウム（アルミナと表記）蒸着フィルムと，酸化珪素（シリカと表記）蒸着フィルムが販売されており，アルミナ系蒸着フィルムが販

表1 バリアフイルム市場（内需）の推定推移量

t/年

	1997年	2008年	2009年	2010年見込み
共押しバリア　ナイロン	1,840	9,800	10,000	10,300
PVDCコート　ナイロン	6,000	3,360	3,400	3,500
透明蒸着フィルム	2,200	11,260	11,900	12,540
ポリエステル	2,200	9,640	9,660	10,810
ナイロン	―	1,620	1,650	1,730

* Syuusei Matsuda　東洋紡績㈱　フィルム開発部　マネージャー

表２　透明蒸着フィルムの企業化の現状

	アルミナ系	シリカ系	商品名	PET	ONY
東レフィルム加工	○		バリアロックス	◎	○
凸版印刷	○	(○)	GL フィルム，GX フィルム	◎	○
三菱樹脂		○	テックバリア	◎	◎
尾池工業		○	MOS フィルム	◎	○
大日本印刷	○	○（CVD）	IB フィルム	○	◎
麗光	○		ファインバリア	◎	—
三井化学東セロ	○		マックスバリア	◎	—
東洋紡	2元蒸着（アルミナ・シリカ）		エコシアール	◎	◎

◎：注力　○：発売

売量の70％前後，シリカ系は20％程度となっている。表2に国内で透明蒸着フィルムを，事業化している企業をまとめて示した。現在8社と多数あるものの，それぞれ特徴を生かし競争を繰り広げている状況である。

そのような中，2002年頃からは吸湿による寸法変化，用途面から付着力，ラミネート強度，シール強度に対する要求レベルも高く，実用化が難しかったナイロンベースフィルムの透明蒸着バリアナイロンも発売され，バリア市場での透明蒸着フィルムの位置付けに新しい展開を起こした。

4.3　透明蒸着フィルムの一般的特徴

つぎに透明蒸着フィルムの一般的な特徴をしめす。

（優れたバリア性）　一般包材に用いられるプラスチックフィルムとしては，最も優れたバリア性をもち，特に，酸素および水蒸気に対しバランスのとれたバリア性を示している。また，バリア層が無機物であることから，有機系のバリア素材が温度，湿度の影響を受けるのに比べ，その影響は少ないといえる。

（透明性）　良好な透明性をもっており，アルミナ系は無色透明であり，特有の黄色味を持っているシリカ系透明蒸着フィルムも，特殊品を除き，着色は低減されつつある。

（環境に対しクリーン）　塩素系材料を含まないため，原料由来の塩素ガス発生の恐れがない。さらに，蒸着層は，一般に0.05μm以下と非常に薄く，かつ，材料的には，地球上に，多量に存在している酸化物であり，環境適応が優れているといえる。

（他）　アルミ箔やアルミ金属蒸着フィルムとは異なり，酸化物であるので，電子レンジ適性や充填ラインの異物管理に使用される金属探知機の使用適性を持っている。

（課題）　その反面，酸化物蒸着層は，いわば，うすいガラス層であるため，張力，圧力によりベースフィルムが大きく変形した場合や，蒸着層に直接，機械的な力が加わった場合にクラックを発生し，透明蒸着層が割れ，本来の優れたバリア性を損なうことが知られている。

以下，透明蒸着フィルムの開発に関する技術背景等について，2元蒸着バリアフィルム「エコシアール」の開発を例にあげながら，記していく。

4.4　蒸着技術の動向

4.4.1　蒸着技術と材料

ドライプロセスでバリアフィルムを作製する方法については，大別すると，物理的蒸着法（PVD）と化学的蒸着法（CVD）の２種類がある（図1）。物理的蒸着法には，真空蒸着やスパッタリング，イオンプレーティングなどの方法があり，原料固体を蒸発させたり，運動量をもった粒子で叩き出すなどの物理的な方法により，原料をガス化することを特徴としている。また，化学的蒸着法は，原料の分解やバリア膜の形成が化学反応として進行していくことを特徴としている。

包装材料用途では，バリア膜を安価に供給するため，大面積のフィルム基材に速く薄膜を堆積させる必要があり，真空蒸着とプラズマCVDが現実的な製法である。また，材料面では，バリアフィルムは食品や医薬品などの人体に入る可能性の高いものの包装に用いられることが多く，安全性や衛生性の観点から，使用できる材料は比較的限定されており，SiやAlの酸化物を主体に開発が行われている。報告されている代表例を表3に示した。

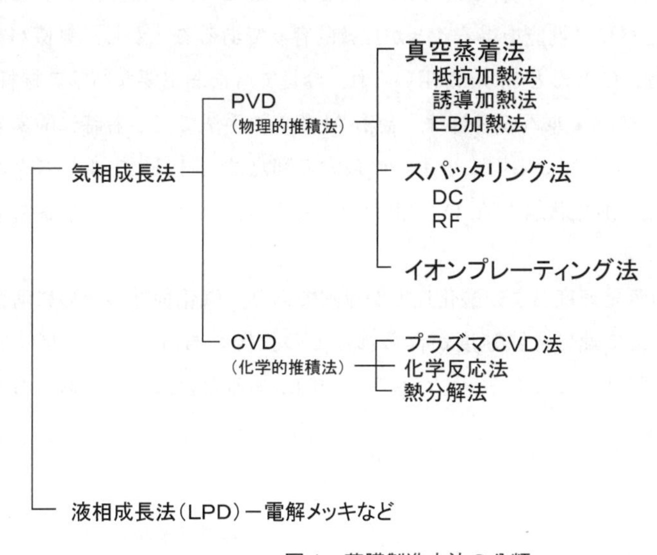

図１　薄膜製造方法の分類

表３　代表的な透明蒸着フィルムの特性例（PETベース）

製膜方法	加熱／分解方法	材料	性能			
			OTR	WVTR	ゲルボ	着色
真空蒸着法	抵抗加熱	Al_2O_3	20	3	50～80	無
	電子ビーム	SiOx	10	1	30～50	黄色
CVD法	高周波	SiO_2	≦10	1	20～40	無
	マイクロ波	SiO_2	≦10	1	20～40	無

OTR：酸素透過度（ml/m^2·day·MPa）
WVTR：水蒸気透過度（g/m^2·day）
ゲルボ：ラミネートフィルムに対しゲルボ処理（50回）後の酸素透過度を評価

4. 4. 2　真空蒸着法（加熱蒸着法）

真空蒸着法とは，薄膜（バリア膜）となる材料を10^{-2}Pa(10^{-4}Torr）以下の真空に減圧し，その材料を加熱蒸発させ，基材（フィルム）表面に移動させ凝縮させる方法である（図2)。

基材に堆積する蒸着原子の平均エネルギーは，蒸着源の温度により決まる熱エネルギーで，気相から固相への変化は，熱平衡状態に比較して著しく過飽和の状態で膜形成が行われる。したがって，加熱蒸着法では，速い成膜速度が得られる半面，基材との付着力は物理的要素のものが強く，スパッタ法のような強固な付着力を得るのが困難という弱点がある。このため，基材フィルム側でさまざまな工夫が必要である。

一般に，バリアフィルムの作製に加熱蒸着法を用いる場合，出発材料であるSiO，$Si+SiO_2$などを抵抗あるいは電子ビーム等により加熱蒸発させる。フィルム上に成膜されるものは，通常，SiOxと呼ばれ，バリア性能と着色の程度はxの値に対して相反関係にあり，通常$x=1.5$～1.8程度に選ばれることが多い。このxの値は，蒸着中に真空装置内に導入されるO_2ガス量によりコントロールされる。この場合の最大の弱点は，SiOが高価であることと，薄膜が黄色に着色していることである。しかし，バリア性能を得ることが比較的容易であることから，無機バリアフィルムの開発初期においては，ほとんどSiOxが用いられ，今日でもなお主要なバリア材料である。

また，アルミナ系のバリアフィルムの場合は，金属Al蒸着の手法で，蒸着時に酸素を吹き込み，酸化を促進させAlxOyとしている。この手法の最大の利点は，材料（アルミニウム）が安価なことである。また，完全酸化状態のAl_2O_3は無色透明であり，バリア性との関係もあるが，AlxOyはほとんど無色となる。

成膜速度は，金属Alの蒸発速度および酸化速度が律速であり，酸化促進のために活性化した酸素を供給することで非常に速い成膜速度が得られたとの報告もある。一方，バリア性能はSiOxと比較して良いものが得られにくく，またもろい傾向があるため，フィルムにさまざまな工夫がされている。

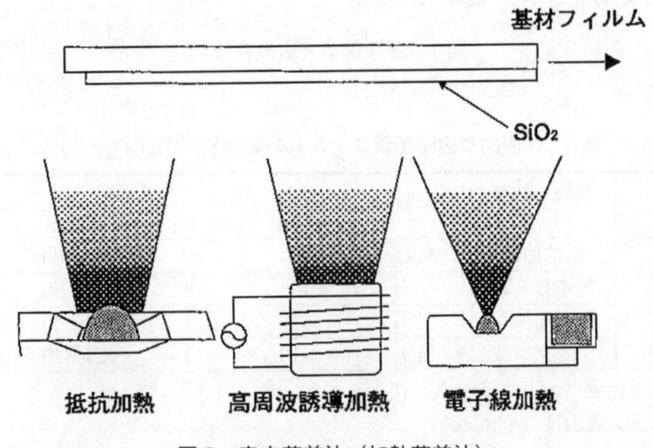

図2　真空蒸着法（加熱蒸着法）

4.4.3　CVD法（化学的堆積法）

前述の加熱蒸着法においては，薄膜の原料が常温では固体であり，これを真空中でいったん蒸発させ，基材表面で凝縮させるという過程で薄膜を形成する。これに対してCVD法は，この蒸発という過程がない方法である。すなわち，作製しようとする薄膜の元素を含む気体を真空容器内に導入し，分解または合成を化学反応により行い，基材に薄膜を堆積させるものである（図3）。現在よく用いられている物質，たとえば半導体シリコンなどの薄膜を作製する際には，600℃程度の温度を必要とする。この高温を必要とするという欠点を補うために，電磁波のエネルギーに加えてガスをプラズマ化し，薄膜を作製する方法が，プラズマCVD法である。

CVD法は，分解時に活性種が存在するため，真空蒸着法と比較して分子の活性度が大きく，基材との結合も化学結合が存在し，高い付着力が期待できる。バリアフィルムの場合，CVD法ではSi化合物のガスをプラズマで分解し，無色透明なSiO_2膜を生成することができる。

出発材料としては，シラン（SiH_4等），TEOS，TMDSO，HMDSOなどが用いられる。また，プラズマを発生させるための電磁波の種類として，RF波やマイクロ波などがあり，それぞれに特徴がある。得られる薄膜は残留ひずみも少なく，良質な膜が得られやすいが，一般的にはCVD法は，蒸着法と比較して成膜速度が遅い（表4）。

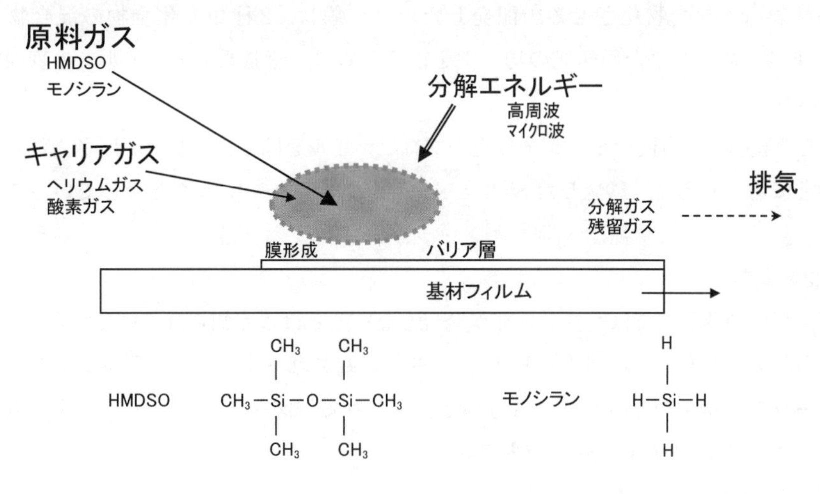

図3　プラズマCVD法の概念図

表4　各種透明蒸着フィルムの比較

	2元蒸着	アルミナ	シリカ	シリカ
製法	PVD（真空蒸着法）			CVD
原料	$Al_2O_3+SiO_2$	アルミ金属 ↓ 酸化反応	SiO $Si+SiO_2$	ガス HMDS モノシラン
過程	蒸発させ付着			ガスを分解し，付着
バリア層	アルミナ・シリカ	アルミナ系	SiO　1.6～1.8	SiO　2
一般的短所		やや脆い傾向あり	着色あり	

4.5　無機2元蒸着フィルム「エコシアール」

4.5.1　開発の背景

バリア膜を製造する方法やそれにより得られる膜には，それぞれ長所・短所があり，開発が完了したとはいいがたい。前項で述べてきたように，蒸着法では高い生産性が期待できるが，得られるSiOx系は改良されたとはいえ，材料の性質上まだ着色があり，AlxOy系はもろいとされている。またCVDでは，得られるSiO_2は無償透明で性能も優れているが，成膜速度，すなわちコストの将来性に不安がある（表5）。

したがって，蒸着法とCVD法の両者の良さを併せもつ材料・技術の開発が期待された。当社では，これを目標に材料開発を行い，生産性の優れる電子ビーム（EB）蒸着法で，無色透明であり，柔軟性に優れるCVD並みの膜性能を実現することに成功した。

4.5.2　2元蒸着法

化合物を加熱蒸着法で生成する場合，化合物原料を直接加熱蒸発させると，原料と同じ化学量論的組成の膜は得られない。化合物を加熱すると，一般に，構成元素に分解し蒸発するが，その蒸気圧や基材表面での付着率が元素により異なるからである。

そこで2元蒸着では，それぞれの原料を独立した蒸着源から組成比に見合った蒸着速度で蒸着させ，基材表面で化合物化させる。開発したバリア膜は，2種類の化合物の混合物（SiO_2とAl_2O_3）であるため，できた膜組成の均一性を得るために，蒸発原子をフィルムの表面で混合する必要がある。

得られた薄膜の厚さ方向のオージェ分析のプロファイルを図4に示した。厚さ方法のプロファイルは非常に均一であり，蒸発したSiO_2とAl_2O_3が原子レベルでよく混合していることがわかる。

4.5.3　材料開発

SiO_2は，単体の蒸着法ではバリア性能が発現しないことはよく知られている（表5）。これは，蒸着時の雰囲気中の水分に起因するH原子でSiが終端されやすく，分子間ネットワークが分断されてポーラスな膜が形成されているものと推定される（図5）。このことは，成膜方法と相対比重のデータ（図6）からも裏付けできる。

4.5.4　「エコシアール」の特性

通常，バリアフィルムは印刷・ラミネート加工されて使用される。これらの工程適性を検討す

表5　SiO_2膜特性の製膜方法による違い

Substrate：PET12μm

Deposition Method	プラズマ-CVD	スパッタリング	EB-加熱蒸着
OTR（ml/m^2·day·MPa）	40	5	150～700
Deposition Rate（Å/sec）	5	1	2,000
Specific Gravity	2.10	2.10	1.95
Si-O-H bond（930 cm^{-1}IR absorption）	None	None	Exist

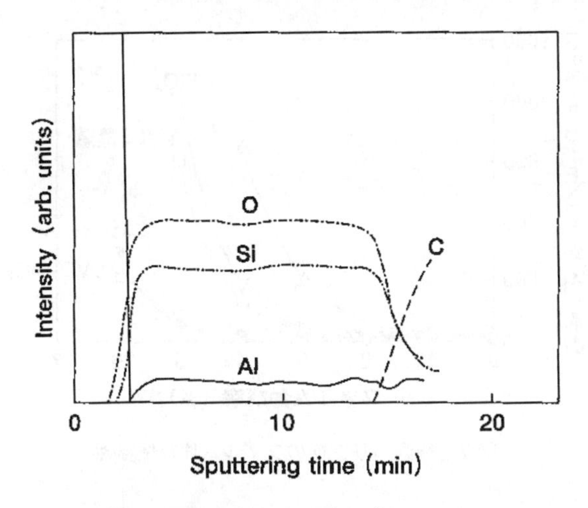

図４　深さ方向のオージェプロファイル

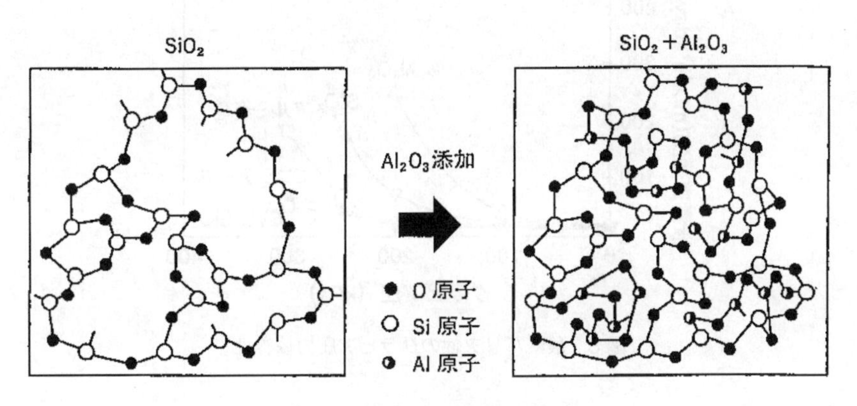

図５　２元透明蒸着膜の概念図

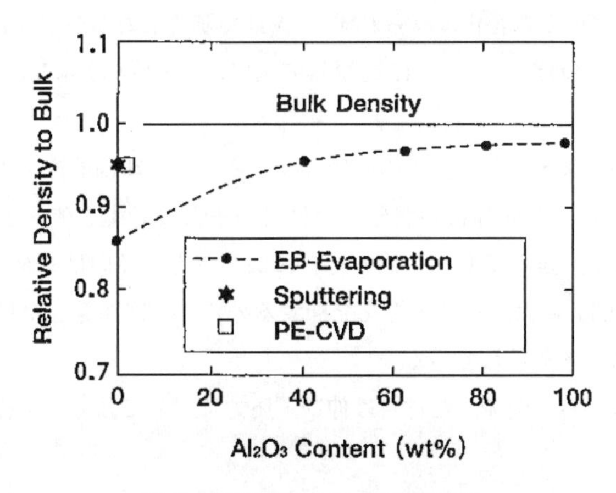

図６　相対密度の Al_2O_3 量依存性

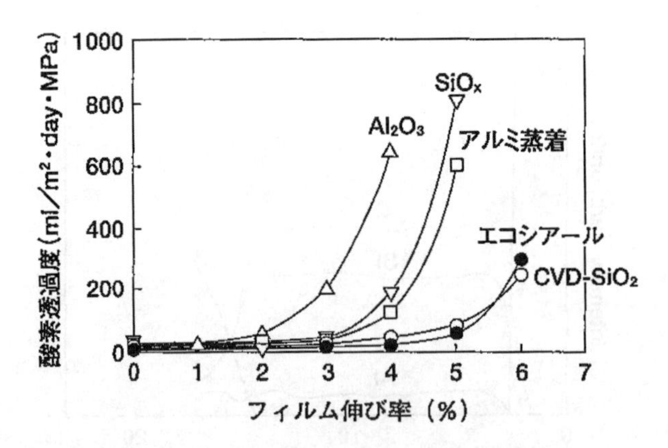

図７　酸素バリア性のフィルム伸び依存性

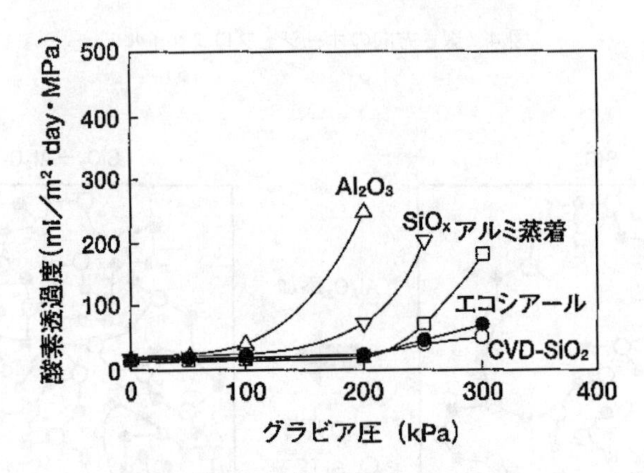

図８　酸素バリア性のグラビア圧力依存性

るため，モデルテストとして，基材伸び・圧力耐性を評価した。

基材伸びに対するOTR（酸素バリア性）の変化を，図7に示す。今回開発した材料は，4％の基材伸びに対してもOTRの変化はみられず，CVDで制作したSiO_2と同等で，Al蒸着フィルムより優れていることがわかる。これに比較してAl_2O_3とSiOxはもろい傾向があり，Al蒸着フィルムより弱い。

同様に，圧力依存性を図8に示す。この評価はラミネートや印刷適性を予測し，最適化するために重要である。基材伸びと同様に，開発した材料の圧力に対する酸素透過度はグラビア圧力200 kPaまでは変化せず，強固である。他の材料に関しても，傾向は基材伸びと同じであった。ここでSiOxが比較的弱いのは，バリア性を発揮するのに，今回開発した材料よりも厚い膜厚を必要とするためであると考えられている。

これらの評価の結果から，開発した材料は伸び・圧力に対して強く，工程条件の許容範囲が広いと期待される。

4.5.5　NY ベースエコシアールの特徴

無機2元蒸着フィルムは，2元化合物であるがゆえに，SiO_2 と Al_2O_3 の組成比を変化させることで，バリア性・柔軟性・密着性などを幅広く制御することができる。いい換えれば，PET フィルム以外のナイロン（NY）やポリプロピレン（OPP），あるいはボイル，レトルトなどの幅広い用途に対応することが可能である。一例として NY ベース無機2元蒸着フィルム（以下，エコシアール VN と記す）を紹介する。

エコシアール VN は NY の耐ピンホール性などの強靭性を保持しつつ，防湿性および，湿度依存性のないガスバリア性を有する無色透明なフィルムである。このため PVDC コート NY（KNY）および他のバリアフィルムの機能代替が可能となった。共押出 NY，PVA，EVOH 等のバリアフィルムは図9に示すように KNY などの PVDC コート品に比べ，ガスバリア性に湿度依存性があり，高湿度下でのバリア性低下により内容物保存性が問題になる場合があるが，エコシアール VN は KNY と同様に使用することが可能である。

一般的に酸素バリア性と防湿性を同時に満足する透明フィルムは PVDC 系のフィルムしかなかったが，エコシアール VN は共に満足できるバリアフィルムであることがわかる（図10）。

表6にエコシアール VN，KNY，MXD6 系共押出 ONY の特性の比較を示す。エコシアール VN は酸素透過度，防湿性ともに優れている。また，NY フィルムに期待される重要な特性である耐ピンホール性についても KNY よりも優れており，急速な脱 PVDC の動きの中で，使用が広がった MXD6 系共押出 NY より優れている。すなわち，エコシアール VN の使用は，バリア特性の改善だけでなく，内容物漏れ，かび発生等のピンホール発生によるトラブルに対しても，非常に有効な対策となりうる（表7）。

エコシアールは，フィルム伸びやグラビア圧力に対するバリア性の低下が従来の透明蒸着フィルムより少ないのはすでに述べた通りだが（図7，図8），実際の加工例として，PE 押出ラミネートの例を挙げる。PE 押出ラミネートは伸び，圧力に加え，溶融樹脂の温度という熱的な衝撃も

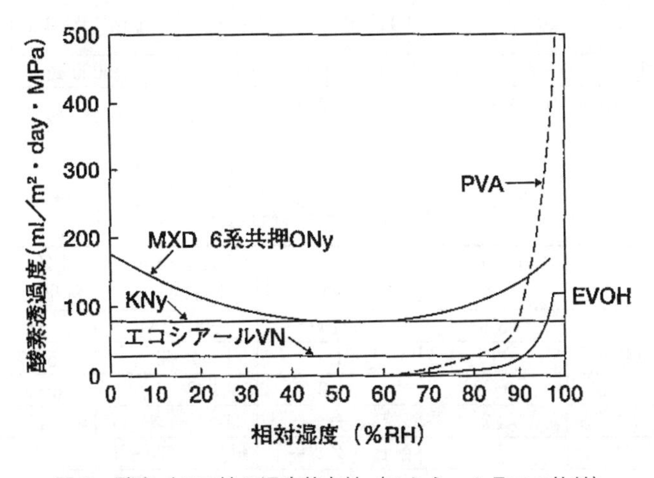

図9　酸素バリア性の湿度依存性（ラミネート品での比較）

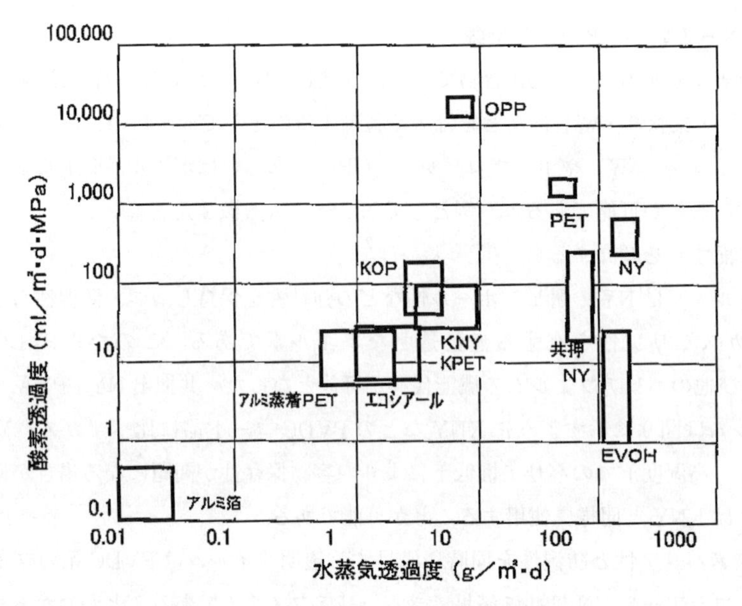

図10　各種フィルムのバリア性マップ

表6　エコシアールと他のバリアナイロンフィルムの特性比較

特性	エコシアール VN400	KNY	MXD6系 共押ONY	単位	測定条件
厚さ	15	18	15	μm	
酸素透過度	20	70	60	ml/m²・d・MPa	20℃，50%RH
酸素透過度	20	70	150	ml/m²・d・MPa	20℃，90%RH
水蒸気透過度	3	6	15	g/m²・d	40℃，90%RH
ゲルボ後の酸素透過度	40	70	60	ml/m²・d・MPa	20℃，50%RH 50回
押出ラミ後の酸素透過度	20	80	60	ml/m²・d・MPa	20℃，50%RH
屈曲ピンホール性	1〜2	3〜5	5〜7	ヶ/5000回	単体

（注）LLDPE（40μm）とのラミネートフィルムを使用

表7　耐ピンホール性の比較

	エコシアール VN	プレーン ONY	Kコート ONY	MXD6共押出ONY	条件
銘柄	VN400	N2100	N8102AE	—	
屈曲ピンホール（単膜）	1	1	3〜5	5〜7	23℃×5000回
ゲルボ処理（//LLラミ品）	0〜2	0〜2	2〜5	6〜12	5℃×500回
実包振動処理（例）	1.2	—	—	4.5	20時間
		耐ピングレード	耐ピングレード		

（ピンホール発生数の比較）

表8　押出ラミネートタンデム方式でのVN400テスト実績例

押出樹脂厚		酸素バリア		ラミネート強度	
				常態	水付
70	35＋35	9	9	4.5	1.2
90	45＋45	11	8	6.2	1.4
μm		ml/m^2·MPa		N/15 mm	

構成；VN400/EXPE（タンデム）

表9　ゲルボ処理後酸素バリア性（ml/m^2·d·MPa）

	ラミネート構成	室温				5℃
		0回	50回	100回	200回	50回
エコシアール	PET/VN100/LL	8	8	10	11	8〜10
	VN100/LL	10	30〜35	35〜40	—	17〜28
シリカ系	シリカNY/LL	25	60〜80	65〜90	—	48〜60
KコートNY	N8102/LL	70	70	—	—	70

表10　ボイル，レトルト処理後の特性

	未処理	熱処理（30 min）後	
		ボイル（95℃）	レトルト（120℃）
ラミネート構成	PET(12)//エコシアールVN(15)//CPP(60)		
	(E5100)	(VN400)	(P1153)
酸素バリア性（ml/m^2·MPa）	9	12	15

（測定条件：20℃×50%RH）

加わり，透明蒸着フィルムに対しては，蒸着膜のクラック発生が大きく，結果的にドライラミネートよりもバリア低下が大きくなる。そのため，透明蒸着PETフィルムでも条件設定が難しいといわれているが，エコシアールVNは，このPE押出ラミネートも可能である。表8にタンデム方式での実績例を示す。バリア性，ラミネート強度ともに充分に高く，実用可能なレベルである。

透明蒸着フィルムを使ったラミネート品，包装袋の使用中の機械的な折れしわの影響をシミュレートする方法として，ゲルボ処理後の多数の折りしわが入ったサンプルについてバリア性変化を見た例を表9に示す。エコシアールVN100/LLの2層構成で，ゲルボ100回の処理後でも35〜40 ml/m^2·MPaと，KNYのバリア性より良好で，かつ，シリカ系透明蒸着NYフィルムより良いバリア性を保持していることがわかる。このゲルボ処理での劣化は3層構成ラミネート品（PET/エコシアールVN/LL）とすることでより少なくなることもわかる。

次に，ボイル処理対応についてであるが，現状のナイロンベースのエコシアールVN100，VN400では，シーラントとの2層構成（例：VN/LL）でのボイル処理では，バリア性の低下が起こるおそれが大きく，使用できないが，PETフィルムをエコシアールの表層にもってくる3

層構成ラミネート品（例：PET/エコシアールVN/CPP，LL）では，ボイル処理は，もちろん，レトルト処理まで対応できることを確認している（表10）。

4. 5. 6　PETベースエコシアールの特徴

PETベースの透明蒸着フィルムはすでに20年を超える歴史があり，年間10000tを超える量が使用されている。大半が食品包装用途であり，各種菓子，かつおパックといった乾燥食品から，ボイル・レトルト，紙パック，液体包装，漬物，ラミネートチューブといった用途まで，広く使われている（表11）。また，非食品包装としては，トイレタリー，メデイカルといった用途でも使われており，実用レベルの性能という意味では全く問題のないレベルといえる。ここでは，食品包装分野で，よく使用される保存テスト（1：1：1テスト）と極端な促進テストでの結果をしめし，PETベースエコシアールの特徴の一つを述べる。

食品包装用途での評価として，1：1：1（酢・ケチャップ・食用油を混合）ソースでの保存評価テストの結果を（表12-①）に示す。ドライラミネート構成，押出しラミネート構成のどちらの構成品も，ボイル処理後の常温保存，及び，40℃，55℃での促進テストでも，バリア性の劣化はみられず，実用上問題はない。次に，（表12-②）に，極端な酸性雰囲気下での影響を評価するために，内容物として，食酢（100%）を入れ，各種透明蒸着フィルムで保存したときの，バ

表11　エコシアールの主な採用例

用途	構成	従来バリアフィルム	メリット
チーズ，ピザ等	VN400/PE/LL	KNY	耐ピンホール
チルド食品	VN400//LL	MXNY（25）	コスト低減，減量化
もち	VN400//LL	EVOHNY	水蒸気バリア
蓄冷剤	VN400//LL	シリカNY	水蒸気バリア
ボイル，レトルト	PET/VN110/LL	KNY，シリカPET	脱着色，環境
ハイバリア	VE100/VN110/CPP	アルミナPET	
半生菓子	VN400//LL，VN400/PE/LL	KNY，MXNY	耐ピンホール
漬物	VE100//LL	アルミナPET	耐酸性
煎餅	VE100//LL		
高級菓子	VE607//CPP		

（表記例）　MXNY：MXD6系共押出バリアNY　　シリカNY：シリカ系透明蒸着NY
　　　　　EVOHNY：EVOH系共押出バリアNY　　アルミナPET：アルミナ系透明蒸着PET

エコシアールの商品一覧

ベースフィルム	製品番号	特徴
NYベース	VN400	特に耐ピンホール性に優れる
	VN406	保護コートあり
	VN100	重袋，中使い
PETベース	VE100	汎用
	VE106	保護コートあり
	VE504	汎用ハイバリアAS
	VE607	汎用ハイバリア
	VE014	ハイバリア

表12　エコシアールVEの内容物保存特性の一例（酸素バリア性測定）

①内容物　1：1：1ソース（酢・ケチャップ・食用油）
ボイル処理（85℃×30 min）後，経時保管

（mL/m²・d・MPa）

ラミネート構成	経時後		
	室温 100日	40℃×90%RH 40日	55℃×90%RH 10日
ドライラミ品 （VE100//LL）	23	25	30
EXラミ品 （VE100/EX/LL）	25	27	30

バリア特性に異常はなし

②食酢保存時（酸素バリア性測定）

（mL/m²・d・MPa）

保存日数	エコシアール	アルミナ系	シリカ系*
0日	10	30	25
7日	12	150	27
40日	12	300	27

*オーバーコートなし

エコシアール，シリカ系では，変化は少なく，保存に問題なし

表13　各社ハイバリアグレードの一例

（カタログ，ホームページの値）

メーカー	名称	グレード	酸素バリア（測定条件）		水蒸気バリア
凸版印刷	GXフィルム	P-F	2	30℃×70%RH	0.05
東レフィルム加工	バリアロックス	EGC1	3	20℃×0%RH	0.3
大日本印刷	IB	PXB	1	23℃×90%RH	0.1
三井化学東セロ	マックスバリア	01タイプ	0.8	20℃×90%RH	0.08
三菱樹脂	テックバリア	HX	0.5	25℃×80%RH	0.05
東洋紡績	エコシアール	VE607	4	23℃×65%RH	0.5
		VE014	1		0.15
			ml/m²MPa24 h		g/m²

リア特性の変化の例をしめす。アルミナ透明蒸着フィルム使用品は　7日，40日と，バリア特性の劣化が見られたのに対し，エコシアールは，アルミナ・シリカの2元蒸着であり，アルミナ成分を含んでいるものの，シリカ系透明蒸着フィルム使用品と，同様に，バリア性の劣化は見られない。これは，表4に示したように，蒸着原料として，アルミ金属を使用し，酸化させるアルミナ透明蒸着フィルムに対し，エコシアールは，酸化物であるアルミナを蒸着原料にしている違いが優位さとなっているものと思われる。

4.5.7　PETベース透明蒸着フィルム（ハイバリアグレードの比較）

表13に各社のPETベース透明蒸着バリアフィルムのハイバリアグレード品のバリア特性を

ホームページ，カタログの値を参照してまとめた。酸素バリア性については，測定条件も一定でないため，単純な比較は意味をなさないが，酸素バリアが0.5～4 ml/m^{2}付近，水蒸気バリアが0.05～0.5 g/m^{2}近傍での競争となっている。また，次のターゲットである太陽電池バックシート用，あるいは，電子ペーパー用といった工業用機材バリアフィルムとしては，水蒸気バリア0.1 g / m^{2}以下を保証でき，0.001 g/m^{2}レベルに入っていくことが，目標の一つになっているようである。

4. 6　おわりに

透明蒸着バリアフィルムは，優れた特性（バリア性，マイクロ波等透過性，電気絶縁性等）から応用展開が期待され，急速な脱塩素系材料の動きの中で，一気に普及が加速され，環境にクリーンな脱塩素対応可能なバリアフィルムの本命として一大市場を形成した。この中で，独自の技術である２元蒸着技術を用い開発，発売している２元透明蒸着フィルム：エコシアールをもとに透明蒸着フィルムの市場，技術についての概観を見てみた。

最後に，透明蒸着バリアフィルムへの要望，期待をまとめ，今後の動きを予測してみた。

4. 7　今後の展開

4. 7. 1　バリア性改良，ハイバリア化への様々な試み

バリアフィルム開発の歴史は常にバリア特性向上の歴史といえ，各社とも，様々なアプローチで精力的な開発を進めている。すなわち，蒸着層の上への有機コート層の積層によるクラック発生防止と，その有機層にバリア性を与え，さらにバリア特性をアップさせる。また，蒸着層に対しては，無機蒸着層の欠陥の極小化，および，各種ストレスへの耐性のアップをさせる。そして，ベースフィルムの改善や蒸着層との相互作用の改善等も考えられている。最近のバリア性向上の要望は水蒸気バリア性改善の要望が特に強く，各社の開発のターゲットもそこにあるようである。

究極の目標として，アルミ箔を代替したいという動きがあるものの，アルミ箔の厚みは数μm以上あり，ピンホールの発生がない限り，バリア特性としては，ゼロ ml/m^2 or ゼロ g/m^{2}に限りなく近いといえる。透明蒸着バリアフィルムの場合はいくら，高いバリア特性といっても，有限な透過度をもっている。その意味では，アルミ箔使用用途の要求バリア性については，ゼロではなく有限な値での要求でない限り，単純な置き換えは難しい分野といえる。ユーザーとの連携をしっかりと進めることが，脱アルミ箔の実用化には必須であると思われる。

4. 7. 2　バリア性劣化防止　（クラック防止）

「4. 7. 1のハイバリア化」とも関係が深いが，透明蒸着フィルムは，無機質（例えると極薄のガラス）をバリア性発現の必須要素として利用するため，どうしても，ワレ，クラックの問題がつきまとう。

現状でも，蒸着膜の上，保護コート層として，有機コート層を設けているグレードが多く，加

工工程でのロール等との擦れによるバリア性低下防止には，この保護コート層を設けることが有効である。しかしながら，フィルムの伸びや圧力，折り曲げといった物理的な変形に対して，蒸着層のクラック発生のしやすさの影響が直接現れてくる。アルミナに較べ，2元蒸着や，CVD（化学蒸着法）で作成したシリカ膜も良好であるが，4％以上の変形には追随できず，バリア性は大きく，劣化する。そのため，浅しぼり，深しぼりといった加工用途には使用できていないのが実情である。

このような課題がある中で，2元無機蒸着はシリカ，あるいはアルミナ単体の薄膜とは異なり膜厚だけでなく，組成の組み合わせが可能であり，広い可能性をもっている。また，東洋紡績としては，OPP，ONY，PET ベースフィルムをもっており，用途にあった透明蒸着用ベースフィルムの開発も含め開発していきたいと思っている。さらに，積層体として考えた場合には，シーラント素材の開発とあわせ，包装市場に新しい提案をし続けていきたいと考えている。

参考文献

・包装資材シェア事典，1999 年版，2008 年版，2010 年版等，日本経済総合研究センター
・松田修成，包装技術，平成 23 年 6 月号，日本包装技術協会
・松田修成，工業材料，2008 年 12 月号，Vol56，No12
・山口力男，食品・医薬品包装ハンドブック，p96，幸書房
・伊藤義文，最新版ハイバリア蒸着フィルム，日報
・第 5 回前・後期 PPS コンファレンス要旨集，東洋紡パッケージングプランニングサービス

5 コンポジット材—ナノコンポジット系コート・バリアフィルムについて

岡部貴史*

5.1 はじめに

食品分野では，衛生安全性に配慮した簡便な加工食品であるレトルト食品，無菌包装食品（LL牛乳など），クリーン包装食品（総菜，切り餅など）の需要が徐々に増加している。この傾向は，食の衛生・安全性を求めて今後も続くと予想される[1]。

このような食習慣の変化から，食品包装材料へも食品の変質を防止する機能（密封性やガス，水蒸気などに対するバリア性）をより高い次元で要求されるようになってきた。

食品を保存する技法としては，真空包装，ガス置換包装，脱酸素剤封入包装，乾燥食品包装，アセプティック充填包装，液体熱充填包装，レトルト食品包装など，種々の方法がある。これらの食品保存技法に使用されるプラスチック系包装材料には，様々な機能が要求される[2]。引張強度，衝撃強度，突刺強力，耐ピンホール性などの材料強度や，内容品などに対する材料の安定性，有害物質が移行しないといった衛生性などであるが，特に内容物の品質保全という観点から，包装材料に酸素ガスバリア性や水蒸気バリア性を積極的に付与することは重要である。

本稿では，当社が保有するガスバリア性フィルムの内，高性能を必要とする用途をターゲットとした新規のハイガスバリア性フィルムである「セービックス®」の特性とその用途例について概説する。

5.2 セービックス®

5.2.1 材料設計

セービックス®は，2006年4月に住友化学株式会社から事業移管を受け，当社が製造・販売を引き継いだハイガスバリアフィルムである。樹脂フィルムでガスバリア性を発現するためには，ガスがポリマー中へ溶解および拡散することを如何にして制御するかがポイントとなる。この具体的な方法としては，ポリマー鎖間の分子間力を高めて，分子運動を制御する方法，ポリマーの結晶化度を高める方法，無機化合物などの気体不透過物質をポリマー中に有効に配置する方法，すなわち，モルホロジー制御法などがある。

近年，ポリマー系ナノコンポジットの展開が著しく加速化しており，セービックス®は，ナノコンポジットバリアフィルムのカテゴリーに属する。ポリマー系ナノコンポジットとは，マトリクスがポリマーで，分散相がナノメーターサイズの超微粒子であるような複合材料をいう（図1）。分散相は，ポリマーでも無機化合物でも良い。ここで重要なのは，分散相が「ナノメーター」サイズで超微細に分散していることである。セービックス®は，基材となる樹脂フィルム上に厚さ数百ナノメートル（nm）のバリア層をコーティングしている。このバリア層は，分子間力の

＊ Takashi Okabe　ユニチカ㈱　フィルム事業本部　フィルムカスタマー・ソリューション部開発1G

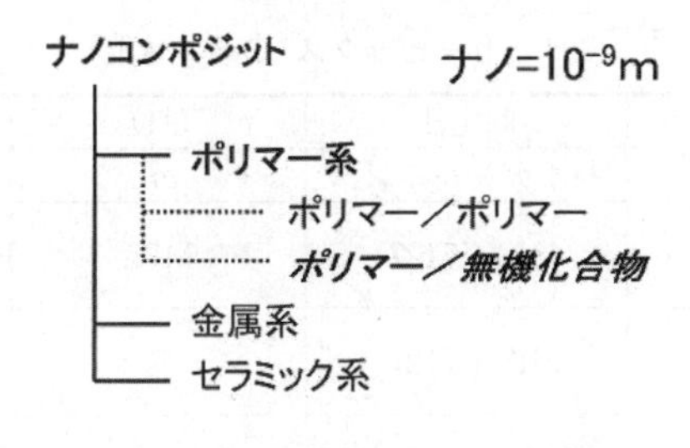

図1　ナノコンポジットの分類

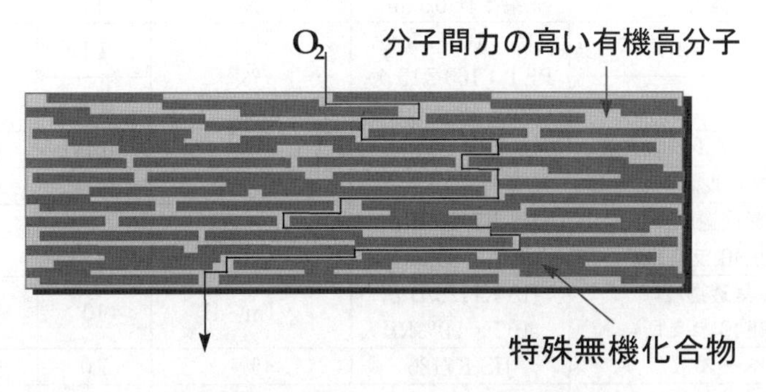

図2　「迷路効果」によるバリア性発現機構

高いポリマー（非塩素系）中に完全な気体遮断性を持つ特殊無機化合物（非金属系）をナノオーダーで配向分散させ，かつ，数百層以上も積層させた構造を有している。この超微細な積層構造により，気体の透過経路長がバリア層の厚みの数百倍にも匹敵する。このように特殊無機化合物がナノオーダーで分散し，そして幾層にも積層されて生み出される「迷路効果」(図2）によって高いガスバリア性能を発現していると考えている。従来のコート系バリアフィルム（ポリ塩化ビニリデンやポリビニルアルコール）や多層共押フィルム（エチレンビニルアルコール共重合体，共押出多層ナイロン）のバリア層が数マイクロメートル（μm）であるのに対し，バリア層が超薄膜であることも特徴である。

バリア層上に印刷を行い，さらに熱融着性シーラントフィルムを貼り合せすることにより包装用ラミネートフィルムが得られる。

5.2.2　基本特性

セービックス®は，OPP，ナイロン，PET フィルムをベースにしたYOP，YON，YPETを汎用グレードとして品揃えしている。各フィルムの基本性能を表1に示す。また，図3に当社のガスバリアナイロンフィルムの位置づけを示す。ここで，エンブレム®NV は有機系の特殊バリアコートナイロンフィルム，エンブレム®DCR はKコートナイロンフィルム，エンブロン®E はナイロン6とEVOH，エンブロン®M はナイロン6とMXD6の複層ナイロンフィルムである。セービックス®のバリア層は超薄膜なため，フィルムの機械物性は基材フィルムの物性に依存する。また，セービックス®は酸素のハイガスバリアが特徴（< 10ml/(m^2·d·MPa)@20℃

表1　セービックス®の基本性能

	項目		測定法	単位	YON	YPET	YOP
ベースフィルムの性能	厚み		ハイデンハイン法	μm	15	12	20
	引張強度	MD	JIS K7127	MPa	250	240	150
		TD			350	240	300
	引張伸度	MD	JIS K7127	%	150	130	177
		TD			90	120	55
	引張弾性率	MD	JIS K7127	GPa	3.3	4.3	2.2
		TD			1.9	4.3	4.4
	突刺強力		先端半径 0.5 mm	N	12	6.9	−
	乾熱収縮率	MD	ON：160℃ 5分 PET：160℃15分 OPP：120℃20分	%	1.1	1.5	3.5
		TD			1.3	0.8	2.0
	摩擦係数	フィルム表／表	JIS K7125	—	0.45	0.40	0.55
		フィルム表／金属			0.14	0.13	0.20
コートフィルムの性能	酸素透過度（LLDPE40ラミ反）		JIS K7126 B法 20℃×65%RH	ml/(m²·d·MPa)	<5	<5	<10
	水蒸気透過度（LLDPE40ラミ反）		JIS K7129 B法 40℃×90%RH	g/(m²·d)	10	8	3
	ヘーズ		JIS K7136	%	7.0	8.0	5.0
	濡れ張力	コート面	JIS K6768	mN/m	>54	>54	>54
		非処理面			36	40	<32

測定条件；測定法の欄に指定のない項目は，23℃×50%RH 雰囲気にて測定。
※注：本資料の数値は，当社試験による測定値の代表値であり，保証値ではありません。

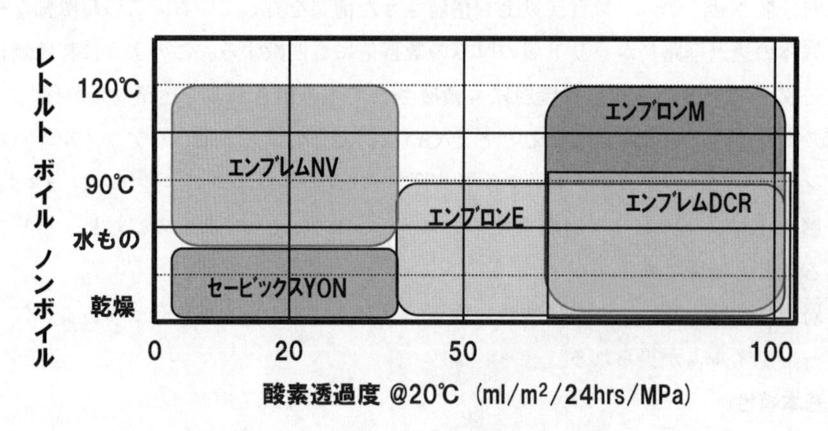

図3　ユニチカバリアナイロン製品群の位置づけ

65%RH）であるが，そのガスバリア性には湿度依存性があることも事実である。したがって，図3に示したように，当社のガスバリアナイロンフィルム製品群の中にあって，主として乾燥物で高いガスバリア性能が要求される分野をターゲットとしており，他のガスバリアフィルム，とりわけ同じハイガスバリアフィルムであるエンブレム®NV は，用途で棲み分けができている。

また，セービックス®は耐溶剤性にも優れ，印刷インキの溶剤によるバリア性の劣化がない。

印刷適性については通常インキばかりでなく，今後環境面から主流となるであろう水性インキ適性にも優れており，水性インキを使用しているお客様にも多数採用いただいている。ラミネート加工性は，押出しラミネートならびにドライラミネートのどちらにも対応しており，加工適性（コンバーティング適性）に優れる。

5.2.3　耐ピンホール性

バリアフィルムを使った包装製品は常温あるいはチルドでの輸送が一般的である。これらの輸送時には，包装袋が段ボールや製品同士による擦れや屈曲，内容物（硬く尖った食品，包装紙など）による突刺しによりピンホールが発生することが問題となっている。

ドライラミネートによって得られたLLDPE-50とのラミネートフィルムではあるが，各種ガスバリアフィルムにおける突刺強力，屈曲・摩擦に対する耐ピンホール性能を比較した（表2）。

ナイロンフィルムの特徴とされる突刺強力，屈曲・摩擦ピンホールについて，セービックス® YONは，全ての項目において他のガスバリアナイロンフィルムと同等以上の耐ピンホール性を有していることがわかる。

5.2.4　グレードと用途例

表3には，現在上市しているセービックス®の各種グレードと，各々に対応した用途例についてまとめた。なお，上述の一般グレード以外に特殊グレードとして，マット調の風合いを持つOPPフィルムをベースフィルムとするM2，同様にPETフィルムをベースフィルムとするYPZ，直線カット性を付与したナイロンベースのYNC，PETベースのYPCも上市している。

セービックス®は，食品等の包装用フィルムとして必要な，酸素バリア性，透湿度，耐ピンホー

表2　耐ピンホール性

評価項目（単位）	測定条件	セービックス® YON 15μm	エンブロン® E 15μm	エンブレム® DCR 15μm	透明蒸着ナイロン 15μm
突刺強力（N）	20℃×65%RH	14.5	8.4	14.0	12
	5℃	16	9.5	14.0	13
	−20℃	12.5	8.0	14.5	9.5
屈曲ピンホール（個）	20℃（5000回）	2	10	2	3
	5℃（1000回）	20	30	25	20
摩擦ピンホール（20℃×65%RH） ○：ピンホールなし ×：ピンホールあり	10回		○ ○ ○		
	30回		○ ○ ○		
	50回		○ × ×		
	70回		○ × ×		
	100回	○ ○ ○	× × ×	○ ○ ○	○ ○ ○
	200回	○ ○ ○		○ ○ ○	○ ○ ○
	300回	○ ○ ×		○ × ×	○ ○ ×
	400回	○ × ×		× × ×	× × ×
	500回	× × ×			

全てLLDPE50ラミ反での評価
※注：本資料の数値は，当社試験による測定値の代表値であり，保証値ではありません。

表3　セービックス®のグレードと用途例

品名	銘柄	厚み (μm)	処理		特徴	用途
			内面	外面		
YON	YON	15 [25]	コート		標準品	味噌，スープ，半生菓子，チーズ，加工食品，ソーセージ等
	[YONB]	[15，25]	コロナ	コート	標準品の多層ラミの中使い用	
	[YNC]	[15]	コート		直線カット性能を有したタイプ（MD 方向）	
	[YNCB]	[15]	コロナ	コート	YNC の多層ラミの中使い用	
YPET	YPT	12	コート		標準品	ジャム，スープ，味噌，菓子等
	[YPTB]	[12]	コロナ	コート	標準品の多層ラミの中使い用	
	[YPC]	[12]	コート		直線カット性能を有したタイプ（MD 方向）	
	[YPCB]	[12]	コロナ	コート	YPC の多層ラミの中使い用	
	[YPZ]	[12]	コート		マット調	
YOP	YOP	20	コート		標準品	珍味，佃煮，味噌，菓子，半生菓子，ソーセージ等
	[YOPB]	[20]	コロナ	コート	標準品の多層ラミの中使い用	
	[M2]	[20]	コート		マット調	
	[M2B]	[20]	コロナ	コート	M2 の多層ラミの中使い用	

※）[　] の製品につきましては受注生産になります。

ル性，環境適合性，印刷適性の各特性が優れており，しかもこれら特性間のバランスが取れている。これら諸特性がもたらす酸化変色防止効果（味噌，佃煮，ソーセージ，珍味等），油脂酸化防止効果（焼き菓子等），かび防止効果（半生菓子，カステラ，生麺等），乾燥・湿気防止効果（焼き菓子，削り節等），臭気・香気発散防止効果（お茶，コーヒー，各種薬品等）を生かし，広い範囲の食品包装材料に採用されている。更に，医薬，医療，農薬の各分野でも採用事例を広げつつある。

5.3　おわりに

食品流通システムの革新に伴い，ガスバリア性包装材料への要求性能は確実に変化している。高性能・高付加価値のガスバリアフィルムは，食の安全性の観点から今後益々要望されてくるであろう。当社は，ナイロンフィルムのトップメーカーとして，市場のニーズにタイムリーに応えていけるよう努力していきたい。

文　献

1）水口眞一，食品包装，**642** (1)，35 (2006)
2）葛良忠彦ほか，食品包装用複合フィルム便覧，p235，日本食品出版株式会社（1997）

6　アクティブバリア材

葛良忠彦*

6.1　はじめに

現在一般的に行われているプラスチック包装材料のガスバリア性を確保する方法としては，アルミ箔やスチール箔などのガスを透過しない材料と複合化する方法，全てをプラスチックで構成する場合はエチレンビニルアルコール共重合体（EVOH）に代表されるようなガスバリア性樹脂と多層化する方法がある。このような方法は，包装・容器の外から内部に透過してくるガスを物理的にバリアする技法である。しかしながら，金属箔のようなガスを透過しない材料を使用しても，密封された包装容器内に酸素が残存していれば，内容品に影響を及ぼす。また，ガスバリア材を使用したとしても，保存中に外部から酸素が内部に透過し，内容品に影響を及ぼす。

一方，包装系内の酸素を除去するための包装技法として，脱酸素剤を封入する方法がある。現在，一般的に使用されている脱酸素剤は，還元鉄などの酸化され易い物質を粉状にして通気性のある小袋に充填したものである。脱酸素封入包装において，包装系内を低酸素雰囲気に維持するためには，その包装系に必要な酸素吸収能力をもつ脱酸素剤を使用し，適切なガスバリア性包材を選択することが最も重要である。

脱酸素剤封入包装は，脱酸素剤とガスバリア性包材を組み合わせた包装技法であるが，脱酸素剤封入包装を超える新しい包装技法として，包装容器自体に酸素吸収能力をもたせ，外部から侵入してくる酸素を吸収除去し，かつ充填時に包装系内に酸素が封入された場合，その酸素を吸収除去するように設計された酸素吸収包装技法が開発され，実用化されている。

EVOHなどのガスバリア性包材を使用する包装技法は，容器の内部に侵入してくる酸素ガスをバリアするという受動的な包装技法（passive packaging）である。一方，このような受動的な技法とは異なり，容器の内部に侵入してくる酸素ガスを積極的に取り除くタイプの包装技法は，アクティブ・パッケージング（active packaging）と呼ばれている。また，酸素吸収能力のある包材はアクティブバリア（active barrier）材，従来のバリア材はパッシブバリア（passive barrier）材と呼ばれている。

6.2　アクティブバリア包装の原理と技法

包装食品の品質低下は，その製造工程，保存期間中に酸素と接触することが大きな原因の一つである。内容品の劣化に係わる酸素としては，①内容品中に溶解している酸素，②充填時に容器内に巻き込まれる酸素，③製品保存中に容器外より透過侵入する酸素がある。従って，これらの酸素の影響を少なくするためには，酸素ガスバリア性の高い包装材料の採用と充填方法や装置の改良が必要となる。

内容品の充填時に容器内に巻き込まれる酸素を低減する方法としては，窒素ガスなどによるガ

*　Tadahiko Katsura　包装科学研究所　主席研究員

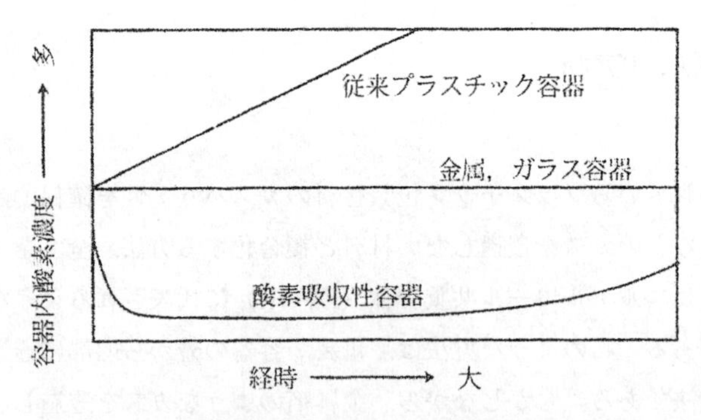

図１ 脱酸素・酸素吸収包装の酸素吸収特性

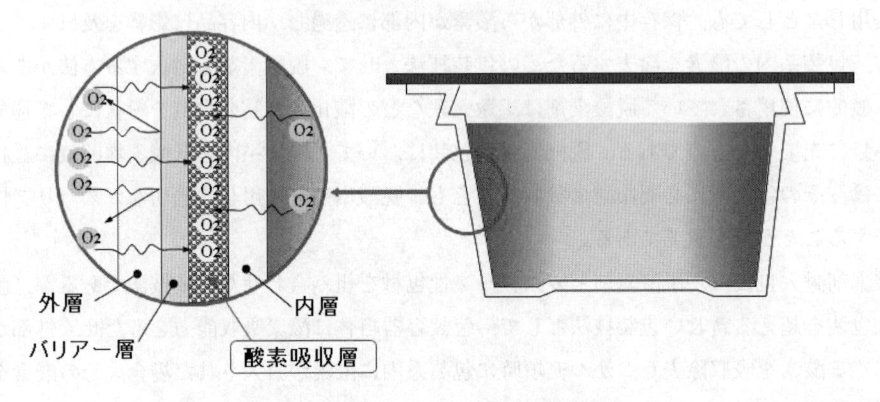

図２ アクティブバリア容器の概念図

ス置換包装の技法がある。図１に，金属やガラス容器，従来のプラスチック容器，及び酸素吸収機能をもつ容器について，ガス置換により，容器内の酸素濃度を下げて密封した場合の容器内酸素濃度の経時変化を模式的に示す。プラスチック容器では，外部より酸素の侵入があるから酸素濃度は増大する。金属やガラス容器は酸素の侵入はほぼゼロであるから変化しない。一方，酸素吸収性容器では，外部からの酸素の侵入を抑えるだけでなく，容器内の残存酸素をも吸収除去するので，初期の酸素濃度よりも容器内を低酸素にすることができる。この特性が，酸素吸収性容器の最大の特徴である。脱酸素剤封入包装についても，包装系に必要な酸素吸収能力をもつ脱酸素剤を使用し，適切なガスバリア性包材を選択すれば，酸素吸収性容器と同等の酸素吸収特性が得られる。

現在，脱酸素剤封入包装は，菓子類，餅，米飯類，加工食品，調味，嗜好品，生鮮食品などの広い範囲で適用されている。しかしながら，この技法は飲料などやレトルト食品への適用は困難である。一方，アクティブバリア包材を使用した場合，脱酸素剤を封入する作業が簡略でき，飲料や液体食品・調味料，あるいはレトルト食品への適用も可能となる点において，脱酸素剤封入包装と異なっている。

図２に，代表的なアクティブバリア容器の概念図を示す。この容器では，容器外より内部に侵

入する酸素が，容器壁材料により吸収され，その結果，内部にまで透過する酸素が減少し，容器としての酸素バリア性が向上する。また，容器内に残存している酸素が容器壁に吸収され，内部の酸素濃度が低くなる。酸素吸収剤としては，酸素と化学的に反応して酸化物となる物質が適用されている。内容物の劣化も酸素との化学反応であるため，酸素吸収性容器では，内容品の酸素消費速度より，容器による酸素捕捉速度が速いことが重要である。

このような化学的方法による酸素吸収性容器では，容器としての必要特性の他に，次のような条件が必要となる。

①酸素捕捉速度が大であること。

②酸素捕捉可能量が大であること。

③酸素捕捉開始機構が付与できること。

酸素捕捉開始機構すなわちトリガーは，容器を使用する前の保管中における失活を防止するために必要不可欠のものである。

6.3　脱酸素剤・アクティブバリア包材開発の歴史

外国においては，1925年にすでに鉄粉や硫酸鉄などを用いた脱酸素剤が開発されたのが発端となり，各種の原理による包装用の脱酸素剤の開発が進められたが，1960年のアメリカンキャン社のグルコースオキシダーゼ酵素を用いた方法がかなり実用的なものであった。1970年には同社により，積層フィルムの間にパラジウム触媒をはさんで，包装系内に窒素と水素を封入し，残存酸素を水素を反応させて除去する「マラフレックス」という方法が開発された。しかし，反応性やコスト高などの問題であまり普及しなかった。

日本においては，ハイドロサルファイトを主剤とした出願特許（特公昭47-19729）を基に開発されたケプロンが，本格的な脱酸素剤の最初の製品である。しかし，反応性が極めて高く，反応熱があり，保存性，安定性，安全性に問題があったために普及しなかった。1977年に，これらの欠点を克服した鉄系の脱酸素剤が開発された。この脱酸素剤は，価格が安く，安全で取り扱いも容易であったため，急速に普及した。この鉄系の脱酸素剤は，還元鉄と触媒を充填した小袋をパウチや容器に封入するタイプのものである。

包装材料自体が酸素吸収機能をもつタイプのものは，「マラフレックス」以降開発が進まなかったが，1989年に人工血液の開発研究を行っていた米国のアクアノーティックス社が，「LONGLIFE」というコバルト系の有機金属錯体をシランを用いてシリカ担体に固定化したタイプの脱酸素剤を発表した[1)]。容器への適用形態はガラスびん用キャップのライナーで，びんビールの溶存酸素の低減に効果がある発表であった。その後，「SMART CAP」という酸素吸収性キャップライナーの開発をキャップメーカーのザパタ社と共同で行い[2)]，米国シェラネバダビール社のビールびんの王冠に採用されたことがある。

フランスのCMB社でも1990年に，「OXBAR」システムを開発している[3)]。このシステムは，PET，MXD6ナイロン，ナフテン酸コバルトのブレンド系で，ナフテン酸コバルトの触媒機能によるMXD6ナイロンの酸化反応を利用したタイプである。このシステムは飲料用PETボトルとして検討された。しかし，ブレンド系のため透明性が悪いなどの理由により実用化に至らなかった。

日本においては，1989年に発表され，1994年にトレイとして実用化された還元鉄粉を樹脂に練り込んだタイプの「オキシガード」（東洋製罐）がアクティブバリア包材の最初の製品である。現在では，無機系，有機系の種々のタイプのものが開発・実用化されている。

6.4 アクティブバリア材の種類とその酸素吸収メカニズムおよび用途

表1に，アクティブバリア包装に適用されている酸素吸収剤（スカベンジャー）の種類と用途

表1 各種アクティブバリア材とその用途

分類	酸素吸収物質	反応促進剤	製品例	包装形態（用途）
無機系	還元鉄	ハロゲン化金属 (NaCl)	「オキシガード」（東洋製罐） 「エージレス・オーマック」 （三菱ガス化学）	パウチ （各種食品，菓子，その他） レトルトパウチ （粥，スープ，その他） トレイ（無菌米飯） カップ （コーヒー，スープ）
			「Fresh Pax」，「SLFフィルム」 (Multisorb Tech.)	パウチ （各種食品，その他）
	亜硫酸塩		ライナー材 （日本クラウンコルク）	キャップライナー （ビール）
	酸化セリウム		「オキシキャッチ」 （共同印刷）	用途開拓中
有機系	アスコルビン酸	塩基性物質， 遷移金属触媒	「Pureseal」ライナー材 (Zapata) ライナー材 (Darex Containers)	キャップライナー （ビール，食品）
	MXD6ナイロン	遷移金属触媒 （コバルト塩）	「OXBAR」(CMB) 「X-312」(CPT) 「Bind-Ox」 (Schmalbach-Lubeca)	PETボトル（ビール）
	2重結合系ポリマー／ MXD6ナイロン	遷移金属触媒 （コバルト塩）	「オキシブロック」 （東洋製罐）	PETボトル （ホット販売用飲料）
	2重結合系ポリマー	遷移金属触媒 （コバルト塩）	「OS 1000」 (Seald Air)	蓋材 （生パスタ，加工肉）
			「プロアクト」 （クラレ）	用途開拓中
	ポリエチレン／ スチレン系樹脂	遷移金属触媒 （コバルト塩）	「マルチブロック」 （東洋製罐）	オレフィン系ボトル （マヨネーズ）
	シクロヘキセン基を もつポリマー	遷移金属触媒 （コバルト塩）	「OSP」 (Chevron)	蓋材（生パスタ）

を示す。無機系のものと有機系のものに大別できる。無機系のものとしては，還元鉄と亜硫酸ナトリウムが実用されている。有機系のもので実用されているものとしては，アスコルビン酸類，ポリアミド／遷移金属触媒系，エチレン系不飽和炭化水素／遷移金属触媒系，シクロヘキセン側鎖含有ポリマー／遷移金属触媒系などがある。

6.4.1　還元鉄系酸素吸収剤

還元鉄系の酸素吸収剤は，以前から広く使用されている三菱ガス化学の「エージレス」と同系のものである。還元鉄の微粉と酸化触媒をベースレジンにブレンドしたものが成形材料として使用されている。このタイプは，水がトリガーとなって酸素吸収機能が発現される。実用化されているものには，東洋製罐の「オキシガード」と三菱ガス化学の「エージレスオーマック」がある。「オキシガード」の製品としては，PP系多層シートから熱成形された無菌米飯用トレイ，輸液ボトル用外装パウチ，レトルトスタンディングパウチ，コンビニでホット販売されているコーヒー用のレトルトカップなどがある[4~6]。

「エージレス・オーマック」は，カレーやスープのレトルトパウチ，栗羊羹や小豆製品のフィルム包装，抹茶・緑茶やフルーツを使用したプリンやゼリーの包装，醤油だし・つゆなどのパウチ包装などに適用されている[7,8]。写真1～3に，鉄系アクティブバリア材を応用した製品を示す。

米国においても，「エージレス」と同タイプの鉄系脱酸素剤「FreshPax」(Multisorb Technologies Inc.社）が開発されている。また，これを利用した鉄系の酸素吸収ラベル「FreshMax」があり，Multisorb社では，酸素吸収剤をコーティングしたタイプの酸素吸収フィ

写真1　「オキシガード」(東洋製罐）を用いた無菌米飯「サトウのごはん」

写真2　アクティブバリアレトルトパウチ
上段：「オキシガード」パウチ
下段：「エージレスオーマック」パウチ

写真３「オキシガード」カップを使用したホット販売用コーヒー製品

ルム「SLF フィルム」の開発も行っている[9,10]。その他に，米国の BP Amoco 社が「Amosorb 2000」を開発していたが，その後スイスの Ciba 社に引き継がれ，「Shelfplus」として上市されている。PE タイプと PP タイプがある[11]。

6. 4. 2　アスコルビン酸系酸素吸収剤

アスコルビン酸（ビタミンC）を樹脂にブレンドしたものも酸素吸収剤として使用されている。このタイプは，アスコルビン酸の酸化を利用している。ガラスビールボトルの王冠のライナー材，広口びんのキャップのライナー材として使用されている。

6. 4. 3　MXD6 ナイロン・コバルト塩系酸素吸収剤

この酸素吸収剤は，ナフテン酸コバルトなどのコバルト塩を酸化触媒として MXD6 ナイロンにブレンドし，MXD6 ナイロンを酸化させて酸素を吸収するタイプである。酸化により，MXD6 ナイロンの分子は切断される。

フランスの CMB 社は，1990 年に，この系である「OXBAR」システムを開発している。このシステムは，PET，MXD6 ナイロン（4 %），ナフテン酸コバルト（200 ppm）のブレンド系である。このシステムは飲料用 PET ボトルとして検討された。しかし，ブレンド系のため透明性が悪いことや，ナフテン酸コバルトが飲料とダイレクトコンタクトしていることなどの理由により実用化には至らなかった。しかし，「OXBAR」の技術は，その後アメリカの CCS 社に権利が譲渡され，PET/OXBAR/PET の 3 層構成のアクティブ PET ボトルが開発され，現在 Budweiseer のビールボトルに適用されている。この 3 層構成の PET ボトルに適用されている「OXBAR」は，MXD6 ナイロンとコバルト塩触媒のブレンド系である。

アメリカのビール会社の Miller 社は，CPT 社の 5 層アクティブバリア PET ボトルに充填したビールを上市しているが，このボトルの酸素吸収技術は，「OXBAR」のものとほぼ同様で，MXD6 ナイロンにコバルト塩の酸化触媒をブレンドした「X-312」という酸素吸収剤を利用した

表2　アクティブバリアPETボトル

開発メーカー	構　成	アクティブバリア材の組成	実用化状況
Conster, Kortec	PET/Oxber/PET （2種3層）	MXD6＋コバルト塩	Anheuser-Busch （Nbudweiser, Bud Light）
Continenntal PET Technologies	PET/X312/PET/X312/PET （2種5層）	MXD6＋コバルト塩	Miller, Heineken Coors Anheuser-Busch
BP Amoco Twinpak	PET/Amosorb3000/PET	ポリエステルとポリ-ブタジエンのコポリマー	Anheuser-Busch （テストセール） （Budweiser, Bud Light）
Schumalbach-Lubeca	PET/Bind-OX/PET （2種3層）	MXD6＋酸素吸収剤	Stella Artois, Carlsberg, 他
東洋製罐	PET/オキシブロック/PET/オキシブロック/PET	MXD6＋ポリエン＋コバルト塩	国内ホット販売飲料 （緑茶，紅茶，など）

写真4　アクティブバリアPETボトルの各種ビール製品
上段8本：Bind-Oxボトル　下段左3本：「X312」ボトル
下段中4本：「X312」ボトル　下段右1本：「OXBAR」ボトル

タイプである[12)]。

PET／MXD6ナイロン／PET3層ボトルの製造を行っていたヨーロッパのSchumalbach-Lubeca社も，MXD6ナイロン系の酸素吸収剤「Bind-Ox」を開発し，PET／Bind-Ox／PET3層ボトルをヨーロッパのビール会社に供給している。

アクティブバリアPETボトルとしては，現在までに，表2に示すようなものが開発されている。写真4に，アクティブバリアPETボトルに充填されたMiller，Heinekrn，Budweiserビール，および各種Bind-Oxビールボトルを示す。

6.4.4 MXD6ナイロン・2重結合系ポリマー・コバルト塩系酸素吸収剤

東洋製罐は，MXD6ナイロン・2重結合系ポリマー・コバルト塩系酸素吸収剤「SIRIUS 101」を開発し，アクティブバリアPETボトルに適用している。このボトルは，「オキシブロック」と呼ばれている。この酸素吸収剤「SIRIUS 101」には，酸化し難いMXD6ナイロンが使用されており，酸素の吸収は2重結合系ポリマーの酸化反応によって行われる。現在，ホット販売用飲料ボトルやサプリメント飲料用ボトルに採用されているなどに適用されている[13~16]。写真5にそれらの製品例を示す。「オキシブロック」ボトルの構成は，酸素吸収バリアが2層の2種5層タイプで，容量が270～350 mlの各種ボトルが供給されている。

6.4.5 2重結合ポリマー・コバルト塩系酸素吸収剤

この系は，ポリブタジエンやポリイソプレンなどの共役2重結合をもつポリマーや共役2重結合をもつモノマーと共重合したポリマーを酸素吸収剤として利用するタイプがある。

ブタジエン・イソプレンコポリマーに酸化触媒のコバルト塩と紫外線増感剤であるベンゾフェノンをブレンドしたCryovac社のOS 1000が，トレイ用蓋材フィルムとして開発されている[9,11]。この系では，酸素が2重結合部と反応し，酸素が吸収される。最終的には，低分子量のカルボン酸，ケトン，アルデヒド，アルコールなどに分解する。このため，臭い対策が必用である。

ボトル用としては，BP Amoco社のAmosorb 3000があった[17]。一時，Budweiserビールボトルとしてテストセールされたことがある。また，Darex Container Products社がクラレの協力を得て開発したDarEval[9]は，エチレン系不飽和2重結合をもつポリマーとEVOHを組み合わせたタイプであり，用途開発が行われたが，最近DarEvalに代わるアクティブバリア材として，クラレが「プロアクト」を上市した[18]。「プロアクト」も2重結合系ポリマーとコバルト塩系触媒，およびEVOHを組み合わせたタイプである。現在，用途開発が行われている。

最近，クラレから「エバールAP」というEVOHである「エバール」に酸素吸収剤を分散させたアクティブバリア樹脂が上市された。「エバールAP」には上述の「プロアクト」と同様の酸素吸収剤が適用されていると思われる。「エバールAP」樹脂は，フィルムやシートなど，種々の用途に応用が可能である。最近，キユーピーから「エバールAP」を適用した写真6に示すよ

写真5 「オキシブロック」（東洋製罐）ボトルを用いた製品

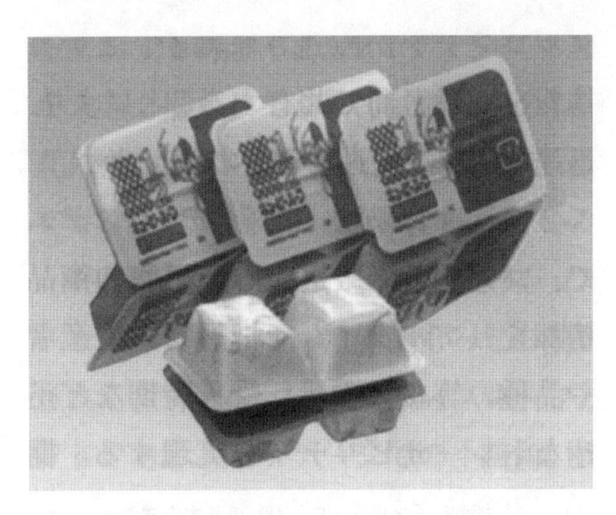

写真6 「エバールAP」（クラレ）を用いたキユーピーのマヨネーズ

写真7 「マルチブロック」（東洋製罐）を用いた低カロリーマヨネーズ製品

うなディスペンパックのマヨネーズが発売された[19]。

6.4.6 ポリエチレン・スチレン系樹脂・触媒系酸素吸収材

東洋製罐は，ポリオレフィンボトル用の酸素吸収剤を開発し，「マルチブロック」とうアクティブバリアボトルを上市した。酸素吸収剤は，ポリエチレン・スチレン系樹脂・触媒のブレンド物で，酸化反応は樹脂の自動酸化を利用したものであり，スチレン系樹脂を添加することにより，マトリックスであるポリエチレンが酸素吸収性を発現する[16]。現在，キユーピーの低カロリーマヨネーズ用ボトルとして適用されている[20]。写真7に，低カロリーマヨネーズの製品例を，図3に，「マルチブロック」の基本層構成を示す。基本構成のバリア層は，EVOHのパッシブバリア材である。図4に，内容物の酸化劣化のモデル試験結果を示す[16]。モデル化合物は，ビタミンCとアントシアニン色素である。図中の「ラミコン」は，PE／EVOH／PE構成のパッシブバリア

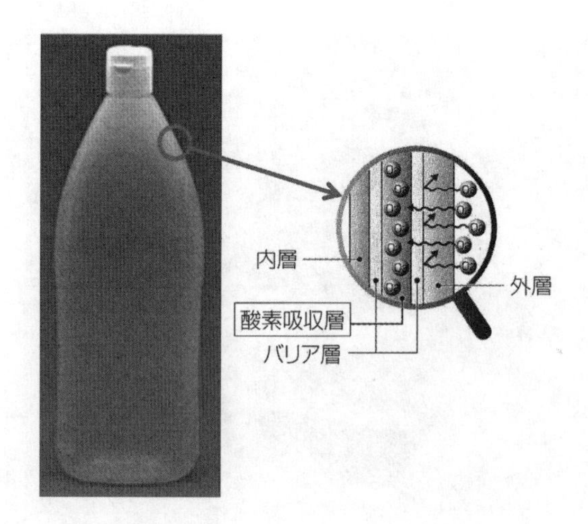

図３ 「マルチブロック」の基本構成

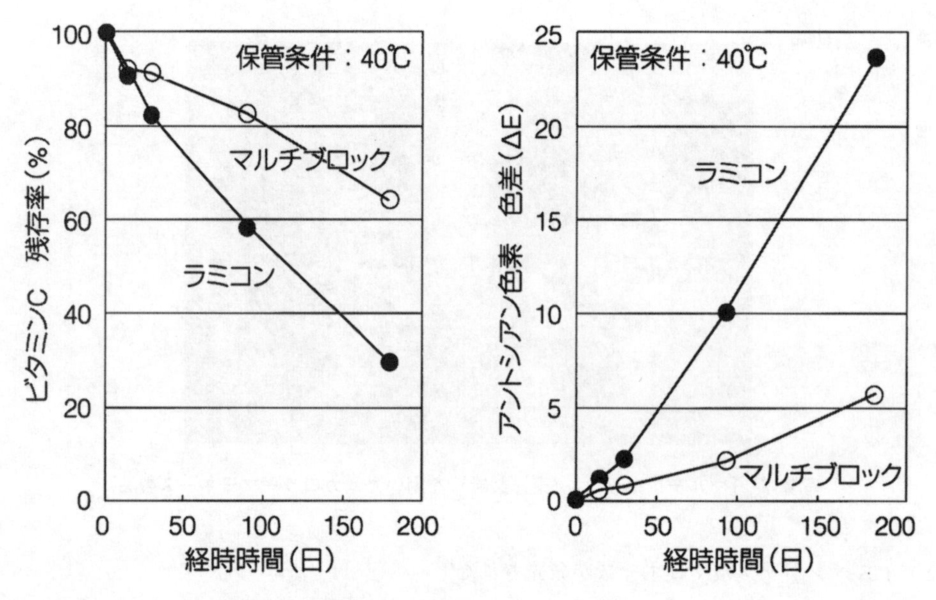

図４ 「マルチブロック」の性能

ボトルである。パッシブバリアボトルとアクティブバリアボトルの性能の差が歴然としている。

6.4.7 シクロヘキセン基含有ポリマー系酸素吸収剤

Chevron Phillips Chemical社では，「OSP System」と呼ばれる酸素吸収包剤を開発している[9,11)]。このシステムの酸素吸収剤は，シクロヘキセン基をもつポリマーにコバルト塩と光増感剤をブレンドした系で，透明であり，酸化反応による分解生成物は形成されないといわれている。このシステムは，フィルム，コーティング剤，ブローボトルに適用が可能であると発表されており，フィルムはパスタ用トレイの蓋材として使用されている。

6. 4. 8　酸化セリウム系酸素吸収剤

酸化セリウム系の酸素吸収剤が三井金属鉱業とパウダーテックにより開発されている。共同印刷から最近上市された「オキシキャッチ」は，酸化セリウム系脱酸素剤を適用したフィルムであり，酸化セリウム系脱酸素剤は，三井金属鉱業とパウダーテックが開発したものを使用している。現在，医薬品包装，特に錠剤のPTP包装を中心に用途開発を行っている。

文　献

1) N. R. Buckenham, Pack Alimentaire '90, Proceedings (May 15-17, 1990)
2) B. Zenner, J. Packag. *Techn.*, **5** (1), 37 (1991)
3) R. Folland, Pack Alimentaire '90, Proceedings (May 15-17, 1990)
4) 小山正泰,「オキシガード」, 食品包装用複合フィルム便覧, p.278 (日本食品出版, 1997)
5) 小山正泰, 包装技術, **36** (9), 76 (1998)
6) 石崎庸一, 小暮正人, 小田泰宏, 成形加工, **13** (10), 669 (2001)
7) 榊原好久, 仲川和秀, 包装技術, **47** (12), 21 (2009)
8) 新見健一, 工業材料, **59** (3), 65 (2011)
9) E. Wallis, PET Strategies 2001, Proceedings (Sept. 30～Oct. 2, 2001)
10) 井坂勤, *PACKPIA*, **45** (12), 24 (2001)
11) M. Rosenzweig, *Modern Plastics*, **78** (12), 34 (2001)
12) *Packaging Magazine*, November 19, 1998, Page 3 (1998)
13) 甲斐正次郎, 諸藤明彦, 吉川雅之, 大槻智香, 包装技術, **41** (8), 24 (2003)
14) 菊地淳, 成形加工, **16** (6), 370 (2004)
15) 菊地淳, プラスチックスエージ, **52** (3), 85 (2006)
16) 菊地淳, 工業材料, **56** (12), 60 (2008)
17) *Packaging Magazine*, November 19, 1998, Page 5 (1998)
18) 渡辺知行, 工業材料, **56** (12), 44 (2008)
19) 三宅大介, ジャパンフードサイエンス, **49** (12), 49 (2010)
20) 野田治郎, 工業材料, **56** (12), 40 (2008)

第3章　バリア性の評価方法と分析実用例

1　バリア性の評価方法

永井一清*

1.1　はじめに

ガラスや金属と比較して，プラスチック材料の特徴は薄く，軽く，割れ難く，曲げられ多様な形状へ対応できるなどの利点が挙げられるが，その反面，耐熱性や酸素ガスおよび水蒸気のバリア性等において劣っている。ガラスや金属は完全なガスバリア性を有しているが，プラスチック材料はガスを透過させてしまう。つまりプラスチック材料におけるバリア性は，“低透過性”と言い換えることができる。

本節では，実験室におけるガスバリア性評価を中心に概説する。

1.2　バリア性の評価用語と評価値の単位

厳密にいえば，測定温度，測定圧力においてその物質が安定に存在しうる状態が気体状態であるものを“ガス”，これが液体状態であるものを“蒸気”と呼ぶ。あえて区別する必要のない時には，“ペネトラント”という用語が用いられる。しかし一般にはあまり馴染みが無いので，本報では“ペネトラント”のかわりに“ガス”という用語を用いる。水蒸気に限定された内容には，“水蒸気”という用語を用いて説明する。

ガスバリア性とは何か，まずは使用する人の間での共通の理解と認識が必要であるはずであるが，ガスバリア性の評価用語と評価値の単位は，産業界により異なる場合が多い。同分野が包装産業，フィルム産業，プラスチック産業，化学工学産業，繊維産業，コンバーティング産業，分析機器産業，エレクトロニクス産業等で独立して成長してきたためと思われる。そのため評価用語の定義と評価値の単位の統一がなされていない現実がある。英語表記はIUPACで用語が推奨されているが，国際ジャーナルの論文を読んでみると表記が徹底されていない現状がある。また，英語表記と日本語表記が必ずしも対応しているわけではなく，一つの英語表記を意味する日本語表記が複数存在する場合もある。従って，文献を読む際には用語の意味に注意する必要がある。その対応策の一例は，用語とともに評価値の単位を確認することである。単位に関しては，各産業界で緩やかではあるがSI単位への変更が進められてきている。本節では，各産業界で使用されている様々な用語を紹介する。説明を行う上で何かしらの用語を用いなければならないため，本節では便宜上，JIS K7126規格（2006年8月制定）の用語を用いて説明する。

ガスバリア性の測定はフィルム状もしくは容器状で行われる。フィルムや容器のガスバリア性

＊　Kazukiyo Nagai　明治大学　理工学部　応用化学科　教授

を評価するためには，フィルムや容器を通してガスがどの程度透過または遮断されるのかを測定すればよい。ガスの透過の測定法では，フィルムや容器を挟んでガスの供給側と透過側は共に気相である。図1に示すようにフィルムや容器を通してガスが移動するためには，何かしらの透過の駆動力が必要である。測定ではその駆動力として，ガスの圧力差か濃度差を用いている。濃度差も，言い換えればガス中の目的とする成分の分圧差である。一般にフィルムでは単位面積当たりの透過量を，容器では容器1個体あたりの透過量で評価している。ここからはフィルムを例に概説していくが，評価値の単位を単位面積当たりから容器1個体あたりに換算すると容器の例となる。

測定開始時には，フィルム内部に測定するガスは存在しない。そのためフィルムの片面からガスを導入した後に，その反対面から出てくるガスの透過量が一定になるまでに時間を要する。この間に要する時間を遅れ時間と言う。図2に，ガス導入時をゼロ点としたガスの透過曲線の例を示す。ある瞬間のガスの透過量を測定した微分型透過曲線とその透過量を累積した積分型透過曲線の2種類がある。単位時間当たりの透過量が一定になるまでの状態を非定常状態，そして一定になった状態を定常状態と言う。一般にガスバリア性は，定常状態に至ってからの測定データを用いて評価する。

バリア性が高くなると単位時間あたりの透過量の変位が小さいため，定常状態に達する前に誤って測定を終えてしまう場合があるので注意が必要である。その場合，非定常状態のデータを使用するので，見掛け上高いバリア値を得ることになる。食品包装用フィルムの測定は1日で行えるが，有機EL基板レベルのバリア度では2，3週間必要である。

ガスバリア性は，測定方法に依存せずに同一の単位で評価される。面積Aのフィルムを通しての単位時間あたりのガス透過量Qを，ガスの透過流束J（Flux）という。単位は，物質量／(フィルム面積×時間) を示す mol m^{-2} s^{-1}，cm^{3} cm^{-2} s^{-1}，g m^{-2} day^{-1} 等が使用されている。特に水蒸気や有機蒸気の場合，透過量とし

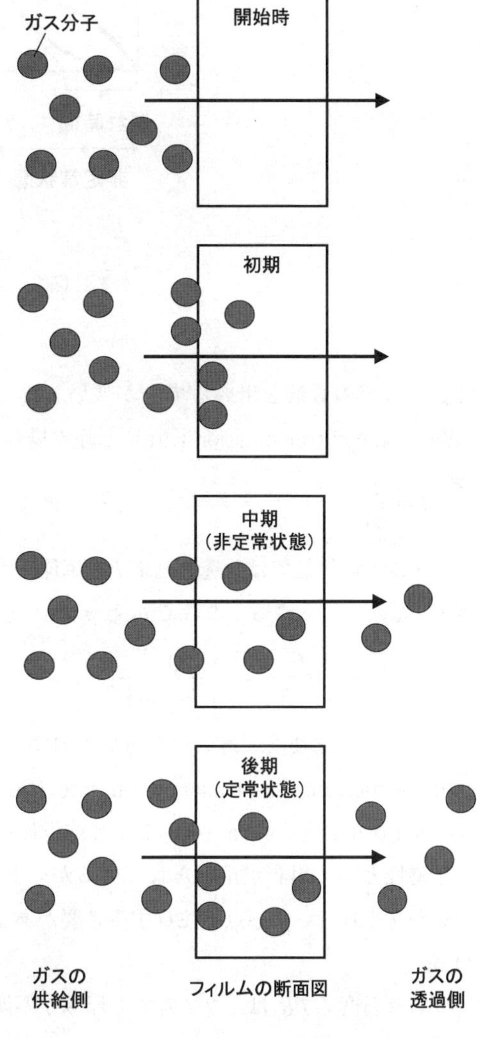

図1　フィルムを通してのガス透過の概念図

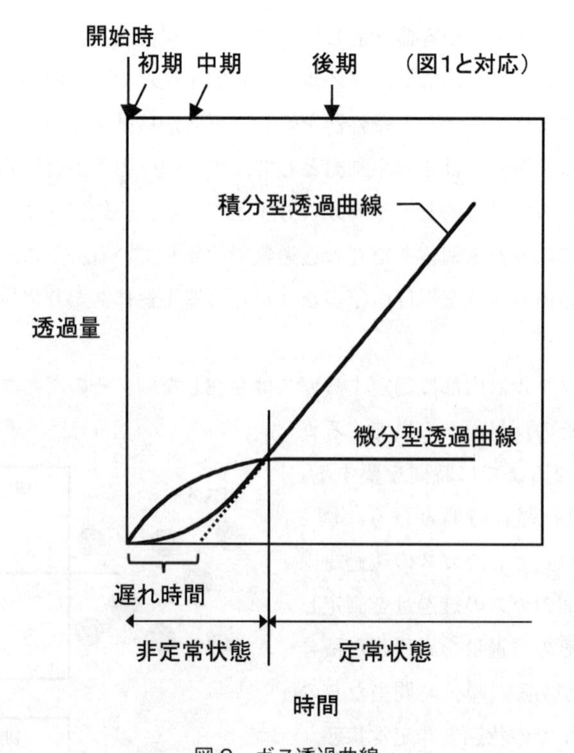

図２　ガス透過曲線

てグラム等の質量を用いる場合が多い。また水蒸気の場合，透過流束を水蒸気透過度 WVTR（Water vapor transmission rate）と呼ぶ場合もある。

$$J = \frac{Q}{A} \tag{1}$$

フィルムの評価では，透過流束 J を単位圧力差 $p_1 - p_2$ あたりのガス透過量に換算したガス透過度 GTR が用いられる。ここで p_1 と p_2 は，それぞれ供給側と透過側のガスの圧力である。

$$GTR = \frac{J}{p_1 - p_2} = \frac{Q}{A(p_1 - p_2)} \tag{2}$$

これは，透過速度，透過率ともいわれる。英語では，Pressure normalized flux, Permeation rate, Permeance, Gas transmission rate（GTR）と表現されている。酸素ガスの場合，特に Oxygen transmission rate（OTR）と言われることもある。

透過度という用語が用いられているが，上述した水蒸気透過度 WVTR では圧力差（分圧差）の項が含まれていない点を注意する必要がある。用語とともに評価値の単位を確認することを勧める。

ガス透過度 GTR は，フィルムの厚みが不明であっても測定できる実用的な値である。均質材とともに傾斜材や複合材，ラミネート膜，蒸着膜等にも適用できる。単位は，物質量／（フィルム面積×時間×分圧差）を示す $mol\ m^{-2}\ s^{-1}\ Pa^{-1}$，$cm^3\ m^{-2}\ 24\ h^{-1}\ atm^{-1}$，$cm^3\ cm^{-2}\ s^{-1}\ cmHg^{-1}$ 等が使用されている。

また実験サンプルが均質なプラスチックフィルムである場合，透過度 GTR にフィルムの厚さ λ を換算したガス透過係数 P で評価されている。特に，プラスチック素材同士の透過物性値の比較に利用されている。これは，ガス透過率ともいわれ，英語では Permeability coefficient や Permeability と表現されている。日本語では，式(2)と同じ用語が用いられる場合もあるため，前述したように評価値の単位を確認する等の注意が必要である。この時，透過量を0℃，1気圧の標準状態（STP）に換算した値が用いられる。

$$P = GTR(STP) \cdot \lambda \tag{3}$$

専門業種により異なる単位が使用されているが，未だに SI 単位への移行が進まず，古くから用いられてきた実用的な単位がそのまま使用されている。

ガス透過係数 P の単位には，プラスチックフィルムのガス透過の研究の功績を称え，英国の Barrer 博士の名前が使用される場合もある。ガス透過係数の単位換算表を表1にまとめる。単位系は，物質量×膜厚／(膜面積×時間×分圧差）である。換算元単位に換算係数を掛けると，所定の単位が得られる。ガス透過係数の単位は，IUPAC で認められているため今なお CGS 単位が用いられているが，徐々に SI 単位への変更が進められてきている。

$$1\ \mathrm{barrer} = 10^{-10}\ \frac{\mathrm{cm^3(STP)\cdot cm}}{\mathrm{cm^2\cdot s\cdot cmHg}} = 3.346\times 10^{-16}\ \frac{\mathrm{mol\cdot m}}{\mathrm{m^2\cdot s\cdot Pa}} \tag{4}$$

蒸気透過度は，フィルムを通しての単位時間あたりの蒸気透過量を，単位膜面積あたりの透過

表1　ガス透過係数の単位換算表

換算元単位	換算係数							
	barrer	$\frac{cm^3(STP)\cdot cm}{cm^2\cdot s\cdot cmHg}$	$\frac{cm^3(STP)\cdot cm}{cm^2\cdot s\cdot atm}$	$\frac{cm^3(STP)\cdot cm}{cm^2\cdot s\cdot Pa}$	$\frac{mol\cdot cm}{cm^2\cdot s\cdot cmHg}$	$\frac{mol\cdot m}{m^2\cdot s\cdot Pa}$	$\frac{cm^3(STP)\cdot mil}{100\ in.^2\cdot day\cdot atm}$	$\frac{cm^3(STP)\cdot 20\mu m}{m^2\cdot day\cdot atm}$
barrer	1	1.00×10^{-10}	7.60×10^{-9}	7.501×10^{-14}	4.461×10^{-15}	3.346×10^{-16}	1.668×10^{2}	3.283×10^{3}
$\frac{cm^3(STP)\cdot cm}{cm^2\cdot s\cdot cmHg}$	1.00×10^{10}	1	76	7.501×10^{-4}	4.461×10^{-5}	3.346×10^{-6}	1.668×10^{12}	3.283×10^{13}
$\frac{cm^3(STP)\cdot cm}{cm^2\cdot s\cdot atm}$	1.316×10^{8}	1.316×10^{-2}	1	9.869×10^{-6}	5.87×10^{-7}	4.403×10^{-8}	2.195×10^{10}	4.32×10^{11}
$\frac{cm^3(STP)\cdot cm}{cm^2\cdot s\cdot Pa}$	1.333×10^{13}	1.333×10^{3}	1.013×10^{5}	1	5.948×10^{-2}	4.461×10^{-3}	2.224×10^{15}	4.377×10^{16}
$\frac{mol\cdot cm}{cm^2\cdot s\cdot cmHg}$	2.241×10^{14}	2.241×10^{4}	1.703×10^{6}	16.81	1	7.501×10^{-2}	3.738×10^{16}	7.359×10^{17}
$\frac{mol\cdot m}{m^2\cdot s\cdot Pa}$	2.988×10^{15}	2.988×10^{5}	2.271×10^{7}	2.241×10^{2}	13.33	1	4.984×10^{17}	9.81×10^{18}
$\frac{cm^3(STP)\cdot mil}{100\ in.^2\cdot day\cdot atm}$	5.996×10^{-3}	5.996×10^{-13}	4.557×10^{-11}	4.497×10^{-16}	2.675×10^{-17}	2.007×10^{-18}	1	19.68
$\frac{cm^3(STP)\cdot 20\mu m}{m^2\cdot day\cdot atm}$	3.046×10^{-4}	3.046×10^{-14}	2.315×10^{-12}	2.285×10^{-17}	1.359×10^{-18}	1.019×10^{-19}	5.08×10^{-2}	1

量 VTR（Vapor Transmission Rate）に換算した値である。上述した水蒸気透過度 WVTR の場合，現在，実用分野で主に使用されている単位は，g m^{-2} day^{-1} である。蒸気透過度の単位換算表を表 2 にまとめる。ガス透過度と同様に，フィルム両面間の単位蒸気分圧差を換算するとともに，式(3)に従いフィルムの厚さ λ を考慮することもできる。これを蒸気透過係数（蒸気透過率）P という。表 1 と同様に，換算元単位に換算係数を掛けると，所定の単位が得られる。

1.3　透過度の測定方法の分類

ガス透過量の主な測定方法の分類を図 3 にまとめる。測定方法は，差圧法と等圧法の 2 つに大別される。それぞれ，フィルムを挟んで両面のガスの全圧が異なる場合と同じ場合である。両法の原理に基づいて制定されている規格を表 3 に示す。技術の進歩に伴い，規格の改廃や制定が行われてきている。表 3 には，改正前の規格番号もカッコ内に示している。

例えば，JIS K7126 の解説によると，同規格が食品用包装フィルムのガスバリア性評価を念頭

表 2　水蒸気透過係数の単位換算表

換算元単位	換算係数		
	$\frac{\text{mol}\cdot\text{m}}{\text{m}^2\cdot\text{s}}$	$\frac{\text{g}\cdot\text{mil}}{100\ \text{in}^2\cdot\text{day}}$	$\frac{\text{g}\cdot\text{cm}}{\text{m}^2\cdot\text{day}}$
$\frac{\text{mol}\cdot\text{m}}{\text{m}^2\cdot\text{s}}$	1	3.95×10^{9}	1.55×10^{8}
$\frac{\text{g}\cdot\text{mil}}{100\ \text{in}^2\cdot\text{day}}$	2.53×10^{-10}	1	3.94×10^{-2}
$\frac{\text{g}\cdot\text{cm}}{\text{m}^2\cdot\text{day}}$	6.45×10^{-9}	25.4	1

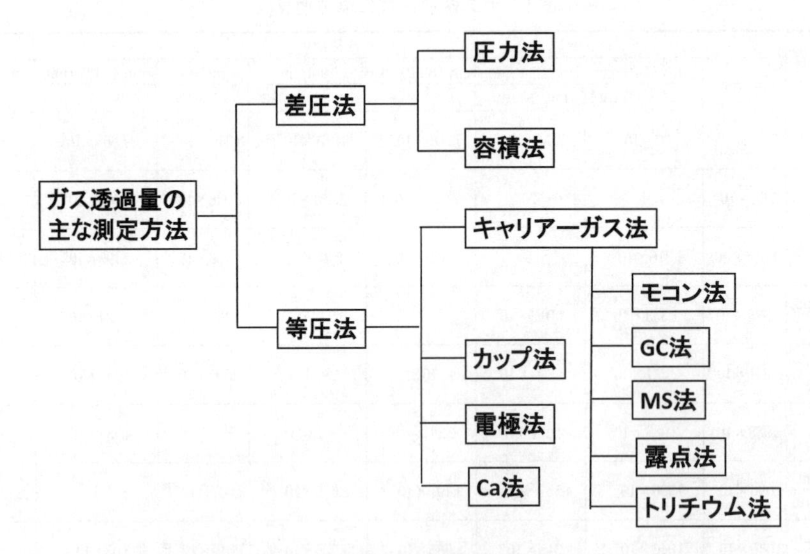

図 3　ガス透過量測定方法の分類

表3　ガス透過量測定方法の規格一覧

透過物	差圧法（圧力法）			等圧法		
	JIS	ASTM	ISO	JIS	ASTM	ISO
ガス	K7126-1 （K7126A，旧 Z1707）	D1434M D1434V（容積法）	15105-1 (2556)	K7126-2 (K7126B)	D3985	15105-2
水蒸気限定	K7129C		15106-4	K7129A, B Z0208	F1249 E96 F372	15106-1, 2, 3

カッコ内：改正前の規格番号

において制定されたことがわかる。その他の用途のフィルムも同様の原理に基づいて評価することができるが，その規格の内容では他の応用分野に適用できないこともある。

そのJIS K7126にも歴史がある。プラスチックフィルムに対するガスバリア性として，古くはJIS Z1707の差圧法（圧力法）で試験が行われていたが，酸素検出器を用いた等圧法のASTM D3985に準拠した試験も実施されるようになった。そのため，JIS Z1707をISO 2556に整合させるとともに，ASTM D3985の方法も取り入れてJIS K7126が1987年に制定された。2003年に，ISO 2556に等圧法の規格が加味されたISO 15105が規格化された。これを受け，2006年にJIS K7126がISO 15105と整合性をもつ内容に改正された。水蒸気透過度の規格は，1976年にJIS Z0208が制定されてから長らく改定の動きはなかったが，海外規格の感湿センサーおよび赤外センサーを使用する試験方法が国内商取引においても利用されていたことから，それらに準じる規格として1992年にJIS K7129が制定された経緯がある。そして2003年にISO15106が規格化されたのを受け，2008年にJIS K7129がISO 15106と整合性をもつ内容に改正された。

この様に既存のJIS規格は，フィルムのガス透過度測定法において，限定された評価方法である。ASTM規格そしてISO規格も同様である。図3で分類されている方法は，必ずしも表3の各種規格により認定されているものばかりではないが，学術分野や各企業で，様々なガスに対して幅広く応用されている。将来，JIS規格やISO規格として適応されるものもあると考える。近年のセンサーの精度や測定の自動化等の技術の進歩は目覚しいものである。JIS，ASTMそしてISOで制定された規格でも，その本質的な内容を順守しつつ，最新の技術を用いて実験を行うのが好ましいと考える。

1.4　差圧法による透過度測定

差圧法におけるフィルムを通してのガス透過の駆動力は圧力差である。フィルムの片面からガスを供給する。その反対側は，常に供給したガスの圧力よりも低い圧力に保たれている。図4に差圧法によるガス透過量測定実験の装置の略図を示す。差圧法は，圧力法と容積法の2つに分類できる。圧力法の内，透過側を真空にしている場合を特に，加圧真空法という。容積法は，体積法や体積変化法とよばれる場合もある。

フィルムを透過したガスの量は，単位時間当たりに透過したガスの体積としてフローメーター

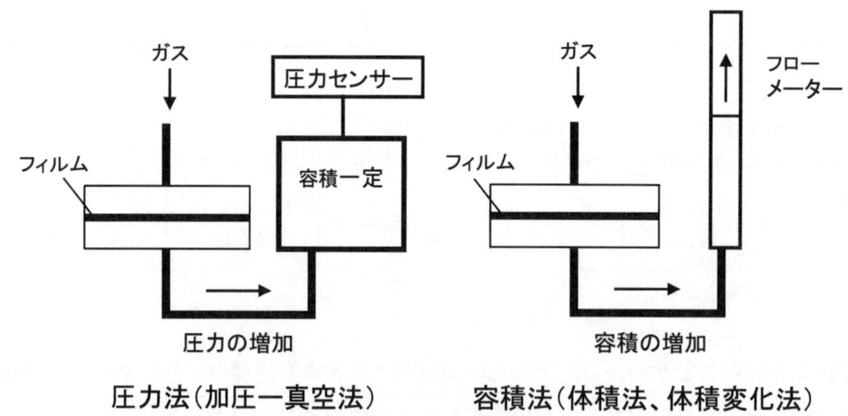

図４　差圧法による測定方法の略図

で測定できる（容積法）(ASTM D1434V)。また別な方法として，透過側の容積を密封しておき，ガスの透過に伴うこの容積内の圧力増加を圧力センサーで読み取り，この際の単位時間あたりの圧力増加を透過量に変換する方法（圧力法）も広く利用されている（ISO 15105-1，ASTM D1434M，JIS K7126-1 附属書 1)。規格の主流は，圧力法である。混合ガスの測定では，透過したガス成分の同定に，ガスクロマトグラフ GC（JIS K7126-1 附属書 2，JIS K7129 C，ISO 15106-4）や質量分析器 MS が用いられている。

圧力法は，高透過性からハイバリア性（低透過性）の材料まで幅広く評価することができる。容積法は，高透過性材料の評価に適するが，バリア性の評価に難がある。ガスバリア性が高いフィルムのガス透過量は極端に少ないため，フローメーターでの透過量の検出が困難だからである。規格の主流は圧力法であるが，これは上述したように包装用バリアフィルムの評価を念頭においたものだからである。

差圧法の具体的な測定は，次節の市販装置を用いた評価・分析実用例を参照いただきたい。

1.5　等圧法による透過度測定

等圧法では，フィルムの両面のガスの全圧は同じである。そのため，フィルムを通してのガスの透過の駆動力として，ガス濃度差（分圧差）を利用する。一般に全圧は１気圧に設定して実験することが多い。

図５に，等圧法の原理に基づくガス透過量測定装置の略図を示す。フィルムの片面からガスを供給して，その反対側にはキャリアーガスを流しておくキャリアーガス法が一般的である。この透過したガスの量は，酸素電解センサー（クーロメトリック）(ISO 15105-2，ASTM D3985，JIS K7126-2 附属書 A)，ガスクロマトグラフ（GC）(JIS K7126-2 附属書 B)，水蒸気赤外センサー（ASTM F1249，ASTM F372，JIS K7129 B，ISO 15106-2)，感湿センサー（JIS K7129 A，ISO 15106-1)，五酸化二リンセンサー（ISO 15106-3)，ガスクロマトグラフ質量分析器 GC-MS

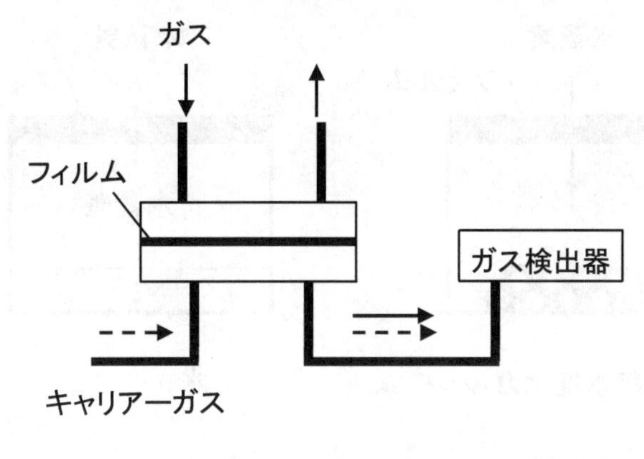

キャリアーガス法

図５　等圧法（キャリアーガス法）による測定方法の略図

や大気圧イオン化質量分析器 API-MS，四重極質量分析器等のセンサー，露点計等を用いて検出する。クーロメトリック法，水蒸気赤外センサー法と五酸化二リンセンサー法は，米国 Mocon（モコン）社の透過量測定装置の測定原理であることから，この方式の等圧法を，特にモコン法と呼ぶ場合もある。また，キャリアーガスを用いるが純水の水蒸気のかわりにトリチウムをトレーサーとして用いるトリチウム法もある。一般的に，キャリアーガス法とひとくくりせずに，代表的な検出器の名前で呼ばれる場合が多い。

水蒸気透過度測定の原点はカップ法（JIS Z0208, ASTM E96）である（図６)。カップに無水塩化カルシウムを入れ，測定するフィルムでカップに封をする。フィルムを透過した水蒸気をカップ内の塩化カルシウムが吸湿する。この際の塩化カルシウムの重量増加から水蒸気透過量を決定する方法である。これをドライカップ法という。あらかじめ水をカップに入れフィルムでカップに封をした後，透湿による水の重量減少を測定する方法もある。これはウエットカップ法と呼ばれている。水のかわりに溶媒を入れるとその蒸気の透過度が評価できる。簡便な測定方法であるが，バリア性の高いフィルムでは重量変化率が小さいため測定に難がある。

カップ法において，水蒸気透過度は，カップの質量を天秤でグラム単位で何日もかけて測定していたことから１日あたりの重量増加をあらわす $g\ m^{-2}\ day^{-1}$ が単位として使用され始め，現在にまで通じている。上述した種々のセンサーを用いた測定においても，わざわざ透過量をグラムに変換している。また，温湿度を一定とした条件での等圧法での測定のため，分圧差の項は加えられていない。ちなみに酸素等のガスは流量計を用いた差圧法で測定され出したため，透過量は体積を表す $cm^3\ cm^{-2}\ s^{-1}\ cmHg^{-1}$ が使用されていた。水蒸気透過量も差圧法で測定した場合は，その単位として圧力項が入った $cm^3\ cm^{-2}\ s^{-1}\ cmHg^{-1}$ が使用されている。

等圧法は差圧法と比較して，装置内に湿気が存在する条件下においても測定が容易である。つまり相対湿度の異なる環境下におかれたフィルムの酸素等のガス透過性を評価することができ

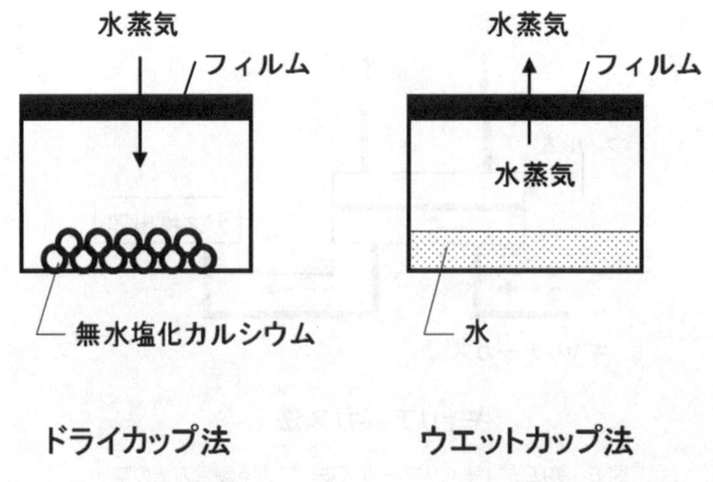

図6　等圧法（カップ法）による測定方法の略図

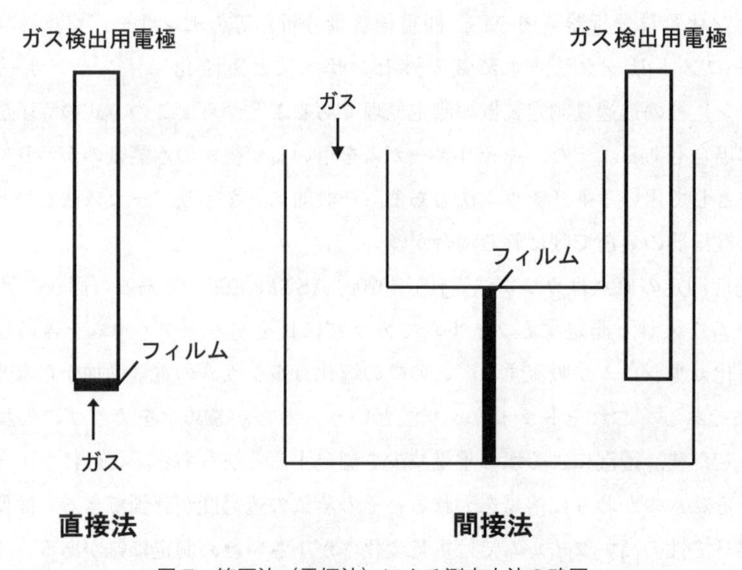

図7　等圧法（電極法）による測定方法の略図

る。また，フィルムが水と接している場合のガス透過性の評価には，電極法が用いられる（図7）。ガス検出用電極の先にフィルムを固定化し水中に浸漬させて，酸素等の溶存ガスの透過量を測定する。

カルシウム腐食法（Ca 法）は，金属カルシウムが水分子と反応して無色の水酸化カルシウムへと変化することを利用した測定方法である。この検出方法には，透明スポット部のサイズや数から透過度を算出する腐食スポット方式（図8），光線透過率や光学密度の変化を検出する光学特性方式（図9），電気抵抗の変化を測定する電気特性方式の3種類がある（図10）。Ca 法の大

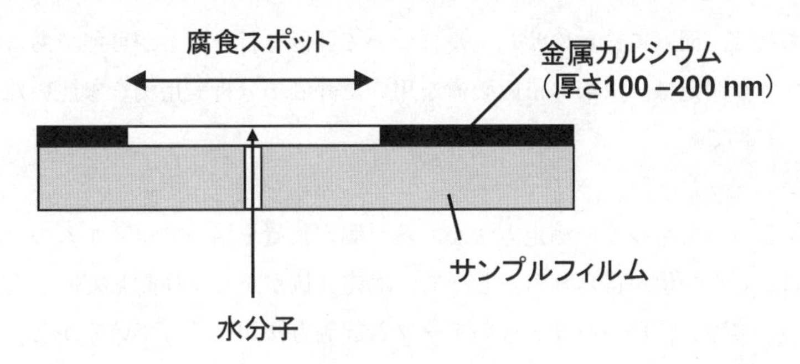

図８　等圧法（カルシウム法腐食スポット方式）による測定方法の略図

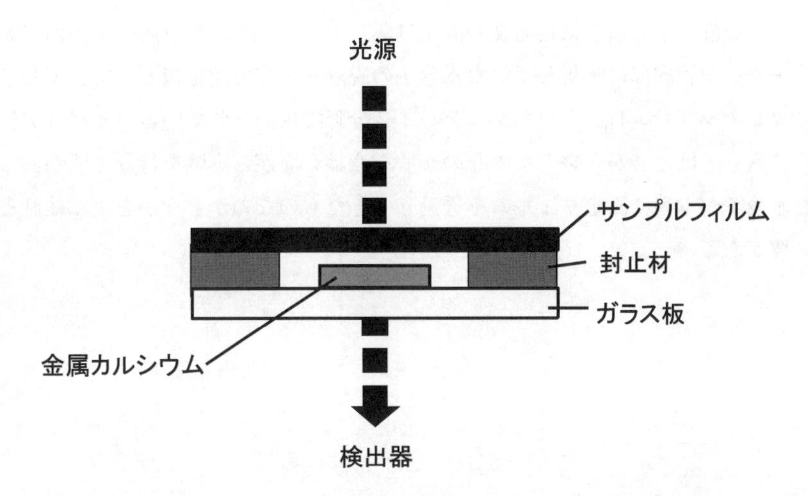

図９　等圧法（カルシウム法光学特性方式）による測定方法の略図

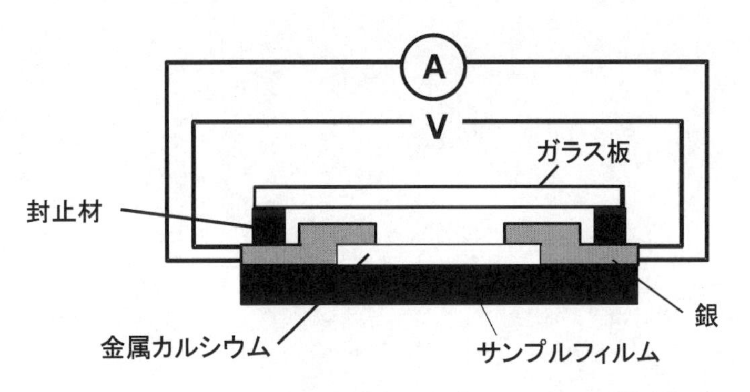

図10　等圧法（カルシウム法電気特性方式）による測定方法の略図

きな利点は，カップ法と同様に，感湿センサーとしての機能を持つカルシウムを組み込んだセル構成となっているために，他の機器測定方法と異なり測定装置を一つのサンプルが長期にわたって占有する必要が無いことにある。測定サンプルは恒温恒湿下に保管し，測定時に取り出して測定する形式であれば，同時に複数のサンプルについて評価を行うことが可能である。

等圧法の具体的な測定は，次節の市販装置を用いた評価・分析実用例を参照いただきたい。

1.6 おわりに

バリア性評価と言っても多くの測定方法がある。測定装置を用いてフィルムのガス透過性を測定すれば，なにかしらの値が得られる。しかし，測定装置が正しく作動していても，それが真の値とは限らない。実際に得たいバリア性のデータと評価方法が一致しているかどうかを見極める必要がある。バリア性評価も複数の手法を組み合わせて判断する時代に入ってきていると筆者は考える。

また，バリア評価の中で水蒸気透過度の測定は難しく，フィルム材料内部や表面に元々収着していた水分子や，配管内部に吸着していた水分子の脱離を誤って測定値として見てしまう場合もある。特にフレキシブルエレクトロニクスデバイス分野で用いられているハイバリア性評価においては「その水分子はどこから来たものなのか」を意識しながら実験を行う必要がある。検出器で検出した水分子が本当に測定フィルムを透過してきたものなのかどうかをよく検証しながら実験を行う必要がある。

2 Mocon 等圧法

2.1 Mocon 等圧法による水蒸気透過度の測定(1)

小松弘幸*

2.1.1 はじめに

Mocon 等圧法よるバリア性の評価法は，米国の Mocon 社で開発され，同社の装置を用いて試験が行われる場合が多いため，単に Mocon 法とも呼ばれている。酸素については，クーロメトリックセンサーを用いた OXTRAN，水蒸気については赤外線センサーを用いた PERMATRAN と呼ばれる装置が知られている。

食品包装用をはじめとする一般的な包装用フィルムの水蒸気透過度（透湿度）については，これまで主に PERMATRAN を用いて試験が行われていた。

最近，クーロメトリックセンサーを用いて，高感度化を実現した AQUATRAN が販売されており，電子デバイスメーカーやフィルムメーカーの研究所[1,2]，分析・試験機関で利用され始めている。

等圧法による機器測定法については，ISO や JIS などで評価方法が規定されている。Mocon 社の装置は，これらの規格に対応している。

Mocon 社の PERMATRAN と AQUATRAN を例として，Mocon 等圧法による水蒸気透過度測定について解説する。

2.1.2 Mocon 社の PERMATRAN による評価方法

赤外線法（IR 法）として，ISO 15106-2，JIS K7129B，ASTM F1249 等の等圧法[3~6]に準拠した方法である。当社は 2 セルタイプの装置を複数台所有しており，水蒸気透過度の測定下限値として 0.02 $g/m^2/day$ までの評価が可能である。

厚さ 12～1000 μm の試料の片面は水蒸気（90 %RH）約 50 cc/min が流れ，反対面にも約 50 cc/min の 0 %RH 乾燥窒素がキャリアガスとして流れている。膜を透過してきた水蒸気分子はキャリアガスとして赤外線検出器に運ばれ，選択的波長フィルターによって水蒸気のみが検出され，電圧に変換されるようになっている。

赤外線センサーからの出力電圧を観測し，定常状態となって ± 5%の範囲に収まることを確認する。

水蒸気透過度は次の式を用いて算出する。

$$WVTR = S \times (E_S - E_0) / (E_R - E_0) \times (A_R / A_S) \quad (1)$$

ここで　$WVTR$：試験片の水蒸気透過度（$g/m^2/day$）

* Hiroyuki Komatsu　㈱三井化学分析センター　材料物性研究部　袖ヶ浦物性試験グループ　機械物性チーム　チームリーダー

E_0：乾燥窒素による試験装置のゼロレベル電圧（V）
E_R：標準試験片の定常状態の電圧（V）
S ：標準試験片の水蒸気透過度（$g/m^2/day$）
E_S：試験片の定常状態の電圧（V）
A_R：標準試験片の透過面積（m^2）
A_S：試験片の透過面積（m^2）

赤外線センサー法では，未知の試料の水蒸気透過度の測定結果は，既知の標準試料の測定結果から相対的に算出される。ここで，NIST（米国国立標準技術研究所）認証の標準試料を用いて装置を校正すれば，ISO 9001等に対応でき，測定結果にも裏付けができる[7]。

NIST認証の標準フィルムは25 $g/m^2/day$，5.0 $g/m^2/day$，0.2 $g/m^2/day$，0.03 $g/m^2/day$が販売されている。当社ではMocon社から購入したリファレンスフィルムを用いて定期的に性能確認を行っている。

表1にISO 15106-2に記載されている試験条件を示す。試験条件はこの表に記載されている条件から選択することになっているが，測定温度40℃，測定湿度90%RHの条件で測定している場合が多い。

JIS K7129Bでは，これらの試験条件に加えて25℃60%RHと40℃75%RHの条件が追加されている。

2.1.3 Mocon社のAQUATRANによる評価法

(1) 電解質検出センサー法（Electrolytic detection sensor method）

電解質検出センサーを用いた方法は，ISO 15106-3[8]に規定されているが，JISやASTMについてはまだ規定されていない。このセンサーを用いた代表的な装置は，Mocon社のAQUATRANとillinois instruments社のModel 7000シリーズである。

電解質検出センサーは，水の電気分解により発生した電流を検出する。水の電気分解[9]の全反応は次式で表される。

$$H_2O \rightarrow (1/2)O_2 + H_2 \quad (2)$$

また，陽極，陰極での反応は，それぞれ次の式で表される。

表1 試験条件の選択（ISO 15106-2より）

試験条件	温度 ℃	RH %
1	25±0.5	90±2
2	38±0.5	90±2
3	40±0.5	90±2
4	23±0.5	85±2
5	25±0.5	75±2

陽極：$H_2O \rightarrow (1/2)O_2 + 2H^+ + 2e^-$ (3)

陰極：$2H^+ + 2e^- \rightarrow H_2$ (4)

代表的な透過面積である 50 cm^2 の場合，1日に透過する水蒸気量は，

$$1\ g/m^2/day = 50\ cm^2/10{,}000\ cm^2 \times 1\ g/day = 0.005\ g/day$$

となる。これに対応する電流を計算すると約 620 μA になる。

ISO 15106－3 によれば，水蒸気透過度は次式を用いて計算することができる。

$$WVTR = 8.067 \times I_S/A \quad (5)$$

ここで　$WVTR$：試験片の水蒸気透過度（$g/m^2/day$）

8.067：装置定数

I_S：試験片の定常状態の電流（A）

A：試験片の有効透過面積（m^2）

(2) AQUATRAN による評価法

Mocon 社の超高感度水蒸気透過度測定装置 AQUATRAN が発売されたのは 2007 年の秋である。当社は 2009 年 9 月に本装置を導入し，2010 年より試験を受託している。

この装置は電解電極法を用いたクーロメトリック方式[3]のセンサー“AQUATRACE”が搭載されている。基本的には上で述べた電解質検出センサーと同じと考えられるが，詳細は公表されていない。水蒸気はほぼ 100％電流に変換され，センサー寿命が長くなるように改良されている。

AQUATRAN の検出下限値と温湿度条件の仕様は以下の通りである。

検出下限値：0.0005 $g/m^2/day$

測定温度　：10℃～40℃

測定湿度　：35％RH～90％RH，100％RH

性能確認には標準試料として NIST＃4 と Mocon 社が作製したリファレンスフィルム（Black/Gold フィルム）を使用する。

図1に AQUATRAN　Model1 で測定した NIST フィルムとリファレンスフィルムの測定結果[10]を示す。

約 210 時間までは Al 箔を用いてゼロレベルを測定している部分である。ゼロレベルを測定後，試料を取り替えて試料の測定を行った。今回の測定では，全体として約 2 週間かかっている。

ゼロレベルの取り方には次の 3 つの方法があるが，Mocon 社は(B)の方法を推奨している。

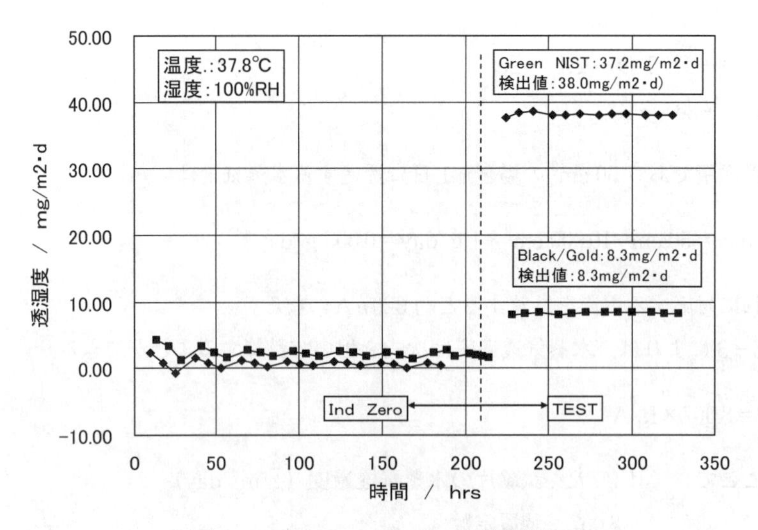

図1　AQUATRAN Model1　試験結果例

(A)　個別のゼロ（Individual Zero）

試料の両側に乾燥窒素（0 %RH）を流し，サンプルを乾燥状態にすることにより装置のゼロレベルを測定する方法である。真値を求めるためには最も良い方法とされているが，測定時間が長くなる欠点があるため，Mocon 社ではこの方法を推奨していない。また，基材フィルムの吸湿性が高いとバリアー膜との間に応力が発生し，微少なクラックを生じるおそれもあることも同社が推奨していない理由である。

(B)　Al 箔でゼロを取る方法（Individual Zero using the Al foil）

サンプルの代わりに Al 箔で一方を塞ぐことによりゼロレベルを測定する方法である。(A)の場合より，測定時間を短縮することができるため，Mocon 社はこの方法を推奨している。

(C)　No Individual Zero（ReZero）測定

セルを通過しないバイパスラインでゼロレベルを測定する方法である。最も測定時間を短縮できる方法であるが，1 mg/m^2/day 以下の評価には適用できないと考える。

AQUATRAN では水蒸気透過度を次の式を用いて計算する。ゼロレベル電流を測定する点が，(5)式と異なる。

$$WVTR = (\mathrm{Mt/nF}) \times \mathrm{k} \times (\mathrm{I_S} - \mathrm{I_0}) / \mathrm{A}$$

$$= 8.06 \times \mathrm{k} \times (\mathrm{I_S} - \mathrm{I_0}) / \mathrm{A} \qquad (6)$$

ここで　$WVTR$：試験片の水蒸気透過度（g/m^2/day）

M：水の分子量（g/mol）

t　：透過時間（sec）

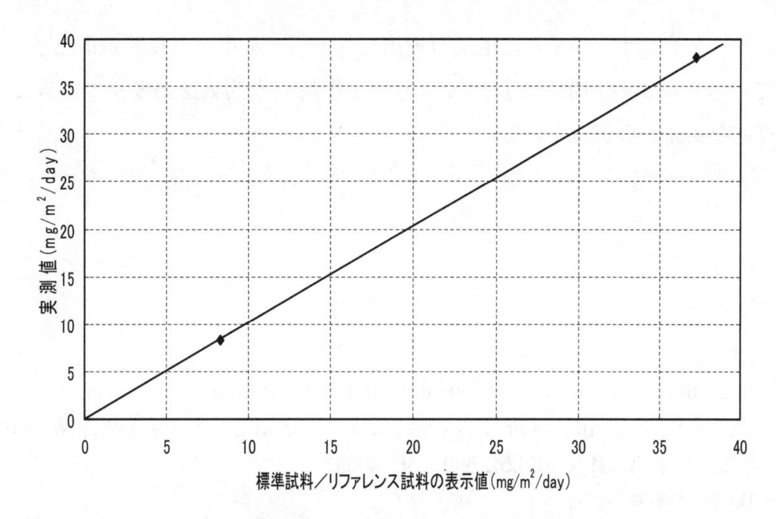

図2　標準試料／リファレンス試料の測定結果

n ：反応電子数（n＝2）

F ：ファラデー定数（96,485 クーロン）

k ：装置のキャリブレーション係数

I_S ：試験片の定常状態の電流（A）

I_0 ：測定装置のゼロレベル電流（A）

A ：試験片の有効透過面積（m^2）

今回測定したNIST＃4およびリファレンスフィルムの水蒸気透過度は，それぞれ，37.2 mg/m^2/day および，8.3 mg/m^2/day を示すとされている。実際に測定した結果は，それぞれ，38.0 mg/m^2/day および 8.3 mg/m^2/day の値であった。これらの値は(B)の方法で測定したゼロレベルを差し引いた値である。

図2に標準／リファレンスフィルムの表示値と実測値[10]をプロットしたが，直線性が良好であることがわかる。なお，Mocon 社では AQUATRAN の測定精度を±15％としている。

センサーに導入された水蒸気は，ほぼ100％電流に変換されるので，装置のキャリブレーション係数 k の初期値は 1.000 である。センサーの劣化により出力が 10％減少した時が，交換の目安である。

太陽電池分野の用途では，85℃，85％RH の条件での測定が求められている。当社で所有している装置ではこの条件に対応できないが，Mocon 社は恒温槽にセルを入れることで対応している。開発された装置では，40℃～90℃ 50％RH～90％RH での測定が可能になっている。

2.1.4　おわりに

水蒸気透過度測定については，これまで赤外センサーを用いた Mocon 社の PERMATRAN を用いて評価される場合が多かった。

クーロメトリックセンサー（または電解質検出センサー）を用いた装置が市販され，評価結果が報告されている。従来のPERMATRANより約1桁低い水蒸気透過度まで測定できるようになり，評価可能な範囲が広がっている。

文　　献

1) Yun-Hyuk Choi *et al.*, Scripta Materialia, **vol.62**, 447 (2010)
2) Peter Antony Premkumar *et al.*, Prasma processes and polymers, **vol.7**, No.8, 635 (2010)
3) 大谷新太郎，*S. I. NEWS*, **VOl.52** NO.1, 9 (2009)
4) ISO 15106-2：2003
5) JIS K7129B
6) ASTM F1249-90
7) 中川太門，コンバーテック，**9**, 38 (2000)
8) ISO 15106-3：2003
9) 藤島　昭，相澤益男，井上　徹著，電気化学測定法　上　技法堂出版㈱　p.3
10) 小松弘幸，太陽電池に用いられるフィルム，樹脂の高機能化とその応用　㈱技術情報協会 p.190

2.2 Mocon等圧法による水蒸気透過度の測定(2)

大谷新太郎*

2.2.1 はじめに

ここ2, 3年のバリア材や包装技術の開発には目覚ましいものがある。特に酸素・水蒸気に対しては顕著である。このような進展に対するガスバリア性評価は従来からの食品の酸化・腐敗防止包装のバリア性試験であったが，近年では液晶保護膜，有機EL膜用ガラス基板代替フイルムおよび封止材の酸素・水蒸気遮断性や太陽電池バックシートの水蒸気遮断性に加えて，ガラスと封止材との界面透過や封止材の端面透過の評価が重要視されている。

しかしながら食品包装に求められるガスバリア性と有機EL関連部材に求められるガスバリア性は数桁も違う。そのためガスバリア性評価に対する試験時間も極端に長くなり，また高分子膜だけでは要求バリアレベルを満たすことができないので，無機物との複合膜の開発が急務となっている。このため製品評価を正確にかつ迅速に実施することが重要であり，バリア性評価技術の向上が重要となっている。

本稿では，等圧法における主に水蒸気バリア性評価技術の最新動向と米国モコン社AQUATRAN型超高感度水蒸気透過度測定装置についての測定原理や加速試験に求められている85℃，85%RH試験システムについて概説する。

2.2.2 等圧法における装置の概要と測定原理

ここでは米国MOCON社の高感度水蒸気透過度測定装置PERMATRAN型と超高感度水蒸気透過度測定装置AQUATRAN型および超高感度酸素透過率測定装置Super OXTRAN型について紹介する。モコン法はテストガス（水蒸気等）とキャリアガス（窒素ガス）の分圧差または濃度差で測定する方法で，等圧法または同圧法と呼ばれている。

(1) PERMATRAN（等圧法WVTR）

赤外線法（IR法）としてJIS-K7129B, ASTM-F1249-80, ISO-115106-2等の 等圧法に準拠し，検出下限値 0.005 g/m^2/day～上限値 2000 g/m^2/day（測定面積の縮小5 cm^{2}や高流量の使用を含む）と広範囲な測定ができ，従来法であるカップ法（重量法）とのデータ互換性もよい。

測定方法は膜厚10～2000μmの片面は水蒸気（90%RH）約20 cc/minが流れ，反対面にも約20 cc/minの0%RH乾燥窒素がキャリアガスとして流れている。膜を透過してきた水蒸気分子はキャリアガスによって赤外線検出器部へ運ばれ，ここでは光源から射出された赤外線が選択的波長フイルター（3760 cm^{-1}）によって水蒸気のみの透過・吸収した赤外線量を測定する。このようにしてキャリアガスに含まれる水蒸気量を測定し，電圧に変換されるようになっている。

水蒸気による吸収波長特性は以下の式で表される。

$$A_\lambda = 1 - (I_\lambda / I_{\lambda 0}) = 1 - e^{\alpha \lambda \cdot w}$$

---

* Shintaro Ohtani ㈲ホーセンテクノ 取締役

ここでA_λは波長λでの吸収率，$I_\lambda/I_{\lambda 0}$は赤外線の透過率，$I_{\lambda 0}$は波長λでの放射強度，I_λはキャリアガス中を通過した後の放射強度，α_λは波長λでの吸収係数，wは赤外線が通過する光路に含まれる水蒸気量である。

JIS-K7129Bでの試験温度は40℃，試験湿度は90%RHとなっており，多数のユーザはこの使用条件で試験されている。近年ではディスプレイ関連で85℃，85%RHの要求条件が寄せられ，試験システムとして等圧法装置に付属され実働している。

測定範囲：5×10^{-3} g/m^2/day～500 g/m^2/day　分解能：1×10^{-3} g/m^2/day

測定温度：5℃～50℃，オプション5℃～90℃

測定湿度：35%RH～90%RH，100%RH

(2) AQUATRAN（等圧法WVTR）

最新型クーロメトリック方式“AQUATRACE”を搭載した超高感度水蒸気透過率測定装置としてMOCON社の技術の粋を結集して開発され，超ハイバリア領域が測定できる装置として2007年秋上市された。2011年7月時点全世界で約80台以上が使用されており，順調に稼働中で，継続して測定下限値の更新へと意欲的に取り組んでいる。AQUATRACE検出器単体の検出下限値は1×10^{-6} g/m^2/dayを有しているが，構成部品のシール性，セル温度（サンプル室）の精度，試料貼り付けグリースからの透過，エッジ効果の課題，データーの検証方法等乗り越えなければならないハードルは多数あり，そして高い。

図1にAQUATRAN超高感度水蒸気透過率測定装置の外観を示す。

測定方法は片面に水蒸気（90%RH）が流れ，反対面にも0%RH乾燥窒素がキャリアガスとして，極微量有機物除去用チャコールフイルター・乾燥剤を通過して流れている。ここでも膜を透過してきた水蒸気分子はキャリアガスによってAQUATRACE検出器へ運ばれ，検出器内の電極間で，固体電解質の五酸化2リンに吸収され，水が電気分解されることによって，陽極での酸化反応と陰極での還元反応から，水1モルで2モルの電子が移動する。

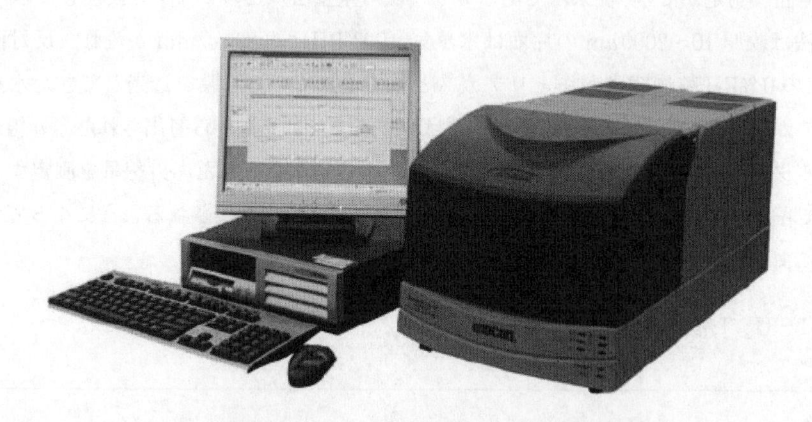

図1　AQUATRAN型超高感度水蒸気透過率測定装置

全体の反応：$H_2O \rightarrow H_2 + 1/2\ O_2$

陽極：$2OH^- \rightarrow 1/2\ O_2 + H_2O + 2e^-$　陰極：$2H^+ + 2e^- \rightarrow H_2$

ここでファラデーの法則から電流値が透過した水分子の絶対量として換算される。検出器セル内では水分子はなくなり，副産物として，水素と酸素が生じるのみである。

本装置はJIS，ASTMにはまだ規定されていないがISO 15106-3に準拠している。現在アリゾナ州立大学にある産学共同研究開発施設FDC（Flexible Display Center）のバリア部材（full-color flexible display technology）の研究開発で活躍している。

測定範囲：5×10^{-4} g/m^2/day～5 g/m^2/day　分解能：1×10^{-4} g/m^2/day

測定温度：10℃～40℃（オプション5℃～90℃）

測定湿度：35%RH～90%RH，100%RH

(3)　Super OXTRAN 2/21ML（等圧法O_2TR）

クーロメトリック法としてJIS-K7126-2，ASTM-D3985，ISO-14633-2等で規定される等圧法に準拠したOXTRAN2/21MLの仕様である検出下限値0.001 cc/m^2/day～をさらに1桁感度アップし，検出下限値0.0001 cc/m^2/day～を実現した装置である。本装置は約10年前からモコン社ラボで運転されており，受託分析に特化した装置であるため販売はされていない。有機系太陽電池基材に要求されるガスバリア値1×10^{-4} cc/m^2/dayに対応可能となっている。

試験装置はOXTRAN2/21ML型を窒素ガス封入のチャンバーに格納され，サンプルの取付け作業も窒素ガス中で行われる。そのため構成部品やグリース，試料端面や界面からの大気の透過はない。

測定範囲：5×10^{-4} cc/m^2/day～200 cc/m^2/day　分解能：1×10^{-4} cc/m^2/day

測定温度：5℃～50℃

測定湿度：0%RH，35～90%RH

2.2.3　超ハイバリア水蒸気透過率測定方法に要求される項目

先に述べた通り，無機系太陽電池薄膜型バックシートで1×10^{-2} g/m^2・day，有機系太陽電池基材で1×10^{-5} g/m^2・day，有機EL関連部材では1×10^{-6} g/m^2・dayが目標要求値である。ハイバリアフイルム評価技術について，ここでは等圧法に絞って各項目ごとに概説する。等圧法は圧力差を特定気体の分圧差で計測する場合をいい，フイルム両面が同圧で測定する方法である。

(1)　測定下限値

①　赤外センサー法

測定下限値が0.005 g/m^2・dayであり，太陽電池バックシート（薄膜型）および液晶関連に使用されている。

②　クーロメトリック法

AQUATRANは測定下限値が5×10^{-4} g/m^2・dayである。測定は等圧法であり，操作が簡単なため個人差が少なく，フイルムも自然な負担のかからない状態で試験でき，測定時間もフイルム

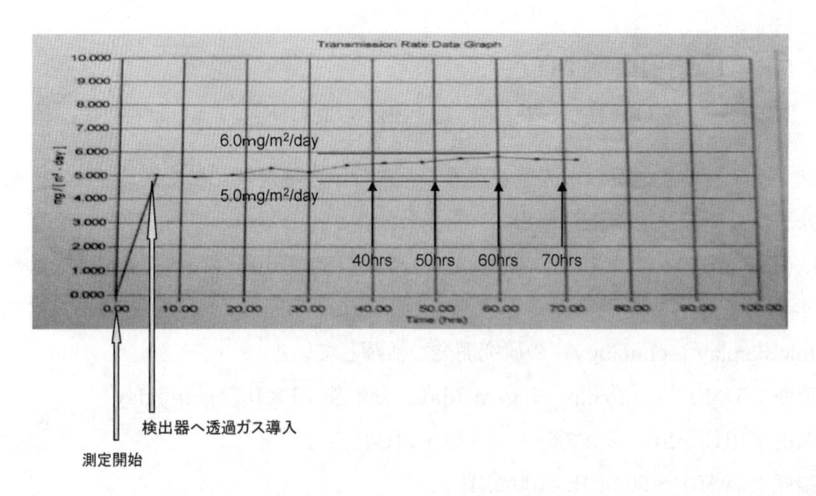

図２　SiOx 系フイルムの水蒸気透過率 5×10^{-3} g/m^2･day の定常状態までの時間

構成によるが，図２に AQUATRAN で測定した SiOx 系フイルムの水蒸気透過率 5×10^{-3} g/m^2･day の定常状態までの時間（50～60 時間）と透過率を示す。

(2)　バリア性評価のスピードアップの方法と測定精度との関連について

次のような方法を用いることによって，バリア性評価のスピードアップができる。

① アルミ箔システムリーク率を用いる方法

装置のシステムリークはガス切替バルブ，O リング，気体検出器のシールやサンプルとセル間の接触面，サンプルを貼りつけるためのグリース等から必然的に生じるもので，完全に除去することは非常に困難である。等圧法（モコン法）では特定気体のリークに注目できるので，システムリーク率確定域で測定された装置全体のリーク量はテスト域で自動的に差し引かれる。このようにアルミ箔のシステムリーク率の確定値を差し引けば測定時間は約半分に短縮できるのである。

図３はフイルム両面を絶乾窒素ガスでパージし，気体除去を行い装置全体のリーク量を確定した後，差し引いたフイルムのバリア値を示している。ここでアルミ箔によるシステムリーク量を代替利用すれば，次の測定からは気体除去に必要な時間が省略できる。

②　予備状態調節フイルムを使用する方法

サンプルを測定する試験条件下でカップ法で使用するようなエクストラセルにサンプルを取付け，2，3 日保管し予め状態調節をしておけば，フイルム・膜内の濃度勾配が直線化しており，その結果として装置でのコンディショニング時間は軽減できる。

③　高温でのテストによる方法

リモートテストセルを恒温槽に置き標準試験温度 40℃以上の高温度で測定すると，反応速度定数は温度の上昇とともに増大するので，測定時間を短くすることが可能である。しかし実際の試験要求温度と違うことになるので，フイルムの融点やガラス転移温度に気を付けておく必要が

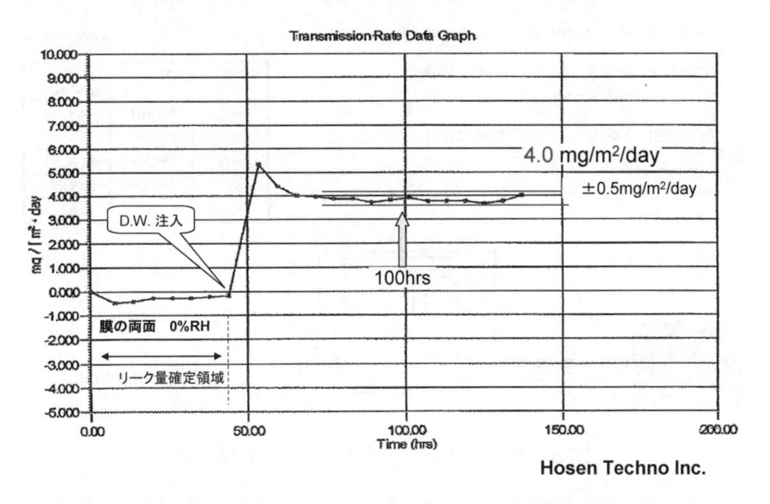

図3　フイルム両面を絶乾窒素ガスでパージしリーク量を確定後，差し引いたバリア値

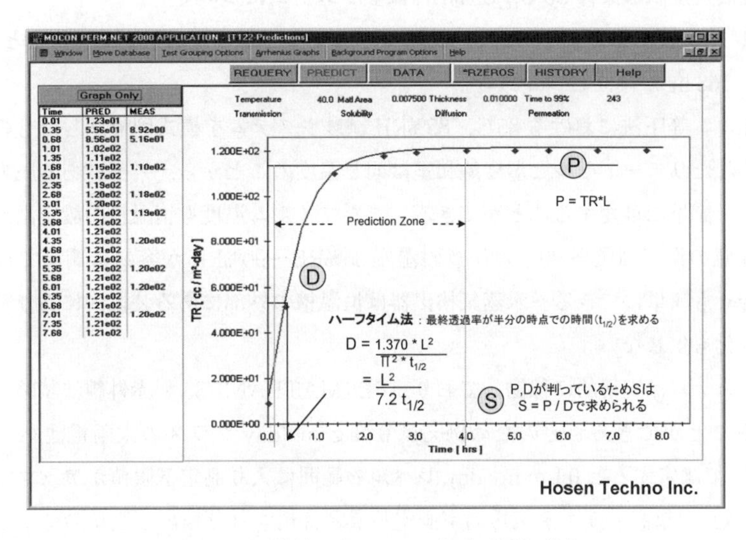

図4　予測曲線ソフトによる測定時間短縮化

ある。

④　予測曲線ソフトによる方法

試験相対湿度と透過率の関係に直線性がある場合（Fickian）予測透過曲線機能をもっているモコンPerm Netソフトを使えば，測定時間の短縮は可能である。このソフトはハーフタイム法によって，最終透過率が半分の時点での時間を求めると拡散係数が算出できるので，測定中データを収斂しながら最終透過率を求めていくソフトである。図4は，予測曲線ソフトによる測定時間が短縮できることを示している。

【目的】 主に85℃、85%RHでのフイルム・膜バリア測定に使用します。

【仕様】 40℃～90℃　50%RH～90%RH、100%RH
セル面積 50cm²

【対象装置】 モコン AQUATRAN 、PERMATRAN 3 / 33

PET125 5.8g /m2・day 40℃ 100%RH
4.93g /m2・day 40℃ 85%RH

恒温槽温度	湿度センサー値	PET125 g / m2・day
40℃	84%RH	4.9
50℃	84%RH	8.1
60℃	85%RH	11.6
80℃	84%RH	29.7
85℃	84%RH	40.8

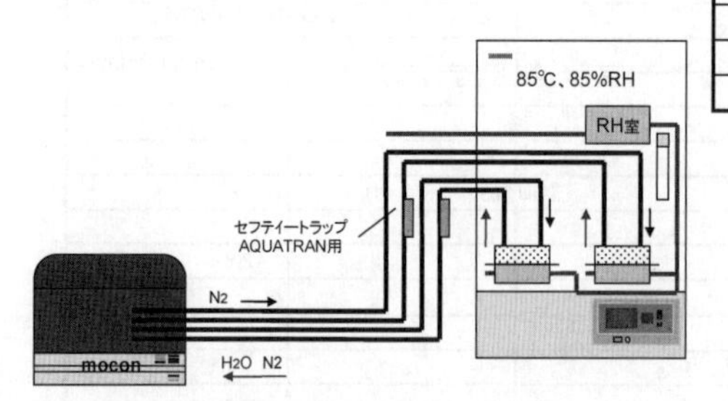

Hosen Techno Inc.

図５　85℃，85%RH 試験システムの模式図

⑶　高温度高湿度試験条件 85℃，85%RH 試験システムについて

ディスプレイ関連のスクリーニング試験やバックシートの加速評価試験法として 85℃× 85%RH×72～168 hr が確立しつつある。

図５は，モコン等圧法における 85℃，85%RH 試験システムを模式図で示したものである。恒温槽内におかれたリモートセルと湿度飽和室は同じ温度のことから，外部にある圧力調節システムで湿度調節を簡単に可変することができる。またフイルム温度も恒温槽の設定温度を変えるだけであり，任意の温度 30℃～90℃，任意の湿度 35%RH～90%RH が容易に調節でき，いろいろな条件の組合せも簡単にできる。水蒸気検出器は恒温槽の外部にある装置内にあり，温度による検出感度の変化も生じない。

この試験システムは実用的に稼働しており，PERMATRAN3/33 型赤外線法試験装置にも簡単に取り付けることができる。そのため例えば 0.01 g/m²/day クラスの太陽電池バックシートを 85℃，85%RH で測定すると 0.1 g/m²/day レベルの範囲に入り測定下限値がアップできる。さらに AQUATRAN 型超高感度水蒸気透過率測定装置と併用すれば検出下限値のアップも約１桁可能である。

2. 2. 4　ガスバリア性評価の信頼性

開発スピードアップは信頼性ある評価技術から得られ，世界に通じるガスバリア性評価は製品販売力を高め，さらに約束した品質保証の実行は最大の利益として還元されると考えられる。そのためには装置の校正が定期的になされ，測定結果が検証できることが重要である。

PERMATRAN 型および AQUATRAN 型装置においては NIST 標準フイルムで確認する方法をとっており，ガスバリア性評価の信頼性を確保している。

NIST 標準フイルムは公的に認証されたキャリブレーションフイルムであり，取扱いが簡単にできるので校正時のヒューマンエラーは最小限に抑えられる。

水蒸気透過度試験に使用される NIST トレーサブルフイルムの保証値と保証精度を示す。

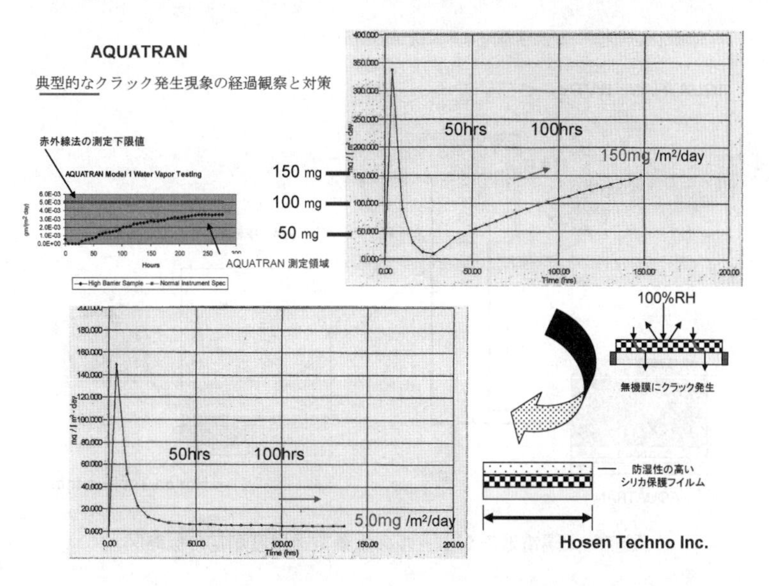

図6　AQUATRANで見えてくる水面下のバリア世界

NIST #1　15.9 g/m^2·day ± 5 %　NIST #3　0.214 g/m^2·day ± 5 %

NIST #2　3.10 g/m^2·day ± 5 %　NIST #4　0.032 g/m^2·day ± 5 %

モコン社標準フイルム　0.008 g/m^2・day ± 5 %

酸素透過率測定装置に対しては測定原理から装置のキャリブレーションは不要であるが，感度確認のため，下記NISTトレーサブルフイルムが用意されている。

NIST #1　44.4 cc/m^2·day ± 3 %　NIST #3　1.93 cc/m^2·day ± 3 %

NIST #2　10.4 cc/m^2·day ± 3 %　NIST #4　0.538 cc/m^2·day ± 3 %

* NIST：National Institute of Standards & Technology（米国国立標準技術局）

2.2.5　AQUATRANで見えてくる水面下のバリア世界

AQUATRAN型装置で見えてくるバリア世界を一例として図6に示す。この図から高分子材料のベースフイルムが湿気によって伸長し，塗膜していた無機物にわずかなマイクロクラックが少しづつ成長していく，ウルトラハイバリア世界での過程がよくわかる。

2.2.6　有機EL，太陽・燃料電池関連部材開発におけるガスバリア性の評価方法

有機EL，太陽・燃料電池分野は急拡大で関連市場の研究開発を各社が加速している。ここではガスバリア性評価方法の事例と方法について述べる。

(1)　太陽電池（Photovoltaic Battery）モジュールパネルの測定方法

主要部材として，封止樹脂，発電部分のセルを保護する保護フイルム（バックシート）があり，モジュール全体は密封状態で電気絶縁された構造体である。モジュールパネルの測定方法を図7に示す。

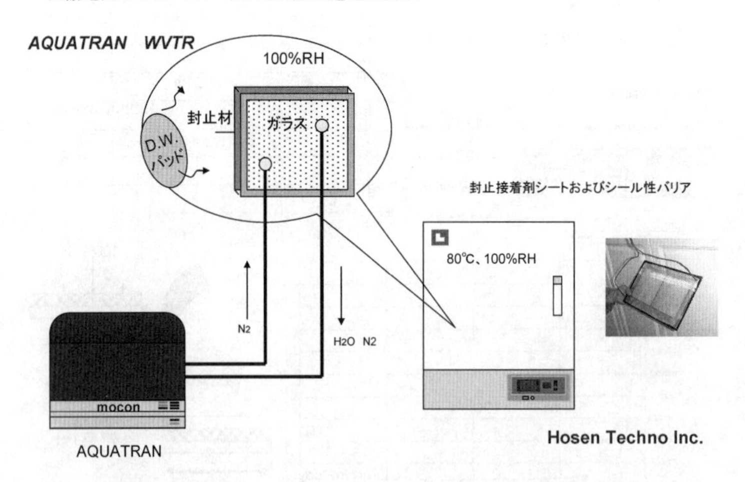

図7　太陽電池モジュールの水蒸気透過度測定の概略図

(2)　封止材とガラスとの界面透過の測定方法

バリア性の評価対象は封止樹脂とガラスとの界面透過の評価も要求されている。

その評価について，国内では特別測定治具でテストの結果に対し妥当なバリア値を得ている。モコン社ではAQUATRAN装置を使用して，受託分析をしている。

(3)　封止材の透過の測定方法

封止樹脂として主にEVAがあり，実際にPET，PENに塗布したテストを実施しており，バリア数値も多数得ている。

2.2.7　おわりに

フイルム形状や製品形状でのガスバリア性評価を正確かつ迅速に実施することは，開発のスピードアップと品質管理のコスト低減に直接寄与する重要なファクターである。従来から新技術や新手法が随時導入されており，評価試験装置の性能や測定技術向上も目覚ましいが，近年特に注目されている新たな分野であるディスプレイ関連部材，太陽電池・燃料電池部材のガスバリア性評価において，更なる評価技術の革新，装置の性能向上，特に超高感度と測定時間短縮が強く要望されている。加えて評価試験方法が時代にマッチした適正な標準規格の早急な作成が期待されている。

文　献

1)　平田雄一，バリアフイルムの基礎と応用展開，バリアフイルムの設計，開発，評価セミナー，

2011. 6. 28
2) Michelle Stevens　MOCON, Inc., New Trends Technologies in permeation Analysis, 2010. 6. 23
3) 大谷新太郎，モコンテクニカルセミナー・インハウスセミナー資料，2010. 6
4) 永井一清，日本包装学会誌，Vol.19，No.2，包装用プラスチックフイルムのガスバリア性評価と材料劣化，2010. 4. 1
5) J. Georgia Gu　MOCON Inc., Barrier Material Study and Application in OLED and PV Industries, 2009. 10
6) J. Georgia Gu　MOCON Inc., Concept of Barrier Properties of Packaging Materials, 2009. 8

3　大気圧イオン化質量分析法

3.1　大気圧イオン化質量分析計を用いた高感度水蒸気透過度測定

行嶋史郎*

3.1.1　はじめに

これまでフィルムのガス透過試験は主に高分子で構成される食品包装用フィルムや医薬品包装用フィルムなどが対象であった。これら高分子フィルムの水蒸気透過度（Water Vaper Transmission Rate：WVTR）はその一次構造に依存し，一般的な値は厚みにもよるが0.X～数十 g/m^2/day レベルである。しかしながら，電子産業分野では近年，有機太陽電池やOLED（Organic Light-Emitting Diode）などの有機デバイスを対象とする保護フィルムや封止フィルムに対して 10^{-4}～10^{-6} g/m^2/day レベルの水蒸気バリア性が強く求められている。

これは一般的な高分子材料の10万分の1であり，4～6桁以上低い値である。そのため，高分子材料の評価手法として定められているJIS規格（JISK7129，JISZ0208）の評価装置では測定できないため，より高感度な測定手法の確立が求められている[1,2)]。

ここでは水の検出器として最も高感度な手法の一つとして上げられる大気圧イオン化質量分析法（Atomospheric Pressure Ionization Mass Spectrometry：以後API-MSとする）について解説する。

3.1.2　大気圧イオン化質量分析法（API-MS）の原理と特長

大気圧イオン化質量分析法の特長は，高感度（濃縮せずに検出限界：10 ppt，ppt：10^{-12}），大気圧イオン源（サンプルガスの直接導入測定），質量分析（複数の成分の同時測定）などが挙げられる。これらの特長を有することで，ガスを流しながら超高感度かつ複数成分のリアルタイム測定が可能である。そのため減圧環境を必要とするイオン化源をもつ質量分析法と比較して数多くのアプリケーションに適用が可能である。近年では，半導体製造プロセスで使用される超高純度ガス中の不純物を検出する手法として利用されている。

イオン化法の比較例として減圧環境下で用いられる電子衝撃イオン化法（EI）との違いを図1に示す。

一般的に質量分析計において高感度化を図るためには，検出目的成分のイオン化量を増大させる（高能率イオン化）ことが必要であるが，API-MSは二段階のイオン化により高能率イオン化を達成している。

イオン化のメカニズムを図2に示す。まずはじめにイオン化部で検出目的成分である微量不純物を含んだ試料ガス（主成分：C，不純物：X）がコロナ放電により一次イオン化される。この一次イオン化では，その他のイオン化法と同様に試料のほんの一部しかイオン化されない。また，生成されたイオンの組成は試料ガスの組成と大きく変化せず，大部分の主成分イオン C^+ と，わ

＊　Shiro Yukushima　㈱住化分析センター　電子事業部　課長

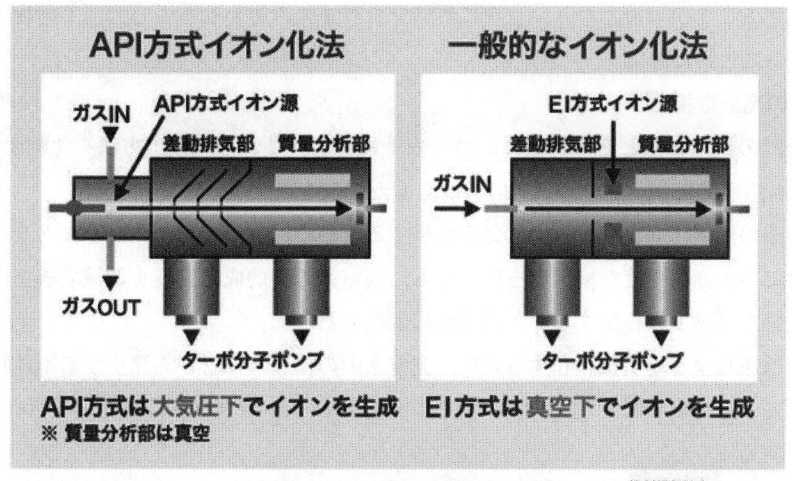

図1　イオン化法の比較

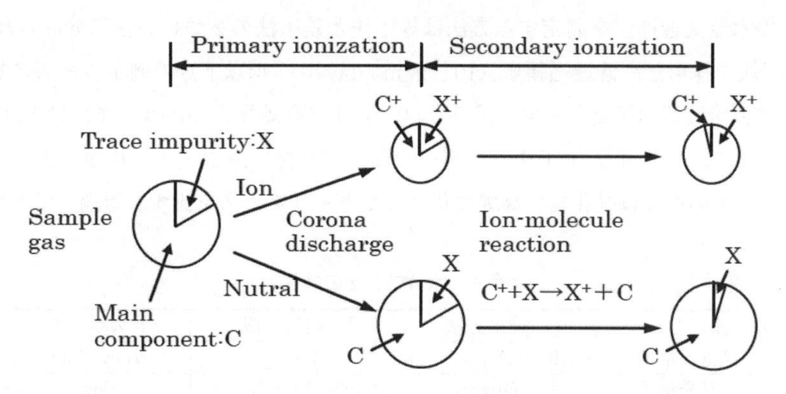

図2　大気圧イオン化法の原理模式図

ずかの不純物イオン X^+からなる状態である。

次に電荷交換反応により二次イオン化が進むことで，目的成分 X^+を増加する。この電荷交換反応はイオン分子反応の一種であり，イオン化ポテンシャルの高いものから低いものへ電荷が移動する反応機構を利用する手法である。つまり一次イオン化で生成されたイオンのうち C^+は分析に不用なイオンであるが，この不用なイオン C^+が，イオン化せずに残っている不純物 X と衝突することで電荷の移動が生じ，イオン成分（X^+）が増加することになる。

実際の測定系にはキャリアガスとして窒素，アルゴンなどが利用され，理論上は，これらのキャリアガス分子よりイオン化ポテンシャルの低い不純物分子（H_2O，O_2，CO_2，有機物など）について高感度な検出が可能である。

このように，効率的に不純物分子を大気圧化でイオン化することにより，キャリアガスを直接装置に導入することが可能となり，さらに質量分析計を組み合わせることで，不純物成分を定性的に測定することができる。

3.1.3　水の高感度検出

各種水分計の検出方法とその特徴について表1に示す。これらの検出方法を比較するとAPI-MSは最も高感度であり，さらに高速応答性を備えていることが分かる。

また，実際の測定において微量の水分を検出するためには，測定系内のバックグラウンドの低減が不可欠である。高感度な検出器を用いても，測定系の目的成分濃度を低減できなければ，微量の目的成分を高感度に検出することは非常に困難である。

特に水分はあらゆる場所に存在するため，測定系内の接ガス部材から発生する不純物を低減する必要がある。その為には，測定系内に対し特殊なバックグラウンド低減処理を行う[3]などの対策が必要である。

このように，水のバックグラウンドを十分に低減させ，高感度な検出器を組み合わせることで極微量の水分を再現性良く測定することが可能になる。

3.1.4　バリアフィルムの高感度水蒸気透過度測定

フィルムの水蒸気透過度を測定する方法は等圧法と差圧法の2つの方法に分けられる。API-MS法は等圧法を採用し，低透過領域（10^{-4} g/m^2/day レベル以下）の測定ニーズに対応している[4,5]。図3に測定装置の概要を示す。試料を60 mmΦ（有効径50 mmΦ）または100 mmΦ（有効径90 mmΦ）にカットし，上下チャンバーの間に取り付け，フィルム片面に調湿されたガスを流し，もう一方の面には純化器で高純度化されたキャリアガスを流す。透過してきた水蒸気は

表1　水分計とその特徴

測定方式	検出方法	検出下限	レスポンス
静電容量式	AlO_3 + Au thin film	100 ppb	Very slow
水晶発振式	Quarts	10 ppb	Slow
光学ミラー式	Mirror	1 ppb	Slow
CRDS	Laser spectrometer	2 ppb	Fast
API-MS	Mass spectrometer	0.01 ppb	Fast

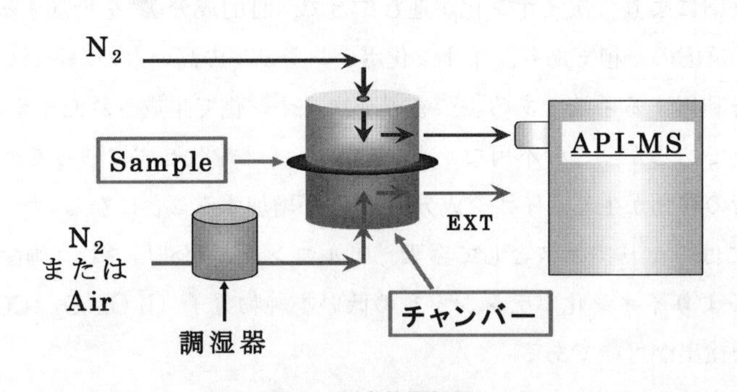

図3　測定装置概要

キャリアガスと共にAPI-MSへ導入され，リアルタイムに水蒸気濃度が検出されるシステムである。なお，フィルムにかかる圧力は上下チャンバーが同じ圧力に調節されており圧力差は生じない。本システムの特長としては高感度・迅速測定，試験条件の自由度が高い，透過曲線が得られる，水蒸気以外のガス透過試験にも適応可能などが挙げられる。

表2に各フィルムの水蒸気透過度試験の結果を示す。試料Aのアルミフィルム（0.2 mm, 100 mmΦ：有効径90 mmΦ）について，水蒸気透過曲線を図4に示す。水蒸気（40℃，90％RH）を添加した前後で水蒸気透過度に変化は見られず，バックグラウンドレベルで推移している。このことから，透過度は定量下限未満であることが分かる。定量下限は5×10^{-6} g/m^2/dayであり，算出方法はシグナル（1時間）の標準偏差の10倍（10σ）とした。試料Bのハイバリアフィルムの水蒸気透過曲線（40℃，90％RH）を図5に示す。水蒸気透過度は水蒸気添加前のバックグラウンドを差し引いて計算され，1.5×10^{-4} g/m^2/dayを示している。試料Cは耐熱性に優れている高機能粘土膜である。このフィルムを高温高湿条件（85℃，85％RH）で測定した結果は，1.2×10^{-3} g/m^2/dayを示している[6]。このように従来法では困難な高温高湿条件においても，高感度な水蒸気透過度評価が可能である。

表2　水蒸気透過度測定例

試料	測定手法	透過度（g/m^2/day）	試験条件
A	API-MS法	<0.000005	40℃，90％RH
B	API-MS法	0.00015	40℃，90％RH
C	API-MS法	0.0012	85℃，85％RH
D	Lyssy法	0.74	40℃，90％RH
	Mocon法	0.73	40℃，90％RH
	API-MS法	0.72	40℃，90％RH

*A：アルミフィルム（厚さ0.2 mm）
*C：独立行政法人産業技術総合研究所コンパクト化学プロセス研究センター（クレーストSN）
*D：高分子フィルム（厚さ0.2 mm）

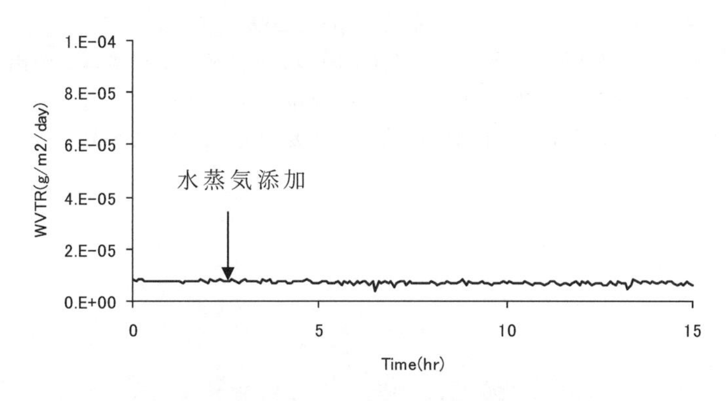

図4　アルミフィルムの水蒸気透過曲線
（厚さ0.2 mm，有効径90 mmΦ）

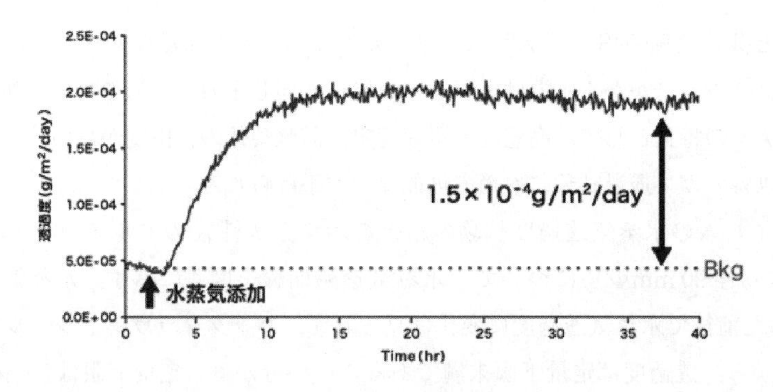

図5　ハイバリアフィルムの水蒸気透過曲線

また，試料Dの高分子フィルムについては，従来法のMocon法，Lyssy法とAPI-MS法を用いて40℃，90%RHの試験条件で比較測定を実施した。結果は3手法ともほぼ同じ値を示し，10^{-1} g/m^2/day台の評価で良い一致を示した。

3.1.5　おわりに

API-MS法を用いることで10^{-6} g/m^2/dayレベルの水蒸気透過度の評価が可能となってきたが，バリアフィルムの開発スピードは益々加速してきているのが現状である。評価法については，これまで以上に高感度，高精度，迅速測定，幅広い試験条件への対応が求められるようになる。今後も本手法の改善を継続することで，研究開発やトラブル解析の一助となれば幸いである。

文　　献

1)　杉本榮一，電子材料，**4**，p103 (2008)
2)　桑野幸徳，近藤道雄監修，図解最新太陽光発電のすべて，工業調査会 (2009)
3)　溝上員章，クリーンテクノロジー，**19** (1)，p36 (2009)
4)　永井一清監修，気体分離膜・透過膜・バリア膜の最新技術，シーエムシー出版 (2007)
5)　日本包装コンサルタント協会 会報，**23**，December 01 (2007)
6)　手島暢彦ほか，第53回日本粘土科学討論会講演要旨集，p122 (2009)

3.2 大気圧イオン化質量分析計を用いた迅速酸素透過度測定

鹿毛　剛*

3.2.1 はじめに

ホット茶飲料では，ガスバリア性を向上させた多層 PET ボトルや DLC 蒸着 PET ボトル[1]が使用されている。これらのガスバリア性の性能は，酸素透過度の値で評価されている。

酸素透過度の測定には，Mocon 法が広く使用されているが，PET ボトルの場合，ボトルの厚みがあるので，ガス透過が定常状態になるまでに時間を要し，通常 7～10 日間の測定を必要としている。また，シリカ蒸着 PET フィルムでは 1 ml/m^2・day・atm 以下のものも開発されており，ガスバリア性を評価するために，できるだけ精度良く迅速に測定できる器械が求められている。

大気圧イオン化質量分析器（Atmospheric Pressure Ionization Mass Spectrometer，以下 APIMS）[2]は，通常の質量分析器に比較して，6～7 桁高い高能率イオン化が可能なため高感度である。そこで，APIMS を使用して，DLC 蒸着 PET ボトルやハイバリアフィルムの酸素透過度を測定した。加熱前処理することよって，蒸着 PET ボトルは 3 時間で測定できた[3]。また，ハイバリアフィルムは，0.1 ml/m^2・day・atm 以下のレベルまで，真空処理[4]によって 1～2 時間で測定できたので併せて紹介する。

3.2.2 APIMS 法の原理

APIMS の特徴は，イオン化部が大気圧で動作することによって，①高感度（検出限界の S/N が 1 ppt 以下），②オンラインリアルタイムで計測が可能である。APIMS 法の原理模式を図 1 に示す。APIMS では，二段階イオン化により高能率イオン化を達成している。イオン化部では，微量の不純物を含んだ試料ガス（主成分：C，不純物：X）は，コロナ放電により一次イオン化される。次の二次イオン化を利用して X$^+$の増大を図っている。分析部では四重極質量分析計が用いられている。

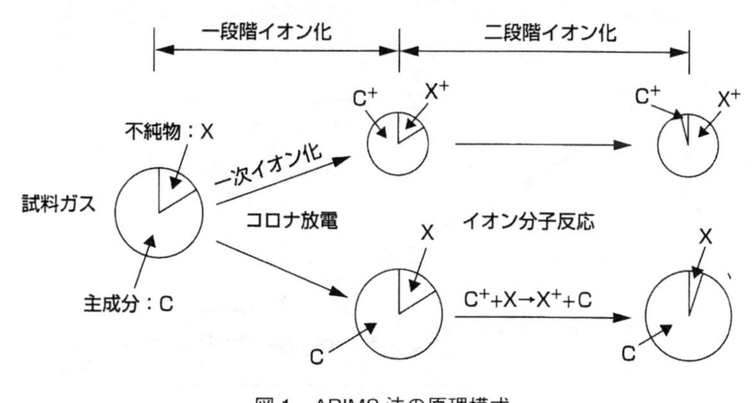

図 1　APIMS 法の原理模式

*　Tsuyoshi Kage　鹿毛技術士事務所　所長

3. 2. 3　容器中の酸素濃度測定

⑴　ガス置換排気とガラスびん表面の酸素放出

500 ml のガラスびんでキャリアガスのアルゴンの流量を 1000 ml/ 分とすれば，30 秒間で 500 ml のアルゴンが流れる。30 秒間で 1 回転することによるガラスびん内の空気の残存率を 1/2 とすれば，30 秒間に 1 回 1/2 ずつ空気の残存率が下がるので，15 分後の空気の残存率は，1/2 の 30 乗＞$1/10^9$（1 ppb）以下になると計算されるが，実際は，そのようにはならない。何故なら，ガラスびんの壁に空気の吸着もなく，ガス放出のない状態を前提として，計算をしているからである。固体表面のガス放出については，真空関連の成書[5,6]に詳細な記述があるので，興味のある方は一読されたい。

図 2 に示すように，ガラスびん内の酸素濃度は，測定精度の 1 ppb（0.00144 ml/day/ 容器に相当）以下になるのに，7 時間以上かかっている。この原因は，ガラスびん内表面に吸着している酸素が吸着と脱離を繰り返しながら，脱離したガスが少しずつ排気されるからである。キャリアガスの流量 1,000 ml/ 分を 5 倍にしても測定時間が短縮されることはない。

ガス放出を加速するには，脱離の活性化エネルギーを与える必要がある。その方法は，熱的方法，光脱離方法や荷電粒子による方法[5,6]がある。最も簡単な方法は，加熱ベーキング法である。図 2 で明らかなように，ガラスびんを 65℃で 2 時間加熱すると，加熱 2 時間後から 1 ppb 以下になっている。アルミボトルでもガラスびんと同様な結果を得ている。

⑵　加熱処理と PET ボトルの酸素透過度

図 3 に示すとおり通常の加熱無しの条件では，酸素濃度は漸減して，ほぼ 24 時間で安定してくる。この酸素濃度は，①キャリアガス置換による残存酸素量，②シール部からリーク酸素量，③内表面吸着・脱離酸素量，④透過酸素量の総和ともいえる。①，②，③が無視できるほどに低減してくると，この時の酸素濃度を，酸素透過度と呼ぶことができる。

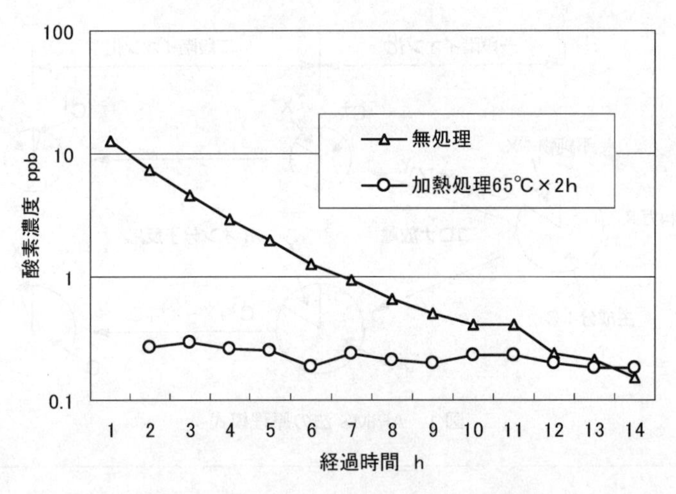

図 2　ガラスびん（500 ml）内の酸素濃度

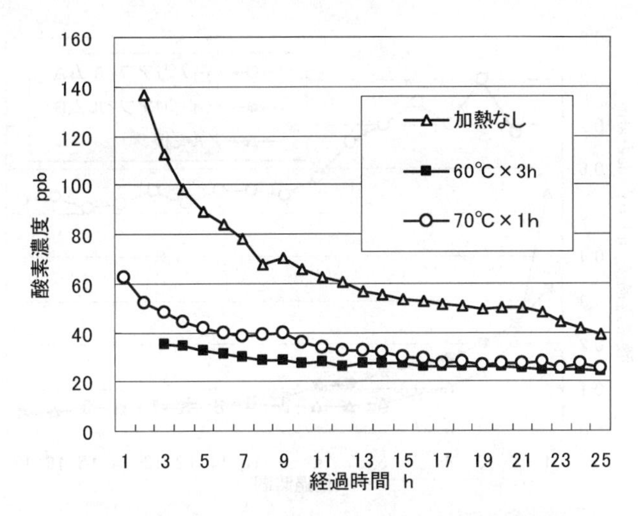

図3　加熱条件とPETボトル（350 ml）の酸素濃度

PETボトルを予め60℃×3時間，70℃×1時間などで加熱前処理し，酸素濃度の測定は，23℃に冷却して行う。その結果を図3に示す。加熱ベーキングによりPETボトルのガス放出が加速化され，70℃×1時間であれば，ほぼ3時間で測定が可能になる。これは，3時間で酸素ガスが透過したということではなくて，透過の入口側と出口側が平衡状態にあることを示している。

3. 2. 4　ハイバリアフィルムの酸素透過度の測定

(1)　通常のハイバリアフィルムの酸素透過度の測定

透過フィルムの有効面積を50 cm^2とした。透過入口側は，酸素100％ガスで流量10 ml/分とし，透過出口側のキャリアガスは，アルゴンガスの流量を1000 ml/分とした。従って，相対湿度は透過入口・出口側とも0％である。

前処理のない条件におけるアルミ板及びハイバリアフィルムの測定結果等を図4に示す。ハイバリアフィルムは，X社のシリカ蒸着系のものである。対照として，0.3 mmの厚みのアルミ板を使用した。アルミ板は表面から酸素が徐々に脱離し，7時間以降安定した。ハイバリアフィルムAやBは，10時間以降に安定した。ハイバリアフィルムBは，アルミ板並みのバリア性を示した。

(2)　真空前処理方法

透過装置全体の加熱処理方式でガス放出をさせる方法もあるが，昇温・降温に時間がかかるので，真空方式を採用した。真空方式は，短時間に真空にすることができて，フィルム表面に吸着している酸素ガスを脱離・排気させることが可能である。真空の程度は，2,000 Paの圧力（20℃に於ける水の蒸気圧は，2,340 Pa）以下にする。即ち，露点が常温以下の真空レベルにする。真空の圧力が高いと，フィルム表面に吸着している酸素ガスは，中々脱離・排気されないで時間がかかる。尚，真空保持時間は1時間であるが，保持時間を短縮することも可能である。

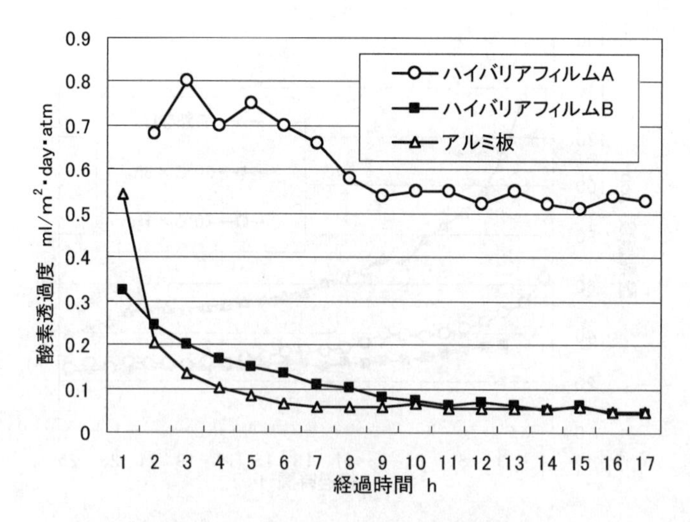

図4　ハイバリアフィルムの酸素透過度

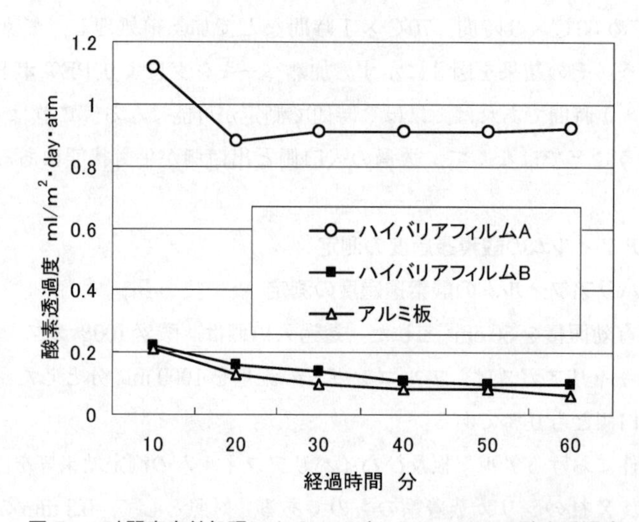

図5　1時間真空前処理によるハイバリアフィルムの酸素透過度

真空前処理によるアルミ板及びハイバリアフィルムの酸素透過度の測定結果等を図5に示す。アルミ板及びハイバリアフィルムBでは，50分経過後，ハイバリアフィルムAでは，20分経過後安定状態になっている。2種類のハイバリアフィルムとも，真空前処理による酸素透過度の値が高かった。このことは，真空により，フィルム中の窒素分子が非常に少なくなり，酸素の透過に対して，窒素が障害にならなかったものと推察された。

文　　　献

1)　中谷正樹，ニューダイヤモンドフォーラム平成16年度第2回研究会講演要旨集，p.1
2)　溝上員章，半導体用ガスの微量不純物分析，東京理科大生涯教育センター，2002. 8. 28
3)　阿部浩二，鹿毛剛，第14回日本包装学会年次大会予稿集，p.90 (2005)
4)　阿部浩二，鹿毛剛，第15回日本包装学会年次大会予稿集，p.86 (2006)
5)　堀越源一ほか，真空排気とガス放出，p.50，共立出版 (1995)
6)　清水肇ほか，超高真空，p.32，オーム社 (1997)

4　ガスクロマトグラフ法

辻井弘次*

4.1　はじめに

ガスクロマトグラフに使用される検出器は，次の通りである。

(1) TCD（Thermal Conductivity Detector）：熱伝導度型検出器
…熱伝導度の差を検出するため，キャリアガスの熱伝導度と差が大きいほど感度が大きい。

(2) FID（Flame Ionization Detector）：水素炎イオン化検出器
…炭化水素等の炭素含有有機化合物に高感度を示す。

(3) ECD（Electron Capture Detector）：電子捕獲型検出器
…塩素等のハロゲン化合物や酸素化合物等に超高感度を示す。

(4) FPD（Flame Photometric Detector）：炎光光度型検出器
…P，S 有機化合物に選択的・高感度を示し，燃焼時の光波長を増幅する。

(5) FTD（Flame Thermionic Detector）：熱イオン化検出器
…N，P 有機化合物に選択的・高感度を示す。

(6) MASS（Mass Spectrometer）：質量分析計
…分子の質量スペクトルを測定する。

これらの検出器とガス透過度測定装置を組合すことにより，ガスクロマトグラフの威力を発揮することができる。しかし，一般的には，(1) TCD，(2) FID の検出器が多く使用されている。これは，取扱いが容易で，安定性に優れているところである。

ここでは，ガスクロマトグラフ法を用いた方法と測定例を紹介する。

4.2　関連規格

ガスクロマトグラフ法のガス透過度測定に関しては，次のように定められている。

JIS K7126 (ISO15105)
- 第 1 部（差圧法）
  - ・圧力計法
  - ・**ガスクロマトグラフ法**
- 第 2 部（等圧法）
  - ・電解センサ法
  - ・**ガスクロマトグラフ法**

JIS K7129 (ISO15106)
- A 法…感湿センサ法
- B 法…赤外線センサ法
- **C 法…ガスクロマトグラフ法**

＊　Hirotsugu Tsujii　ジーティーアールテック㈱　企画開発部　部長

4.3　測定方法

4.3.1　差圧式ガスクロマトグラフ法

差圧法は供給側を加圧又は大気圧とし，フィルムの透過側を真空引きにする方法である。

一般的にDRY状態，片面加湿下におけるガス，水蒸気，VOC等の液体の透過測定が可能で，フィルムやシートの測定に使用されている。

(1)　ガスクロマトグラフ法の特長

ガスクロマトグラフ法の特長は次の通りである。

①　ガスクロマトグラフ法は，成分をカラムにて分離し定性・定量するため，単一ガスのみならず，混合ガスや水蒸気，液体等の透過測定に使用されている。

②　水蒸気の透過はテストガスで加湿を行い，任意の相対湿度状態を得ることが可能で，加湿下のテストガスの透過と水蒸気の透過を同時に測定することができる。

③　特別付属のPVセル（液体測定用）やTセル（VOC蒸気発生用）を用いるとガソリン，アルコール等VOCの液体や蒸気の透過も測定できる。

もちろん，成分別に分離し定性・定量することができるので正確に測定できる。

(2)　差圧式外観構成と流路図

次に本装置の差圧式外観構成と流路図を示す。

写真1　差圧式外観構成

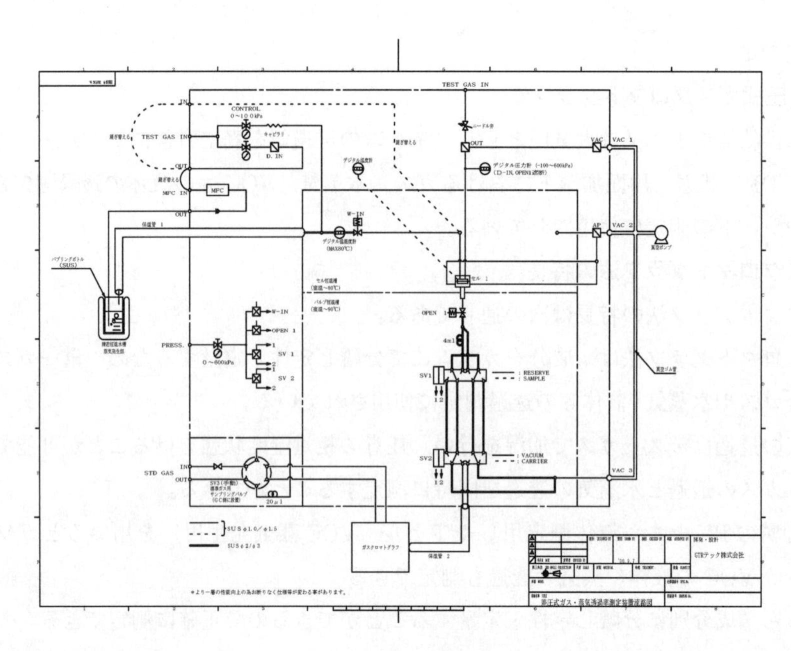

図１　差圧式の流路図

(3) GTR-1000XA 仕様

次に本装置の仕様例を示す。

型　　　　式：GTR-1000XA（セル１個）

検　出　方　法：TCD付ガスクロマトグラフによる検量線方式

試験対象ガス及び蒸気：O_2，N_2，CO_2 等の単一又は混合ガス及び，調湿水蒸気

試験ガスの供給：調圧弁，デジタル圧力計（0～600 kPa）による。

試験蒸気の供給と湿度測定：精密恒温水槽に設置したバブリングボトル（SUS製）の試験液への O_2 等のバブリングによる。

湿度を温湿度計（0～98%RH）によりデジタル表示

セル恒温槽：10℃～100℃，デジタル設定，表示精度±0.2℃（高温仕様150℃）

室温＋10℃以下は冷凍機を併用

バブル恒温槽：室温～100℃，デジタル設定，表示精度±0.5℃

駆　動　精　度：手動及びCPUによる自動方式

透　過　セ　ル

個　　数：1

透過面積：50.24 cm^2（80 mmφ）

圧　　力：600 kPa

温　　度：温度センサ（Pt）によるデジタル表示

保護流路：ガード流路の減圧排気により，外気遮断を行う。

試　験　片

　大 き さ：100 mm φ

　厚　　み：Max 1 mm（オプション：1 ～ 2 mm，2 ～ 3 mm）

測 定 範 囲

　透 過 率：10^{-6}～10^{-14} cc･cm/cm^2･sec･cmHg（TCD）

　透 湿 度：0.0005～500 g/m^2･24 hr

データ処理装置：パソコンによる自動解析

　透過率，透過度計算ソフト付き

安 全 装 置：試験膜破損の際の安全対策として，試験ガスの閉止及び真空ラインの閉止を行う

使 用 温 度：室温

電　　　源：AC100 V　50/60 Hz

消 費 電 力：1.5 KW（システム一式としては 7 kW）

寸　　　法：本体 550（幅）× 450（奥行）× 760（高さ）mm

(4) 分析実用例

次に本装置による分析実用例を示す。

	圧力差Δp	透過量　μl			透過係数
成分	cmHg	測定 1	測定 2	測定 3	cc･cm/cm^2･sec･cmHg
O_2	22.6	3.902 e + 000	7.829 e + 000	1.560 e + 001	5.963 e-010
N_2	90.4	5.389 e + 000	1.080 e + 001	2.160 e + 001	2.060 e-010

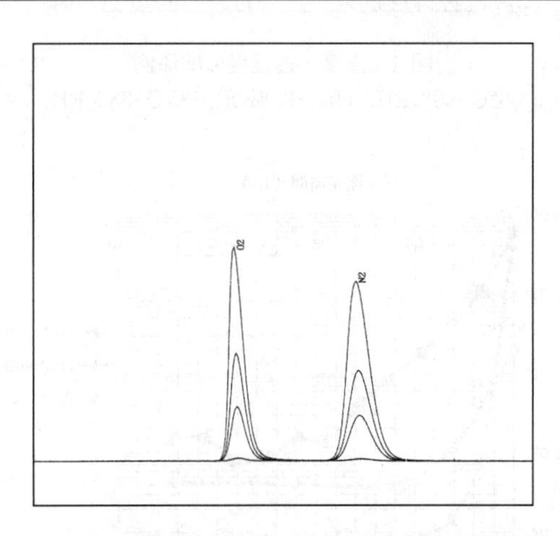

図２　空気を供給し O_2・N_2 に分離した測定例

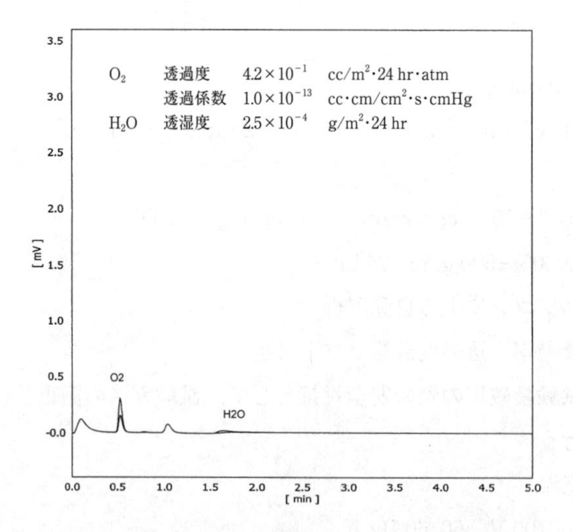

図3 40℃・90%RH における O_2・H_2O 測定例

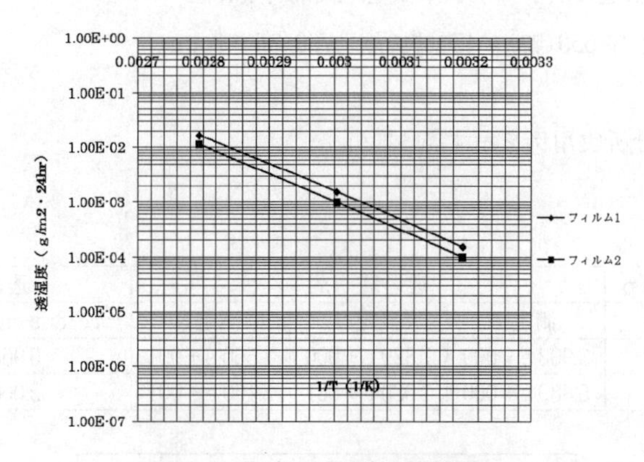

図4 温度・透湿度の関係例
(40℃・90%RH, 60℃・90%RH, 85℃・85%RH)

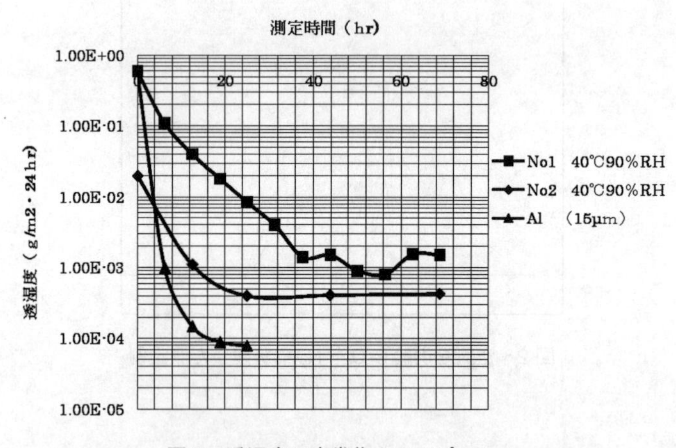

図5 透湿度の定常化までのプロセス

繰返し数 9/15　　セル１　　測定開始日時 2011/07/06　07：14
計 算 日 時　：2011/7/6　07：44
セ ル 番 号　：1
膜　名　称　：1：シリコーンゴム
測 定 温 度　：60.0℃
水槽温湿度　：90.0%　57.8℃

膜　　厚　1　：1337 μm
透過面積　a　：0.785 cm^2
補正係数　k　：2
測定時間　t　：　　ブランク　　　　　1 min
データ名　　：2011-07-05-280.dfm　2011-07-05-281.dfm

	圧力差 Δp	透過量 mg	透過度・透湿度	単位
成分	cmHg（kPa）	測定１		
O_2	71（94.66）	1.495 e＋000	5.870 e＋004	cc/m^2・24 hr・atm
H_2O	76（101.3）	4.400 e－003	1.614 e＋002	g/m^2・24 hr

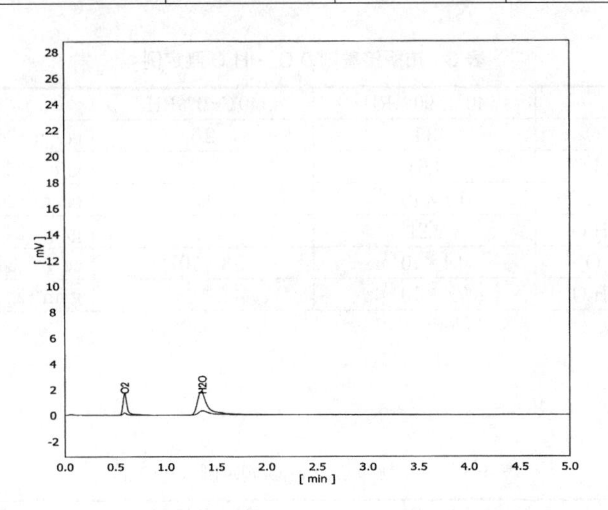

図６　シール材の O_2・H_2O 測定例
（85℃・85％RH）

表１　各温度・湿度による H_2O 透過度（g/m^2・24 h）の推移

温度・湿度条件	25℃・90％RH	40℃・90％RH	65℃・90％RH	85℃・85％RH
H_2O 透過度（g/m^2・24 hr）	4×10^{-4}	約 1×10^{-3} 2～3 倍	約 1×10^{-2} 5～10 倍	約 1×10^{-1} 5～10 倍

表２　透湿度定常化所要時間例（40℃・90%RH）

透湿度オーダー $g/m^2 \cdot 24\,hr$	定常化までの時間
$\sim 10^{-1}$ g	約１日
$\sim 10^{-2}$ g	約１～２日
$\sim 10^{-3}$ g	約２日
$\sim 10^{-4}$ g	約２～３日

AL（15μm）の場合

透湿度オーダー $g/m^2 \cdot 24\,hr$	定常化までの時間
$\sim 10^{-5}$ g	約１日

表３　市販接着剤の O_2・H_2O 測定例

接着剤		40℃・90%RH	40℃・0%RH	単位
No.1	O_2	3.1	2.6	$cc/m^2 \cdot 24\,hr \cdot atm$
	H_2O	1.64		$g/m^2 \cdot 24\,hr$
No.2	O_2	$1.1 \times 10^{+1}$	4.5	$cc/m^2 \cdot 24\,hr \cdot atm$
	H_2O	3.21		$g/m^2 \cdot 24\,hr$
No.3	O_2	$4.4 \times 10^{+1}$	$5.3 \times 10^{+1}$	$cc/m^2 \cdot 24\,hr \cdot atm$
	H_2O	$7.4 \times 10^{+1}$		$g/m^2 \cdot 24\,hr$

表４　シール材の O_2・H_2O 測定例（その１）

接着剤	40℃・90%RH	60℃・90%RH	85℃・85%RH
	O_2 透過度 ($cc/m^2 \cdot 24\,hr \cdot atm$)	O_2 透過度 ($cc/m^2 \cdot 24\,hr \cdot atm$)	O_2 透過度 ($cc/m^2 \cdot 24\,hr \cdot atm$)
	H_2O 透湿度 ($g/m^2 \cdot 24\,hr$)	H_2O 透湿度 ($g/m^2 \cdot 24\,hr$)	H_2O 透湿度 ($g/m^2 \cdot 24\,hr$)
シリコンシーラント	$3.4 \times 10^{+4}$	$4.0 \times 10^{+4}$	$4.6 \times 10^{+4}$
NO.1	$4.5 \times 10^{+1}$	$1.1 \times 10^{+2}$	$2.9 \times 10^{+2}$
シリコンシーラント	$4.0 \times 10^{+4}$	$5.3 \times 10^{+4}$	$6.5 \times 10^{+4}$
NO.2	$5.2 \times 10^{+1}$	$1.4 \times 10^{+2}$	$3.6 \times 10^{+2}$
シリコンシーラント	$2.9 \times 10^{+4}$	$3.8 \times 10^{+4}$	$6.0 \times 10^{+4}$
NO.3	6.0	$2.0 \times 10^{+1}$	$6.0 \times 10^{+1}$

表 5　シール材の O_2・H_2O 測定例（その 2）

サンプル名	40℃・90%RH	60℃・90%RH	85℃・85%RH
	O_2 透過度 (cc/m^2・24 hr・atm)	O_2 透過度 (cc/m^2・24 hr・atm)	O_2 透過度 (cc/m^2・24 hr・atm)
	H_2O 透湿度 (g/m^2・24 hr)	H_2O 透湿度 (g/m^2・24 hr)	H_2O 透湿度 (g/m^2・24 hr)
シリコンゴム	$5.3\times10^{+4}$	$5.9\times10^{+4}$	$5.0\times10^{+4}$
	$6.3\times10^{+1}$	$1.6\times10^{+2}$	$4.9\times10^{+2}$
ウレタンゴム	$6.1\times10^{+2}$	$1.3\times10^{+3}$	$2.1\times10^{+3}$
	$4.7\times10^{+1}$	$1.9\times10^{+2}$	$7.5\times10^{+2}$
ブチルゴム	$8.7\times10^{+2}$	$2.1\times10^{+3}$	$4.9\times10^{+3}$
	6.7×10^{-1}	3.5	$1.7\times10^{+1}$
エチレンビニルアセテート	$1.6\times10^{+3}$	$1.3\times10^{+3}$	$1.3\times10^{+3}$
	$1.2\times10^{+1}$	$4.3\times10^{+1}$	$1.5\times10^{+2}$

表 6　NH_3 の測定例

サンプル	フィルム	透過率（cc・cm/cm^2・sec・cmHg）
1	PE(L) 48μm	2.3×10^{-9}
2	PET 13μm	1.1×10^{-10}

測定条件

1. 機種名：GTR-NH3
2. 温度　：室温

(5) 分析実用例

その他等圧法を用いた測定例をも示す。

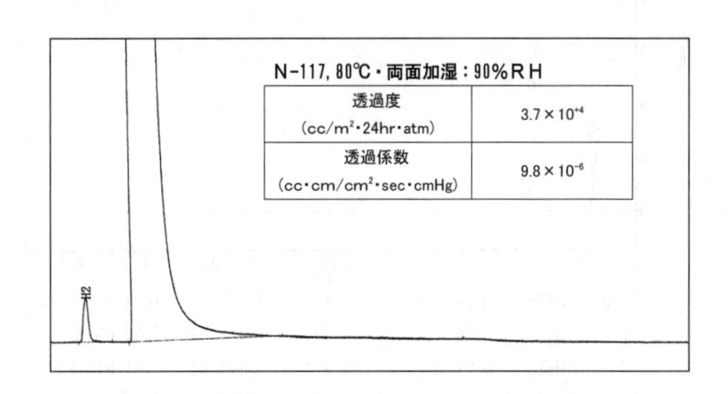

PKNO	NAME	TIME	MARK	CONC	AREA	HEIGHT
1	H2	0.58		1.681 cc	10512.82	1901.5
2	H2O	1.36		0.617 mg	1684968.71	90639.6
TOTAL				2.298	1695481.52	92541.1

図 7　80℃・90%RH の H_2 測定例

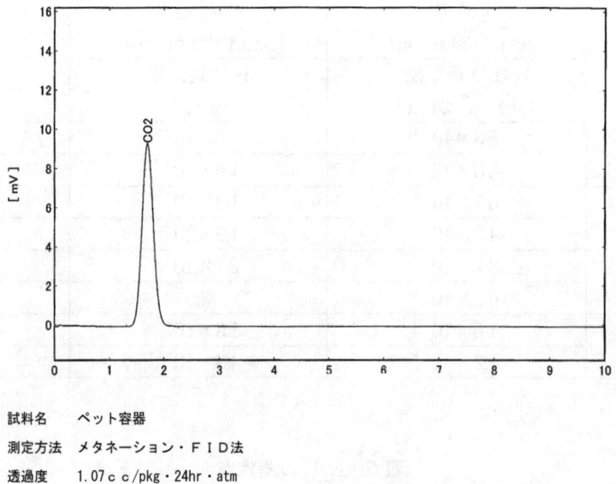

PKNO	NAME	TIME	MARK	CONC	AREA	HEIGHT	NTP
1	CO2	1.71		0.361	134466.23	9301.38	317
Total				0.361	134466.23	9301.38	

図８　PET 容器の CO_2 測定例

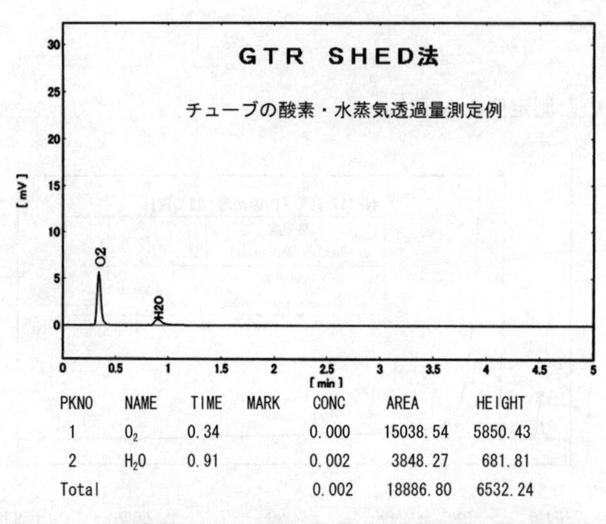

PKNO	NAME	TIME	MARK	CONC	AREA	HEIGHT
1	O_2	0.34		0.000	15038.54	5850.43
2	H_2O	0.91		0.002	3848.27	681.81
Total				0.002	18886.80	6532.24

図９　チューブの O_2・H_2O の測定例

表７　等圧式 DRY，片面 90%RH，両面 90%RH 加湿比較表

等圧式　DRY，片面 90%RH，両面 90%RH

条件　膜名：N-112，N-117　ガス種：H_2　セル温度：80℃

	サンプル（膜圧 μm）	透過度 cc/m^2・24 hr・atm	透過係数 cc・cm/cm^2・sec・cmHg
DRY　0%RH	N-112（51）	$5.2\times10^{+4}$	4.1×10^{-9}
	N-117（178）	$1.3\times10^{+4}$	3.7×10^{-9}
片面加湿 90%RH	N-112（51）	$1.3\times10^{+5}$	1.0×10^{-8}
	N-117（178）	$3.8\times10^{+4}$	1.0×10^{-8}
両面加湿 90%RH	N-112（51）	$1.2\times10^{+5}$	9.6×10^{-9}
	N-117（178）	$3.7\times10^{+4}$	9.8×10^{-9}

等圧式　DRY，H2，N-115，セル温度－20℃，－25℃の透過度・透過係数

フロー式・DRY N-115	H_2 透過度 cc/m^2・24 hr・atm	H_2 透過係数 cc・cm/cm^2・sec・cmHg
－20℃	$4.2\times10^{+2}$	7.3×10^{-11}
－25℃	$3.5\times10^{+2}$	6.1×10^{-11}

表８　樹脂チューブの透過量測定例

No.	種類	PA 6/8 φ 75 cm		備考：圧力
	ガス種	透過度 μL	透過量 cc/m^2・24 H・atm	
1	O_2	1.93	$1.89\times10^{+3}$	200 kPa
2	H_2	7.43	$7.27\times10^{+3}$	200 kPa
3	He	5.88	$5.76\times10^{+3}$	200 kPa
4	CH_4	1.82	$1.78\times10^{+3}$	200 kPa
5	CO_2	9.67	$9.47\times10^{+3}$	200 kPa
6	C_2H_4	3.53	$3.46\times10^{+3}$	200 kPa
7	n-C_3H_8	4.86	$4.76\times10^{+3}$	200 kPa
8	n-C_4H_{10}	7.03	$6.88\times10^{+3}$	200 kPa
9	R-152a	4.66	$4.56\times10^{+3}$	200 kPa
10	DME	46.6	$4.56\times10^{+4}$	200 kPa

4.4　終わりに

以上，ガスクロマトグラフ法による種々の測定例を紹介したが，１台の装置で多種多様な透過が測定できるという最大の特長を有し，今後さらなる用途の発展が期待されている。

5　差圧法

井口恵進*

5. 1　差圧法の歴史的位置づけと DELTAPERM（デルタパーム）

水蒸気等のガスの透過性を測定する手段として対象物の片側から圧力をかけて通過するガス量を測る方法は100年前に既に米国で特許申請がなされているくらい古くから種々の試みがなされてきた。

しかし近年，優れた測定センサーの開発に伴って水蒸気透過率測定に使われている多くの装置は一般に等圧方式と称し，サンプルの両面にかかるキャリアガス圧を等圧にして，各ガス分圧濃度差を駆動力として通過した水蒸気を各種のセンサーに搬送し分析する装置が多い。

それに対し，極めてシンプルでわかりやすい差圧法を見直し，特に電子デバイス用ハイバリアフィルム測定に特化した装置として改良され，急速に実績をあげている英国 Technolox 社の DELTAPERM について解説してみたい。

5. 2　今なぜ DELTAPERM なのか？

この装置は発売開始3年で，太陽電池用バックシート，有機 EL 保護膜等の機能フィルム業界の国内主要客先十数社に多数の実績をあげており，既に一部の客先では生産管理用にも使われており，近い将来この分野における実質的な標準装置になる要素は十分との客先からのコメントも頂いている。

その理由を一言で言うと，測定結果が短時間で出るユニークな手法と，管理が簡単で維持費が極めて安価であるという生産現場での高い実用性にあると思われる。

5. 3　DELTAPERM の測定原理

この装置はサンプルの片面に設定された温度，湿度の水蒸気を入れ，もう片面は真空にするとその圧力差によりサンプル面を通過した水蒸気により反対側のセル内の圧力が上昇する。その速度上昇率を測定し透過率を出すという極めてシンプルな構造でありながら，測定下限は 5×10^{-5}g/m^2/day 以下で，多くの等圧法の装置下限より高い精度を実現している。

その基本的な操作は次頁の図1のようなステップとなる。

---

*　Yoshinobu Iguchi　㈱テクノ・アイ　代表取締役

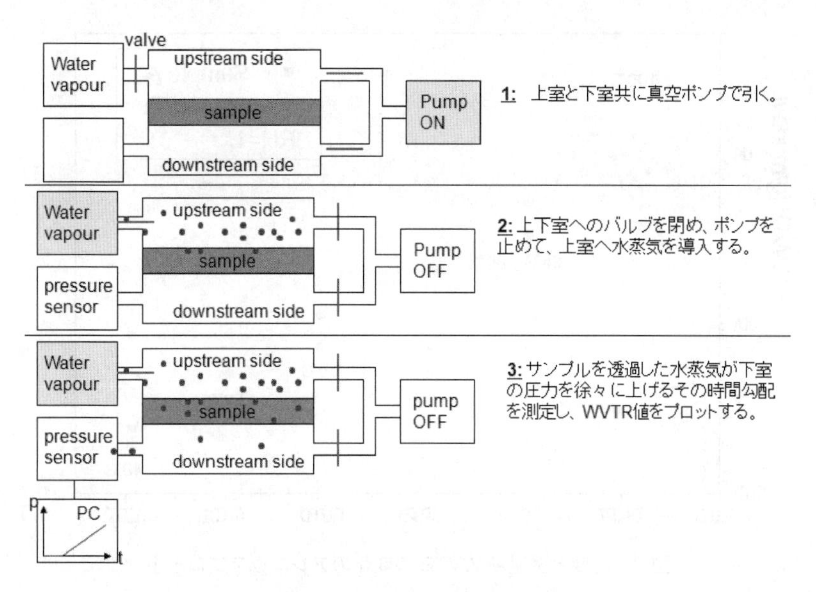

図1　DELTAPERMの測定手順

5.4　具体的な特徴

このような単純な原理と測定手順でありながら，具体的には下記のような特徴をもっている。

(1)　水蒸気透過による圧力上昇値の直接変換によるWVTR値の算出が出来るため，間接的方変換による累積誤差が少なく極めて精度が高い

下室の圧力上昇値（Δp）から通過した水分子量，すなわち水の重量（g）が計算され，それに要した時間（Δt）からWVTRとして《$g/m^2/day$》が直接演算できる。

圧力センサーはΔpを出すだけでzero補正が不要なため，再現精度が極めて高い。

他の方式で使われる電気量，赤外線量，化学的変化量の換算，質量分析等の間接因子を経由するための誤差の累積，推定要素がない。

多くの装置で必要とされている標準フィルム等による測定前キャリリブレーション（校正）も不要である。またキャリアガス不要なので，その流量精度，ガス温度制御，ガス成分純度などによる誤差の問題も全くない。

(2)　水蒸気発生源，サンプル室，圧力センサー，パイプ配管の総てが恒温室の中に在り，40℃×90%RHから85℃×85%RHまでの水蒸気透過率とバリア特性が連続的に測定できる

水蒸気の発生源から接ガス部とサンプル自体まですべての場所が常に設定された同じ温度と湿度に維持され，内部に温度/相対湿度勾配がない事により，測定精度に大きく影響する部分的結露が全く無い緻密な設計とノウハウを駆使した構造になっている。

(3)　総ての測定条件を恒温室外からパソコンで指示し，サンプルに触れることなく種々の測定条件を繰り返し測定できるので，測定値の再現性が自己確認できる。またこれで得られたWVTR値と温度のアレニウスプロットを描くことにより温度とバリア強度等の特性，繰り

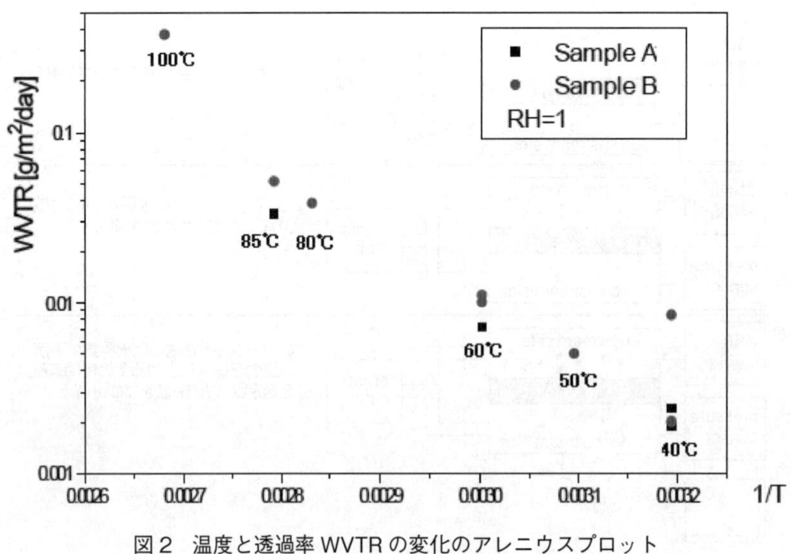

図２　温度と透過率 WVTR の変化のアレニウスプロット

返しによる再現性の確認等種々の解析が可能である

一例として，下記仕様のハイバリアフィルムを用い，測定温度と相対湿度を連続的に変化させた時のアレニウスプロットを図２に例示し，それから得られた情報の一部を公開する。

サンプル仕様：材質：PEN　厚さ：100μ

バリア膜構造：SiON 系　単層薄膜　厚さ：100 nm　CVD コーティング

設定温度履歴：

サンプル A…40℃ ─ 60℃ ─ 40℃ ─ 85℃ ─ 40℃

サンプル B…40℃ ─ 50℃ ─ 60℃ ─ 85℃ ─ 40℃ ─ 60℃ ─ 80℃ ─ 100℃ ─ 40℃

相対湿度はいずれも 100%RH に設定した。

測定所要時間：

サンプル A…コンディショニングを含め約 1,900 min.（32 hr）

サンプル B…コンディショニングを含め 2,400 min.（40 hr）

（考察の一部抜粋）

① サンプル A，B 共全体としてはアレニウスプロットの直線に乗っており，活性化エネルギーが求められる。

② 40℃から昇温度，降下を繰り返した後の 40℃での WVTR 値は $2.4-2.0\times10^{-3}$ g/m^2/day に集約しており，再現性と信頼性は極めて高い事が確認出来た。

③ サンプル B の 100℃においては直線から外れ，明らかにバリア膜に非可逆的現象が発生した。その後温度を 40℃に戻したが，WVTR 値は 9.0×10^{-3} g/m^2/day と復帰出来てなかったことによっても組成の変質が窺える。この間の詳細データは 60 sec. 毎に記録されている。

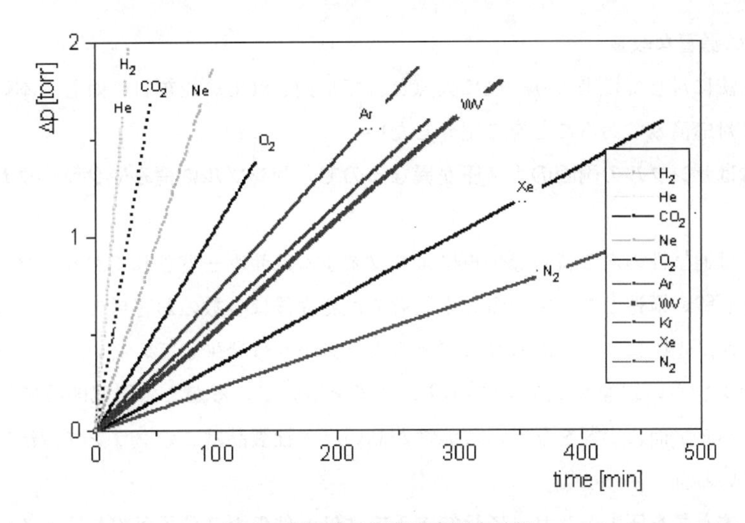

図3　各種ガスの透過率測定結果

このように部材相互間の物性変化の対温度評価も可能である。

(4)　サンプルのコンディショニング時間が短く全測定時間が早いため，品質管理に適している

サンプル基板からのアウトガス，システム内部の付着水分等の追い出しには装置全体をヒートアップして付属の真空ポンプで減圧すれば，他の方式のようなドライガスをパージするより遥かに早くコンディショニング出来るので，短時間で品質管理データが得られる。一般的に等圧法で1週間以上，カルシウム法で1～2ヶ月とされる10^{-4}g/m^2/dayレベルのハイバリア膜の品質チェックが本装置では1日以内で完了する実績も出ている。

ある対象製品のアレニウスプロットの活性化エネルギー等の特性を分析し，高温下での対応WVTRデータを利用して合否判断を短時間で得る事が可能となる，という方式である。

(5)　各種ガス透過率が測定できる差圧法ならではの特徴を利用した種々の評価解析に利用され始めている

水蒸気と酸素との混合ガスによる相互作用，水素やヘリウム透過率による促進シミュレーション，基板材樹脂のアウトガス量およびガス吸収量の測定など新しい評価解析のツールとしての展開が始まっている。これも差圧法ならではの独特な機能である。

不活性ガスを含め，色々なガスがどんな透過率を示すかの興味深いグラフを示す（図3）。これらの相関関係を分析して短時間での品質チェックが出来る可能性も試行されている。

(6)　保守が簡単で，ランニングコストが大幅に低減できる

キャリアガスが不要で，消耗部品も年間で数万円が通常であり，従来の測定装置に比べ極端に少ない。また圧力センサーは一定時間の差圧を計測するだけなので校正も通常不要で極めて長寿命（3年以上の実績）である。

5.5 差圧法の顕著な改良

なお，差圧法に対して従来より一般に欠点として指摘されていた項目に対し，本装置では既に下記のように対応済みであることをご紹介したい。

⑴ 差圧法はサンプルの両面のガス圧が異なるので，サンプルに歪みやクラックが生じ易いのでは？

本装置では通気性のある特殊な平板によりフィルムはサポートされており，フィルムダメージは発生致し難い構造となっている。本装置では発売後に多数のお客様のサンプルフィルムをテストしたが，差圧によると思われるフィルムダメージは発生していない。むしろ多くの他社装置ではサンプルの端面クランプにＯリング等を用いているがこの局部的機械的締め付け圧力のほうがバリア面に影響を与える可能性が高い。当社製品はこのクランプ方法にも独自の工夫を施している。

⑵ 水蒸気透過量を圧力センサーで検知する方法は，他のガス分子が紛れ込んでいても区別出来ず，全圧力を採るため不正確な透過率となる可能性があるのでは？

確かに本システムは真空系であるので空気がリークインするのは絶無ではない。しかし本システムは最新の高真空に対応した設計がされており，発生するリーク量は水蒸気透過量に対し無視できるレベルに抑え込んでいる為，他のガス分子が測定値に与える影響は通常無視できる水準である事が確認されている。また実際の相対湿度を直接測定するセンサー開発もされており，測定の信頼性をさらに向上させている。

⑶ 高機能向けハイバリアフィルムの簡易な生産現場の業界標準器としての推進

太陽電池用バックシート，有機 EL 等の高機能フィルム開発に取り組んでいる主要客先に，発売開始３年弱で多数台の御使用を頂き，既に生産管理用にも使われ始めている。短時間の計測，高い再現性，平易な操作，低価格と安い維持費，高い市場占有率を具現化しており，この分野の簡便な標準測定器として信頼される技術とサービスの向上に取り組んでいる。

高機能フィルム用ガスバリア測定技術は，現状では製品開発に対して先行しているとは言い難く，何らかの座標軸が早急に確立されることが業界発展のためにも必須である。

“Simple is Best” 差圧法を進化させたこの装置は，まさにこの格言に沿った技術の流れに沿っており，今後の水蒸気透過率測定の標準化に必ずや貢献できると確信している。

6　圧力センサー法

竹本信一郎*

6.1　はじめに

現在，素材にガスバリア性能を付加した膜開発が，医療・食品・製薬の分野から，電子・電気の分野まで幅広く行われている。

当社では，上記の各膜のガスバリヤ性能を評価する手法として，JIS K7126-1（ASTM D 1434）に規定される差圧法（圧力センサー法）に準拠した，各種の気体透過率測定装置を開発・製品化してきた。

ここで評する差圧法とは，試験片（膜）の片側（一次側）に一定圧力の測定ガスを加え，反対側（二次側）を減圧し，試験片の両面に圧力差をつけ，試験片中を溶解・拡散して透過したガスによって，変化する減圧側（二次側）の圧力増加率から，気体透過率・気体透過係数・拡散係数・溶解度係数を算出する方法である。

6.2　概要

当社の基本装置であるK-315N型気体透過率測定装置の仕様，特長を含め，測定・操作上の留意点，データ処理方法及び測定例を説明する。以下の図1が本装置の基本配管系統図である。

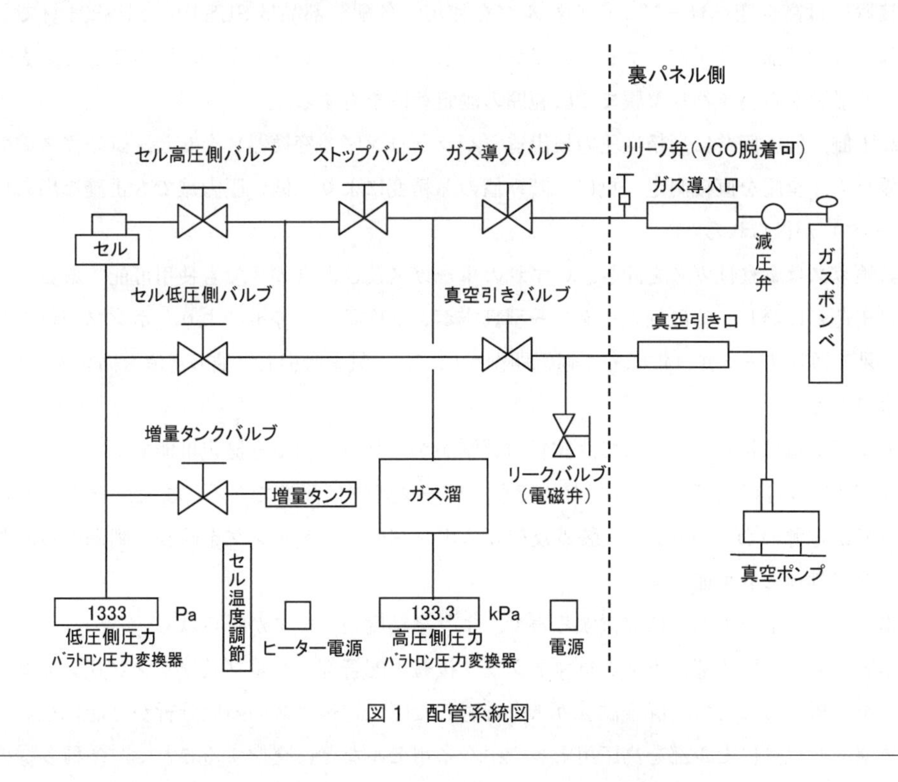

図1　配管系統図

*　Shinichiro Takemoto　ツクバリカセイキ㈱　技術部　顧問

6.3　仕様

表1　装置仕様

測定方法	差圧法
測定範囲 (膜圧100μ想定)	3×10^{-12}～3×10^{-20}〔(mol･m)/(m^2･sec･Pa)〕 {10^{-6}～10^{-14}〔ml(stp)cm〕/(cm^2･sec･cmHg)}：旧単位
セル透過部寸法	ϕ30 mm 又はϕ50 mm(試料装着有効径ϕ40 mm 又はϕ60 mm)：変更可能
温度測定範囲	セル部のみ温度調節の場合：室温～60℃（オプション…室温～200℃） 恒温槽内蔵型の場合：5℃～50℃（オプション…5℃～200℃）
高圧側，低圧側の 圧力表示	ディジタル$3_{1/2}$桁で　単位Pa(mmHg) 最小桁：高圧側0.1 kPa(1 mmHg)，低圧側1 Pa(0.01 mmHg)
圧力変換器	スパン：高圧側133.3 kPa（1000 mmHg），低圧側1333 Pa(10 mmHg) 精　度：高圧，低圧側共に　0.25% of R
出力信号	DC 0～10 V
電源	AC100 V，50 Hz/60 Hz
装置外寸法・重量	W500 mm×D300 mm×H400 mm，25 Kg

6.4　特長

(1)　全体がコンパクトなデザイン（寸法・重量）で，正面パネルに図1の配管系統図通りの彫刻が施され，流体のフローがわかりやすく，各バルブ操作が簡単である。

(2)　装置には高真空ベローズシールバルブを使用，各配管部品はSUS316，SUS304材で製作され，各接続部は金属ガスケットにてシールし，低リークレートを保証することで，表1通り，分離膜からハイバリヤ膜まで広範囲の測定範囲を有する。

(3)　高圧側，低圧側共に高精度圧力検出器（バラトロン圧力変換器）を有し，試験ガス成分に関係なく，全圧を直接測定，更に，読み値の%精度により，低い圧力域でも正確な出力信号（データ）が得られる。

(4)　試験ガスは腐食性ガスを除き，いずれの単一ガス及び混合ガスでも使用可能である。

(5)　昼夜運転に際し，特に油ロータリー型真空ポンプ作動中，停電により，ポンプが停止した際，図1通りリーク弁（電磁弁：通電閉型）にて，大気を吸引し，油の逆流を防止するので，安全である。

(6)　セル部構造は特殊シールにて，試料の膜厚がかなり厚い膜でも測定可能である。

(7)　CPUによる自動計測により，だれでも，データ処理は簡単である。また，全自動機種の装置では電源のON，OFF，膜装着及びガスボンベのセッティングを除き，制御から計測までの全自動運転も可能である。

(8)　本装置配管部を恒温槽に設置する事で，より高精度のデータが得られる。

(9)　本装置のセル低圧部にガスクロマトグラフ接続用配管部（バルブ及びサンプリングコック等）を設置することで，混合試験ガスを透過した際の透過ガスの組成分析が可能になる。

(10)　標準セル以外にセル部を高圧用セル，中空糸用セルなどに交換することで，多種多様の測定条件に対応可能である。

6.5　測定原理及びデータ処理方法

以下の方法により算出される。尚，測定範囲は当社標準装置では1333 Pa（10 mmHg）である。本装置は上述通り，差圧法の一種であり試料フィルムの片面を真空に保ち，他方の面に一定のガス圧を加え，その差圧により，試料フィルムを透過してくるガスによる低圧側の圧力上昇を高精度バラトロン圧力変換器により検出し，透過度を知る方法である。

（計算式例）

$GTR = [V/(R \times T \times P \times A)] \times (dp/dt)$

GTR ：気体透過度・・・・・・・・・・・・・・・・・・・$(mol/(m^2 \cdot s \cdot Pa)$

V ：セル低圧側容積・・・・・・・・・・・・・・・・・(l)：リットル

A ：透過面積・・・・・・・・・・・・・・・・・・・・・(m^2)

T ：試験温度（$273+\theta$）θ…温度・・・・・・・・・・(K)

P ：供給気体の差圧・・・・・・・・・・・・・・・・・(Pa)

dp/dt：単位時間（s）における低圧側の圧力変化・・・(Pa)

R ：気体定数 8.31×10^3

ds ：セル低圧側の圧力上昇1 Pa生ずるのに要する時間をs秒として

$GTR = V/[8.31 \times 10^3 \times (273+\theta) \times P \times A \times ds]$

実際には

$A = 1.9625 \times 10^{-3}$ (m^2)　透過部直径50 mmとして

$GTR = V/[16.308375 \times (273+\theta) \times P \times ds]$

$A = 7.065 \times 10^{-4} (m^2)$　透過部直径30 mmとして

$GTR = V/[5.871015 \times (273+\theta) \times P \times ds]$

この透過度GTRにより気体透過係数 $\rho P [(mol \cdot m)/(m^2 \cdot s \cdot Pa)]$ は

$\rho P = GTR \times L$

L：試料厚（m）

また，Lは μm単位が多いので換算は，$\mu m \times 10^{-6}$

6.6　拡散に関するデータ処理簡便法

始めフィルム中にガスが全く無く，ガスが導入され，フィルムの一つの面がガスと接触した場合，ガスがフィルム中を拡散して，他の面に達するのにある時間が必要であり，更に定常状態の流れが生ずるまでには更に時間がかかる。

定常状態の流れが前述の透過係数の測定に用いられるのに対し，定常状態に達するまでの遅れ時間（time-lag）は拡散時間を測定するのに用いられる。

図2より一般式　$\theta = L^2/6DP$　$DP = L^2/6\theta$

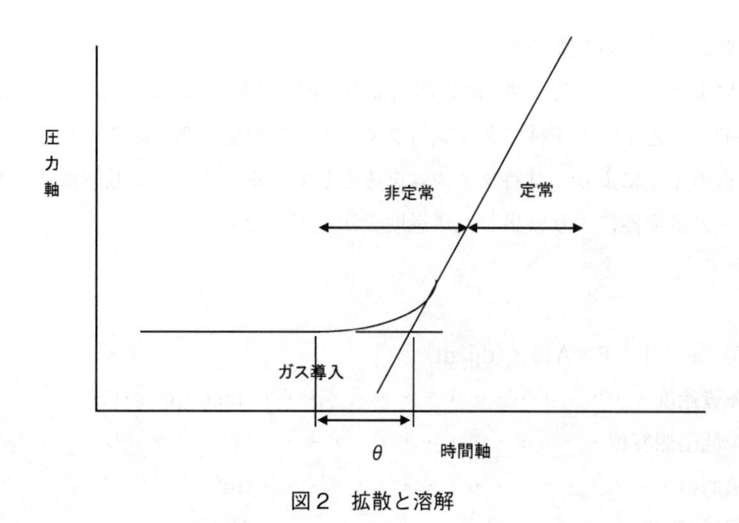

図２　拡散と溶解

DP：拡散係数（m^2/sec）

L：試料厚（m）

θ：時間（sec）

以上により算出される。また，溶解度係数Ｓは

$\rho P = DP \cdot SP$ より

$SP = \rho P / DP$

SP：溶解度係数〔$mol/(m^3 \cdot Pa)$〕

ρP：透過係数〔$(mol \cdot m)/(m^2 \cdot s \cdot Pa)$〕

以降，図３，図４，図５にデータ計算及び測定例を示す。

ガス透過試験に於ける留意点及び測定データ誤差・バラツキの要因とそれらを防ぐ対策などを詳解する。

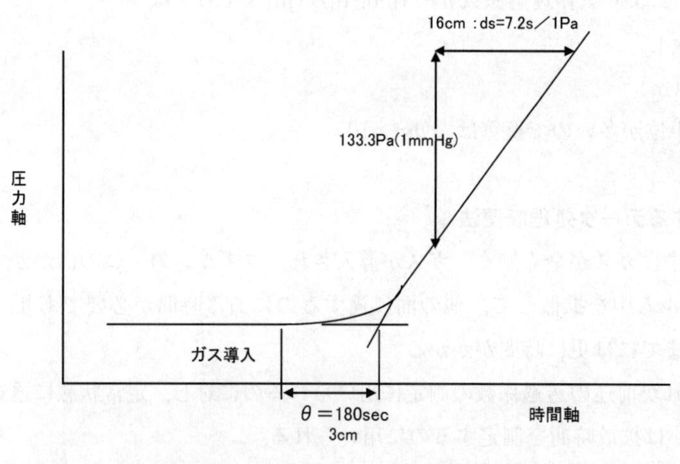

図３　記録計によるデータ処理

試験名	ﾎﾟﾘｴﾁﾚﾝﾃﾚﾌﾀﾚｰﾄ透過試験		
ガス名	酸素ガス	室　温	24.8℃
計測開始日時	2009/6/16 15:30	測定者名	竹本
特記事項	杉並分室恒温槽内計測		

	セル	単　位
試料名	ﾎﾟﾘｴﾁﾚﾝﾃﾚﾌﾀﾚｰﾄ	
膜セル温度	25.2	℃
測定温度	25.2	℃
透過面積	0.00785	m^2
透過径	100	mm
試料厚	12	μm
透過側容積	24.42	ml
増量ﾀﾝｸ容積	0	ml
高圧側圧力	1.0065E+05	Pa
ﾍﾞｰｽﾗｲﾝ	3.0602E-04	Pa/sec
透過ﾗｲﾝ	5.5821E-02	Pa/sec
透過率	6.9241E-13	〔mol/(m^2・s・Pa)〕
透過係数	8.3089E-18	〔(mol・m)/(m^2・s・Pa)〕
拡散係数	2.4533E-13	m^2/sec
溶解度係数	3.3868E-05	〔mol/(m^3・Pa)〕
透過率	1.3576E+02	{〔ml(stp)〕/(m^2・24Hr・atm)}
透過係数	2.4803E-12	{〔ml(stp)cm〕/(cm^2・sec・cmHg)}
拡散係数	2.4533E-09	cm^2/sec
溶解度係数	1.0110E-03	{〔ml(stp)〕/(ml・cmHg)}
遅れ時間	97.83	sec

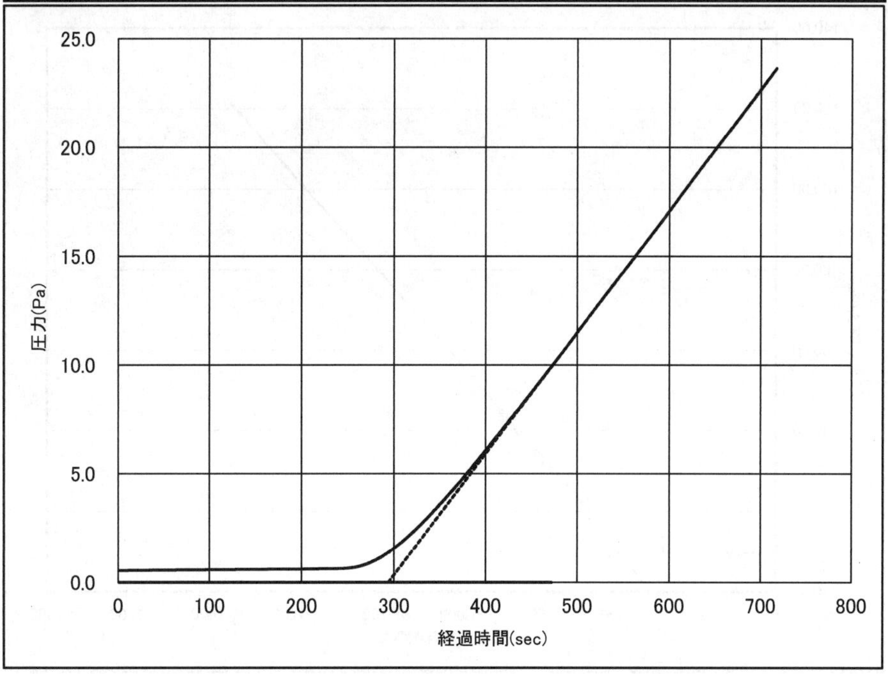

図４　PC による PET フィルム気体透過率測定データ

試験名	ポリエチレン透過試験		
ガス名	酸素ガス	室　温	26℃
計測開始日時	2009/9/7 9:18	測定者名	竹本
特記事項	杉並分室恒温槽内計測		

	セル	単　位
試料名	ポリエチレン	
膜セル温度	23.1	℃
測定温度	23.1	℃
透過面積	0.0019625	m^2
透過径	50	mm
試料厚	89	μm
透過側容積	29.76	mL
増量タンク容積	0	mL
高圧側圧力	1.0187E+05	Pa
ベースライン	1.5038E-03	Pa/sec
透過ライン	1.4310E-01	Pa/sec
透過率	6.8243E-12	[mol/(m^2・s・Pa)]
透過係数	6.0736E-16	[(mol・m)/(m^2・s・Pa)]
拡散係数	3.6681E-11	m^2/sec
溶解度係数	1.6558E-05	[mol/(m^3・Pa)]
透過率	1.3376E+03	{[ml(stp)]/(m^2・24Hr・atm)}
透過係数	1.8130E-10	{[ml(stp)cm]/(cm^2・sec・cmHg)}
拡散係数	3.6681E-07	cm^2/sec
溶解度係数	4.9427E-04	{[ml(stp)]/(ml・cmHg)}
遅れ時間	35.99	sec

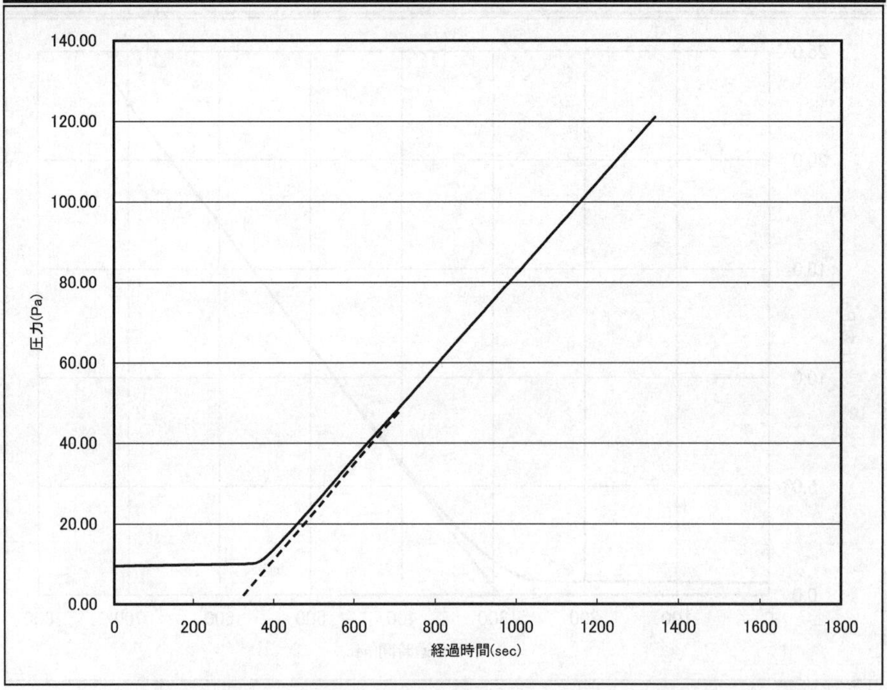

図5　PC による Polyethylene フィルム気体透過率測定データ

6.7　記録計によるデータ計算例

Example（透過部直径 50 mm の時）

V = 20 ml，θ = 20℃，P = 101323.2 Pa（760 mmHg），L = 95 μ，透過部直径 50 mm

レコーダー感度 = 2 V/FS，チャートスピード = 60 cm/h

$$\mathrm{GTR} = (2\times10^{-2})/[16.308375\times(273+20)\times101323.2\times7.2]$$
$$= 5.7367\times10^{-12}[\mathrm{mol}/(\mathrm{m^2\cdot s\cdot Pa})]$$

$$\rho\mathrm{P} = 5.7367\times10^{-12}\times95\times10^{-6}$$
$$= 5.449865\times10^{-16}[(\mathrm{mol\cdot m})/(\mathrm{m^2\cdot s\cdot Pa})]$$

$$\mathrm{DP} = (95\times10^{-6})^2/(6\times180)$$
$$= 8.36\times10^{-12}(\mathrm{m^2/sec})$$

$$\mathrm{SP} = 5.449865\times10^{-16}/(8.36\times10^{-12})$$
$$= 6.52\times10^{-5}[\mathrm{mol}/(\mathrm{m^3\cdot Pa})]$$

尚，従来単位では以下の数値データとなる。

$$\mathrm{Q} = 8.3465\times106\times20\times24/\{(273+20)\cdot760\cdot16\} = 1124.4[\mathrm{ml(stp)}/(\mathrm{m^2\cdot24\,hr\cdot atm})]$$

$$\rho = 95\times10^{-4}\times10^{-6}\times46.85/2736 = 1.63\times10^{-10}\{[\mathrm{ml(stp)cm}]/(\mathrm{cm^2\cdot sec\cdot cmHg})\}$$

$$\mathrm{D} = (95\times10^{-4})^2/(6\times180) = 8.36\times10^{-8}(\mathrm{cm^2/sec})$$

$$\mathrm{S} = 1.63\times10^{-10}/(8.36\times10^{-8}) = 1.95\times10^{-3}\{[\mathrm{ml(stp)}]/(\mathrm{ml\cdot cmHg})\}$$

6.8　ガス透過試験に於ける，測定データバラツキ及び誤差要因と対策

試料膜を装置にセッティングする部分を透過セルと称するが，そのセル及び全体装置に真空漏れが無い事が当然だが，下記の様なケースで不具合を生じ，誤差要因の原因となりうる。

(1)　試料膜のシールにパッキン又はOリングを使用した場合

①　透過セルに試料膜装填の時，できる限り気密にすることが必要であるが，特にパッキンの厚みが厚い場合，締め付け具合で，例えば，強く締め付ける事で，パッキンが変形し，透過面積が小さくなる事がある。又，試料膜にシワを生じる事もあるので，できるだけ薄目（厚さ 0.5 mm 程度）のパッキンを使用する事が必要である。

②　締め付け具合は透過セルが，ボルトタイプの場合は，各ボルトを均等に締める事，決して片締めにならない事。また，センター締めのセルの場合，均等にシールされるので，強く締めない事。

③　試料膜と透過セルの装填面を気密にする為に，真空グリスを使用するが，できるだけ薄く塗布する事。多量の塗布は，透過面積の縮小の原因となるのと同時に，ガス吸着の原因となる。対策は，試料膜を装填する前にパッキンまたはOリングに薄く塗布し，一旦，装填面に，真空グリスを付着させてから，試料膜を装填後，パッキンまたはOリングを装着した方が

よい。真空グリスの銘柄に関しては，柔らかめの物が良好で，硬めの物は，塗りすぎる傾向がある。

④ 使用するパッキンまたはＯリングの材質は考慮する事が必要である。一般的には，バイトン，ブチル，ネオプレーン等を使用するが，試験ガスの種類，圧力，測定温度（高温）などにより，使い分ける事が望ましい。

(2) 試料膜を選択する場合は，膜厚が均等でキズが少なく，充分乾燥した試料を選び膜厚計にて５箇所以上計測し，厚さ分布が５％以内が望ましい。

(3) 測定温度：試験ガス及びセル部等，測定環境（周囲温度）が変化，バラツキのない事が望ましい。例えば，恒温室に設置するか，又は測定装置全体が恒温槽に内蔵されていれば，温度管理が一定で，高品質データが得られる。

(4) セル低圧側容積：微少にしない事。あまり微少にすると，誤差要因のもとになる。容積測定は容積既知の基準検定管を使用し，容積測定が肝心である。（例：セルにアルミメクラ板を装填し，増量タンクバルブ部に基準検定管を接続し，真空排気後，ボイル・シャルルの法則を利用して測定する）

(5) 真空ポンプ排気時間：試験試料のバリア性及び排気用真空ポンプの仕様にもよるが，ベースラインを出来るだけフラット（理想は漏洩無き状態）に近似させる事。また，排気時間を試験試料のバリア性で，適宜一定にする（例：24 hr 排気等）。

(6) 記録計にての計測：ベースラインをしっかり補正する事が必要である。

(7) 試験ガス導入：ボンベ減圧弁まで排気し，ガス溜に導入するが，一旦導入したら，また排気し，導入，俗にガスにてガス溜を置換（洗浄）することで，ガス純度を高める。（図１配管系統図参照）尚，ガスボンベ減圧弁はフィルター（焼結金属等）付きのものを使用し，金属粉等の混入を防ぐ。

(8) セルその他装置各部品は，油手及び汚れ手で扱わない事。これは，真空装置の取扱いでは，基本事項で，保管においても，真空排気し保管する事が良い。例えば，セルを開いたまま保管すると，埃，水蒸気等が吸着し，次回計測の妨げになる。

(9) 圧力センサーの校正及び各機器のメンテナンスを，必ず（例：１年に１回）実行する。

6.9 おわりに

以上，圧力センサー法（差圧法）の標題で，規格及び測定例などの各所見を解説してきたが，未だ，測定上，不明及び解明されない事象がある。今後，当社では，測定セル部，配管構造等に，更なるアプリケーションをもたせたシステムとして改良・改善を行い，地球環境改善の一助となるべく様々の膜開発研究及び，品質管理に貢献してゆく所存である。

最後に，本標題の執筆にあたり，貴重なご意見，ご指導頂きました産業技術総合研究所及び各大学の方々に深く謝意を表する次第です。

文　　献

JIS K 7126-1，プラスチック-フィルム及びシートのガス透過度試験方法（2011 確認）(日本規格協会発行)

7 Lyssy 法

松原哲也*

7.1 はじめに

大気中の水蒸気や酸素は人間の生活にとって無くてはならないものであるが，ある種の工業製品にとっては酸化や変質など劣化の原因になる場合もある。よって各種工業では様々な方法で水蒸気や酸素を遮断する方法が考案されてきた。製品を透過性の低いフィルムで包装し内部を不活性なガスで置換したり，製品を透過性の低い材料でコーティングする方法である。

水蒸気や酸素透過の測定方法にはガス種や原理等により様々な方法があるが，本稿では水蒸気の透過度測定において一般的に使われているLyssy法をはじめとし，最新の技術でバリア性を測定する方法について紹介する。

7.2 L80-5000型水蒸気透過度計

水蒸気透過度（透湿度）は従来よりカップ法（JIS Z0208防湿包装材料の透湿度試験方法）という方法により測定されてきた。これは吸湿剤を入れたアルミ製の透湿カップを測定サンプルで封をし，40℃，90%RHの環境下に置く（図1）。

サンプルを透過した水蒸気によりカップの重量が増加するので，これを精密天秤で秤量する方法である。透過度は1日に透過した水蒸気の重さを透過面積1 m^2 当たりに換算して評価する。

写真1 L80-5000

* Tetsuya Matsubara 八洲貿易㈱ 第一事業本部 第二営業グループ

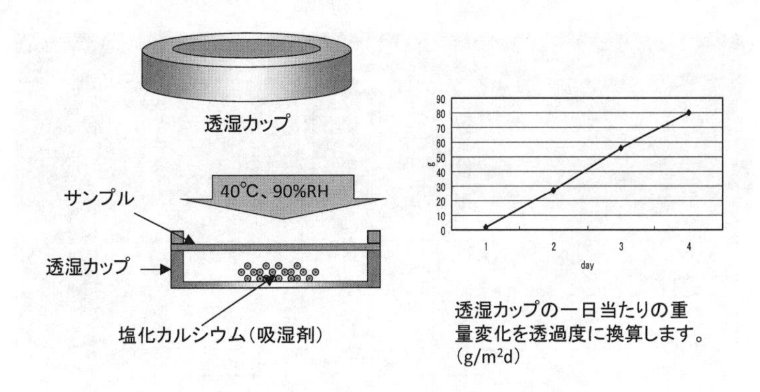

図1　カップ法による水蒸気透過度測定

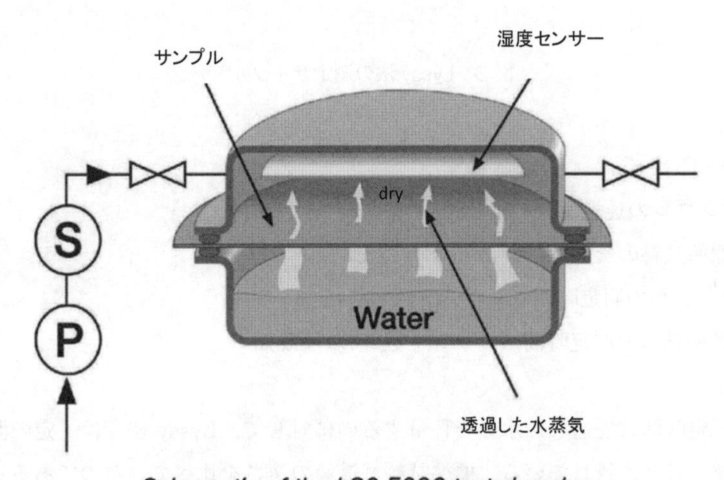

図2　測定チャンバー

簡易な設備でできる方法であるが，測定精度，測定時間，サンプル準備の手間などの点で問題があった。

Lyssy（リッシー）法はスイスのリッシー博士により考案された方法で，現在では世界中の研究所で利用されており，日本でもJIS K7129（プラスチック－フィルム及びシート－水蒸気透過度の求め方）として採用されている。

測定サンプルはフォルダーに固定され，図2の様に上部チャンバー（10%RH）と下部チャンバー（100%RH）の間に固定される。これによりフィルム表裏の相対湿度差はΔ90%RHとなる。測定雰囲気はヒーターにより40℃（JIS規定値）に温度調整される。下部チャンバーより透過した水蒸気は上部チャンバーの湿度センサーにて検出され，湿度変化に要する時間（測定インターバル）を透過度が既知の標準試料の時間と比較することにより透湿度を計算する（図3)。

Lyssy法による水蒸気の透過度は下記の式で計算される。

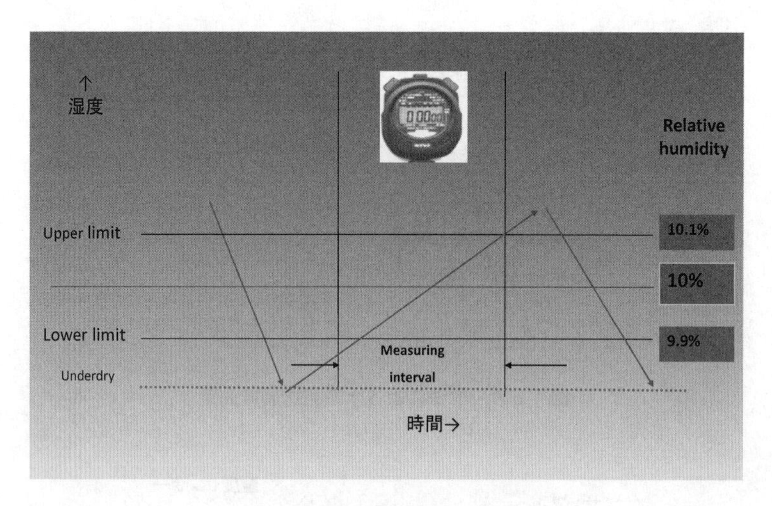

図3　Lyssy 法の測定サイクル

Psa＝Pstd×Cstd/Csa

Psa：サンプルの透過度（g/m^2day）

Pstd：標準試料の透過度（g/m^2day）＝既知

Csa：サンプルの測定時間（カウント数＝秒）

Cstd：標準試料の測定時間（カウント数＝秒）＝既知

カップ法が一定時間に透過した水分を秤量するのに対して，Lyssy 法では一定の湿度変化に要する時間を標準試料と比較している。標準試料と透過の速さを比べているのである。いわば相対的な測定方法である。透湿カップの重量変化より湿度変化で検出する方が微量の水分を検出できることから，短時間，高精度で測定できる。

水蒸気を検出するセンサーは静電容量式の湿度センサーであり，長期間にわたって安定した測定をすることができる。日常的な点検法としては定期的にポリエステルの標準試料で校正するだけでよい。

L80-5000 型では測定を繰り返し行うので，測定結果に再現性が見られるまで確認することができる。多くのプラスチックフィルムはサンプル表面または内部に水分を含んでおり，測定環境（40℃，90%RH）に安定するまでに時間を要することが多い。

機器の校正に使用する標準試料として，カップ法にて値付けのされているポリエステルフィルムを採用しているので，従来法とデータの相関性を持たせることができる（図4）。

Lyssy 法は簡易な方法でありながら測定範囲が広いので（0.03～10,000 g/m^2d）包装フィルムやコーティング材料，樹脂メーカー等で広く利用されている。しかしながら近年では有機 EL ディスプレイや太陽電池など，超微量の水分透過量（≦0.01 g/m^2d）の測定が必要とされてきており，これに対応した機器も製品化されている。

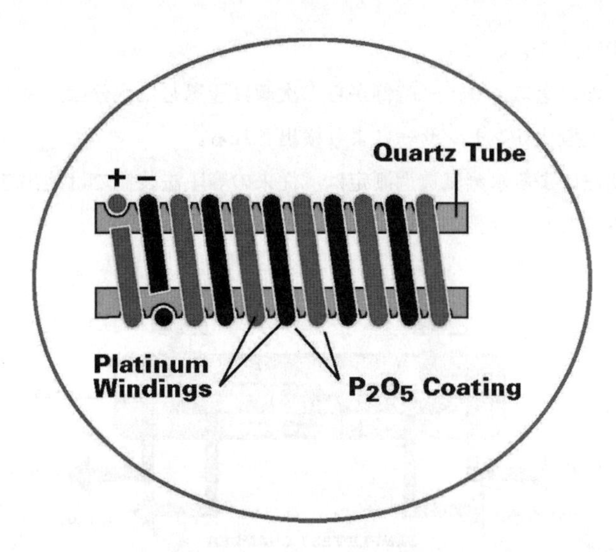

図4　五酸化リン（P_2O_5）式水分センサー（提供：DKSH ジャパン㈱）

図5　7000 シリーズ水蒸気透過率測定装置（提供：DKSH ジャパン㈱）

7. 3　Illinois 社製 7000 シリーズ　水蒸気透過率測定装置（輸入元 DKSH ジャパン株式会社）

米国 Illinois 社製による 7000 シリーズの透過率測定装置は，最小検出感度が 0.002 g/m^2/day であり，従来の等圧法装置では測定できなかった領域の微量な水蒸気の透過を検出することが出来る。

これは水分に対して高感度に反応する五酸化リン（P_2O_5）式のセンサーを採用したためである。測定フィルムは測定チャンバーに固定され，サンプルの一時側（上側）に加湿した窒素ガスを，サンプルの二次側（下側）には乾燥した窒素ガスを流し，それぞれの流量を一定に保つ事により等圧での測定が可能（図6）。

サンプルフィルムの透過により，一時側から二次側に透過した水分は，キャリアガスである乾燥窒素で搬送され，五酸化リンセンサーにより検出される。

五酸化リンセンサーによる水蒸気透過測定は，従来の等圧法装置では検出されなかった微量な領域でも測定できることから今後の用途が広がると期待できる。

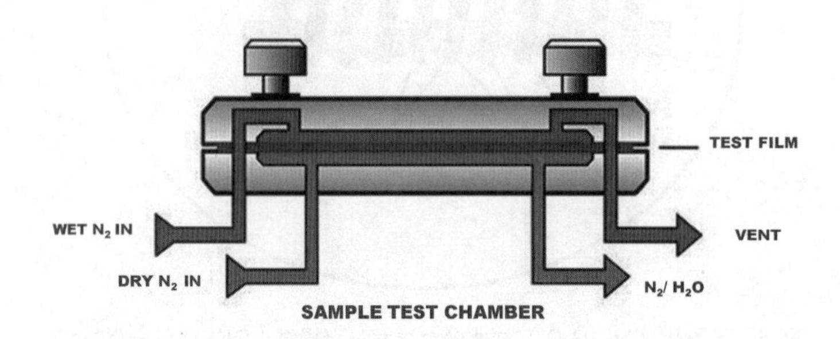

図6　7000シリーズ測定原理（提供：DKSHジャパン㈱）

7.4　PermMate容器用酸素透過度計

包装資材においては軟包装，フィルムだけではなく，容器やプラスチックボトルにおいてもバリア性を持たせたものが多く見られる。従来のフィルムやシート状ではなく容器全体としてバリア性を評価する必要性があるとの要求から，また簡易的に多数のサンプルを評価したいとの要求から開発されたのが，PermMate（パームメイト）酸素透過度計である（図7）。

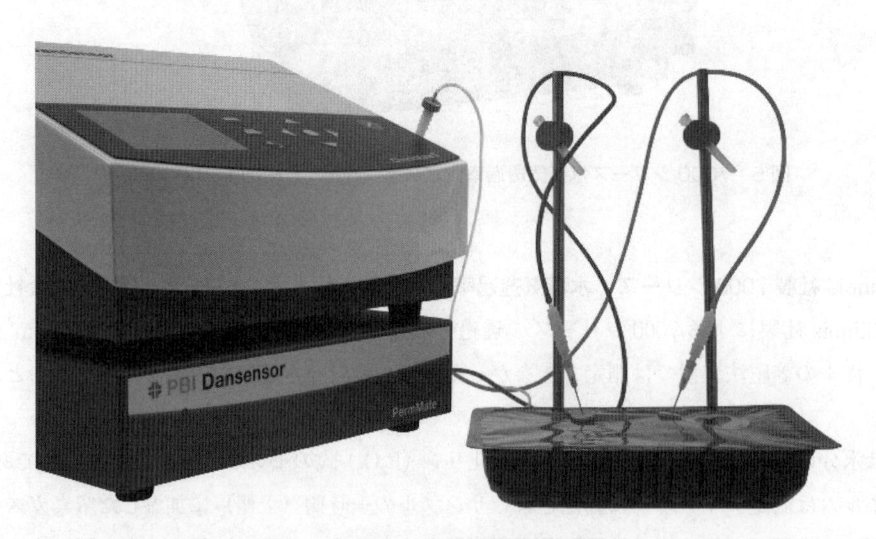

図7　PermMate容器用酸素透過度計

PermMateには下記の機能があり，容器の酸素透過度を簡易に測定できる。

・窒素パージ

・パッケージ容量測定

・酸素透過度測定

7.4.1　PermMateの窒素パージ

容器の酸素透過を測定する際には，あらかじめ内部を窒素で充填する必要がある。PermMateでは図8の様な方法で容器内部に窒素を充填することが出来る。

容器にニードルを2本刺し，一方より窒素ガスを充てんする。この時，もう一方のニードルより容器に入っていた空気を排出する。充填と排出は同じ流量になるようにコントロールされているので容器内の圧力が変化したり，変形することはない。また，サンプルにニードルを刺した個所には，大気中の酸素がニードル穴よりサンプル中に混入するのを防ぐため，あらかじめ粘着ゴ

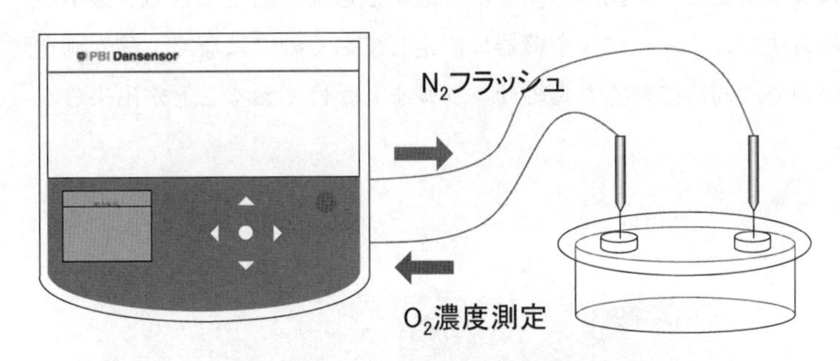

図8　PermMateによる窒素パージ

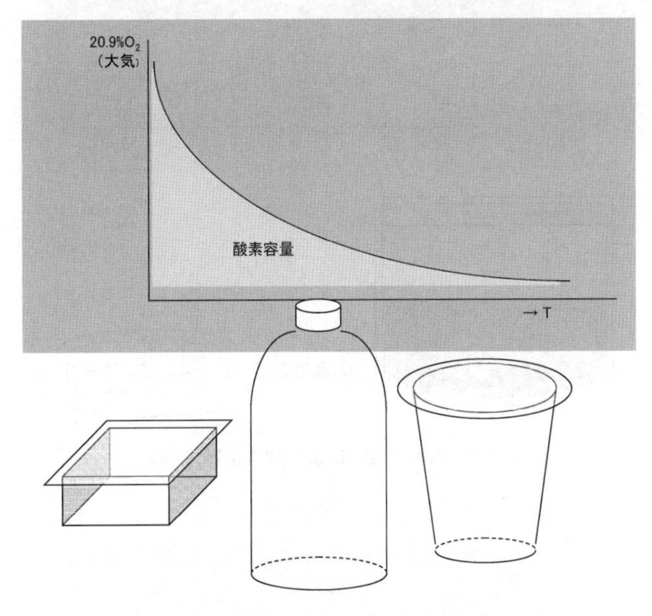

図9　PermMateによるパッケージ容量測定

ム板で作られたセプタムを貼り付けておく。

7. 4. 2　PermMateのパッケージ容量測定

サンプル容器の形状には様々であり，容量を計測することが困難である場合が多い。PermMateではサンプル容器の容量を計測する機能もある。

図7の様に窒素で充填しているときに，排出している空気中に含まれる酸素の濃度を測定すると図9の様なカーブを描き，酸素量が減少していく。この時の酸素量と時間とのカーブを時間で積分すると容器に含まれていた酸素の絶対量が求められる。空気中の酸素は20.9％と決まっていることから，容器内の酸素量より容器全体の容積が計算できる。

7. 4. 3　PermMateの酸素透過度測定

上記の様な方法で容器内を窒素でパージした後，一定の条件下（温度，湿度）でサンプルを保管すると，透過により容器内の窒素中に酸素が混入してくる。この微量な酸素をPermMateの酸素センサーにより測定し，時間との傾きから酸素透過度を測定できる（図10）。

PermMateの方法だと，サンプルを機器に固定しておくのではなく，酸素測定時にだけニードルで刺せばよいので，同時にたくさんのサンプルをしかけておくことが出来る。

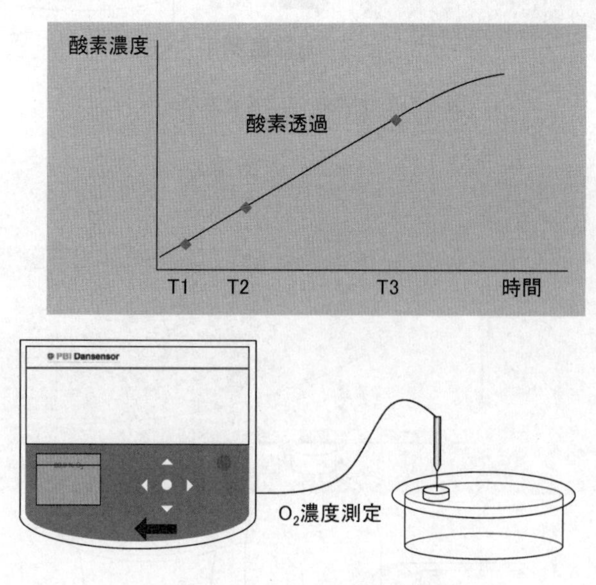

図10　PermMateによる酸素透過度測定

8 カルシウム法

宮嶋秀樹*

8.1 はじめに

水蒸気透過率を測定する方法として「等圧法」や「差圧法」を用いた装置で測定することが一般的に普及しているが，有機 EL デバイスや太陽電池等で要求されるバリア性の高いフィルムの水蒸気透過率を測定可能な感度を有する装置は少ない。本項の「カルシウム法」は金属カルシウムと水の化学反応を利用した原理としては比較的単純な測定手法だが，「等圧法」や「差圧法」よりも高感度に水蒸気透過率を測定する事が可能とされている。一方，セルと言われる測定モジュールを測定対象フィルム毎に作成する必要があるため，測定装置に対象フィルムをセットするだけで良い「等圧法」や「差圧法」に比べると非常に測定に手間が掛る。しかし，セルをフィルム毎に作成する事で複数のサンプルを同時に測定する事が可能となる。また，測定時間については「等圧法」や「差圧法」と比べると長く掛るとされている。これらメリット・デメリットがあり，まだ一般的にはあまり普及していないが，バリアフィルムのバリア性能向上に伴い，非常に注目されている測定手法である。

8.2 原理

前述したが，原理は金属カルシウムと水の化学反応を用いている。金属カルシウムはもともと着色しているが，水と反応して水酸化カルシウムになると無色になることから，その変化量を光学的に捉えることが可能である。その変化量から演算を用いて水分透過量を算出する。

$$Ca + 2H_2O \rightarrow Ca(OH)_2 + H_2$$

後述するが光学的（面積，透過率）に水酸化カルシウムの増加量を検出する方法の他に電気的変化から水酸化カルシウムの増加量を検出し，水蒸気透過率を算出する方法もある。

8.3 測定の流れ・構成

カルシウムを用いた水蒸気透過率の測定方法は測定対象フィルムとカルシウムを封止したセルと言われる測定モジュールを各検出方法に合わせて作成し，作成したセルを任意の恒温恒湿下に一定時間暴露させたのち，各検出方法でカルシウムと水の反応量を測定し，その反応量から水蒸気透過量を算出する。この工程を定期的に繰返し，その結果をもとに透過曲線を作成して定常状態と判断出来るまで継続し，水蒸気透過率を算出する（図1参照）。

カルシウムと水の反応量の検出方法の代表的な物として「カルシウム膜の光透過率から算出する方法」，「カルシウム膜の反応面積から算出する方法」，「カルシウム膜の電気抵抗から算出する方法」などがある。

---

* Hideki Miyajima ㈱三ツワフロンテック 東京支社 課長

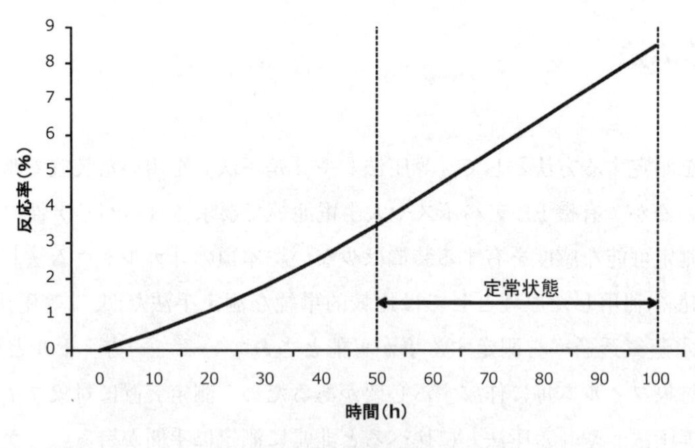

図1　透過曲線

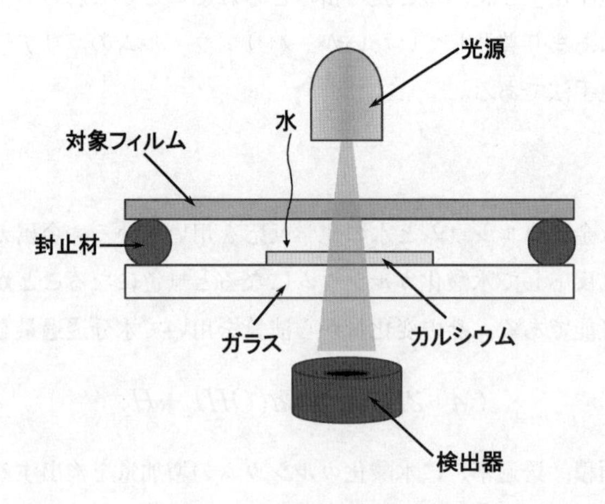

図2　セル構成　透過法

8.4　各検出方法のセル構成・特徴

8.4.1　カルシウム膜の光透過率から算出する方法

図2のように金属カルシウムをガラス基板に蒸着機等を用いて成膜し，測定対象のフィルムとガラス基板を接着剤などで接着・封止して作成するセル構成である。水蒸気透過率の測定はカルシウムの光透過率の検量線を作成し，光学濃度を測定することでカルシウムと水の反応量を定量化し，演算を用いて行う。ガラス基板に測定対象フィルムを接着する行程では金属カルシウムが剥き出しのため，超低湿下で封止を行う必要がある。接着剤等を用いることから接着剤経由で評価部位に進入してくる水分を避けることは難しいと思われる。また測定対象毎に光透過率は違うことが考えられるため，測定対象毎に検量線を作成する必要がある。原理的には透明な各種バリアフィルム（積層，単層）の測定が可能であり，後述の反応面積から算出する方法より適用範囲が広い。後述するが，セル構成を上下両面ガラスとする事で接着剤の封止性能評価にも利用され

ている。

8.4.2　カルシウム膜の反応面積から算出する方法

光透過率で検出する方法と違い，反応面積から算出する方法である。セルの構成は図３のようにカルシウムを測定対象のフィルムに蒸着したあと，不活性金属や封止材を用いて裏面の封止を行い作成する。無機膜を基板フィルムに成膜して作られたバリアフィルムでは水分はピンホール等の欠陥を経由して透過することが考えられるが，この方法のセル構成では水が欠陥を経由してカルシウム膜に到達後，他に逃げ場がないために欠陥箇所を中心として円形状に金属カルシウムの反応が進行し，反応した部分は退色（透明に）していく（図４参照）。反応量の検出には顕微鏡やCCDなどを用いて撮像を行い，金属カルシウムが水分と反応して退色する面積の変化量を計測することにより行う。具体的には退色面積にカルシウムの膜厚を乗じると退色体積が算出できる。その算出された体積を退色させる為に必要な単位体積当たりの水の量で割り，透過水分量を求める。

この測定の良い点としては他のカルシウム法に較べて比較的セルの作成が容易で，サンプル毎の検量線の必要がないこと。また，カルシウムの退色箇所からフィルム欠陥箇所の特定が可能で，特定した欠陥個所を詳しく調べる事でバリア性の劣化要因（ピンホール，バリア剥がれ等）の解

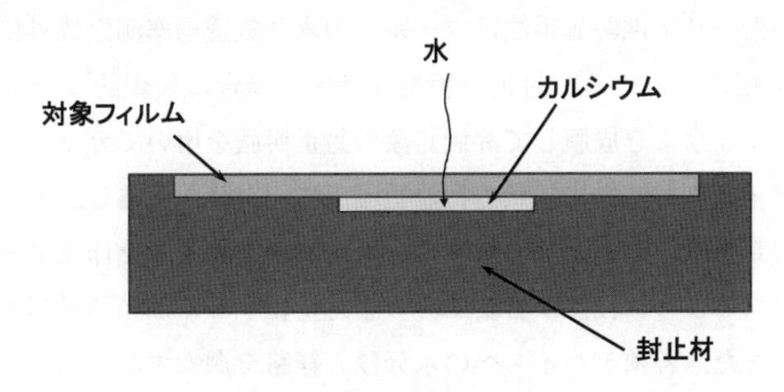

図３　セル構成　面積法

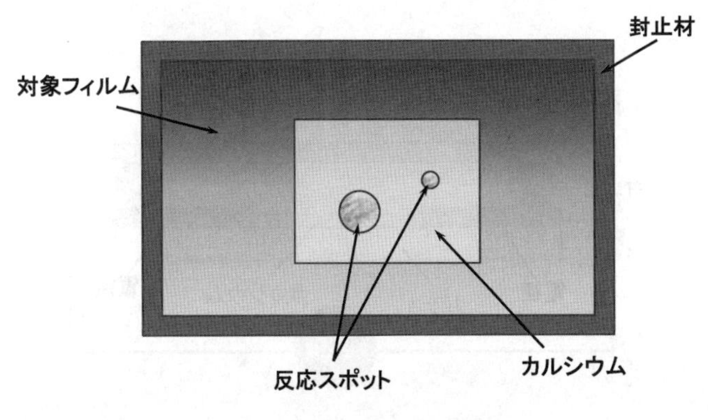

図４　検出方法　面積法

析が行える。

一方，この測定法の欠点は欠陥箇所からの退色面積を主に見ている為，サンプルが基板フィルムなどの単層有機膜だと全体的に退色してしまい退色面積を算出することが出来ず，評価することが出来ない。したがって測定対象は透明度が高く，無機膜が表層に成膜された積層タイプのバリアフィルムに限られてしまうことである。

8. 4. 3　カルシウム膜の電気抵抗から算出する方法

導電体である金属カルシウムが水と反応して水酸化カルシウムになると絶縁体となることを利用して電気抵抗から水との反応量を検出する方法である。反応中の金属カルシウムの抵抗をリアルタイムで測定することで *In-situ* の測定が可能になるため，水とカルシウムの反応の検出が前述の２つの方法に比べると比較的早い段階からできるとされている（セル構成は図５参照）。しかし，金属カルシウムの成膜後に低湿の条件下で電極等を配置する必要があるため，前述の２つの方法に比べるとセルの構成は複雑になり作成には手間が掛る。また，測定モジュール自体の抵抗を一定に保つことも難しく，光透過率法と同様に検量線を必要とする。原理的には光学的に検出する手法では無いため，着色されたバリアフィルムでも測定できると思われる。

8. 5　カルシウム法のバリアフィルム以外への応用

カルシウムを用いたバリア性評価手法はフィルムの水蒸気透過率測定以外に封止樹脂材の水蒸気透過性評価へも応用されている。封止樹脂を評価する場合の代表的なセル構成は図６のように，まずガラスにカルシウムを成膜して評価対象の封止樹脂を用いてガラスを貼り合わせて作成する。そのセルをフィルムと同様に任意の恒温恒湿下に一定時間暴露し，カルシウムと水の反応量を比較することで封止樹脂の水蒸気透過性の評価が出来る。セルを作成する際は封止樹脂の塗布幅や膜厚が均一になるように注意が必要である。定量化するには光透過率で検出する方法が応用可能と思われる。また，各種デバイスへの水分侵入経路を探索する用途へもカルシウム法は転用されている。

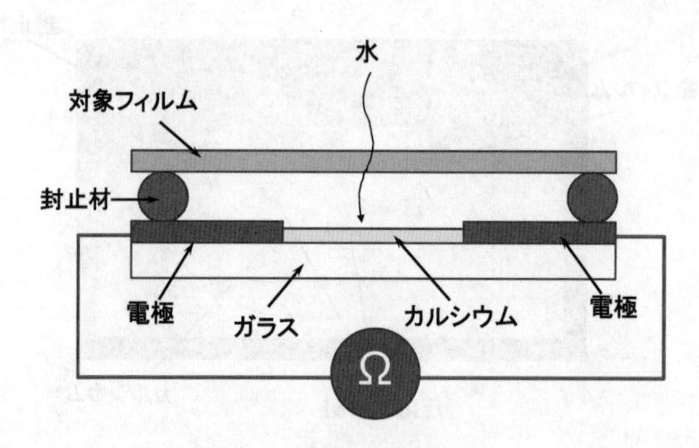

図５　セル構成　抵抗法

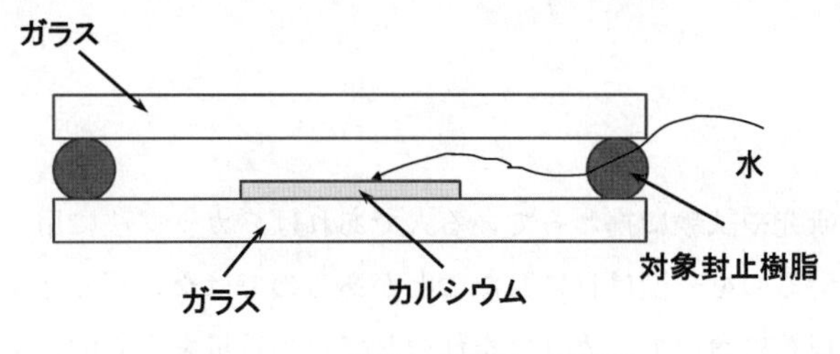

図６　セル構成　封止材　透過法

8.6　まとめ

カルシウム法はセルの構成が各種あり，その作成方法も標準化されておらず，各人が独自の手法でセルの作成及び評価をしていることもあり，「等圧法」や「差圧法」に比べて信頼性が低く，まだ発展途上の測定手法と言える。具体的な課題としては金属カルシウムの蒸着条件，バリアフィルムの前処理条件，加速条件や試験期間の標準値の設定，及び校正法の獲得などを挙げることができる。しかしながら測定時間を長く取ることで，他の手法より高感度の測定も可能であり，手法によっては欠陥個所の同定が出来る等の水蒸気透過率以外の情報を取得することも可能である。また，個人的意見だが測定時間を長く取る事でハイバリアフィルムを測定する際に問題になる遅れ時間にも対応できると思われる。課題が多くある測定手法であるがメリットも多い為，カルシウム法はバリアフィルム開発に有効な測定手法として今後のさらなる発展が期待される。

9　カップ法

佐藤圭祐*

バリアフィルムの研究や試験に携わっている人であれば，カップ法に用いられるカップが実験室の一隅に置かれているのを一度は目にしたことがあるのではないだろうか。様々な試験装置が開発されてきている現在において，カップを作製してその重量を定期的に量るという作業は見た目には原始的に映る。それでも，尚，カップ法が包装材料の製品の品質管理などで利用され続けているのは，間違いなくそれが信頼性や経済性の面で世間の要求に応えているからである。カップ法はJISやASTMなどの規格で規定されて，これまで国内外を問わず防湿性能の公正な評価の役割を担ってきた。

日本では，昭和28年にJISに制定されて途中で改正を経て現在まで60年近くになる。これほど長く利用されているのは，最終的にそれが対象とするのが我々の生活に欠かせないものだからにちがいない。どこの家庭でもおそらく見かける湿気を嫌う乾燥食品は，防湿の包装材料に包まれて中に小さなシリカゲルの袋を忍ばせながら，製造から店頭に並んで消費者の手元で袋の封が開けられる時までほぼ確実に湿気から守られている。仮に，乾燥している，という固定観念が封を開けた時に裏切られたとしたら，我々は気づくのかもしれない。それは何ヶ月後，あるいは何年後かもしれないが，封をした状態でも水分子はプラスチックフィルムを透過して確実に乾燥状態は破られるのである。そのことを熟知している包装材料メーカーは，カップ法などで透湿度を評価してフィルムの防湿性能を把握し，確実に品質を管理している。例えばJIS Z 0208に規定されているカップ法では，温度25℃または40℃，湿度90%の条件で水蒸気がフィルムを通過した量から透湿度を定めている。メーカーは試験で求めた透湿度からその製品の防湿性能を管理することができる。

一方，製品が消費者に渡った後どのような環境に置かれるかはわからない。想定内，として考えるならば，室内の我々が生活する空間である。そして，その場合は多少の環境条件の変動があってもおおよその防湿性能が予測可能である。水分子など低分子のフィルム中の透過という現象は⑴式のFickの法則という経験式で表現される自然現象であり，透過現象がこの数式に従うと考えて予測することができる。⑴式が意味することは，透過という現象は低分子がフィルム中を濃度勾配に従って拡散することである。ここで，Jは透過速度，Dは低分子のフィルム中の拡散係数，$-dc/dx$は濃度勾配を表す。

$$J=-D\frac{dc}{dx} \tag{1}$$

⑴式は物質の移動全般に関する法則なので，これをカップ法で起こる現象に合わせて具体化する

* Keisuke Sato ㈶化学研究評価機構　高分子試験・評価センター　大阪事業所　試験室　試験室長補佐

と，フィルムを均一な材料として単純化し，バリアフィルムの内外面でヘンリーの法則が成り立つとすれば(1)式は(2)式のように変換できる[1)]。ここで，Pは低分子のフィルム中の透過係数，ℓはバリアフィルムの厚さ，p_1，p_2はそれぞれカップの外側，内側の水蒸気圧である。

$$J = P\frac{(p_1 - p_2)}{\lambda} \tag{2}$$

また，JIS Z 0208に規定されるカップ法で得られる透湿度は(3)式で表される。ここで，sは透湿面積，tは試験を行った最後の二つのひょう量間隔の時間の合計（h），mは試験を行った最後の二つのひょう量間隔の増加質量の合計（mg）である。

$$透湿度 = \frac{240 \times m}{t \times s} \tag{3}$$

カップ法から(3)式に従って得られた透湿度を(2)式のJに代入すれば，フィルム中の水分子の透過係数を求めることができる。この透過係数を一度求めておけば，湿度やフィルムの厚さが変わったとしても，同じ材質からなる均一フィルムについては，(2)式より最小限の測定でフィルムの防湿性能を予測することが可能となる。

しかし，現実の自然現象は試験室で生み出されるものとは異なり単純にはならない。温度や湿度，圧力が時々刻々変化する非平衡の環境である。さらに，湿気でフィルムに膨潤など起こりようものなら式の変換の途中で立てた仮定は完全に崩れることになる。複雑な環境での防湿性能を管理しようとするなら複雑な数式で表現することを試みるか，あるいは，想定される多くの環境条件で測定を行うことである。後者を考えた場合，安価で一度に大量に測定できるカップ法は優れた試験方法なのではないだろうか。カップ法は定期的に重量を量るだけの単純な測定であることは，ことさら言うまでもない。バリアフィルムの分野に入り始めたばかりの研究者にとっては試験の内容も理解しやすいと思う。だが，やがてカップ法の苦労とその測定の限界に気づくことになる。

実際にカップ法を行うためには，先ずアルミニウム材などでカップを作製し，そのカップに吸湿剤となる塩化カルシウムを入れて，その上に切り出したサンプルフィルムを置き，その周囲に溶かしたろうを流しこんで密封する。測定するためのカップを一つ一つ作製する作業は手間がかかり時間を要する。その作業のためには，使用後にカップをきれいに洗浄したり，塩化カルシウムをふるいにかけて粒度を整えたりとさらに準備が必要になる。そして，この一連の作業で最も大事なのはろうを流し込んで密封するところであり，慣れた研究者であれば手際よくカップの縁にろうを流し込んでいくが，それでも，ろうが冷えて固まる時に収縮してカップのアルミニウム材との間に隙間が空いてしまうことがある。仮に密封が完全でなければその測定結果は不採用である。ろうの熱収縮は必ず起こるので，実際に目視では隙間ないように見えても，拡大顕微鏡で縁を見てみると亀裂のような隙間が空いていることを確認できる。水分子は，少しでも隙間があればそこから侵入していくので注意しなければならない。ただし，例え表面上に隙間が確認できても，中でしっかり密封されていれば測定に問題はない。結局見ただけではわからないから実際に測定してからその出来を判断することになってしまう。その際には，同時にブランクサンプルとして水分子を通さないアルミ箔でカップを作製して密封状態を確認するとよい。また，他にも作業上注意することとして，例えば，ろうを繰り返し使用することでフィルムなどの異物が混入している場合は毎回きれいに取り除かなければならない。以上の作業を終えてようやく一つ測定用のカップが作製される。実際に依頼などを受けて測定する場合は，作業の準備のことを考えると，ある程度まとめて行う方が効率的だろう。以上の点に注意して仮に完全に密封されたとしよう。それでも，新たな問題に直面することになる。

カップ法は，一度カップを作製してしまえば，あとは重量変化を正確に測る作業である。その作業は，毎日分銅を天秤で量るようなイメージに近いだろうか。ただし，分銅と異なるのは毎日質量が少しずつ増加することである。我々は，当然質量変化のすべてが水分子の透過に起因すると考えたい。そしてその質量増加量から透湿度を求めたい。しかしながら，時として，バリア性フィルムを測定する時はそう単純に考えてはいけない状況になる。例えば，表1にバリアフィルムのサンプルAとブランクとしてアルミ箔で実際にカップ法を行った時のデータシートの一例を示す。

サンプルAでは質量増加量が安定して透湿度を求めることができそうだが，同時にブランクのアルミ箔でもわずかずつ質量が増加していることを確認できる。ブランクのアルミ箔はそこに欠陥がなければ水分子を透過しないと考えられるので，それは他の原因によって増加している事実を示す。結局，我々がよりバリア性の高いフィルムを測定しようと思ったら，これらの他の原因による増加を無視できるレベルまで抑えなければならない。例えば，もしカップの腐食が原因ならば，それは陽極酸化処理を施すなどして腐食を生じないものにしなければならないし，また，ろうが原因ならば，JIS Z 0208では，封ろう剤の条件として，露出表面積を50 cm^2とした場合に24時間で1 mg以上の質量変化がないこととしているが，バリア性の高いフィルムを測定する場合はさらに防水性の高いものにしなければならない。そして，サンプルが吸湿する場合もあるが，この場合は防ぎようがないので，同時にカップに塩化カルシウムを入れずに測定して，そ

表1　カップ法による測定のデータシートの一例

測定間隔	サンプルA		アルミ箔	
	質量（mg）	増加量	質量（mg）	増加量
カップ作製時	98182.4	—	95850.8	—
16時間以上	98191.1	—	95850.7	—
1週間	98195.0	3.9	95851.2	0.5
1週間	98198.6	3.6	95851.8	0.6
1週間	98202.2	3.6	95852.3	0.5
試験を行った最後の二つのひょう量間隔の時間の合計（h）	336		336	
試験を行った最後の二つのひょう量間隔の増加質量の合計（mg）	7.2		1.1	
透湿度（g/m^2・24h）	0.18		0.028	

の増加がどの程度あるか確認する必要がある。一般に測定の初期は透過の非定常状態であり，その状況ではこれらの吸湿も重なり質量増加が不規則になり単純に透湿度を求めることはできない。そのために透過が定常状態になるまで長い期間かけて測定しなければならない。バリアフィルムではその期間は長く，従って，これもカップ法で苦労する要因のひとつである。ここまでくるとカップ法の測定の限界が見えてくる。つまり，アルミ箔の測定結果から示唆されるように，もしサンプルがこのレベルの質量増加を示した時に，それが透過に起因しているものかどうか判断が難しいのである。ここに，カップ法の測定限界がある。

カップ法にはカップを作製する苦労があり，また測定に限界があるのは周知である。それでも長い間透湿度の評価方法として貢献してきたことは疑いようがない。しかしながら，いざバリア性の高いフィルムを測定しようとすれば，これまで述べた要因が大きな壁となって立ちはだかる。そして，その壁は容易には崩せそうにない。

そうだろうか。果して可能性は残されてないのだろうか。周辺の技術は間違いなく進歩している。質量増加に影響を与える不確かさ要因をすべて洗い出し，一つ一つの変動を抑えられれば，さらに測定精度が向上する可能性はあるはずだ。カップ法で重要な天秤の精度は上がり，ろうの代わりとなりうる材料として防水性の樹脂なども考えられる。質量を量る測定環境をコントロールすればデータのばらつきもさらに抑えられるだろう。一つ一つの精度が向上すれば，最終的にカップ法の測定限界は上がるに違いない。

文　　献

1)　膜のはたらき，仲川勤著，共立出版

10　露点法

金井庄太[*1]，村上裕彦[*2]，吉泉麻帆[*3]，遠藤　聡[*4]

10.1　はじめに[1~3)]

保護膜のバリア性評価のためには多くの方式が挙げられている。多量の水を通すものであればカップ法，少量の水ならば赤外線法などが一般的である。ハイバリア膜の評価ではカルシウム薄膜の水分との反応面積から透過量を評価する方法もある。バリア性評価のための方法は多様に存在するが，その中で我々は露点計を用いた水蒸気透過率測定法を開発した。

少量の水分を検出するセンサは数多く存在するが，その中で露点計は比較的安価であることが知られている。表1に示しているように様々な方式の露点計があるがこの中でも特に低コストであり高感度に露点を測定できる静電容量式の露点計を本水蒸気透過率測定装置（型式AQ PassR）に採用した。AQ PassRは，サンプルへのダメージの少ない等圧法で，水分の変化量を露点計で検出して水蒸気透過率（water vapor transition ratio（WVTR））を測定する装置である。以下で，測定方法と水蒸気透過量の解析方法について述べる。

10.2　測定原理

図1に今回試作した実験装置の概要を示す。一般的な水蒸気透過率測定装置とは，水分の検出

表1　様々な露点計

名称	鏡面冷却式露点計	塩化リチウム露点計	定積差圧式露点計	静電容量式露点計
方法	鏡面の冷却／加熱	加熱	定圧化での冷却	誘電体への水分吸着
測定物理量	鏡面の反射率	飽和水蒸気圧	圧力	静電容量

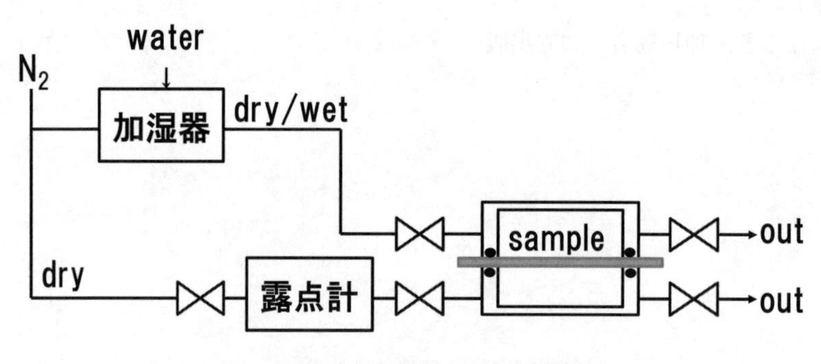

図1　試作水蒸気透過率測定装置概要

＊1　Shota Kanai　㈱アルバック　筑波超材料研究所　ナノスケール材料研究室　主任
＊2　Hirohiko Murakami　㈱アルバック　筑波超材料研究所　所長
＊3　Maho Yoshiizumi　アルバック理工㈱　研究開発部　分析サービス室
＊4　Satoshi Endo　アルバック理工㈱　研究開発部　課長

センサとして露点計を用いていることと装置の構成に違いがある。静電容量式露点計を選択した理由として，精度の面では鏡面式にやや劣るものの単純な構造のためガス源になりづらく，全体的に安価である露点計の中でも特に低コストという点が挙げられる。

測定の手順としては，サンプルをセット後まず装置を加熱しつつドライガスを流すパージ工程を行い，装置内の水分を除去する。パージ時間を長くするほどバックグラウンドが下がっていき，約20時間程度のパージでバックグラウンドが 10^{-4} $gm^{-2}day^{-1}$ 台となる。パージ工程終了後，加湿側には高湿度のガスを供給，検出側はチャンバと露点計の空間を封じ切る。加湿されたガスはサンプルにしみ込み，検出側に透過するので各時間における露点を記録していくことで水蒸気透過率のデータを得ることができる。

10.3　解析方法

装置からは，測定開始からの時間と露点の二つのデータが得られる。露点はsonntagの式と気体の状態方程式により重量へと変換され，時間微分をすることによって水蒸気透過率（単位：$gm^{-2}day^{-1}$）となる。この手順を経て図2に示す時間－水蒸気透過率のグラフが得られる。グラフは，図に示すように初期は0から立ち上がり，ある程度のところで一定のラインに収束する。立ち上がりの部分は，サンプルへの水分のしみ込みや壁面への再吸着が起こり検出空間の水分量の上昇が一定になっていないためと考えられる。サンプルに十分に水分が供給され，壁面への吸着も平衡に達すると水分量はほぼ一定に増加するため，水蒸気透過率は一定となる。ハイバリア膜になるほど，水蒸気透過率が収束するまでの時間が長くなっていくため，ハイバリア膜の透過率評価は非常に長い時間を必要とする。

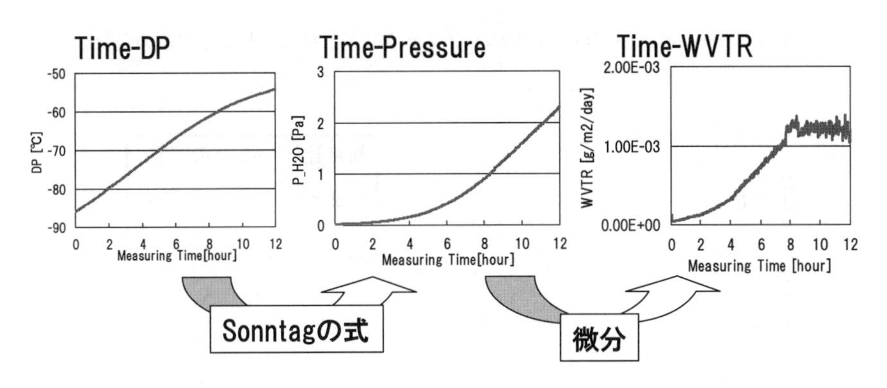

図2　データ変換の流れ

10. 4　測定結果[4, 5)]

以下に，幾つかの条件を変えて行ったバックグラウンドの測定結果を示す。測定の標準条件は装置加熱温度40℃，ドライガス流量5 L/min（パージ時は加湿側もドライガス1 L/min），パージ時間20時間，としている。バックグラウンドを測定するため，φ90 mm×厚さ1 mmのアルミニウム板をサンプルとしてチャンバにセットした。

パージ工程での装置加熱温度を変えた場合のバックグラウンドとなる水蒸気透過率の時間変化を示す（図3）。露点計は加熱上限が60℃と低いため常時40℃で加熱することとし，チャンバの温度を変えた場合を比較する。また，測定段階では装置全体を40℃加熱にした。パージ時にチャンバを80℃に加熱した場合，40℃に加熱した場合に比べて非常に低いバックグラウンドとなっている。これは，装置を高温で加熱することで，壁面に残留している水分が高速で脱離していくためであると考えられる。

露点計の位置によるバックグラウンドとなる水蒸気透過率の時間変化を示す（図4）。露点計

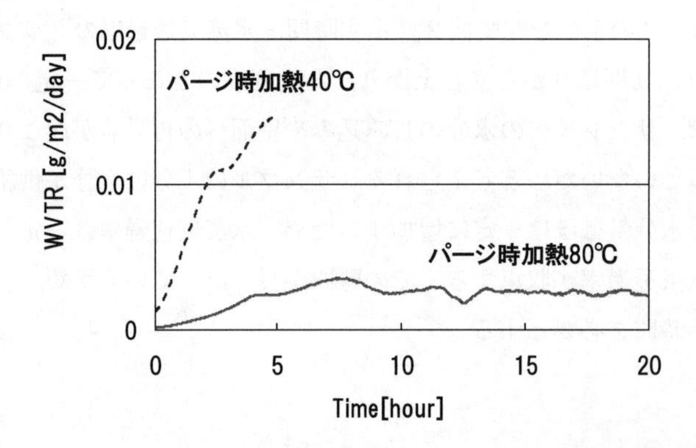

図3　パージ時加熱温度によるバックグラウンドとなる水蒸気透過率の変化

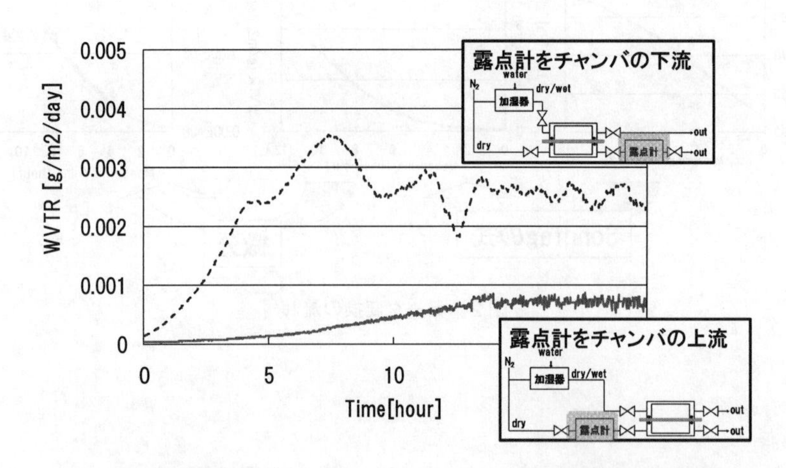

図4　露点計の位置によるバックグラウンドとなる水蒸気透過率の変化

をチャンバの上流側に設置した場合と下流側に設置した場合で比較すると，上流側に設置した方がバックグラウンドが低減する。今回用いた露点計は静電容量式なので，センサ部表面に水分を吸着して静電容量が変化することで露点を求めている。センサが下流側にあると面積の大きいチャンバからの放出水分が一部露点計に再吸着し，パージ効率を下げるため，バックグラウンドが上昇すると考えられる。

パージ流量を変えた場合のバックグラウンドとなる水蒸気透過率の時間変化を示す（図5）。流量が50倍程度違っていてもバックグラウンドの値はほとんど変らず，逆にどちらの流量の場合でもパージ時間に対して同様の傾向でバックグラウンドが改善されていく。このことから，パージ時のドライガス流量は影響を及ぼさないと考えられる。

従って，水蒸気透過率測定装置のバックグラウンドが加熱温度およびパージ時間に依存しドライガスの流量には依存していないという測定結果が得られたので，装置壁面の放出ガスがバックグラウンドを律速していると考えられる。この装置の測定対象は主にフレキシブルバリアフィルムであり，高温ではフィルムに影響を与える恐れがあることや露点計の耐熱温度を考慮すると80℃程度の加熱が限界である。また，パージ時間を延長させバックグラウンドを低減しようとすると，必要な時間が指数関数的に増加する。そのため，10^{-4} $gm^{-2}day^{-1}$ 台以下の測定は現実的ではないと判断できる。すなわち，この装置ではパージ時加熱温度80℃，パージ時間20時間の条件が最適な水分除去条件の1つであると考えられる。また，この条件でパージを行った場合，図6に示すように非常に低いバックグラウンドレベルとなる。一般的な水蒸気透過率測定条件である40℃/90%RHにおいてはバックグラウンドが 10^{-4} $gm^{-2}day^{-1}$ 台前半となり，水蒸気透過率として 5.0×10^{-4} $gm^{-2}day^{-1}$ が測定可能である。

パージ時加熱温度80℃，パージ時間20時間の条件で測定した実サンプルの測定例を示す（図7）。このサンプルはアルバック作製の有機／無機ハイブリッドバリア膜である。5時間程度の立ち上がりを経て，安定したデータが得られている。1.5×10^{-3} $gm^{-2}day^{-1}$ の水蒸気透過率であれば，パージ時間20時間，測定時間10時間の計30時間程度で測定できる。

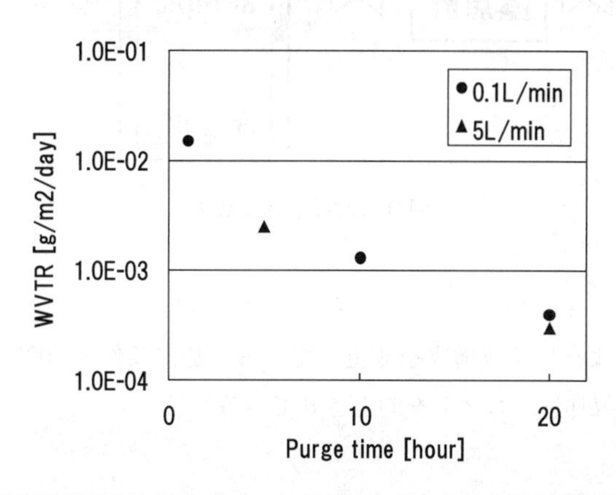

図5　パージ流量を変えた場合のバックグラウンドとなる水蒸気透過率の時間変化

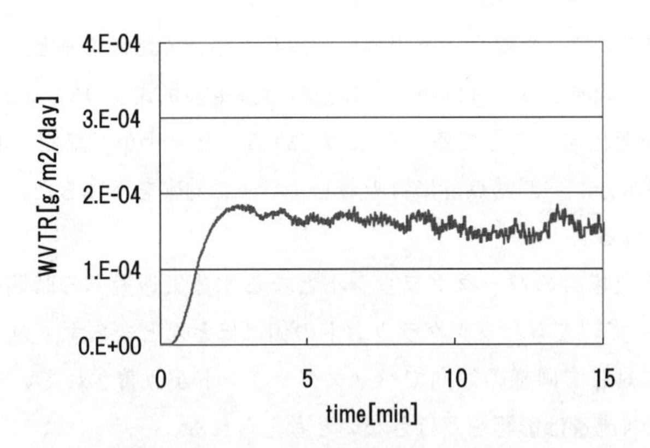

図６　パージ時加熱温度 80℃，パージ時間 20 時間の条件で測定した
バックグラウンドとなる水蒸気透過率

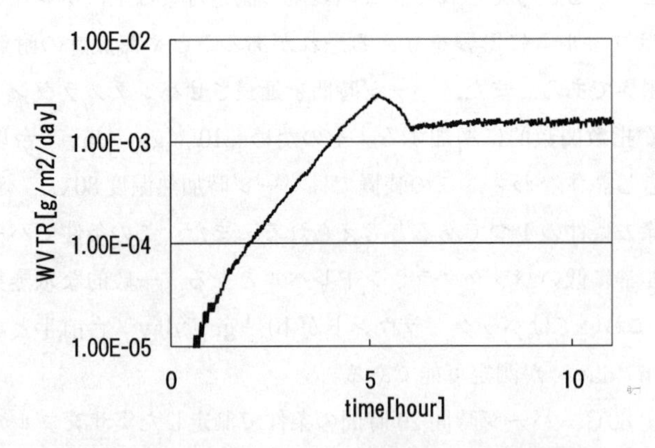

図７　有機／無機ハイブリッドバリア膜の水蒸気透過率

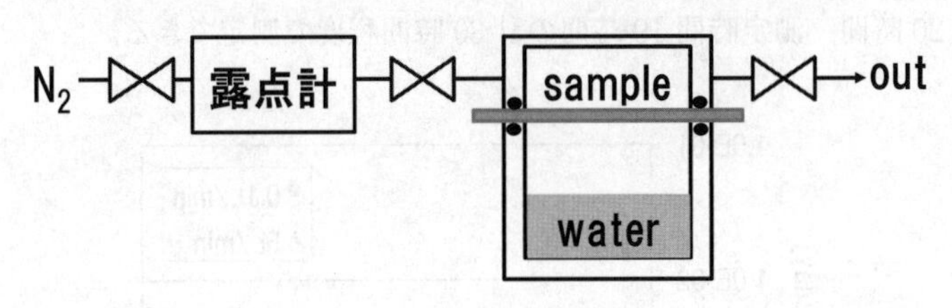

図８　製品版装置概要

10. 5　製品構成

製品では図８に示すように装置構成を変更している。加湿条件を 100％RH とすることで装置構成の単純化を行い，操作性とコストを向上させている。

10.6 おわりに

以上のように，露点計を用いて 5.0×10^{-4} $gm^{-2}day^{-1}$ という非常に小さな水蒸気透過率の測定が可能となる装置を開発した。現在要求されている水蒸気透過率測定の測定下限は，最も低いもので有機ELの分野で言われている 10^{-6} $gm^{-2}day^{-1}$ であるが，このレベルの水蒸気透過率測定は測定状態の安定までに膨大な時間がかかってしまうため露点計や赤外線等のセンサを用いた測定法では困難である。しかし，比較的低コストでありながら市販されている他社の装置とほぼ同等の性能を達成しており，等圧法での測定であることや2チャンネル同時測定，1台PCで最大31台の同時制御など，非常にリーズナブルな装置となっている。水蒸気透過率が 5.0×10^{-4} $gm^{-2}day^{-1}$ 以上のフィルムの水蒸気透過率測定に対しては非常に有効な測定手法の1つである。

文　献

1) 永井一清，日本包装学会誌，Vol.19 No.2 p.65 (2010)
2) 大谷新太郎，日本包装学会誌，Vol.19 No.2 p.83 (2010)
3) JIS Z 8806
4) 金井庄太，村上裕彦，遠藤聡，中山道喜男，石井芳一，2010年日本包装学会第19回年次大会，P-7 (2010)
5) 金井庄太，村上裕彦，遠藤聡，中山道喜男，石井芳一，2010年秋季第71回応用物理学会学術講演会，15a-ZL-8 (2010)

11　四重極質量分析法

高橋善和*

11.1　はじめに

有機 EL 照明，有機 EL ディスプレイ，有機太陽電池，電子ペーパー等のフレキシブルデバイスの実用化が進んでいるが，有機デバイスは水分との相性が悪くハイバリアの封止手法が当面の課題となっている。特に有機 EL では透過水分に対して 10^{-6} g/m^2/day オーダーの封止性能が求められているが，現在実用化されている水蒸気透過量測定方法では短時間で 10^{-4} g/m^2/day 以下の性能を測定することができないのが現状である。

「水蒸気透過量 1×10^{-6} g/m^2/day とはどれくらいの量か？」について考えてみる。

1×10^{-6} g/m^2/day という水蒸気透過量に対応する水蒸気分圧を簡単に見積もると，透過面積 10 cm^2（3.3 cm 角，3.57 cmϕ）のバリア膜を透過して 1 ℓ の容器に蓄積する水蒸気は，1×10^{-9} g $=5.6\times10^{-11}$ mol $=1.2\times10^{-4}$ Pa･ℓ である。

つまり，1 ℓ 容器の場合，水蒸気分圧は 1 日（24 時間）で 1.2×10^{-4} Pa となる。これを流量に換算すると 1.4×10^{-9} Pa･ℓ/s となり，この容器を実効排気速度 10 ℓ/s のターボ分子ポンプで排気すると

$$P_{eq}=Q_w/S_w+Q_v/S_v+P_0 \quad (1)$$

P_{eq}：容器の平衡圧力

Q_w：透過水蒸気流量

S_w：水に対する実効排気速度

Q_v：容器壁からの放出ガス

S_v：放出ガスに対する実効排気速度

P_0：ポンプ自体の到達圧力（10^{-8} Pa）

容器壁からの放出ガスが水と考えると⑴式より 1 ℓ 容器の平衡圧力 P_{eq} は，

$$P_{eq}=1.4\times10^{-9}/10+2.0\times10^{-6}/10+10^{-8}\fallingdotseq 2.1\times10^{-7}\ \mathrm{Pa}$$

となる。この計算結果から真空容器の水蒸気分圧を支配しているのは容器壁に吸着した水分であり，ターボ分子ポンプやクライオポンプなどの超高真空排気系を用いても差圧法などの圧力変化から 1×10^{-6} g/m^2/day 台の水蒸気透過率を求めることは困難であることがわかる。

また，ガスバリア膜つきフレキシブルフィルムの両面に差圧をかけると力学的ストレスによるガスバリア膜の破壊や，実際に使う環境と異なることによる誤差が生じる恐れがあるため，試料を大気圧においたまま測定することが望ましい。

従来の水蒸気透過率測定法では，検出系に「大気圧質量分析計」や「大気圧水分検出装置」な

---

* Yoshikazu Takahashi　㈱TI　代表取締役社長

どを用いる方法が提案されているが，バックグラウンド水蒸気に対する配慮が欠けているため，感度が不足するとともに，事前に大量の乾燥ガスを流す必要があり，測定時間が長くなっている。これまでいろいろな方法を検討したが，高感度・短時間測定の実現には超高真空の検出系と大気圧の試料の間で水分のみを受け渡すことがもっとも近道である。これは，大気圧の試料空間を通った気体に冷却トラップを接続することによって水分のみを捕捉し，その後残りの気体を排気することで実現される。

11.2　測定原理

図1に示した測定原理図をもとに測定プロセスを説明する。(a)被測定試料であるフレキシブルフィルムの両側に2つの空間A, Bを設け，Aを水蒸気で飽和した1気圧の大気中に暴露し，他の側Bは水蒸気を含まない1気圧の不活性ガスで満たし，気体を循環させる。(b)一定時間気体を循環させた後，バルブを閉じてリザーバーに蓄積された水分を液体窒素トラップに吸着させる。(c)水分吸着した液体窒素トラップ表面を真空ポンプにより超高真空まで排気する。(d)トラップを昇温させ質量分析器により昇温脱離（TDS）スペクトルを測定する。

これにより図2に示すようなTDSスペクトルが得られる。得られたTDSスペクトルから昇温によりトラップから脱離した水分量を積分（図中斜線部分）すると一定時間に透過した水分量が計算できる。

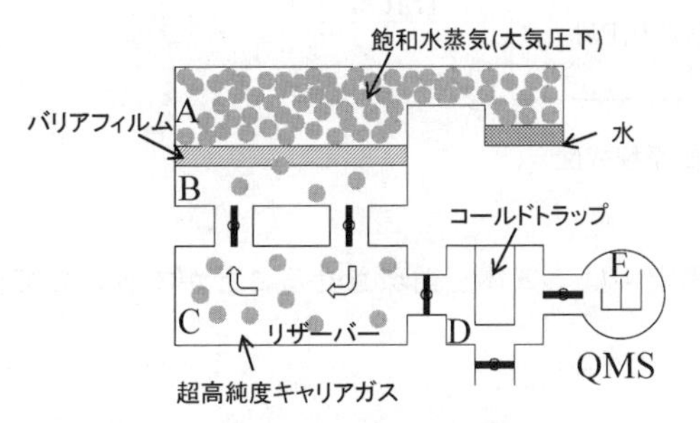

(a) A室は飽和水蒸気で満たされた大気(1気圧)で満たし B,C室は1気圧の乾燥した不活性ガスを循環させる。

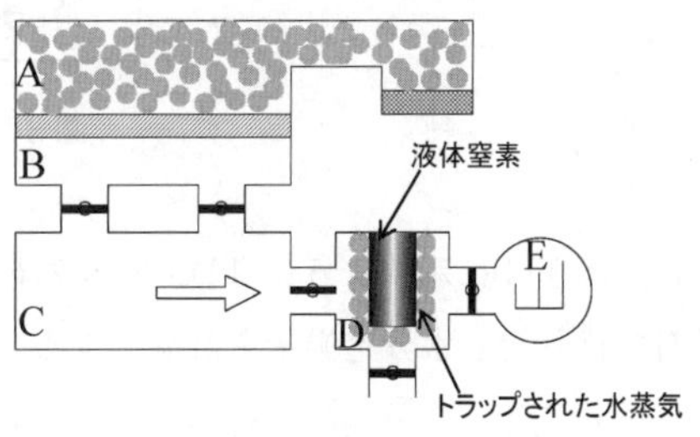

(b) 一定時間後にB室とC室の間のバルブを閉じ、C室を低温トラップ室Dに接続し液体窒素で水蒸気をトラップする。

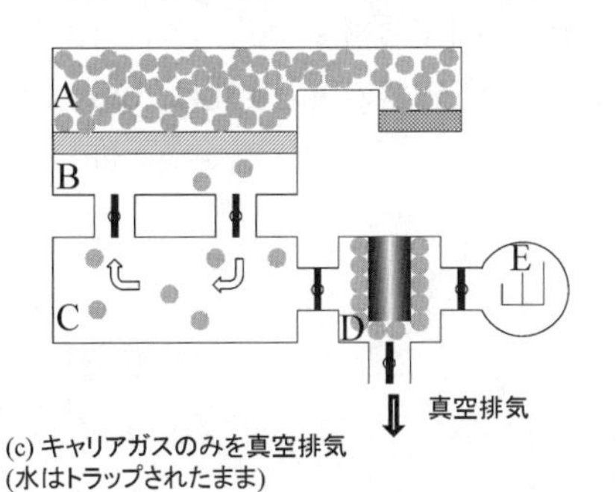

(c) キャリアガスのみを真空排気 (水はトラップされたまま)

(d) 質量分析器(E室)と接続し冷却トラップD室の温度を急速に上げ、放出された水蒸気量を定量する。

図1　測定原理

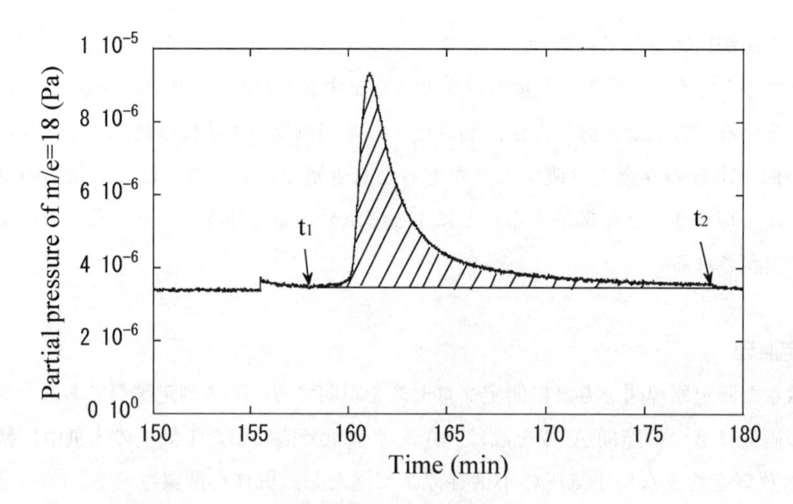

図２　m/e＝18の昇温脱離スペクトル

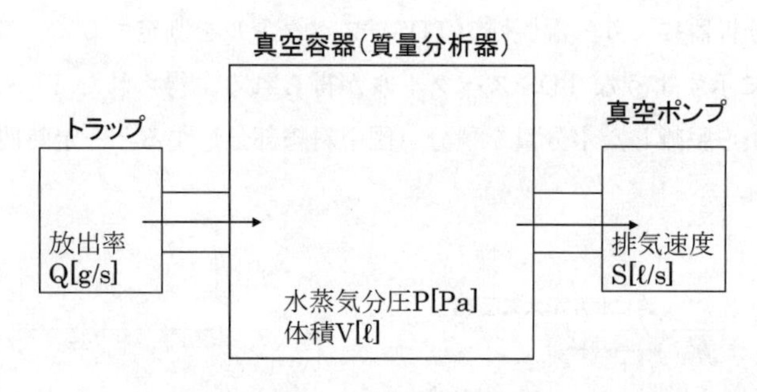

図３　排気系模式図

また，図１(d)に示すようにTDSスペクトル測定中は，気体を循環させることができるので同一試料で繰り返し水分透過量を計測できる。

11.3　TDSスペクトルから水分透過率への変換方法

図３に示した模式図で水蒸気透過率を求める方法を以下に示す。

真空容器 $V(\ell)$ を排気速度 $S(\ell/s)$ で排気する場合，容器の圧力変化は，(2)式で与えられる。

$$V\,dP/dt = Q(t) - P(t)S \tag{2}$$

P：真空容器内の圧力

Q：真空容器内の気体放出速度

(2)式を変形して

$$Q(t) = SP(t) + V(dP/dt) \tag{3}$$

両辺を t で積分して

$$\int Q(t)dt = S\int P(t)dt + V\int (dP/dt)dt = S\int P(t)dt + V[P(t_2) - P(t_1)] \quad (4)$$

ただし，t_1, t_2 はピークのはじめと終わりとする（図2）。
$P(t_1) = P(t_2)$ ならば，第2項はゼロで，厳密に

$$\int Q(t)dt = S\int P(t)dt \quad (5)$$

が成り立つ。(5)式から水分透過量［Pa・ℓ］＝実行排気速度［ℓ/s］×ピーク面積［Pa・s］であることがわかる。水蒸気透過率の単位は［Pa・ℓ］となるので，［g］に換算するには変換係数

$$C = 18[g/mol]/10^5[Pa/atm]/22.4[\ell \cdot atm/mol] = 8.0\times10^{-6}[g/Pa\cdot\ell] \quad (6)$$

をかければよい。

11.4　測定例

11.4.1　バックグランド

図4は，バリアフィルムの代わりに水蒸気を透過しないステンレス板を試料ホルダーに設置してTDSスペクトルを40分毎に連続約10時間測定した例である。

水蒸気を透過しないステンレス板で水蒸気が観測されるのは測定系の真空容器から放出される水分によるもので，これが本計測方法のバックグランドになる。バックグランド水分が 10^{-7}g/m^2/dayであることから本計測では，10^{-6}g/m^2/dayの領域を計測できることがわかる。容器壁からの水分放出を低下させると測定精度はさらに向上する。

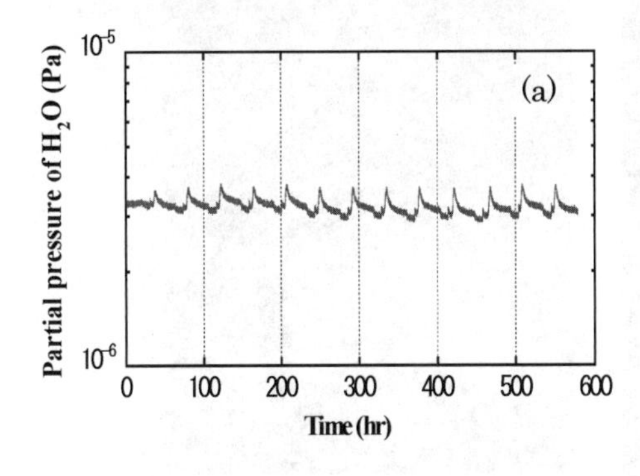

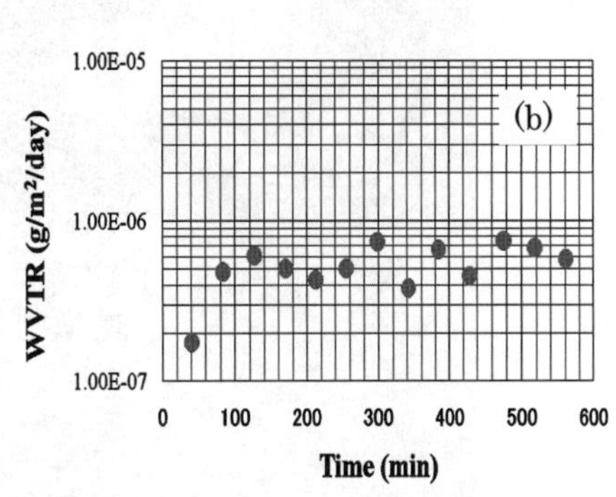

図4　ステンレス板測定例
(a)：TDS スペクトル
(b)：(a)から(5)式で求めた水蒸気透過率

11.4.2 バリアフィルム

図5は，バリアフィルムを試料ホルダーに設置してTDSスペクトルを30分毎に連続約12時間測定した例である。

11.5 まとめ

今回開発した水分透過率測定装置（図6）は，測定感度が1×10^{-6}g/m^2/dayという当初の目的に達する測定結果が得られた。今後，測定例を多数蓄積して測定精度の向上を図りたい。

測定時間が従来機に比べて格段に短いため，食品包装用バリアフィルム，医薬品用バリアフィ

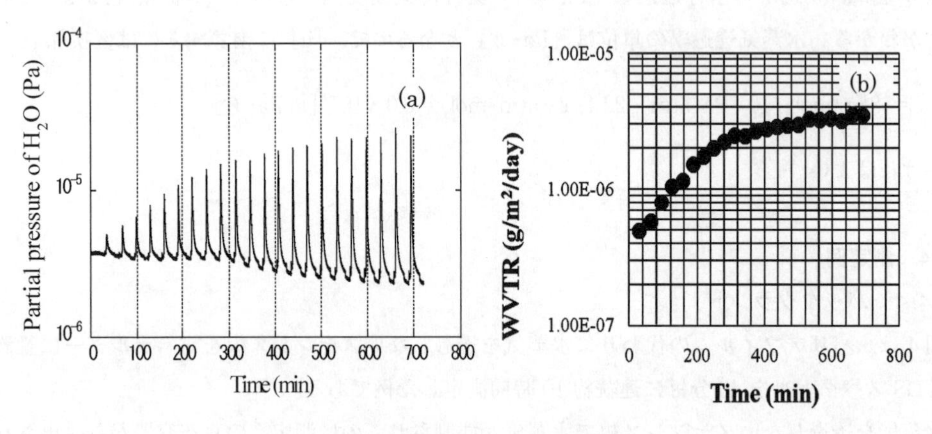

図5　バリアフィルム測定例
(a)：TDSスペクトル
(b)：(a)から(5)式で求めた水蒸気透過率

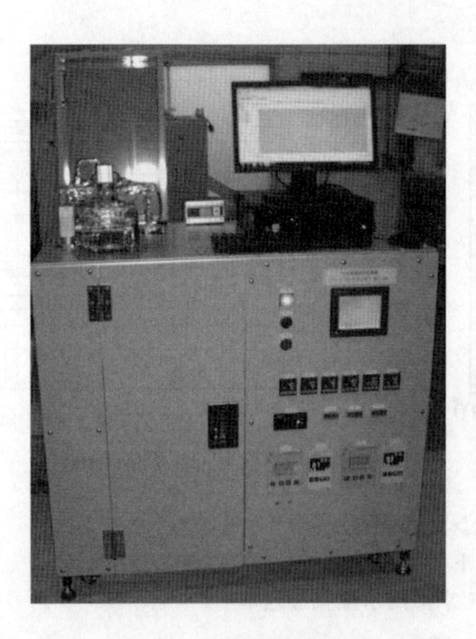

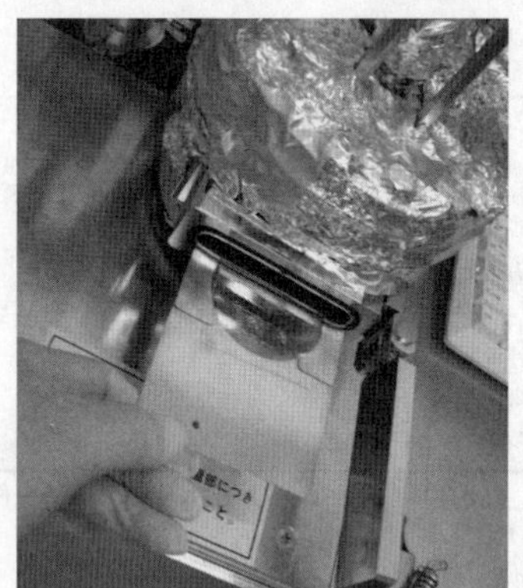

試料導入部および試料ホルダー

図6　スーパーディテクトSKT　WV-6S

ルムの検査などにも応用される可能性が非常に高い。また，生産管理用には複数個の測定試料を同時に測定する必要があるため１台の測定装置で複数個を自動測定するシステムの開発にも取り組んでいる。

第4章　バリアフィルム，バリア容器の現状と展開

1　食品・一般包装

1.1　食品包装

田中幹雄*

1.1.1　はじめに

飲料も含めた食品の品質を保持する上で，包装材料にとってバリア性は必要不可欠な性能である。とくに，多くの包装食品において，色素や油脂の酸化による劣化は，貯蔵中最も早く感知され，風味への影響も大きいため，酸素バリア性が最も重要といえよう。また，光には酸素を励起して反応性の高い活性酸素に変える作用があるため，酸素バリア性に加えて，着色や印刷による遮光性を包装材料に付与することは，食品の酸化劣化を防止する上で有効である。換言すれば，透明な包装材料を使用する場合は，遮光性を付与したものよりも優れた酸素バリア性が必要といえる。なお，食品の種類や加工条件，流通条件などによって，包装材料に要求される酸素バリアレベルは大きく異なる。本節では，いくつかの食品を例示し，酸素バリア性が必要である理由と実際に用いられている包装材料について説明する。

1.1.2　生鮮肉

牛や豚などの生鮮肉は，ミオグロビンという酸化変色しやすい赤色の色素を多量に含んでいる。また，肉の表面には，通常，嫌気性の乳酸菌や好気性の腐敗細菌が1000個/g程度付着している。そこで，1ヵ月以上のシェルフライフが要求される業務用生鮮肉においては，品質を保持するために，約0℃での低温貯蔵に加えて，酸素バリア性フィルムによる真空包装が必須である。それにより，ミオグロビンの酸化変色が抑制されるとともに，腐敗活性の低い乳酸菌が生育しやすい嫌気環境となって腐敗細菌の生育も阻止される。また，本用途では，包装肉の見栄えを良くするため，真空包装後に約80℃で数秒間加熱してフィルムを20%以上熱収縮させる必要がある。したがって，包装材料には延伸製膜品が用いられ，たとえば，ポリエチレン（PE）/ポリ塩化ビニリデン（PVDC）/PE構成や，ポリエチレンテレフタレート（PET）/ナイロン（NY）/エチレン-ビニルアルコール共重合体（EVOH）/PE構成の共押出多層フィルムなどがある。

1.1.3　ヨーグルト

発酵食品であるヨーグルトには，風味の醸成のほかに，人の腸内で生理的効果を発揮させることを目的としてさまざまな種類の乳酸菌が添加されている。後者の目的のためには，ヨーグルトが消費されるまでの間，乳酸菌数を維持する必要がある。しかし，菌種によっては雰囲気中の酸素によって死滅するため，それを防止するために酸素バリア性に優れた容器が使用される。たと

* Mikio Tanaka　㈱クレハ　加工技術センター　副センター長　兼　分析評価研究室長

えば，PE/ポリプロピレン（PP）/EVOH/PP/PEやPE/紙/PE/EVOH/PE構成のカップ容器があり，壁面の酸素透過度は2 ml/m^2･day･atm（23℃，80％RH）程度に抑えられている。蓋材にも，PET/Al箔/PE/シーラント材といった構成のバリア材が用いられている。

1.1.4　マヨネーズ

マヨネーズは，卵由来のリポタンパク質によって乳化された水中油滴型のエマルジョンである。油脂が微細な粒子状となり比表面積が大きくなっているため，非常に酸化しやすく，それゆえ，酸素バリア性に優れた包装材料が必要である[1)]。国内では絞り出しが可能な軟質多層ボトルが多用されており，一般的な樹脂構成はPE/EVOH/PEである。また，油脂がより高度に乳化された一部の製品については，共役二重結合ポリマーとコバルト塩を含む酸素吸収層を導入した，PE/EVOH/酸素吸収層/EVOH/PE構成のアクティブバリアボトルが用いられている。

1.1.5　スナック菓子

ポテトチップスなどのスナック菓子は，初期水分が1～3％と低いため吸湿しやすく，水分が5～7％まで上昇すると，軟化などの品質劣化が生じて商品価値が失われる。したがって，防湿を目的として水蒸気透過度（40℃，90％RH）が1 g/m^2･day以下の包装材料が必要とされる。また同時に，油脂の酸化を防ぐために酸素バリア性と遮光性も要求される。それらのバリア性を満たす包装材料として，たとえば，延伸ポリプロピレン（OPP）/PE/Al蒸着PET/PE/未延伸ポリプロピレン（CPP）構成の印刷フィルムが用いられており，包装の際には，ヘッドスペースの酸素を排除するために窒素置換が施されている。また，スナック菓子の袋は屋外で無造作に捨てられることが多いため，海外では環境への配慮から，生分解性樹脂であるポリ乳酸（PLA）を用いたPLA/Al蒸着PLA構成のコンポスト可能な包装材料も実用化されている。

1.1.6　無菌包装米飯

炊飯調理した米飯をトレーに入れて無菌パックしたもので，家庭で炊いたご飯と比べても遜色の無い風味とふっくらした食感を有している。米飯に含まれる脂肪酸類が酸化すると，風味の劣化や変色が生じるため，酸素バリア性に優れた容器が用いられている。トレーの構成は，PP/EVOH/PP（総厚み450～1000 μm）が一般的で，EVOHが占める割合は約4％である。蓋材には，電子レンジ加熱に対応させるため，無機物蒸着PET/NY/イージーピール層などのアルミレスフィルムが用いられている[2)]。また，蓋材に脱酸素剤を装着，あるいはトレーに鉄系酸素吸収層を導入することで，酸素吸収性を付与したアクティブバリアパッケージも普及しており，6ヵ月以上のシェルフライフを実現している。

1.1.7　レトルト食品

食品の中心部が，120℃で4分以上に相当する条件で加熱殺菌されたもので，商業的無菌状態であるため，常温で流通することができる。中身は，カレー，スープ，ツナフレーク，米飯，粥，丼の具などさまざまな種類がある。通常，上記殺菌条件を満たすために，120℃付近の湿熱下で約2.0 kg/cm^{2}の圧力を加えながら，20分以上加熱殺菌される。また，製品には常温で半年以上のシェルフライフが求められる。したがって，レトルト食品用の包装材料には，幅広い温湿度条件で安定して機能する非常に優れた酸素バリア性が要求される。

従来，その酸素バリア性要求レベルの高さゆえ，レトルトパウチに関しては，厚さ7μmのアルミ箔（Al箔）をバリア層とするPET/Al箔/延伸ナイロン（ONY）/CPPといった構成のアルミパウチが主流であった。しかし，近年，金属検出器適性，電子レンジ加熱適性，視認性，易廃棄性等の観点から，脱アルミによる透明パウチ化が急速に進んでいる。アルミパウチ並みに食品の酸化劣化を抑えるために，透明レトルトパウチの酸素透過度は1 ml/m^2・day・atm（20℃，80%RH）以下であることが望ましい。その要求に応えられるバリア材料として，無機物蒸着フィルムと有機系コートフィルムがあげられる。無機物蒸着フィルムは，シリカ（SiOx）やアルミナ（Al_2O_3）をPET基材に蒸着したフィルムであり，酸素バリア性だけでなく，水蒸気に対しても優れたバリア性を示す。しかし，屈曲や引張りなどのダメージを受けると，ひび割れ（クラック）が発生してバリア性が著しく損なわれる問題点がある。その対策として，シリカ蒸着とアルミナ蒸着を組み合わせた二元蒸着技術[3]やシリカコーティング膜によるアルミナ蒸着層の被覆技術[4]などが実用化されている。

有機系コートフィルムは無機物蒸着フィルムに匹敵する酸素バリア性を有するが，水蒸気バリア性が劣るという問題がある。しかし，柔軟性と変形追随性においては無機物蒸着フィルムを凌駕しており，優れた耐クラック性を示す。たとえばポリアクリル酸（PAA）系樹脂をコートしたPETフィルムは，その優れた耐クラック性を活かして，製袋時の屈曲ダメージが大きいスタンドパウチや，表面凹凸の多い豆類やとうもろこしの真空包装用パウチに採用されている。また，ONYを基材とした有機コートフィルムも存在し，ポリビニルアルコール（PVA）のエステル架橋層に加えて，湿熱時にイオン架橋を形成させるべくイオン種を導入されたものが上市されている[5]。

なお，レトルトパウチの構成は，PETを基材とするバリア材料の場合，PET（蒸着またはコート面）/ONY/CPPが一般的である。ONYを基材とするバリア材料の場合も，レトルト中にONYが加水分解によって劣化するのを防ぐため，最外層にPETを配置することが多い。

そのほか，ポリオレフィンに還元鉄と酸化触媒を配合した酸素吸収層を有するレトルトパウチも実用化されている[6]。酸素吸収層は，シーラント層とバリア層の間に設けられ，レトルト殺菌時に透過した水蒸気によって酸素吸収機能が発現する。外部からの酸素の侵入を遮断するだけでなく，包装体内の残存酸素もレトルト殺菌時に吸収除去するため，わずかな酸化でも風味劣化が感知される粥などの包装に適している。なお，鉄系の酸素吸収性フィルムの場合，化学反応を起す可能性のある酢酸やアリルイソチオシアネートを含む食品への応用については注意が必要である[7]。

1.1.8 チルドカップコーヒー

無菌充填仕様のチルドカップコーヒーは，密封包装後に加熱される工程がないため，コーヒーやミルクの成分変化が少なく風味が良いという特長がある。流通温度は10℃以下で賞味期間も1ヵ月程度と短いが，コーヒーに含まれるチオール類などの香気成分は非常に酸化しやすいため，容器には酸素バリア性が要求される。たとえば，PET 単体や，ポリスチレン（PS）/EVOH/PS 構成の約 250 ml 容カップの場合，酸素透過度は 0.1 ml/pkg･day･atm（23℃，80％RH）以下である。 また，レトルトパウチに使用されている無機物蒸着フィルムをラミネートしたハイバリア紙カップも実用化されている。紙端面の露出を避けるための工夫なども加えられ，上記プラスチック製カップと比べても遜色ない酸素バリア性を実現している[8]。酸素バリア性が劣る PP 単体カップも使用されているが，外側をアルミ蒸着フィルムで覆うことにより，酸素透過度は 0.4 ml/pkg･day･atm 程度（PP カップ単独の約 1/3）に抑えられている。また，チルドコーヒーと同様の商品が 60℃前後のホットショーケースで販売されている事例もある。その場合，冷蔵に比べて酸化による風味劣化の進行が著しく速いため，PP/ 鉄系酸素吸収層 /EVOH/PP 構成のアクティブバリアカップが採用されている[9]。

1.1.9　ビール

ビールは極めて香味が劣化しやすい飲料であり，代表的な劣化臭として，老化臭と日光臭があげられる。老化臭は，原料ホップ由来のイソフムロンなどが活性酸素により酸化されて生成する trans-2-ノネナールなどの不飽和アルデヒド類によって生じる。また，日光臭は，ホップ由来のイソフムロンと含硫アミノ酸が光励起されて生じる 3-メチル-2-ブテン-1-チオールによって生じる。それら劣化臭の発生を抑えるためには，酸素と光の両方を遮断する必要がある。ビールの貯蔵中における許容酸素溶解量は 1 ppm（1 mg/L）以下といわれており，ボトルの酸素バリア性設計や賞味期間の設定はこの値を基準にして行われる場合が多い。また，光については，日光臭を抑制するために，紫外線に加えて，350～500 nm の波長域の光も遮断する必要があり，茶色の着色が最も有効とされている[10]。

海外ではガラスびんに替わってプラスチック製のバリアボトルがかなり実用化されている。1.6 L 容の大型ボトルの事例をあげると，PET とメタキシリレンアジパミド（MXD6NY）のポリマーブレンド単層ボトルや，PET/ 酸素吸収性 MXD6NY＋Ny6/PET 構成の多層ボトルが用いられている。酸素透過度（23℃，80％RH）は，前者が 0.1 ml/pkg･day･atm，後者が 0.01 ml/pkg･day･atm であり，流通温度や要求されるシェルフライフの違いによって，使い分けられているようである。また，同様の樹脂構成で，さらに酸素透過度が低く，かつ炭酸ガス透過度も相応して低い，内面にアモルファスカーボンコーティングを施したハイバリアボトルも実用化されている。

文　　献

1）　野田治郎，食品・医薬品包装ハンドブック，p261，幸書房（2000）
2）　増田敏郎，食包協会報，No.128，15（2010）

3） 松田修成，工業材料，**56**（12），64（2008）
4） 中込顕一，食品包装，No.688，41（2009）
5） 西村弘ら，第47回全日本包装技術研究大会発表資料，p148，日本包装技術協会（2009）
6） 葛良忠彦，食品包装，No.659，55（2007）
7） 仲川和秀，食品包装，No.643，62（2006）
8） コカ・コーラシステム，JPACKWORLD，No.29，16-17（2011）
9） 葛良忠彦，プラスチックス，**61**（4），33（2010）
10） 金田弘挙，食品の光劣化防止技術，p208-211，サイエンスフォーラム（2001）

1. 2　脱酸素フィルムについて

新見健一*

1. 2. 1　はじめに

「エージレス®」の商標名で知られる脱酸素剤は，三菱ガス化学㈱により開発され1977年に上市された。酸素バリア性の高い包装容器に「エージレス®」を同封し密封すると，容器内酸素濃度が0.1％未満となり，内容物の酸化による変色やカビを防止する効果が得られる。その効果の利用分野は，発売初期から支持を受けた食品にとどまらず，現在では衣類，医薬品，電子部品，にまで広がっている。

現在，脱酸素包装は「アクティブパッケージ」とよばれる機能的包装形態の中でも特に注目を浴びており，当社も意欲的に脱酸素包装の市場拡大に取り組んでいる。そのような潮流の中で，当社は新たに包装容器自体が酸素吸収能を有する脱酸素フィルム「エージレス・オーマック®」を開発・2001年より上市した。今回はその「エージレス・オーマック®」の特長と利用分野（適用効果）について紹介する。

1. 2. 2　基本原理と特長

⑴　脱酸素フィルム「エージレス・オーマック®」の特長

当社が開発したエージレス・オーマック®は，酸素と反応しやすい物質（主に鉄粉）を樹脂に練り込み薄膜化して，バリアフィルムと積層した新しい包装フィルムである。

フィルム自体に酸素吸収する機能を持たせたことで，以下4点の特長（特性）をもたらすこととなった。

①液体系食品に適用可能

②加熱処理に対応可能

③液中の溶存酸素を効率的に吸収することが可能

④酸素吸収剤が樹脂中に分散されているため，酸素吸収層は電子レンジ耐性を保持している。

⑵　基本原理と構成

まず基本的な構成を図1に示す。図1に示すように一般バリアフィルムのバリア層とシーラント層の間に鉄系酸素吸収剤をポリオレフィンに配合した酸素吸収層を設けた構成となっている。酸素吸収層は鉄系酸素吸収剤を使用しているため，水分と酸素の存在下にて酸素吸収反応を開始する。酸素吸収層は容器内残存酸素や溶存酸素及びバリア層外側から侵入する微量透過酸素を吸収する。エージレス・オーマック®が容器内部の酸素を吸収することにより，内容物品の加熱・保存中の酸化劣化を防止する。ちなみにフィルムの総厚みは100μm～130μm。

⑶　適用範囲と性能

「エージレス・オーマック®」の酸素吸収層は，シーラント層を介して内容物や容器内部のヘッドスペースと接している。容器内部の酸素や湿度（適用水分活性領域は0.85以上が目安）は，

＊　Kenichi Niimi　三菱ガス化学㈱　特殊機能材カンパニー　企画開発部

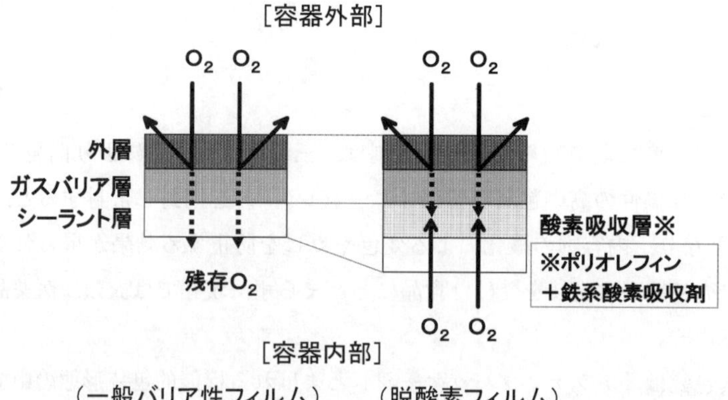

図1　一般バリアフィルムと脱酸素フィルムの層構成

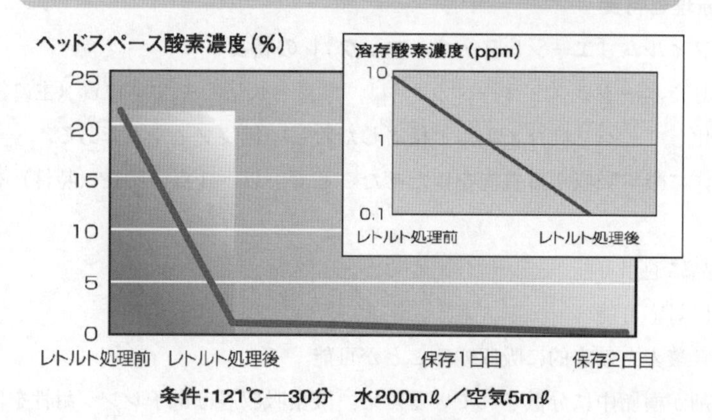

図2　レトルト処理時の酸素濃度変化

酸素吸収層に到達するためにシーラント層を透過する必要がある。従って，内容物を充填後レトルトやボイル等の加熱処理を行なうことにより，シーラント層の酸素や水蒸気透過度が上昇し，酸素吸収層の酸素吸収力がアップすることとなる。酸素吸収量は放置時間や加熱条件・包材構成等により変動するが，およそ0.1 ml/cm^{2}であり，ガス置換等との併用により空気量の多い商品にも適用の可能性がある。

1.2.3　有効性の実証

エージレス・オーマック®の有効性について，以下に示す2つの実験により検証する。

(1)　レトルト時の酸素吸収速度

レトルト用のエージレス・オーマック®から成るスタンドパウチを使用して，酸素吸収速度を測定した結果を図2に示す。ヘッドスペース中の空気には酸素が約21％含まれており，常温では水中に約8 ppmの溶存酸素が溶け込んでいるが，図2の処理条件においてはレトルト処理（121℃，30分）後の水中溶存酸素濃度は0.1 ppm以下，またヘッドスペース中の酸素濃度は数％程度まで低下していることを確認。またヘッドスペースの酸素濃度はその後も減少し続け，数日後には0.1％以下に到達していた。

⑵　レトルト処理後のビタミンC残存率

ビタミンCは，酸素による影響を受けやすく，熱により更に酸化が促進されやすい。図3は，各種バリア材とエージレス・オーマック®の平袋にビタミンC溶液をヘッドスペース無しで充填し，レトルト後のビタミンC残存率を測定した結果である。無機蒸着系バリア層やアルミ箔バリア層を持つフィルムに充填したものでもビタミンC残存率が低下しているのは，元々溶液中に含まれていた溶存酸素により加熱処理中においてビタミンCの酸化が促進されたことに起因すると考えられる。またEVOHなどの樹脂系バリアフィルムでの残存率低下は，充填時に包含された溶存酸素の他にレトルト中にバリア性能が低下し（いわゆる「レトルトショック」），外部から侵入した酸素により更に影響を受けていると考えられる。それに比べエージレス・オーマック®のビタミンC残存率が高いのは，レトルト加熱中にビタミンCが酸化されるよりも早く，エージレス・オーマック®が溶液中の酸素を不可逆的に吸収しているためと考えられる。

上記実験結果は，エージレス・オーマック®がビタミンCに限らず熱により酸素の影響を受けやすい栄養素や色素などの劣化を防ぎ，食品が元々持っている色・風味などをよりそのままに近い形で提供できることを示唆している。

1.2.4　適用（用途）例とその効果

酸化劣化が起こりやすい食材においてエージレス・オーマック®はその適用効果が認められている。

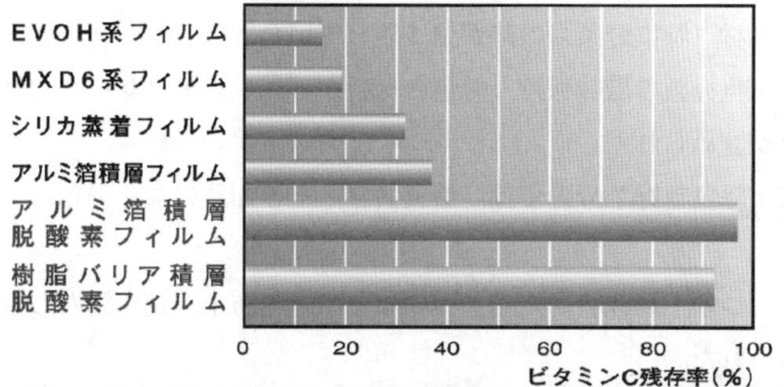

図3　各種フィルムにおけるレトルト処理後のビタミンC残存率

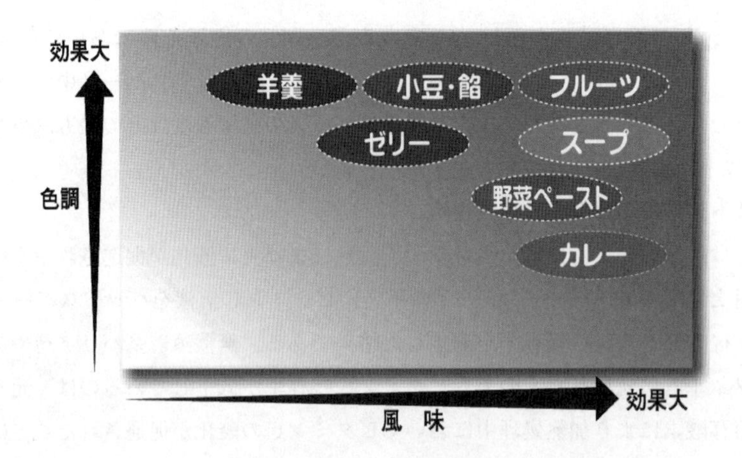

図4　食品アイテム別適用効果

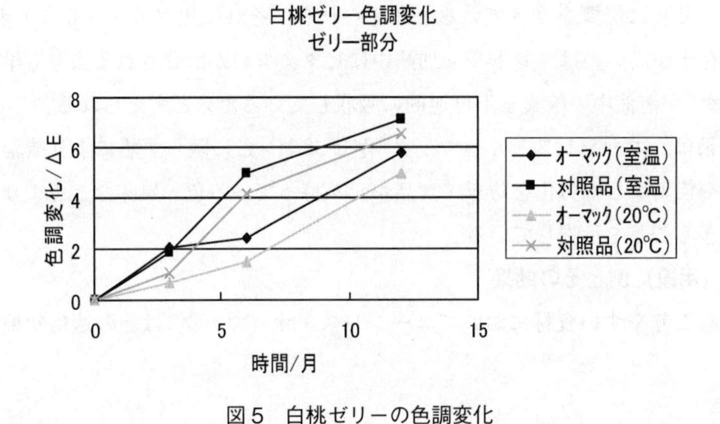

図5　白桃ゼリーの色調変化

図4にアイテム別の効果度をまとめた。

① レトルト食品（カレー・スープ）：乳製品を使用したクリーム系スープにおいて，作りたての色とクリームのフレッシュ感が際立っていた。またカレーについても，カレールウのフレッシュ感や具材（特に野菜）の味が強く残っていた。

② 水産加工品：魚介類の風味保持，発色の保持が可能。ツナフレークではレトルト直後の色調に顕著な差が認められた。

③ 緑黄色野菜：緑黄色野菜分野では，酸素共存下での加熱による退色，栄養素分解を防止する。

④ 醤油系だし，つゆ：調味料，だし，つゆなどの退色防止，昆布鰹だしなどの風味劣化防止に効果が認められた。

⑤ 果物類：フルーツシラップ着けの果肉やフルーツゼリーの果肉退色防止に効果が認められた（図5参照）。

⑥　栗製品：栗ペーストや栗羊羹において，変色防止・風味保持効果が認められた。

⑦　小豆系食品：小豆餡，ぜんざい，羊羹などで，加熱後や保存時の風味保持や色調維持に効果が認められた。

⑧　抹茶製品：抹茶や緑茶を使用したプリンやゼリーで茶に含有する成分（カテキン）の酸化変色を防止する効果あり。

1.2.5　エージレス・オーマック®の種類

・エージレス・オーマック®R（レトルト用）：ベース樹脂PP系，加熱処理可能温度：～135℃

・エージレス・オーマック®B（ボイル・ホット充填用）ベース樹脂PE系，加熱処理可能温度：～100℃

1.2.6　使用上の注意点

①　pHが4.6を超えかつ水分活性が0.94を超える食品を加圧加熱殺菌する場合，厚生労働省の告示は，中心温度120℃，4分間またはこれ以上の効力を有する方法により殺菌しなければならない，としている。脱酸素フィルム「エージレス・オーマック®」を適用した場合容器内部は嫌気状態となるので，上記温度を外れる加熱条件で製造している食品については，事前に食品の性状を確認する必要がある。

②　酢酸含有食品やアリルイソチアネートを含む食材等については，事前に十分な実装試験を行なった上で適用の可否を判断する必要あり。

1.2.7　エージレス・オーマック®の安全性

・厚生省告示370号溶出試験に適合

・ポリオレフィン等衛生協議会のPL確認証明書取得済

文　献

1)　榊原好久（三菱ガス化学㈱），月間フードケミカル，2004年6月号
2)　長田昌輝（三菱ガス化学㈱），ジャパンフードサイエンス，2004年7月号
3)　加柴隆史（三菱ガス化学㈱），日本缶詰協会第52回技術大会発表，2003年11月
4)　仲川和秀（三菱ガス化学㈱），食品包装，2006年2月
5)　三菱ガス化学㈱エージレス・オーマック®，リーフレット，2006年3月

2　医薬品包装

2.1　医薬品包装の機能と設計

鈴木豊明*

2.1.1　医薬品包装に求められる機能[1)]

消費者の安全志向の高まりという社会ニーズを受け，様々な関係法規の見直しが進み，包装材料にも一層の安全性と機能性が要望されている。

医薬品包装へ要望される機能（図1・表1）には，内容品の安定性と安全性・経済性・表示による情報提供と識別性・外観性・使用性・環境負荷低減等がある。医薬品はもとより人体に対して使用されるものであり，その安全性・安定性を確保しながら，機能性付与による使用者の利便性の向上を行なうと共に，3R（Reduce，Reuse，Recycle）の推進による省資源化やVOC対策等の環境に配慮した包装設計を行い，循環型社会の実現に向けた取り組みが，今後より重要となる。

包装材料の果たす役割は，単に内容物を包むと言う一次的な役割だけではなく，内容物の安定性・安全性をも含めた重要な役割を担っていると言える。

特に医薬品では内容物の保護性を十分に検討した包装設計をすることが重要であり，温度・湿度・熱や紫外線の影響だけでなく，酸素や水蒸気などの影響を受けやすいため，酸素・水蒸気に対するバリア性は重要である。

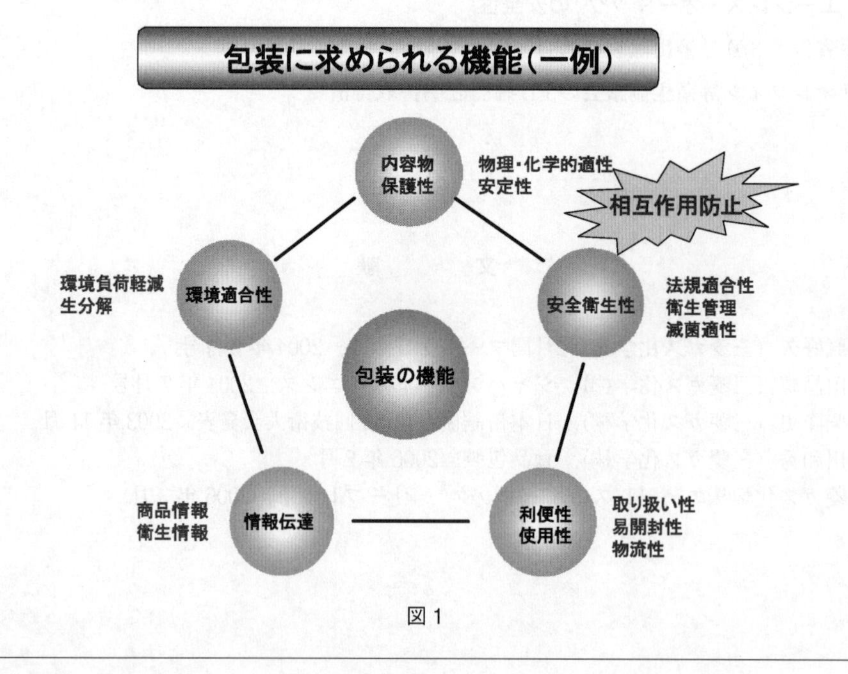

図1

＊　Toyoaki Suzuki　藤森工業㈱　研究所　樹脂加工技術グループ　グループリーダー

表1　包装に求められる機能

内容物保護性	物理・化学的適性（引張強度・伸度，引裂強度，破袋強度，耐圧強度，落下強度，透明性等） 安定性（WVTR，OTR，遮光，耐薬品，耐油，耐熱，脱酸素等）
安全衛生性	法規適合性（食品衛生法，薬事法等） 衛生管理（クリーン度，異物混入，付着菌） 滅菌・殺菌性（各種滅菌適性等）
利便性・使用性	取扱い性（透明性，作業性，包装機械適性，携帯性等） 易開封性（カット性，イージーピール性） 物流性（運び易さ，保管性）
環境適合性	環境負荷軽減（廃棄物抑制，再利用・再処理） 生分解性
情報伝達	商品情報（商品内容，成分，取扱，注意，保存方法等） 衛生情報（品質保持，賞味・消費期限等）

表2　医薬品のラミネート軟包装材料使用事例

<table>
<tr><th colspan="2">用途</th><th>材質構成</th><th>備考</th></tr>
<tr><td rowspan="2">分包</td><td>医療用医薬品</td><td>セロファン・PE　防湿（PVDC塗工）セロファン・PE
セロファン・PE・AL・PE　PET／アルミ蒸着PET・PE
PET・PE・AL・PE　グラシン紙・PE・AL・PE</td><td>1色印刷が大半</td></tr>
<tr><td>一般用医薬品</td><td>セロファン・PE・AL・PE　PET・PE・AL・PE
PET／AL／PAN</td><td>多色印刷が多い</td></tr>
<tr><td colspan="2">錠剤SP包装</td><td>セロファン・PE　セロファン・PE・AL・PE</td><td></td></tr>
<tr><td colspan="2">ピロー包装</td><td>OPP・PE　OPP・PE・AL・PE　PET・PE・AL・PE</td><td></td></tr>
<tr><td colspan="2">パップ剤</td><td>紙・PE・AL・PE　紙・PE・AL・EMAA
セロファン・PE・AL・PE
セロファン・PE・紙・PE・AL・PE</td><td>ポリチャック袋が多い</td></tr>
<tr><td colspan="2">内服液剤ステイック</td><td>PET／AL／PET・PE（LLDPE）
PET／酸化珪素蒸着PET・PE（LLDPE）</td><td></td></tr>
<tr><td colspan="2">注射剤バッグ外袋</td><td>片面　PET／AL／NY／PE（LLDPE）
片面　NY／酸化アルミ蒸着PET／PE（LLDPE）</td><td>脱酸素剤との併用例有り</td></tr>
<tr><td colspan="2">原末輸送用</td><td>NY／PE（LLDPE）　PET／AL／NY／PE（LLDPE）</td><td></td></tr>
</table>

PE：ポリエチレン　PET：ポリエチレンテレフタレート（ポリエステル）　AL：アルミ箔
PAN：ポリアクリロニトリル　OPP：二軸延伸ポリプロピレン　NY：ナイロン
EMAA：エチレンメタクリル酸共重合体　・／は押出ラミorドライラミ

2.1.2　医薬品包装の設計

プラスチック等の材料はその特性にそれぞれ一長一短があり，単独で全て医薬品包装として要求される品質の全てを満足できない場合が多い。故に，複数の材料を積層してそれぞれの材料の長所を活かし，短所を補完することができるラミネート包装が使用される。

(1)　一般的材質構成

医薬品包装でよく使用される事例を表2にまとめた。

ラミネート包装材料の材質構成は基材層＋（バリア層）＋シーラント層という構成になっているのが一般的である。

基材層は印刷や貼りあわせを行う為のベースとなる層で通常，セロファン，紙，2軸延伸ポリエステル（OPET），2軸延伸ポリプロピレン（OPP）などが使用される。印刷基材としての寸法精度やインキ密着力の要求レベル，包装時の外部環境との接する層としての耐ピンホール性，包装作業時の摩擦性や弾性などを考慮して選定される。

バリア層は内容品の安定性を確保するために，基材とシーラント層だけでは水蒸気透過度（WVTR），酸素ガス透過度（OTR），光などの透過に対するバリア性が不十分な場合に設ける層である。

アルミニウム箔やセロファンへの防湿を目的としたポリ塩化ビニリデン（PVDC）などの塗工層などが代表的であったが，新規素材が近年上市されており医薬品包装でもOPETへ無機珪素や酸化アルミニウムの蒸着フィルムなどの採用例が増えている。

シール層は密封するためのシール機能を持ったもので，主にはポリエチレン（PE）が使われるが，用途によってはエチレンコポリマーなどの変性ポリエチレンやポリプロピレン，あるいは稀に吸着性の問題などから非ポリオレフィン系の素材が使用されることもある。

(2) 防湿・防気包装設計

包装材料は水蒸気や酸素ガスが透過する為に，固形医薬品の吸湿や酸化による変質，液剤の水分逸散による濃度変化などが発生する。また特定波長の光に対して不安定な医薬品もある。このような水蒸気，酸素，光などから内容物を保護する性能をバリア性と言う。特に医薬品の場合は水分に対して不安定な製剤が多く，包装材料の透湿度を重視する場合が多い。

①防湿性・酸素ガスバリア性

医薬品包装では，水蒸気バリア性の付与は特に重要である。バリア材料としては，PVDCフィルム，PVDCコートフィルム，アルミ箔，アルミ蒸着フィルム，透明蒸着フィルム（SiOx，Al_2O_3）等の水蒸気バリア材は非常に有効であるが，プラスチックフィルムの中でもOPP，CPPのような防湿性能のあるプラスチックフィルムも内容物の水分の蒸散や，吸湿にとって有効である。内容物に求められる防湿性能に沿った品質設計を行うことが大切である。

一方，酸素ガスによる酸化劣化が発生する場合もあり，ガスバリア包材が必要になるケースもある。ガスバリア材料としては，水蒸気バリア同様にPVDCフィルム，PVDCコートフィルム，アルミ箔，アルミ蒸着フィルム，透明蒸着フィルム（SiOx，Al_2O_3），PVAフィルム，EVOH等があるが，蒸着フィルムのように酸素バリア性と水蒸気バリア性の両方を兼ね備えたものもあり，内容品や包装条件によっては効率的である。また，こういったバリア素材のみならず，脱酸素剤との組み合わせがマッチングする商品がある。表3に代表的なフィルムのバリア性に関して記載した。

②防湿・防気包装の概略理論

プラスチックフィルムは非多孔質であり液体は通過しないが，図2に記載したように気体分子

表3　代表的なフィルム透湿度，酸素ガス透過度

フィルム材質	水蒸気透過度 (g/m²・24 hrs)	酸素ガス透過度 (cc/m²・24 hrs)
一般セロファン（♯300）	<1000	300
PVDC コートセロファン（♯300）	10	10
OPET（12μ）	60	300
OPP（20μ）	7	<3000
アルミ箔（9μ）	<0.1	<0.1
蒸着 PET（12μ）	0.05～2.0	0.05～2.0
PE（50μ）	7～12	<3000
	JIS K-7129	JIS K-7126

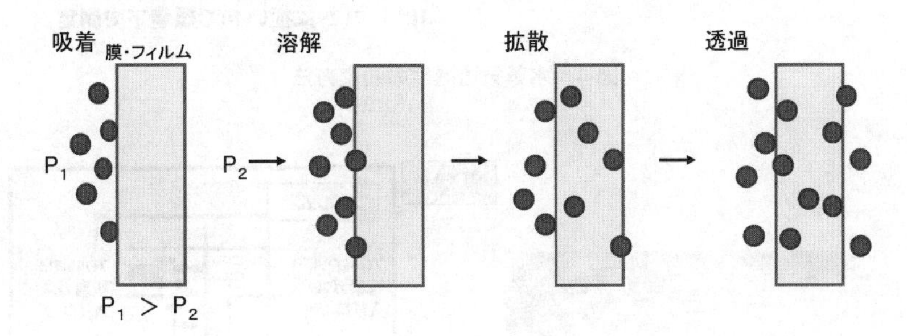

図2　溶解・拡散機構

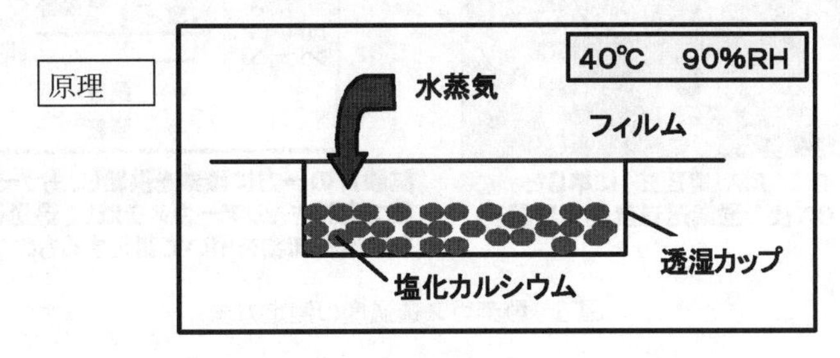

透湿カップ内に吸湿剤(塩化カルシウム)を入れ、包装材料(フィルム)で蓋をして密閉し、40℃、90%RHの部屋に置く。

適当な時間間隔でカップを取り出してひょう量を繰り返し、質量増加を測定する。

図3　透湿度（水蒸気透過度）の測定方法
（JIS Z 0208 カップ法）

は吸着⇒溶解⇒拡散⇒透過のプロセスを経るがその透過の速度はフィルム中への溶解と拡散のしやすさにより決まり，温度やポリマーの構造に依存する。

プラスチック以外の素材では，アルミ金属箔はピンホールが無い限り基本的に水蒸気を透過さ

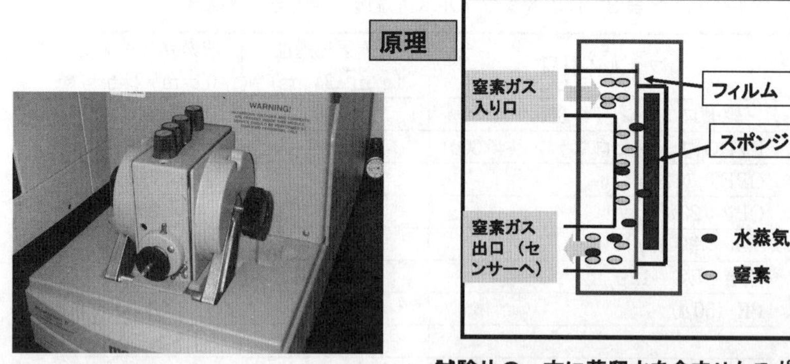

試験片の一方に蒸留水を含ませたスポンジをセットし、もう一方に乾燥した窒素を流す。フィルムを透過した水蒸気を赤外線検知器を用いて測定する。

JIS K 7129に従い40℃環境下で測定。

図4　水蒸気透過度の測定方法

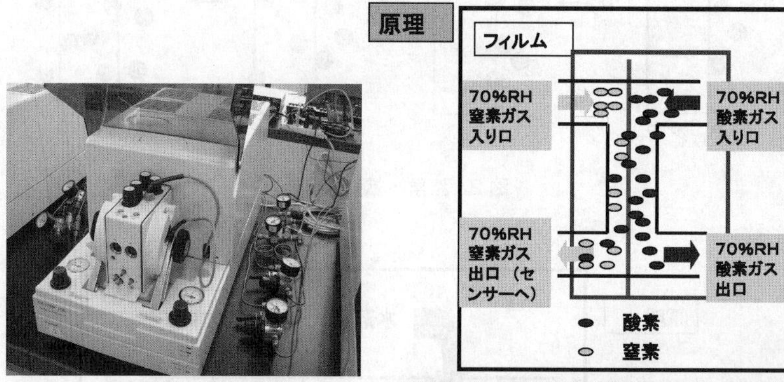

JIS K 7126 B法（等圧法）に準じたMOCON社の酸素透過度測定装置。

試験片の一方に酸素を供給し、もう一方に等圧で窒素キャリアーガスを流し、透過した酸素を酸素検知器を用いて測定するものである。

図5　酸素ガス透過度の測定方法

せず，紙は多孔質で水蒸気バリアに殆ど寄与しない。

包装材料のバリア性測定法では，透湿度は以前はカップ法を用いることが多かった。この方法では一度に沢山の検体を測定できる点や，高額な測定機器が不要な点に長所があるが，測定に時間を要する点や，測定者のスキルや恒温恒湿槽の条件などによりバラツキが生じやすく，最近ではハイバリア材料が普及したことに伴い赤外線センサー法で測定することが一般的になってきている。カップ法と赤外センサー法による透湿度を対比した経験では，透湿度10（$g/m^2 \cdot 24$時間）程度の試料では両者の測定結果に差は無かったが，透湿度1（$g/m^2 \cdot 24$時間）前後の試料ではカップ法の方が透湿度が低く測定される傾向がある。図3，4，5にバリア性測定の原理を記載した。

バリア性付与包装の近年の傾向としては以下の3点が挙げられる。

・ポリエステルフィルム等に酸化珪素や酸化アルミニウムを蒸着した透明ハイバリアフィルムの採用。

・アルミ箔を耐ピンホール性に優れる8021などの合金箔への切り替え。

・一次包装のバリア性重視した設計の見直し。

③アルミ箔の圧延ピンホール

最も一般的なバリア包装と言えばアルミ箔であるが，アルミ箔は製造過程においてピンホールが発生することが広く知られている。これは圧延ピンホールと呼ばれ，20μm以下のアルミ箔では0にすることは困難であり，安全を見れば25μm以上の厚みが必要になる。アルミ箔は材質的にはその純度，合金成分によって分類される（表4）。しかし，ラミネート包装とすることで，この圧延ピンホールの影響はかなり軽減される。表5に実際のラミネート包装でのバリア性能に関して記載した。

④各種バリアフィルム

代表的なバリアフィルムを使用した構成例を表6，7に紹介する。医薬品包装に使用される構成例はこれに限らないが，参考とされたい。

表4　主なアルミニウム箔の組成[2)]

アルミ箔種類	Si	Fe	Cu	Mn	Mg	Zn	その他 個々	その他 合計	Al
1N30	計0.7以下		0.10以下	0.05以下	0.05以下	0.05以下	0.03以下		99.30以上
8021	0.15以下	1.2～1.7	0.05以下				0.05以下	0.15以下	残部
8079	0.05～0.30	0.7～1.3	0.05以下			0.10以下	0.05以下	0.15以下	残部

（JISH-4000より抜粋）

表5　アルミ箔とピンホールによるラミネート品の酸素ガスバリア性

単位：cc/m²・day・atm

	0.1 mmφ	0.3 mmφ	0.5 mmφ
酸素ガス透過度 30℃70%RH	0.01	0.01	0.03

※20μmのアルミ箔に強制的に0.1～0.5 mmφのピンホールを開けて，PET/AL/PEのラミネートを実施した後に，経時での酸素ガス透過量を測定

表6　主なバリア性材料(1)

	アルミ箔	アルミ蒸着	PVDC	EVOH	PVA
バリア性素材	アルミニウム		ポリ塩化ビニリデン共重合物	エチレン/ビニルアルコール共重合体	ポリビニルアルコール
使用方法	圧延して箔とする	基材フイルム表面にアルミ蒸気を付着 蒸着層 基材フィルム	単層でフィルムにする場合もあるが、現在は基材フイルムにコートして使用が殆ど PVDC塗工層 基材フィルム	単層フィルム又は共押出の一部に使用 共押シート例 PP 接着性樹脂 EVOH 接着性樹脂 PP	単層2軸延伸フィルム又は基材フィルムにコート PVA塗工層 基材フィルム
基材フィルム	―	PET、CPP	NY、OPP	―	PET
代表的厚み	7～9μが一般	500～700A (0. 05～0. 07μ)	5～10g/m2 (≒5～10μ)	単層フィルムの場合 12～30μ	単層フィルム　は 20μ

表7　主なバリア性材料(2)

	バリア性ナイロンフィルム	透明蒸着	アクリル酸系樹脂	ナノコンポジット
バリア性材料	① MXD (ﾒﾁﾙｷｼﾘﾚﾝｼﾞｱﾐﾝ) ② EVOH	①シリカ(酸化ケイ素) ②アルミナ(酸化アルミニウム)	アクリル酸系ポリマー	層状無機物粒子をPVA系樹脂に微細分散構造化
使用方法	NY/MXD/NY 又は　NY/EVOH/NYの共押出し NY MXD NY	基材フイルム表面にシリカ又は酸化アルミ蒸気を付着 蒸着層 基材フィルム	基材フィルムにコート ポリマー塗工層 基材フィルム	上記構造化物を基材にコート 構造化PVA層 無機物粒子 基材フィルム
基材フィルム	―	PET　NY	PET	PET
代表的厚み	5μ程度の製品が一般的	500A(0. 05μ) 前後	1μ前後	1μ未満

文　　献

1）鈴木豊明，包装アカデミー　医薬品包装コーステキスト　医薬品の包材選択と応用技術，㈳日本包装技術協会，2010年

2）JIS H4000より抜粋，㈶日本規格協会，2006年

2.2 PTP包装の動向およびバリア技術について

武田昌樹*

2.2.1 はじめに

医薬品は，病気の予防や治療に不可欠なものであるが，新薬の開発・製品化には長い年月と巨額の費用が必要とされ，更に市場に出され治療に使われるまでの長期間にわたって品質を保証し，適切に使用されることが求められる。医薬品の品質に影響する外部要因には，水分，酸素，光，温度，衝撃などがある。そのため医薬品包装にはこれら外部要因の影響を抑え，医薬品を保護することが求められる。また，薬事法，薬局方，そしてGMP（Good Manufacturing Practice）「医薬品の製造管理及び品質管理」などの厳しい基準があるため，医薬品包装に用いる材料や設計については充分に考慮する必要がある。

2.2.2 医薬品の分類と包装形態について

医薬品包装に求められる要求は医薬品の種類や剤形（剤型）によって異なる点があり，またそれにより使われる包装形態も変わる（表1参照）。ここで，平成21年における医薬品剤型分類別生産金額についてみると，最も生産金額の大きいものは錠剤で52.3%を占め，カプセル剤の6.2%，注射液剤の5.8%，散剤・顆粒剤等の5.6%の順となっている（表2参照）。錠剤やカプセル剤の包装形態としては，その90%近くにPTP（Press Through Package）が用いられている。

本稿では，医薬品包装形態の中でもPTP包装を中心に，またPTP包装に求められる要求の中でも最も重要な水蒸気バリア性（防湿性）を中心に用いられる包装技法について，ほかの医薬品包装形態での事例も簡単に交えながら概説する。

2.2.3 PTP包装について

(1) PTP包装の構成

PTP（Press through Package）は，容器状に加熱成形されたプラスチック底材の中に薬を充填し，蓋材のアルミ箔でヒートシールした包装形態である（図1参照）。一錠単位で個包装され

表1　医薬品包装の形態

剤　形	包　装　形　態
錠剤・カプセル	SP（ストリップ包装），PTP（ブリスター包装） ガラスびん，プラスチックびん，袋，缶
散剤・細粒剤	分包，スティック
顆粒剤	分包，スティック ガラスびん，プラスチックびん，袋，缶
液　剤	ガラスびん，プラスチックびん
注射剤	アンプル，バイアル，プレフィルドシリンジ
軟膏・座薬	チューブ，びん，コンテナ

＊　Masaki Takeda　住友ベークライト㈱　フィルム・シート研究所　研究部　包装技術センター　主席研究員

表２　医薬品剤型分類別生産金額

剤 型 分 類	生産金額		対前年増減		構成割合	
	平成 21 年	平成 20 年	増減額	比率	平成 21 年	平成 20 年
	百万円	百万円	百万円	%	%	%
総　数	**6,819,589**	**6,620,091**	**199,498**	**3.0**	**100.0**	**100.0**
散剤・顆粒剤等	380,901	367,880	13,021	3.5	5.6	5.6
錠剤	3,569,133	3,391,899	177,234	5.2	52.3	51.2
丸剤	12,570	12,748	－178	－1.4	0.2	0.2
カプセル剤	424,892	422,051	2,841	0.7	6.2	6.4
内用液剤	170,129	172,032	－1,904	－1.1	2.5	2.6
注射液剤	393,545	418,758	－25,213	－6.0	5.8	6.3
粉末注射剤	217,402	235,401	－17,999	－7.6	3.2	3.6
外用液剤	303,328	280,042	23,286	8.3	4.4	4.2
エアゾール剤	13,045	13,690	－645	－4.7	0.2	0.2
軟膏・クリーム剤	135,818	139,833	－4,016	－2.9	2.0	2.1
坐剤	19,701	22,902	－3,201	－14.0	0.3	0.3
硬膏剤・パップ剤・パスタ剤	208,120	204,863	3,257	1.6	3.1	3.1
その他	971,217	938,289	32,929	－0.2	14.2	14.6

厚生労働省医政局，平成 21 年薬事工業生産動態統計年報 p21

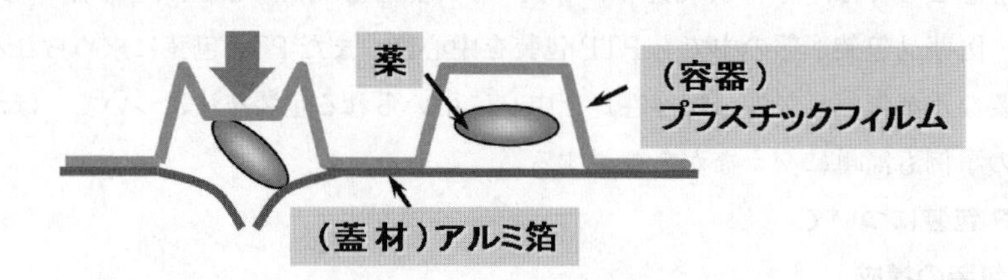

図１　PTP 包装の構成

ており，プラスチック容器を指で押し，アルミ箔を破ることで薬を取り出すため改ざん防止にもなり，長年固形製剤の代表的な包装形態として使われてきた。内容物を充填するために容器形状に成形する必要があるため，用いられるプラスチックフィルムなどの材料は成形前だけでなく容器形状に成形された後の特性も非常に重要となる。

⑵　PTP 包装の生産工程について

図２に PTP 包装の工程について概略を示す。底材のプラスチックフィルム，蓋材のアルミ箔はロール状に巻かれた原反状態でセットされている。PTP 包装の工程において，プラスチックフィルムは加熱により軟化状態にした後，目的とする型（レンズ状やカプセル状）に成形されるが，このとき 200％前後（割合は容器形状で変わる）伸ばされた後，冷却され次の工程に進む。そして蓋材のアルミ箔でシールをする際もアルミ箔側から 200℃～250℃の温度で加熱された後，次の工程の前に冷却される。このようにプラスチックフィルムは各工程で加熱・冷却により寸法変化を生じながらも連続して安定した搬送を行うことが要求される。

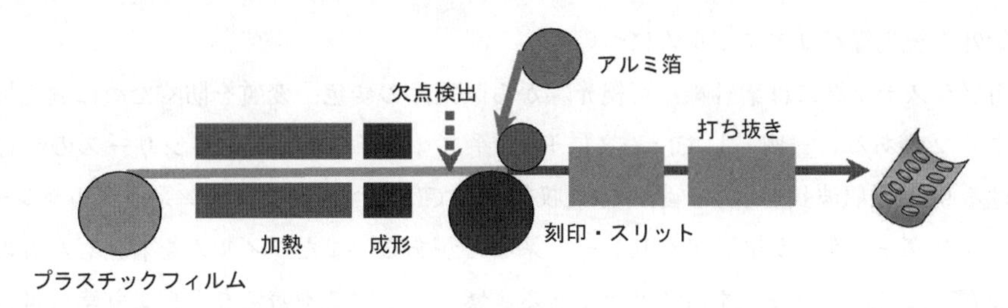

図2　PTP包装の工程

(3)　水蒸気バリア性の評価・安定性試験について

PTP包装の生産面におけるプラスチックフィルムへの要求特性について述べたが，実用性能面でもバリア性（水分，光など），内容物の視認性（透明性），耐衝撃性，薬の押出し性など様々な要求がある。このうち最も重要なものが水蒸気バリア性（防湿性）であり，その評価方法にはJIS K7129Bのモコン法（赤外線法），JIS Z0208のカップ法のほか，薬の代わりにゼオライトやシリカゲルなどの吸湿材を充填したPTP包装で行う方法などがある。この水蒸気バリア性は医薬品の承認申請時に行われる安定性試験と関係してくる。

医薬品の承認申請時には，有効性及び安全性を維持するために必要な品質について安定性試験を行う必要がある。この安定性試験には，長期保存試験，加速試験，過酷試験があり，医薬品の熱や湿度に対する安定性，また溶媒の損失の可能性について，定められた温度，湿度環境下で試験が行われる。例えば一般的な製剤については，長期試験の場合，25℃±2℃/60%RH±5%RH又は30℃±2℃/65%RH±5%RHで12ヶ月，加速試験の場合，40℃±2℃/75%RH±5%RHで6ヶ月，そして過酷試験は酸化や光分解の影響，極端な温度変化など加速試験より更に過酷な条件となる（参考：医薬審発第0603001号厚生労働省医薬局審査管理課長）

(4)　PTP包装の容器用プラスチックフィルムについて

①　これまでの経緯

弊社はPTP包装形態がヨーロッパから日本に導入された同年代の1960年代中頃よりPTP包装の容器用フィルムとして，FDA適合のPVCフィルムスミライト®VSSを上市し，その後PVDCコートのスミライト®VSL，PP系のスミライト®NSを上市，1996年にはGMPに準拠した一貫生産工場を建設し，近年もPCTFEを使用した超高防湿グレードスミライト®FCLを上市するなどニーズに応じた様々なラインナップを揃えている。

PTPに用いられるプラスチックフィルム材料はポリ塩化ビニル（PVC）が最も多い。2000年頃にダイオキシンの低減を目的として国内の大手製薬メーカーによる脱PVCの動きが盛んになり，ポリプロピレン（PP）などのオレフィン樹脂への切替え変更が行われたが，最近では，省資源，環境負荷小，長寿命，リサイクル可などの点で評価が見直され，また環境整備が進んでいることもあり落ち着いている。

② 紫外可視光線バリアフィルムについて

底材用プラスチックには紫外線，可視光線から医薬品の変色，変質を防ぐために遮光機能を付与したタイプがある。一例として，表3にPVC系スミライト®VSS-UVシリーズの光線透過曲線における90%吸収波長を示す。紫外線吸収剤としては，ベンゾフェノン系，サルシレート系，ベンゾトリアゾール系，シアノアクリレート系などがある。またフィルムを着色したものは透明タイプより高波長域まで吸収することができる。紫外線吸収剤や着色などにより紫外可視光線の吸収レベルは変わるが，PVC系，PP系ともに着色タイプにおいても可視性を有しているため，紫外線を遮断しながら，内容物やアルミ印字の視認性に優れているのが特徴である。

③ 水蒸気バリアフィルムについて

先に述べたように，PTP包装において水蒸気バリア性は最も重要な機能であり，水蒸気バリア性の要求レベルは高まっている。その理由として，チュアブル錠や口腔内崩壊錠（OD錠：Oral Disintegrant）など水分に対して敏感な製剤が増えてきていること（薬を飲み込む力が落ちている人のため，突発的な症状のとき水がなくても服用できるようにするため），薬の上市を出来るだけ早めるために安定性試験を確実にパスする必要があり水蒸気バリア性のより高いもので検討が行われること，更には2次包装であるアルミピロー包装を開封した後のバリア性を高めることなどが挙げられる。

図3は，PTP包装に用いられる材料の水蒸気バリア性について比較したものである。水蒸気バリア性が最も優れているものはPCTFEであり，続いて，PVDC，COC，PP，PVCの順である。バリア性の順番を説明する参考として，表4に化学式を，表5，6には水蒸気バリア性に関係する項目を載せている。一般的に水蒸気は結晶部分では透過が殆ど起こらない。水蒸気の透過は非晶部分でのポリマー鎖間の隙間の量（自由体積）と凝集エネルギー密度を合わせて考えた係数パーマコール値（= 71[ln(凝集エネルギー密度^2／自由体積) − 5.7] と，水分との親和性（水分が供給されると，流動，膨潤により分子間の凝集力が低下する）が関係することが知られている。またガラス転移温度を境に，非晶相のポリマー鎖の運動性がミクロブラウン運動により向上し，水蒸気が透過しやすくなる。

表3　VSS-UVシリーズの紫外可視吸光特性

色番 Color number	90%吸収波長 90% absorbing wave length
UV 透明011 UV Transparent 011	379 nm
UV-3 透明011 UV-3 Transparent 011	394 nm
UV-3 褐5-761 UV-3 Amber 5-761	476 nm
UV-3 褐4-670 UV-3 Amber 4-670	515 nm

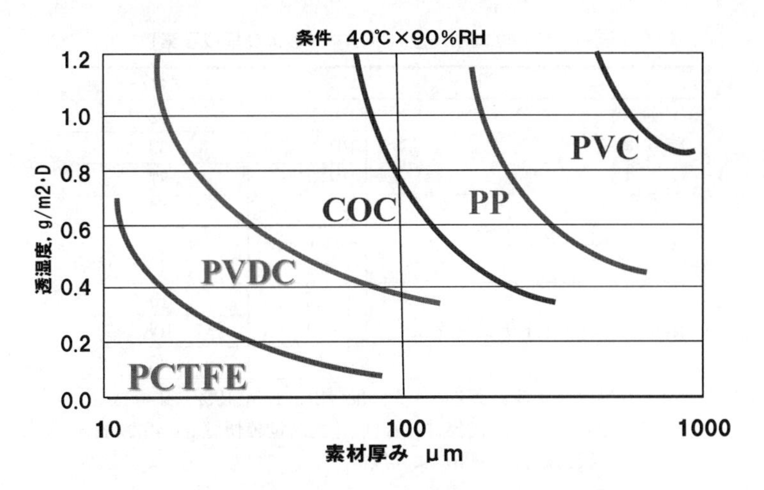

図３　PTP 包装に用いられる材料の水蒸気バリア性能

表４　PTP 包装に用いられている樹脂の化学式

樹脂	化学式
PVC（非晶性） ポリ塩化ビニル	$-\!\left[CH_2 - CHCl \right]_n\!-$
PP（結晶性） ポリプロピレン	$-\!\left[CH_2 - CH(CH_3) \right]_n\!-$
COC（非晶性） 環状ポリオレフィン	$\left[\cdots - CH_2 - CH_2 - \right]_n$
PVDC（結晶性） ポリ塩化ビニリデン	$-\!\left[CH_2 - CCl_2 \right]_n\!-$
PCTFE（結晶性） ポリクロロトリフルオロエチレン	$-\!\left[CF_2 - CFCl \right]_n\!-$

表５　PTP 包装に用いられている樹脂特性

		融点	T_g	吸水率
PVC	非晶性	—	82	0.04〜0.40
PP	結晶性	170	−20	0.01〜0.03
COC	非晶性	—	80	0.01〜0.03
PVDC	結晶性	212	−18	0.1
PCTFE	結晶性	210	52	< 0.01

上記数値は参考値。

たとえば，T_g はポリマーの立体規則性や結晶状態により変わってくる。

表6　パーマコール値（ポリマーおよび構成要素）

		パーマコール値
ポリマー※1	PVC	62
	PP	33
	PVDC	87
ポリマーセグメント※2	$\leftarrow CH_2 \rightarrow$	15
	$\leftarrow CH \rightarrow$ ｜	0
ポリマーのサイドチェーン※2	$-CH_3$	15
	$-Cl$	108
	$-F$	85

※1　井手，プラスチックエージ，38（2），176（1992）より抜粋
※2　渡辺晴彦，食品包装材料特性，「食品包装便覧」p.457，日本包装技術協会（1998）より抜粋

ほかにも水蒸気バリア性が良好な材料として，蒸着フィルムや有機－無機ハイブリッドフィルム，ナノコンポジットフィルム，液晶ポリマーフィルムなど様々あるが，PTP包装には透明性，成形性，PTP包装体での水蒸気バリア性が重要になるため，現在のところ適用するのは困難である。

2.2.4　各種材料の医薬品包装への適用事例について（PTP包装を中心に）

(1)　ポリ塩化ビニル（PVC）について

長年，様々な用途に使われてきた材料であり，可塑剤の添加量により軟質タイプと硬質タイプに分かれる。可塑剤を入れることで柔軟性を付与した軟質タイプのPVCフィルムは，輸液バッグに使われてきた（最近は，低溶出性，耐熱性，透明性，耐滅菌性の点からEVAやオレフィン系樹脂が使われている）。軟質PVCが使われる前は，ガラス容器，その後，ポリプロピレン容器と硬質タイプが使われてきたが，輸液を一定速度で滴下するために容器内部に針で空気を入れる必要があったが，軟質PVCの輸液バッグの登場で針が不要となった。しかし，可塑剤を入れると，柔軟性や加工性がよくなる一方で，透湿度が増加してしまう（図4参照）。弊社のスミライト®VSSは，硬質タイプのPVCフィルムであるため，可塑剤による透湿度増加は抑えられている。スミライト®VSSの成膜は，カレンダー製法で行う（図5参照）。カレンダーロールと呼ばれる回転した加熱ロール間でPVCをフィルム状に圧延し，冷却ロールに通すことで固化した後，ロール状に巻き取られる。生産能力は極めて高いが，PTP包装機でのライン適正のためには，製造条件においてフィルムの厚み精度や物性のコントロールの調整を上手く行う必要がある。

(2)　ポリ塩化ビニリデン（PVDC）について

水蒸気バリア性だけでなく，酸素などのガスバリア性にも優れた材料である。単体で使用されることは殆ど無く，弊社のスミライト®VSLにおいても，PVC基材フィルムにコーティングを行っている。表7に構成の一例を紹介する。コーティングにより積層する場合には，主成分とし

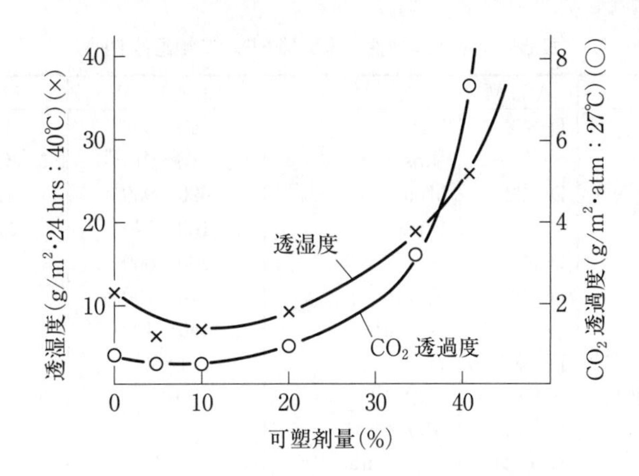

図4　PVC の透過性に及ぼす可塑剤の影響
山崎潔　包装材料のガスバリア性　兵庫県立工業技術センター

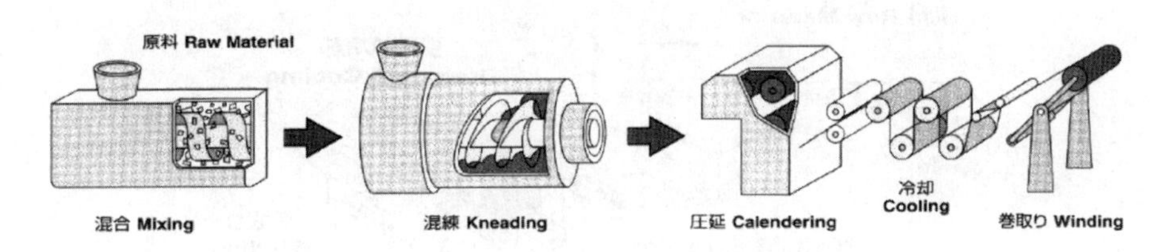

図5　カレンダー製法

表7　スミライト®VSL の構成例（ラテックスコート量よる透湿度）

PTP 包装材料　スミライト®		厚み (mm)	特徴	透湿度 (g/m^2･24 hr)
VSL-4701	PVDC / PVC 2層 Double layers	0.27	ラテックス 40 g コート	0.83
VSL-4703		0.285	ラテックス 60 g コート	0.56
VSL-4705		0.25	ラテックス 90 g コート	0.38

ての塩化ビニリデンと，メタクリル酸，アクリロニトリル及び／またはメタクリル酸メチルとを乳化共重合して得られる水分散体を，エアナイフコート法，グラビアコート法，ロールコート法等で塗布する方法が用いられる。PVDC 層を厚くすることでバリア性が向上するが，PVDC 層が厚すぎると剛性が上がり，容器サイズや形状によっては薬の押出し性に影響するため最適な設計が必要となる。

(3)　ポリプロピレン（PP）

PVC 同様に，医薬品包装に限らず幅広く使われている素材である。立体規則性や結晶構造により物性が異なる。また重合法において，プロピレン単独からなるホモ系，エチレンやブテン-1を共重合化したランダム系，ホモポリマーの重合に続き，後続の反応槽でエチレンが共重合化さ

表８　フィルム物性（未延伸 PP，二軸延伸 PP）

物性	ASTM	単位	未延伸 PP	二軸延伸 PP
引張り強度	D-822	MPa	40〜60	140〜240
		(kpsi)	(6〜9)	(20〜35)
弾性率	D-822	MPa	690〜960	1,720〜3,100
		(kpsi)	(100〜140)	(250〜450)
伸び	D-822	%	400〜800	50〜130
引裂き強度	D-1922	N/mm	16〜160	1.5〜2
		(g/mil)	(40〜400)	(4〜6)
ヘイズ	D-1003	%	1〜4	1〜4
水蒸気透過速度	E-96	$\frac{g \cdot mil}{100\ in^2 \cdot d}$	0.7	0.3
O_2 透過速度	D-1434	$\frac{cc \cdot mil}{100\ in^2 \cdot d \cdot atm}$	240	160

Butler, T. I., Veazey, E. W., Eds.：Film Extrusion Manual, TAPPI Press, Atlanta, GA 1992

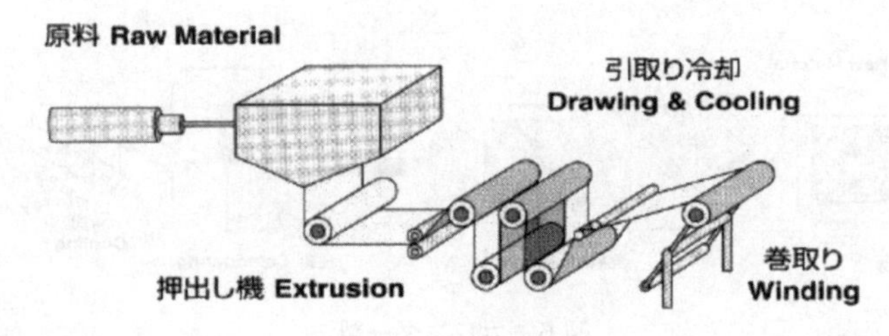

図６　押出し製法

れたブロック系の種類がある。水蒸気バリア性においては，立体規則性や結晶化度が高い方が良く，ホモ系が優れている。また，インフレ成形やテンター成形による２軸延伸 PP フィルム（BOPP）は，無延伸 PP（CPP）に比べ強度，剛性，水蒸気バリア性に優れる（表８参照）。輸液バッグにおいても，輸液からの水蒸気が包装を通り抜けることで輸液濃度が変化してしまうのを防ぐために輸液バッグの外装袋の構成部材として BOPP が用いられている。しかし，酸素バリア性は劣るため，酸素バリア性が必要な際は PVDC を積層して使用される。PTP 包装においては薬を充填するために容器状に加熱成形する必要があるため CPP フィルムが使われている。CPP における水蒸気バリア性向上については，結晶核剤や石油樹脂（シクロペンタジエン留分を熱重合したジシクロペンタジエン系樹脂など）の添加が知られている（特許 3157128 号）。PTP 包装用 PP フィルムは T ダイによる押出し製法によって製造される（図６参照）。

⑷　**環状オレフィンポリマー（COP，COC）**

COP は環状オレフィンモノマーを開環重合し水素添加して得られ，COC は，環状オレフィンモノマーとエチレンを付加重合で得られる。光学特性，耐熱性，水蒸気バリア性に優れているだけでなく，汎用オレフィンポリマーとの親和性があるため，汎用オレフィンポリマーへ積層することが可能である。医薬品用としては金属成分の溶出が少ないこともあり，注射剤の容器として知られるバイアルやプレフィルドシリンジに利用されている。更に，COCは環状オレフィンモノマーとエチレンのモノマー共重合比を変えることで，様々なガラス転移温度（T_g）のものを得ることが出来る。PTP包装では，成形性の観点からT_gが80℃付近のものが使用されている。また，水蒸気バリア性の特徴として常温付近ではCPPとそれほど大きな差は見られないが，温度依存性が小さく，例えば40℃ではCPPよりCOCの方が優れている。また，フィルムは押出し製法で製造されている。

⑸　ポリクロロトリフルオロエチレン（PCTFE）

溶融成形が可能なフッ素樹脂の一つであり，水蒸気バリア性が非常に優れているのが特徴である。弊社のスミライト®FCLは，PVCまたはPPフィルムに，PCTFEをラミネートして複合化したものである。上述したとおり，最近の水蒸気バリア性向上などのニーズにより，PTP包装への採用事例が徐々に増えてきている。PCTFE厚み101μmのものでは，透湿度が0.08 g/m^2･Dと他の樹脂を圧倒している。ここで，PCTFEはPVCやPPと熱的挙動が異なるため，PTP成形時における容器（ポケット）の肉厚分布や層間デラミによるPTP成形品での水蒸気バリア性が気になるところであるが，図7に示すように最適な成形条件によりPTP成形品でも優れた水蒸気バリア性を有することが可能である。

⑹　アルミについて

アルミはPTP包装において，蓋材として用いられている。厚みは，一般的な20μm，17μmのほかに15μmがあるが使用事例は比較的少ない。また，アルミは蓋材としてだけでなく，容器としても用いられることがある。一般的な構成としては，アルミ箔を中心に，外側にナイロン層，内側にPVCを貼り合せたものが多い。蓋，容器ともにアルミで出来ているため中身が見えず，また成形性を考慮するとシートサイズを大きめにする必要があるが，バリア性は水分，光，酸素に対して最も高いバリア性を有している。米国では採用事例が多いようであるが，国内では

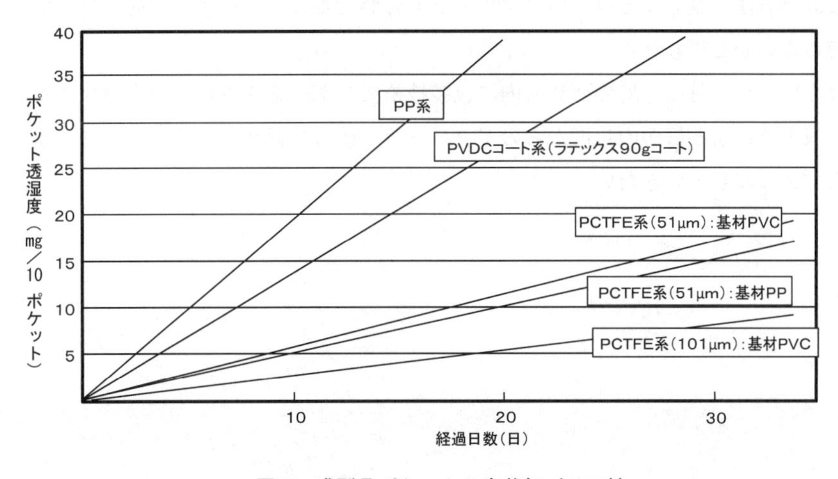

図7　成型品ポケットの水蒸気バリア性

それほど多くはない。

(7) アクティブバリア材について

上述までのバリア素材は，包装容器の内部に侵入してくる水分やガスをバリアする受動的（パッシブバリア）なものであるのに対して，包装容器内部に侵入してくる水分やガスを積極的に除去することからアクティブバリアと呼ばれている。アクティブバリアには無機系や有機系の種類がある脱酸素剤や，物理的吸着系と化学的吸着系の種類がある乾燥剤などがあり食品やお菓子，飲料用の包装材料として利用されている。一般的に包装内部に脱酸素剤や乾燥剤の小袋を同梱しているが，最近では誤飲防止や入れ忘れ防止のために包装材料そのものに水分や酸素の吸収機能を持たせているものがある。医薬品包装においても利用されている例があり，例えば点滴剤には酸素の影響で変質してしまう薬剤があり，輸液ボトルの外装包装に用いられている。また，PTP 包装においても，主に吸臭としての目的であるが，ゼオライトを使用した PTP 包装が開発されている（特願 2008-540976）。弊社では非鉄系の成分を使用した酸素を吸収するフィルムの開発に取り組んでおり，従来のパッシブバリアの機能の技術と合わせ更にバリア機能の向上を目指している。

2. 2. 5 おわりに

医薬品包装は，医薬品の有効性と安全性，安定性を損なわず，品質を維持することが求められ，各種バリア性ほか様々な技術が検討され開発されてきた。しかしながら，先に述べた水分に敏感な錠剤や今までよりも高活性な新薬の開発などがなされ，包材にはより高いバリア性などこれからも益々高い機能が必要となると思われる。また，医薬品は品質維持だけでなく，適切な状態で服用または投与されることが重要である。そのため，包装には識別性（薬局・病棟・服用者の取り間違い防止，適切な保管），使用性（薬の押出し性など）の向上も合わせて必要となる場合があると思われる。医薬品包装の役割はより重要になってくるが，色々な要求に対して包装の材料の観点からのアプローチだけでは解決が困難な場合も出てくる。そのため，例えば包装デザインや実用的な評価方法の確立などほかのアプローチも合わせることで解決の道筋が見えてくることもあるのではないかと思われる。

弊社では 2010 年 11 月に尼崎の研究所内に包装技術センターを開設し，従来のフィルム開発だけでなく，成形条件などほかの角度からのアプローチの検討を行うことで世の中に必要とされる要求を満たすようにしていきたい。

3 HDD component packaging

See, GL*1 ; Pun, MY*2 ; Konishi, Y*3

3. 1 Introduction

The current chapter provides a study on the outgassing phenomenon in the hard disk drive packaging as well as the various methods recommended to minimize this outgassing behaviour. Plastic packaging used in the hard disk drive industries besides providing electrostatic discharge, ESD protection, they are also required to meet stringent cleanliness specifications in the area of particulate, organic as well as ionic contamination. Particulate contamination can cause disk damage, disk scratching and head crashes; organic contamination can cause stiction failures, where the motor current is not sufficient to lift a head stuck to the disk upon landing; and ionic contaminants can cause corrosion of the head and/or disk. These defects may be detected at the manufacturing line or may escape to the field, thereby impacting customers[1].

Jabbar *et al.*[1] described contamination due to outgassing and lubricant migration consequences for disk drive spindle motors. The industry trend showed that outgassing-related and lubricant migration problems typically worsen at high speeds of revolution. During periods when rigid disk magnetic storage devices are not powered, the head is typically in direct contact with the disk surface under an applied load. In the presence of a thin liquid film, caused by condensation of water vapour or volatile organic vapours (or by the transport and deposition of aerosol droplets), capillary adhesion can occur at the slider/ disk contact points. When the disk drive is started under these conditions, the adhesive force can damage the disk media, the slider or the slider suspension. The drive may even be rendered inoperative. Any outgassing (e.g., plastic packaging, plastic component in the hard disk drive) or aerosol (e.g., lubricant from spindle motors) component in the drive can be a contributor in this failure mode.

3. 2 Outgassing phenomenon in the hard disk drive, HDD components packaging

To date, there is limited works on the gas transport phenomenon in the electronic assemblies packaging. Compared to the characteristic gas permeation model which is well discussed in the applications of membrane separation, contact lens and barrier packaging, gas transport

---

* 1 Polymer Research Center, Texchem Polymers Sdn. Bhd.

* 2 Polymer Research Center, Texchem Polymers Sdn. Bhd.

* 3 Polymer Research Center, Texchem Polymers Sdn. Bhd. ; Group Sales & Business Development, Texchem-Pack (M) Bhd.

behaviour in the electronic assemblies packaging applications is complex and difficult to illustrate with the typical gas transport process. This is due to the reason that, apart from the packaging material, the environment of packaging might also influence the transport of the organic volatiles in the packaging resulting in an increased outgassing contamination on the storage parts and at times leading to the HDD component failure. For the HDD component packaging, barrier technology has been applied mainly to control the diffusion of organic volatiles originated mainly from the plastic packaging onto the surface of HDD components that might eventually lead to the drive failure due to stiction.

This chapter focuses on the fundamental understanding of the mass transport of volatile organic compounds in the electronic assemblies packaging, specifically thermoformed packaging tray that gives protection to the HDD components such as head gimbal assembly (HGA), head stack assembly (HSA) and actuator arm assemblies during transfer process from one HDD contract manufacturer to the other. The outgassing phenomenon in the HDD component packaging and the influence of packaging environment will be discussed. Besides, the typical HDD component packaging process flow and a proposal of the mass transport mechanism of volatile compounds in the HDD component packaging will be presented. In this discussion, the environmental effect on the outgassing behaviour of the packaging will be studied using dynamic headspace Gas Chromatography Mass Spectrometery, DHS GCMS and the packaging of actuator arm assemblies will be used as the example throughout the discussion for illustration purpose, as demonstrated in Fig. 1.

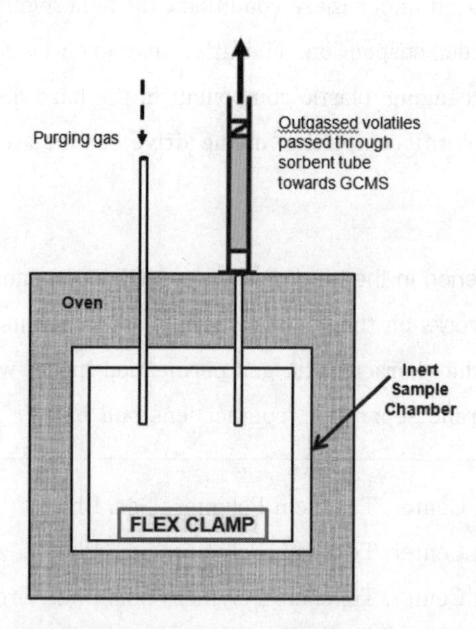

Fig. 1 Schematic diagram showing off-line purge and trap onto a sorbent tube.

3. 2. 1　Electronic assemblies packaging applications for HGA, HSA and Actuator Arm Assemblies

In the electronic assemblies packaging, HDD components such as HGA, HSA and actuator arm assemblies are placed in the pockets of the thermoformed packaging tray and then covered as shown in Fig. 2, Fig. 3 shows the typical example of HDD component packaging

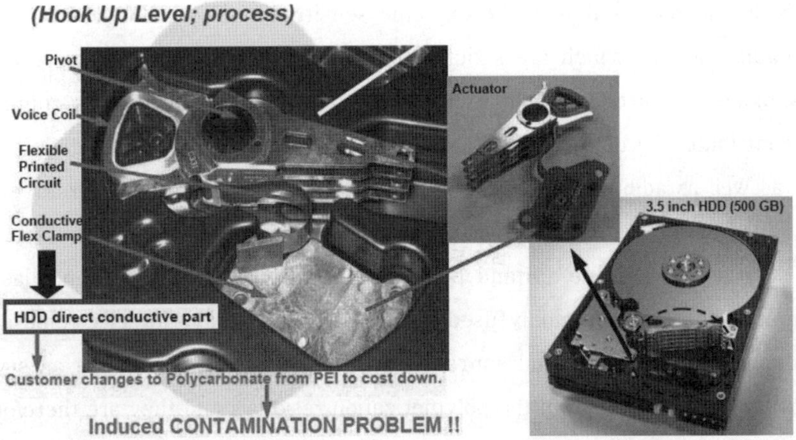

Fig. 2　Storage of actuator arm assemblies in a thermoformed shipping tray.

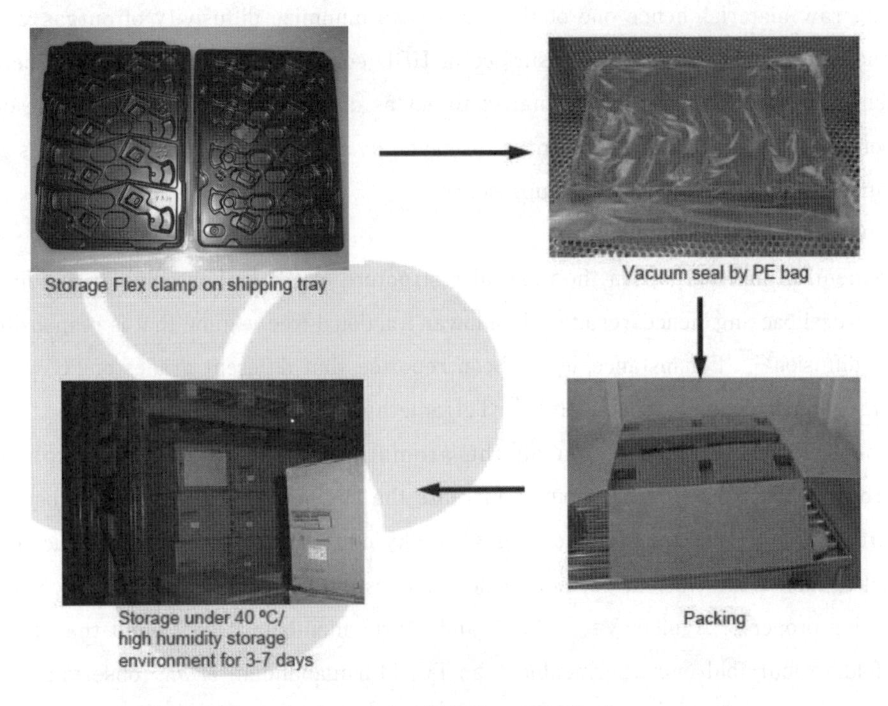

Fig. 3　One typical example of HDD part packaging process flow.

process flow. After placing the component into the plastic tray, the plastic tray will be vacuum-sealed in a polyethylene bag before putting into a carton box for storage. The carton box will then be stored in a warehouse having a typical environment condition of 30-40℃ and relative humidity of 70-80% RH.

3. 2. 2 Outgassing behaviour in the HDD component packaging

Among the electronic manufacturers, the HDD industry is one of the most demanding in regards to the cleanliness due to the extreme sensitivity of the HDD components. Major outgas organic volatiles which are strictly controlled by HDD manufacturers are such as styrene, siloxanes, antioxidants and hydrocarbons. These organic volatile compounds are primarily contributed by the plastic packaging i.e. residuals from the polymerization of matrix polymer[2], as well as additives such as compatibilizers, antioxidants, plasticizers, etc that are generally added to enhance the polymer performance, stability and processability. Commodity polymers such as polystyrene, PS and polycarbonate, PC are two important classes of the polymer matrix that are commonly used as the packaging trays for electronic assemblies. These polymers are the potential sources for the organic volatiles such as styrene and hydrocarbon generally come from the polymerization residuals and they are therefore difficult to be eliminated completely.

As it is not possible to eradicate completely the outgas source contributed by the incoming raw material, hence one of the ways is to minimize diffusivity of outgas volatiles from the plastic packaging onto the surface of HDD components during storage. There are stringent demands for the polymer matrix to act as diffusion barriers whereby the outgas transport to the packaging environment is restricted by reducing the diffusion channels across the matrix via the physico-chemical approaches.

(a) Chemical modification

Replacement of bulky group on the molecular structure of the matrix polymer will improve the structural packing, hence, resulting in a lower fractional free volume that is responsible for the gas diffusion[2~5]. For instance, it has been reported that different grades of PC will have different gas permeability coefficient[6~8]. Tetramethyl bisphenol-A polycabonate, (TMPC) with methyl groups substitution on the aromatic back bone rings of bisphenol-A polycarbonate (PC) have been shown to increase the gas permeability coefficient because of the increase in fractional free volume (Fig. 4). Bulky methyl groups on the aromatic ring are believed to inhibit the efficient packing, hence give rise to larger free volume, hence reduces the barrier property. Aguilar-Vega *et al.*[6] and Muruganandam *et al.*[8] found that TMPC is three-fold to four-fold more permeable than PC. Muruganandam *et al.*[8] observed a lower activation energy for transport for TMPC as compared to PC .

(I) Bisphenol-A polycarbonate, PC

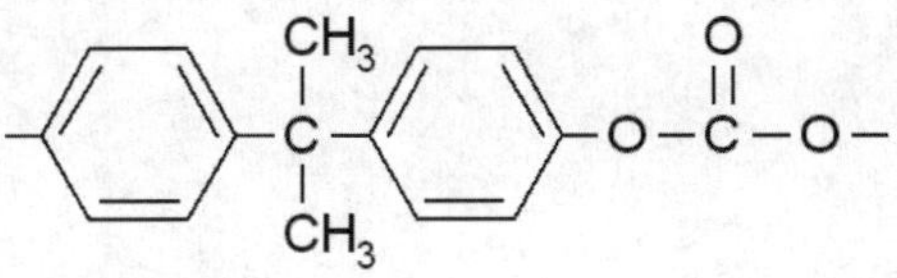

(II) Tetramethyl bisphenol-A polycarbonate, TMPC

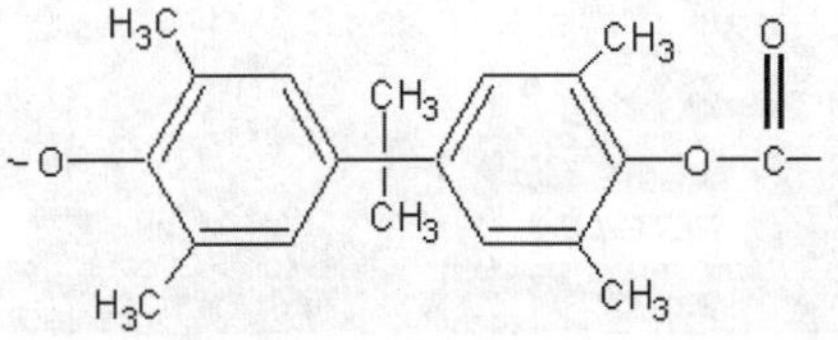

Fig. 4　Chemical structure of Bisphenol-A polycarbonate (PC) and Tetramethyl bisphenol-A polycarbonate (TMPC).

(b)　Polymer blending

Comparison with chemical modification, blending is a more industrial cost-effective way to modify properties of two or more polymers simultaneously, which offers high degree of synergism. Similar to chemical modification, blending offers opportunity of more efficient molecular packing via chemical integration, this help to improve the interphase interaction which in turn will reduce the total free volume in the polymer matrix that is important for gas diffusion. It is well known that varying the blend composition or the dispersed phase of blend system might considerably change the blend morphology. Fig. 5 shows the SEM images of different PETG-based blend systems[9]. The blends morphology changed significantly with the dispersed phase where PETG/TP-3 blend showed the smallest free volume, hence the least diffusion paths in the polymer matrix. Similar effect of blending on structural morphology has been reported by Lee and Han[10] (Fig. 6).

(c)　Polymer composite system

Incorporation of filler such as clay has been found to be an effective approach in reducing the level of outgassing in the polymer matrix. It is believed that a well dispersed clay in the polymer matrix blocks and inhibits the common diffusion path of volatiles from core to surface of the polymer matrix. Fig. 7 shows the TEM micrograph of a nylon-6/clay nanocomposite system[11]. Exfoliated morphology can be found in this nanocomposite system and the clay

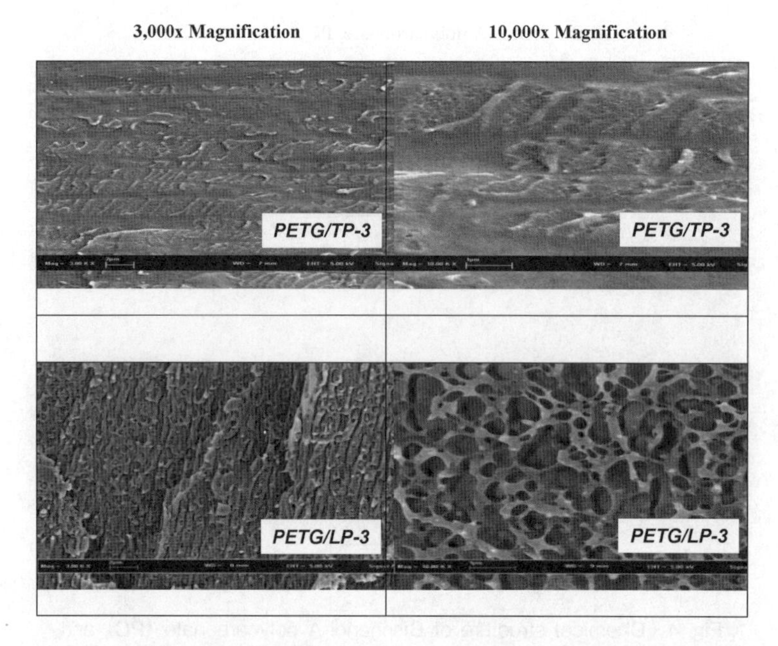

Fig. 5 SEM images illustrating the fracture surface of PETG blends with different dispersed phase TP-3 and LP-3 at 3,000x and 10,000x magnification.

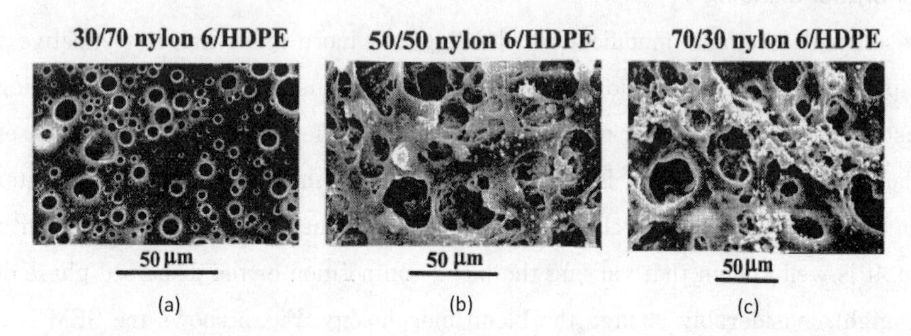

Fig. 6 SEM images illustrating the morphology evolution in the 30/70, 50/50, and 70/30 nylon 6/HDPE blends.

platelets dispersed in the composite increase the difficulty on the mass transport of volatiles across the matrix, which decreases the level of outgas volatiles. A study by T.-Y. Tsai *et al.*[12] on the permeability of clay-filled nanocomposite system shows that good dispersion of clay in the polymer matrices demonstrates much higher CO_2 gas barrier property.

(d) Process optimization

At optimum mixing conditions, compatiblized systems with good interphase gives apparently lower fractional free volume in the system, resulting in a better barrier property. Effect of

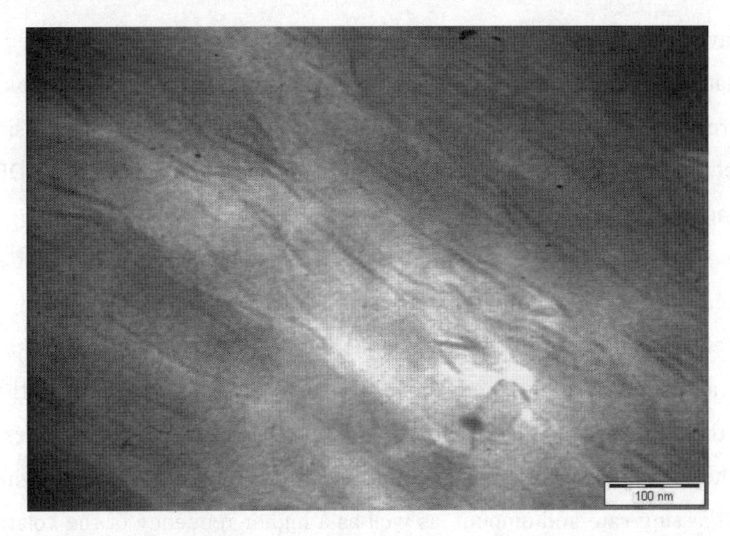

Fig. 7　TEM image of nylon-6/clay nanocomposite at 13,000x magnification.

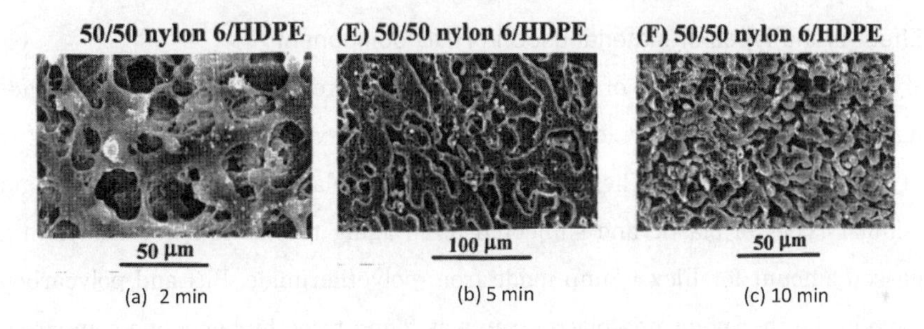

Fig. 8　SEM images illustrating the effect of mixing time (2, 5 and 10 min) on the morphology of 50/50, nylon 6/HDPE blends during compounding at a rotor speed of 50 rpm and at 2408C in a Brabender Plasticorder.

mixing time on the blend morphology has been studied in detail by Lee and Han[10]. Fig. 8 shows the morphology change of nylon-6/HPDE blend with the mixing time. Nylon-6 formed the discrete phase (dark holes in Fig. 8(a) and the HDPE formed the continuous phase at the initial 2 min of mixing, and changed to a co-continuous morphology consisting of interconnected structures of nylon-6 and HDPE after 5 min of mixing (Fig. 8(b)). As the mixing continued for 10 min, a dispersed morphology can be observed where HDPE was dispersed in the continuous nylon-6 phase (Fig. 8(c)). One sees that the free volume fraction decreases markedly with the increase of mixing time.

(e)　Co-extrusion

From the structural standpoint, coextrusion applies a similar principle as coating whereby a gas barrier layer is extruded onto the both surfaces of potential outgas layer to avoid the undesired volatiles to be released from the core layer. Compared to coating which is a multi-steps batch process, co-extrusion is the extrusion of multiple layers of material simultaneously.

3. 2. 3 Effect of packaging environment on the outgassing behaviour in the HDD component packaging

Factors of the types of material used to make the HDD components, partial pressure used for packing and temperature of the environment have been investigated in the study of packaging environment effect on the outgassing behaviour in the HDD component packaging. Results indicate that all 3 factors mentioned above are key conditions governing the outgassing behaviour in the HDD packaging. In this regards, physico-chemistry properties of the HDD component, the packing partial pressure and environment temperature might lead to the increase of outgassing rate and amount, as well as a higher tendency of the volatiles to adsorb onto the HDD components. Such interplay of the factors is illustrated using a study on the outgassing behaviour of the Flex Clamp packaging[13] Fig. 9 suggests the possible mechanism of outgas transport in the Flex Clamp packaging.

(a) Effect of the types of material used in HDD component

The study on the contribution of material used to make HDD component to the overall outgassing behaviour was performed by measuring the level of outgassed volatiles from the different types of Flex Clamps. These Flex Clamps were placed into different packaging trays made of similar types of plastic and subjected to an aging test at 40℃ for 3 days in an oven. The outgassed amount for Flex Clamp made from polyetherimide, PEI and polycarbonate, PC after storage in the thermoformed plastic tray was found to be higher when compared against Flex Clamps that have not been stored in the plastic packaging which served as control. In this study, the outgassing amount of PEI made Flex Clamps and PC made Flex Clamps after storage in thermoformed trays was investigated. It was observed that PEI made Flex Clamps and PC made Flex Clamps showed different selectivity towards the organic volatiles. The total volatile organic content, VOC measured in Flex Clamps after the aging test in plastic packaging increased to double the amount when Flex Clamps material was changed from PEI to PC. Lower outgas volatiles for PEI made Flex Clamp is believed to be associated to the rigidity and improved packing efficiency introduced by the aromatic units that connect the bisphenol-A unit. It has been reported that PEI demonstrates a lower permeability coefficient than that of PC[14].

(b) Packing partial pressure

The effect of different environment partial pressure was studied by measuring the level of outgas from the PC made Flex Clamp during storage in three types of plastic trays[13].

(a) Proposed mass transport routes of outgas volatiles in the HDD component packaging

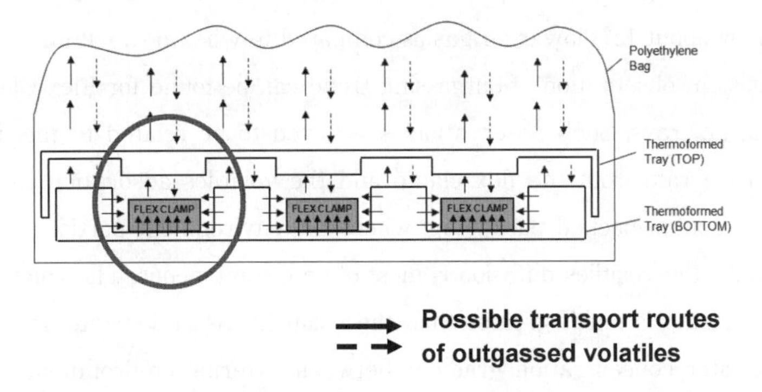

(b) Proposed mass transport of outgassed volatiles in the HDD component packaging

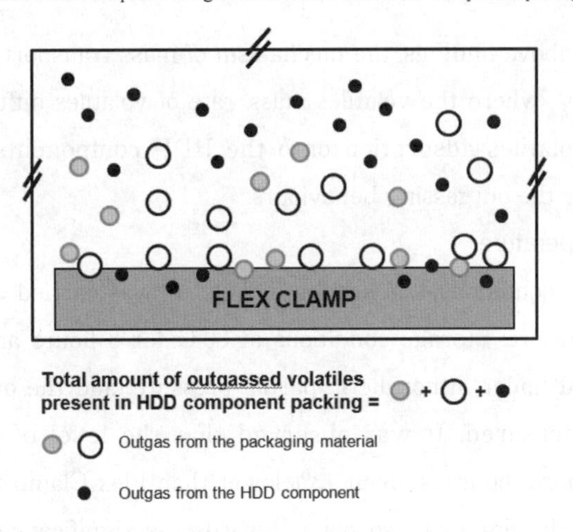

(c) Proposed mass transport kinetics of HDD component packaging at different environment partial pressure.

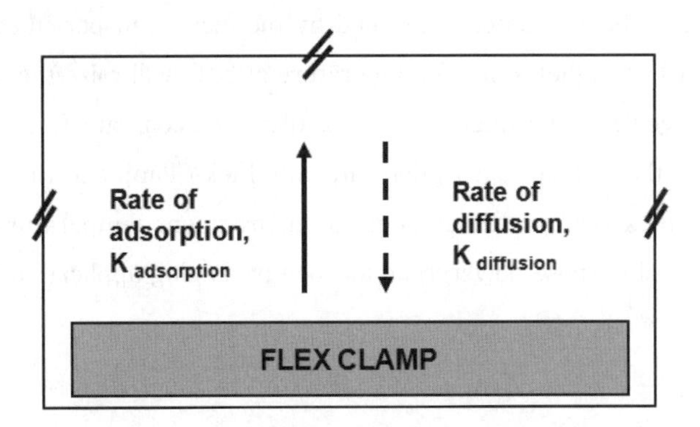

Fig. 9　Proposed mass transport mechanism and routes of outgassed volatiles in the HDD component packaging.

Conditions of vacuum packed and non-vacuum packed were compared. It was observed that if the plastic packaging containing Flex Clamp was vacuum packed before the aging test, Flex Clamp will show about 15% lower outgas as compared to when no vacuum was applied during packing. Consistent observation of outgassing trend can be found for Flex Clamp placed in all 3 types of plastic trays. Such observation is believed to be related to the difference in the volatiles diffusion rate from the flex clamp and the volatiles adsorption rate onto the Flex Clamp. In the vacuum packed packaging, where the environment partial pressure is at non-equilibrium state, the volatiles diffusion is most often instantaneous. The volatiles diffusion rate from the Flex Clamp is much greater than the volatiles adsorption rate onto the Flex Clamp due to the greater concentration gradient between external environment and Flex Clamp. This reduces the adsorption of volatile onto the Flex Clamp and hence lower outgas was measured.

Based on the above findings, the mechanism of mass transport in the HDD packaging is proposed in Fig. 9(b), where the volatiles mass, rate of volatiles diffusion from the packaging tray and rate of volatiles adsorption onto the HDD components were found to be the governing factors for the outgassing behaviours.

(c) Storage temperature

Similar experimental condition as in section 3. 2. 3 (b) was carried out to study the effect of environment temperature. Storage conditions at 80℃ for 3 hours and 40℃ for 3 days in an oven were compared under atmospheric partial pressure, and the outgas from the PC made Flex Clamp was measured. It was observed that the level of outgas for Flex Clamp conditioned at 80℃ for 3 hours is about 13% lower than Flex Clamp that was kept at 40℃ for 3 days. In addition, the findings also point towards the significance of storage temperature might prevail the storage duration. The reduce in the level of outgas for Flex Clamp kept at 80℃ for 3 hours may be adequately explained by the mass transport mechanism as proposed in section 3. 2. 3 (b). A higher storage temperature at 80℃ will raise the average energy level of the volatile molecules, consequently, the volatiles diffusion rate from Flex Clamp become much greater than the volatiles adsorption rate onto Flex Clamp and this reduces the volatiles sorption onto the Flex Clamp. Similar effect of environment temperature has been reported for styrene in general purpose polystyrene for food packaging applications[2, 15].

REFERENCES

1) R. Nagarajan, *Precision Cleaning*, 13 (1997)
2) N. Ramesh & J. L., Duda, *Food and Chemical Toxicology*, **39**, 355 (2001)
3) H. Fujita, *Fortschritt Hochpolymer Forschung*, **3**, 1 (1961)
4) J. S. Vrentas & J. L. Duda, *J. Polym. Sci., Part B: Polym. Phys.*, **15**, 403 (1977)
5) J. M. Zielinski & J. L. Duda, *American Institute of Chemical Engineers J.*, **38**, 405 (1992)
6) M. Aguilar-Vega, & D. R. Paul, *J. Polym. Sci., Part B: Polym. Phys.*, **31**, 991 (1993)
7) M. Moe, W. J. Koros & Paul, D. R., *J. Polym. Sci., Part B: Polym. Phys.*, **26**, 1931 (1988)
8) N. Muruganandam, W. J. Koros & D. R. Paul, *J. Polym. Sci., Part B: Polym. Phys.*, **25**, 1999 (1987)
9) G. L. See & M. Y. Pun, *Texchem Polymers Sdn. Bhd.*, "Development of PETG/DPS Blends for HDD Component Packaging Applications" (2011)
10) J. K. Lee & C. D. Han, *Polymer*, **40**, 6277 (1999)
11) K. F. Chan, M. Y. Pun & Y. Konishi, *Texchem Polymers Sdn. Bhd.*, "The Role of Organoclay on the Flow Behavior and Electrical Properties of Carbon Nanotube/Polymer Composites" (2009)
12) T. Y. Tsai *et al., Desalination*, **233**, 183 (2008)
13) M. Y. Pun & G.L. See, *Texchem Polymers Sdn. Bhd.*, "Study on the Outgassing Behaviour of Flex Clamp Packaging" (2005)
14) T. A. Barbari, W. J. Koros & D.R. Paul, *J. Polym. Sci., Part B: Polym. Phys.*, **26**, 709 (1988)
15) P. G. Murphy *et al.*, *Food and Chemical Toxicology*, **30**, 225 (1992)

4 ボトル容器

4.1 バリアボトルの現状

白倉 昌*

4.1.1 はじめに

プラスチックボトルは，剛性を持った液体用容器として1960年代にブロー成形によってポリエチレン（PE）ボトルが登場して以来，ポリプロピレン（PP），ポリスチレン（PS），ポリ塩化ビニル（PVC）等各種樹脂製のボトルが作られている。なかでもポリエチレンテレフタレート（PET）ボトルは，PEボトル，PPボトルに比べて樹脂自体のガスバリア性も高く，精度の高い射出延伸ブロー成形によってキャップのガスタイト性も高い利点を有しているため，従来のガラス壜，金属缶に代替する飲料容器として急成長し，2009年には，160億本以上生産され，飲料容器に占めるシェアも6割以上になっている。しかしプラスチックは，酸素，炭酸ガス等のガスが透過してしまう性質があり，1970年代には東洋製缶で，バリア層をPEやPPの壁材の中間にラミネートさせたラミコンボトルが開発されバリアボトルの先駆となっている。その後，ビール容器への市場展開を目指し，PETボトルを主な対象として世界中でガスバリア性の向上がすすめられ，多くのバリアボトルが実用化されてきた。近年のバリア性改善のニーズとして以下のことがあげられる。

① ビール，ワイン，食用油等の酸化劣化しやすい食品をPETボトルに充填した場合のシェルフライフ（賞味期間）を長くできるように酸素ガスバリア性を高めたい。

② 小容量の炭酸飲料では，容量に比べ表面積比率が高いため短期間でガス抜けしてしまう。シェルフライフ維持のために炭酸ガスバリア性を高めたい。

③ 店頭で加温販売されるPETボトル入り商品（お茶類）では，高温のため酸素透過しやすく短期間で酸化劣化してしまうのを防止したい。

④ PETボトルの軽量化に伴い，ボトル肉厚が薄くなるため，酸素の侵入，炭酸ガス，水蒸気の放散による品質低下が短期間で生じやすくなってきた。薄い材料でもガスバリア性を従来どおり維持したい。

⑤ 植物原料のバイオプラスチック，特にポリ乳酸樹脂製ボトルでは実用にあたってバリア性を向上させる必要がある。

上記のニーズに対応するため1990年代から主としてPETボトルのガスバリア性を向上させるための技術開発が内外で行われ，多種多様のバリアボトルが実用化され，市場での比率も高くなってきている[1〜4]。

4.1.2 バリアボトルの概要と現状

(1) バリアボトルの分類

バリアボトルは，図1に示すように分類できる。パッシブバリアとは，ガス透過しにくいバリ

＊ Akira Shirakura アイル知財事務所 特別参与

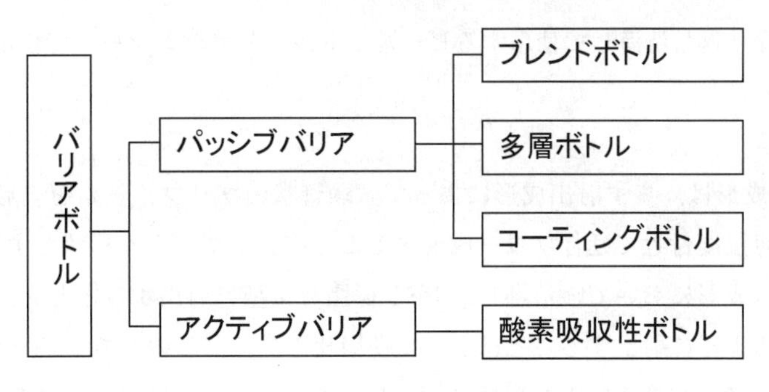

図1　バリアボトルの分類

表1　ブレンドボトルの種類と実用化状況

開発メーカー	バリア材	ユーザー（実績）
帝人化成 東洋紡 INVESTA 他	PEN （ポリエチレンナフタレート） 2～100%	Carlsberg （PEN100%：リターナブル・ビールボトル） 炭酸飲料
三菱ガス化学 吉野工業所	MXD6　5～10%	ホット販売飲料
三井化学	IPA 共重合 PET	炭酸飲料

ア材の付加によりボトルのガスバリア性を向上させる技術であり，酸素，炭酸ガス，水蒸気の遮断性の向上を図ることができる。バリア材付加の方法によってブレンドボトル，多層ボトルおよびコーティングボトルの3種類がある。一方，アクティブバリアとは特定のガスを積極的に吸収する機能によってバリア性を得るものであり，ボトルでの利用はもっぱら酸素吸収機能を有する材料を付加することにより，ボトル外部からの侵入酸素，樹脂に溶解した酸素，ボトル内部の酸素を吸収することを目的としている。

⑵　ブレンドボトル

ブレンドボトルでは，PET 樹脂と MXD6（メタキシレンジアミンとアジピン酸の重縮合体），PEN（ポリエチレンナフタレート），IPA（イソフタル酸）変性 PET 等の高バリア材料を5～10%程度 PET 樹脂にブレンドすることによって，酸素，炭酸ガスのバリア性を1.5～3倍程度向上させている。

ブレンドボトルの種類，実用化状況を表1に示す。ブレンドボトルの利点は，ボトル素材のバリア性を向上させているため，ボトルの製造プロセスを変える必要がなく，さらに剥離などの問題もない点にある。とくに MXD6 ブレンドでは，ボトル成形時の延伸によって，海島構造に分散された MXD6 が層状に配向するためバリア性向上効果が高い。ただし透明性が低下する問題がある。またブレンドされた樹脂が PET ボトルのリサイクルの障害にならないようにする必要があり，そのブレンド率は5～10%程度が限界とされている。PEN の場合は，分別してリサイクルすれば 100%PEN ボトルにすることが可能であるが価格も高くなるため，PEN の耐アルカリ性を生かして繰り返し洗浄して使用するビールボトルとしてデンマークで使用された実績がある。

(3) 多層ボトル

PETボトルの成形は，まず射出成形によって試験管状のプリフォームを成形し，その後プリフォームを軟化点温度付近で延伸ブロー成形することによってボトル形状とする工程からなる。このプリフォーム成形において，溶融したPET樹脂を金型に射出するとともに高バリア性の樹脂が中間層になるように射出することによって多層化させる。このときPET樹脂を一部だけ金型に射出後，次いで高バリア樹脂を金型に射出し，その後にさらに中心部にPET樹脂を射出すると高バリア層が分かれてPET/バリア層/PET/バリア層/PETの2種5層の多層プリフォームが完成し，その後延伸ブローして膨らませると多層ボトルが完成する（逐次多層インジェクション法という）。また射出成形においてＰＥＴ樹脂と高バリア樹脂を同時に射出し，タイミングを制御して3層ないし5層の多層プリフォームを成形する方法（同時多層インジェクション法）も用いられる。

多層ボトルでは，EVOH（エチレンビニルアルコール共重合体）とMXD6の2種類が積層されるバリア材として使用されている。多層ボトルの利点は，ブレンドボトルに比べてバリア樹脂が少ない量であっても積層効果によって高いバリア性向上効果を得られる点である。一方，射出成形プロセスが複雑になること，積層した樹脂が剥離する場合があること（特に炭酸飲料ではガスがたまることがある），リサイクル過程でのPETとの分離に課題がある。表2に多層ボトル用樹脂の種類，実用化の状況を示す。

2011年にはクレハが大量生産技術を確立したPGA（ポリグリコール酸）を使用した多層ボトルが登場する。PGAはPET樹脂の約100倍，MXD6の約10倍の酸素バリア性を有しており，炭酸ガスバリア性も同程度の改善率がある。このため1 wt%の比率で多層PETボトルを成形することにより従来と同程度の炭酸ガス保持性を持つ軽量PETボトルを開発し，炭酸飲料に使用

表2　多層ボトル用樹脂の種類と実用化状況

開発メーカー	高バリア樹脂	ユーザー（実績）
三菱瓦斯化学	MXD6 （ナイロンメタキシレンジアミン6）	ホット販売飲料 ビール 炭酸飲料 果汁飲料
クラレ	エバール（EVOH）	ホット販売飲料 ビール ケチャップ 果汁飲料
日本合成化学工業	ソアノール（EVOH） ニチゴーGポリマー （非晶性EVOH）	ビール 化粧品
クレハ	PGA（ポリグリコール酸）	炭酸飲料（予定）

する計画が米国で進められている[5,6]。

(4) コーティングボトル

バリア層をボトルの外面又は内面にコーティングしたボトルである。表3にコーティングボトルの種類，実用化の状況を示す。当初外面に樹脂をコーティングする技術が開発されたが，バリア向上効果，耐久性の面からそれほど普及せず，わずかにエポキシアミン系熱硬化樹脂を外面にスプレーコーティングして硬化させるBairocadeバリアボトルがビール，炭酸飲料等に使用されている。一方，減圧状態で原料ガスを蒸着させて炭素系薄膜やシリカ系の薄膜をボトルの内面または外面に形成させる方法の開発が1980年代から行われてきた。1997年のキリンビールによるボトル内面への炭素膜コーティングボトルの発表以来，蒸着コーティングによるバリアボトルが次々実用化されている。

炭素膜コーティングボトルには，キリン／サムコインターナショナルが方法特許を持つDLC（ダイヤモンドライクカーボン）コーティングボトル，フランスSIDEL社の開発したACTISボトルと称するアマルファスカーボン（非晶質炭素）コーティングボトルの2種類が実用化されている。DLCボトルのコーティングユニットの模式図を図2[7]に示す。PETボトルの内部に低圧で炭化水素ガスを導入し，高周波でプラズマ化して内面にDLC膜を形成する。成膜速度は10 nm/秒以上と高く，20～40 nmの膜厚で，酸素，炭酸ガスのバリア性は10倍以上向上する。例えば500 mlPETボトルの酸素流入量は，大気条件で0.03 ml/日から0.003 ml/日以下に低下する。三菱重工開発のロータリー式装置はボトル容量によって1.2万～3.6万本／時間の能力がある[8]。ACTISボトルは，図3[9]に示すようにマイクロ波で原料ガスをプラズマ化し，非晶質の

表3　コーティングボトルの種類と実用化状況

名称	開発メーカー（サプライヤー）	内容		ユーザー（実績）
		構成	バリア材	
Bairocade	PPG	外面	エポキシアミン系樹脂	Carlton（オーストラリア）
Glaskin	Tetra Pak	内面	SiOx	Spendrups Bryggeri（スウェーデン） Bitburger（ドイツ）
BESTPET	Krones	外面	SiOx	コカコーラ（中止）
ACTIS ACTIS-Lite	Sidel 北海製缶	内面	非晶質炭素膜	Martens brewery（ベルギー） 伊藤園他／お茶
DLC	キリンビール／サムコ 三菱商事プラスチック 三菱重工／日精ASB 吉野工業所／三菱樹脂	内面	DLC膜 （非晶質炭素膜）	キリン他／お茶，炭酸飲料 メルシャン他／ワイン・調味料
SiBARD	東洋製缶	内面	SiOx	サラダオイル
GL-C	凸版印刷	内面	SiOx	サラダオイル うがい薬
Plasmax	KHS（前SIG）	内面	SiOx	サラダオイル

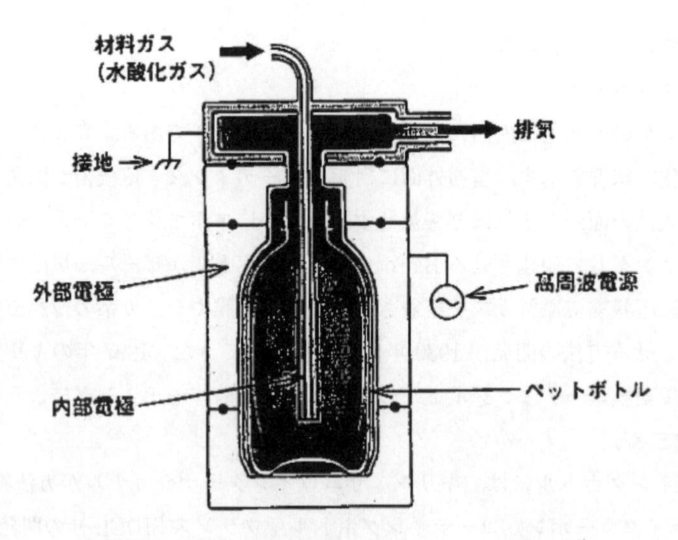

図２　DLC ボトルのコーティングユニットの模式図[7)]

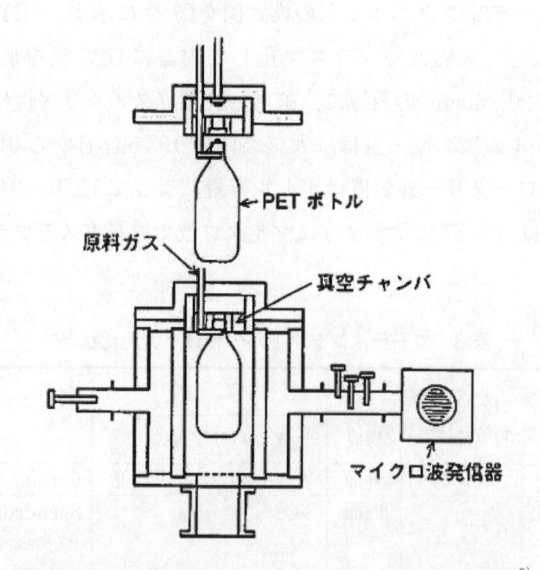

図３　ACTIS ボトルのコーティングユニットの模式図[9)]

炭素膜をボトル内面に形成する。DLC とほぼ同様のガスバリア性向上効果がある。炭素膜コーティングボトルは，広い範囲の pH で安定していることから国内では，ホット販売飲料，炭酸飲料，ワイン，調味料の PET ボトルに使用されている。一方，海外ではビール用 PET ボトルとして普及している。

シリカコーティングボトルは，炭素膜と同様に減圧状態で有機ケイ素ガスをプラズマ化し，酸化ケイ素（SiOx）をボトル内面にコーティングする技術が実用化されている。ボトル外面へコーティングする BESTPET は商品化されなかった。コーティングをボトル内面にすることによっ

表4　酸素吸収性ボトルの種類と実用化状況

材料名称	開発メーカー	組成および膜構成	ユーザー（実績）
Oxber	Kortec/Constar	MXD6/コバルト塩 (PET/Oxber/PET)	ビール Anheuser-Busch
X312	Continental PET Technologies	MXD6/コバルト塩 (PET/X312/PET/X312/PET)	ビール Miller Heineken Coors
Amosorb	BP Amoco	エステル・ブタジエンコポリマー (PET/Amosorb/PET)	ビール Anheuser-Busch
Bind-OX	Schmalbach-Libeca	MXD6/酸素吸収材 (PET/Bind-OX/PET)	ビール Carlsberg
AEGIS	Honeywell	ナノコンポジット吸収剤 (PET/AEGIS/PET)	ビール
オキシブロック	東洋製缶	MXD6変性品/酸素吸収材 (PET/OXY-Block/PET/OXY-Block/PET)	ホット販売用飲料 健康飲料
ActiTuf	Mossi&Ghisolfi	酸素吸収性PET単層	ビール Interbrew

て，ボトル壁への香気成分の吸着，樹脂中の酸素の移行を防ぐ効果があるとともに，外面コーティングで生じる蒸着チャンバーの汚染がないというメリットがあるためである。シリカコーティングボトルは，炭素膜コーティングボトルと同程度のガスバリア性向上効果が得られ，膜厚が厚いと黄色みを呈する炭素膜と異なり，SiOxは透明であるという利点があるが，成膜プロセスはやや複雑となる。国内では，主として食用油用PETボトルに使用され，海外ではビール，果汁飲料のPETボトルに使用されている。

(5) 酸素吸収性ボトル

酸素吸収性ボトルの種類と実用化状況を表4に示す。酸素吸収材は，PET変性品のActiTufが単層のブレンドボトルとして使用される他は，すべて積層して用いられる。特にMXD6に金属触媒（コバルト塩）を添加してMXD6の酸化反応を利用した酸素吸収材（Oxbar，X312）が最初に開発されビールボトルに使用された。その後に二重結合をもった有機成分と触媒を組み合わせ酸素吸収材とし，MXD6はパッシブバリア層として組み合わせるもの（オキシブロック）など各種材料が開発されている。酸素吸収性ボトルは，充填当初からボトル内の酸素を積極的に吸収するため初期の酸化劣化も防止できるメリットがあり，海外ではビール，国内ではホット販売飲料，サプリメント，果汁飲料に使用されている[10)]。

4.1.3 今後の動向

PETボトルの軽量化の進展にともなって，壁厚が薄くなり液面低下，酸化，気抜けの防止が課題になっており，材料費減とバリア強化コストのバランスが重要になってくるであろう。またバイオプラスチックの用途として実用化されたポリ乳酸ボトルはガスバリア性が低いため多層化，コーティングによるバリア改善が必要となっており，開発がすすめられている（例えば，東洋製罐のEcoSield-WO)。

文　献

1）渡邊知行，日本包装学会誌，**15**, 169 (2006)
2）山下裕二，日本包装学会誌，**15**, 673 (2006)
3）European Plastics News, p 26, March 2010
4）European Plastics News, p 32, July/August 2010
5）Packaging Strategies, p.5, October 31 (2010)
6）Packaging Strategies, p.1, October 15 (2010)
7）白倉昌，鈴木哲也，NEW DIAMOND，**26**, 40 (2010)
8）A.Shirakura *et al., Thin Solid Films*, **494**, 84 (2006)
9）SIDEL, WO09949991A1
10）山田俊樹，日本包装学会誌，**20**, 157 (2011)

4.2　PETボトルのガスバリア性

清水一彦*

4.2.1　はじめに

プラスチックボトルは成形加工しやすい，透明で中味が見える，割れにくい，軽量であるなどの利点を持つことから，飲料，食品，医薬品，化粧品，トイレタリーなど様々な分野で使用されている。

これらの利点に対し，酸素や炭酸ガスのバリア性がガラス瓶や金属缶に比べ劣るという欠点を持っていることから，内容物保護のためにガスバリア性の向上が必要になる。

特に，ここ数年では環境への配慮からボトルの軽量化が進み，軽量化によるガスバリア性の低下を補うためにも，バリア技術への期待は高まってきている。

プラスチックボトルの中でも，特にPETボトルは，1982年に清涼飲料水に採用されてから需要が拡大し，現在では国内で年間100億本以上のPETボトルが生産されており，様々なバリア技術が開発されてきている。

本稿ではプラスチックボトルの中でもPETボトルに着目し，そのガスバリア性の現状について紹介する。

PETボトルに求められるガスバリア性能は

・容器外部からの酸素の侵入を防ぐ

内容物の酸化劣化と微生物の増殖による品質（味・色）劣化を防ぐ。

・容器内部からの炭酸ガス流出を防ぐ

炭酸飲料の場合，炭酸ガス流出による味の劣化を防ぐ。

の2点が重要になる。

PETボトルにガスバリア性を付与する方法としては，①プラズマCVDによる薄膜コーティング，②共射出成形による多層化，③バリア樹脂のブレンド，の3つの方法がある。

以下に，それぞれの方法についての詳細を記載する。

4.2.2　プラズマCVD

プラズマCVDによる薄膜コーティングは酸化ケイ素系とカーボン系の2種類がある。コーティングした膜の厚さにより性能は変わってくるが，酸素にて比較すると，通常のPETボトルの10～30倍という非常に高いバリア性能を示す。また，多層ボトルに比べ炭酸ガスバリア性にも優れている。

図1にプラズマCVDの模式図を示す。プラズマCVDの工程は

①真空チャンバー内にボトルを導入し，内部の空気を排気して真空にする。

②原料ガスを導入し，高周波電圧（又はマイクロ波）を与える。

③原料ガスがプラズマ化され，ボトル内面に薄膜が形成される。

---

*　Kazuhiko Shimizu　㈱吉野工業所　基礎研究所

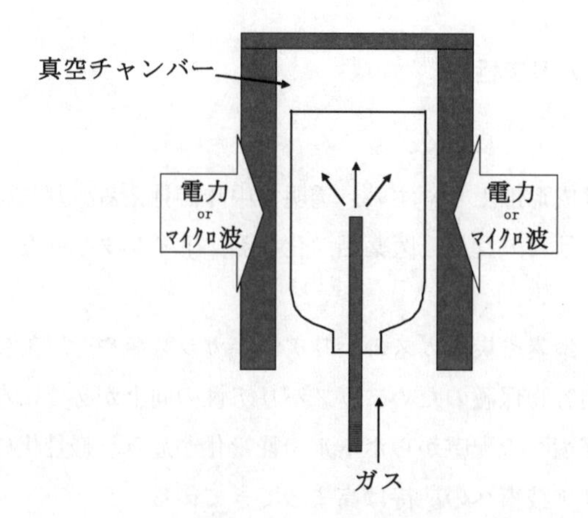

図1　プラズマCVDの模式図

④チャンバー内を大気に戻し，ボトルを取り出す。

原料ガスは，酸化ケイ素系にはシロキサン系ガスと酸素の混合ガス，カーボン系にはアセチレンなどの炭化水素系ガスが使われている。

酸化ケイ素系とカーボン系を比較した場合，一般的にはカーボン系の方が成膜速度が速く，ガスバリア性能も優れている。しかし，酸化ケイ素系膜は無色透明なのに対し，カーボン系膜は薄黄色に着色してしまうため，外観では酸化ケイ素系の方が優れている。

「Plasmax」はマイクロ波CVD法による酸化ケイ素系の内面コーティングである。未処理のPETボトルに比べ，酸素バリア性は膜厚により異なるが10～30倍になることが多い。

「SiBARD」はマイクロ波CVD法による有機ケイ素重合膜と酸化ケイ素膜の2層構造の内面コーティングである。酸素は約30倍のバリア性能，水蒸気は約10倍のバリア性能と報告されている。2004年から食用油で使用されている[1]。

「GL-C」は高周波プラズマCVD法による酸化ケイ素の内面コーティングである。酸素バリア性は20倍以上と報告されている。2011年6月からはワインボトルにも使用されている[2]。

「DLC」は高周波プラズマCVDによるカーボン系の内面コーティングである。アセチレンガスを使用した場合，10～40 nmの薄膜を2秒以内で形成できる。酸素は10～30倍のバリア性能と報告されている。2004年に茶系飲料で採用され，2011年からはワインボトルにも使用されている[3]。

「Actis」はアセチレンガスを用いた，マイクロ波プラズマCVD法によるカーボン系の内面コーティングである。酸素は10～30倍のバリア性能，炭酸ガスは5～6倍のバリア性能と報告されている。2000年初冬から茶系飲料で使用されている[4]。

表1にプラズマCVDの採用例を示す。

4.2.3　多層ボトル

多層ボトルは共射出成形により，ガスバリア樹脂を中間層とする3層または5層構造のボトル

表1　プラズマCVDの採用例

構成	バリア技術		採用製品
酸化ケイ素系	KHS（ドイツ）	「Plasmax」	食用油
	東洋製罐	「SiBARD」	食用油
	凸版印刷	「GL-C」	食用油，ワイン
カーボン系	キリンビール	「DLC」	炭酸飲料，茶系飲料，ワイン
	Sidel（フランス）	「Actis」	炭酸飲料，茶系飲料，海外ではビール

表2　日本国内の多層ボトル

	バリア技術		構成	採用製品
パッシブバリア	三菱ガス化学	「MXD6」	2種3層	炭酸飲料
	クレハ	「PGA」	2種3層	海外でコカ・コーラ
アクティブバリア	吉野工業所	「SBX」	2種3層	茶系飲料
	コカ・コーラ	「NOA-N2」	2種3層	茶系飲料
	東洋製罐	「オキシブロック」	2種5層	茶系飲料

である。一般的に3層はPET→PET＋バリア樹脂→PETの同時共射出で，5層はPET→バリア樹脂→PETの逐次共射出で成形する。日本では吉野工業所，コカ・コーラは3層，東洋製罐は5層を採用している。

リサイクルによる再利用が義務づけられているため，中間に用いるバリア樹脂の使用量は3～5wt％が多い。

多層ボトルに使用されるバリア樹脂は，性能によってパッシブバリアとアクティブバリアに分類される。表2に日本国内における多層ボトルの採用例を示す。

パッシブバリアはバリア性の高いMXD6ナイロンなどを中間層に使用することで，容器内部へのガスの進入を防ぐ技術のことである。PETボトルの場合，MXD6ナイロン以外ではPGAも一部使われている。

PPやPEなどの樹脂にはバリア樹脂としてEVOHが多く使われているが，PET樹脂の場合はEVOHを混ぜると透明性が損なわれ，リサイクル適正が悪化するため使用されていない。

アクティブバリアは化学反応により，外から進入してくるガスおよび容器内のガスを吸収する技術のことである。アクティブバリアの実用例は，水分を吸収する材料も一部存在するが，酸素吸収剤が殆どである。酸素吸収剤として使用されている材料はMXD6ナイロンにコバルト塩をブレンドしたものが多い。

酸素吸収剤を使用したボトルの場合，容器内の酸素濃度をほぼ0にすることが可能で，非常に高い酸素バリア性を示す。但し，酸素吸収能力が飽和に達すると，バリア性が低下してしまうという欠点もある。半年以上は酸素吸収能力が持続するよう，バリア樹脂の選定とバリア量の設定を行うのが一般的である。

表３　海外のブレンド系バリア材

バリア技術		構成	採用製品
Constar	「MonOxbar」	MXD6＋コバルト塩	ワイン，茶系飲料，ジュース類
Constar	「Diamond Clear」	不明	ケチャップ，ソース類
Invista	「Polyshield」	MXD6＋コバルト塩	ビール
Invista	「OxyClear」	不明	
Valspar	「Activ」	MXD6＋コバルト塩	ジュース類，ソース類
APPE	「MonoBLOX」	MXD6＋コバルト塩	
ColorMatrix	「Amosorb」	ブタジエン系	ビール，ジュース類
ColorMatrix	「Amosorb SOLO2」	ブタジエン系	ビール
M&G	「ActiTUF」	鉄系	ビール

4.2.4　ブレンドボトル

PET樹脂に酸素吸収剤をブレンドした単層PETボトルで，既存の成形設備を使用して製造できるメリットがある。国内での使用は少なく，主に海外で採用されている。

使用されている酸素吸収剤はポリアミド＋コバルト塩系，ブタジエン系，鉄系などがある。表3に海外のブレンド系バリア材を示す。

北欧やロシアではビール用PETボトルにブタジエン系の酸素吸収剤ColorMatrix社「Amosorb」や，鉄系のM&G社「ActiTUF」をブレンドしたボトルが使われている。

アメリカでは食品用途にポリアミド＋コバルト塩系のValspar社「Activ」などが使われている。

ブレンドボトルが国内で普及しない要因としては，ガスバリア性能が十分とは言えないこと，透明性が損なわれることなどが挙げられる。

4.2.5　おわりに

CO_2排出量削減や安全性（割れにくい）のため，近年ガラス瓶からPETボトルへ切り替える動きが出てきている。今後PETボトルへ移行する動きは，更に加速していく可能性が高く，同時にガスバリア技術も今後拡大していく可能性が高い。

文　　献

1）家木敏秀ほか，日本包装学会，第13回年次大会，p.106（2004）
2）掛村敏明，包装技術，平成16年8月号機能材料，p.654（2004）
3）中谷正樹，DLCハンドブック，p.175，エヌティーエス（2006）
4）山下祐二，ハイバリア材料の開発，p.416，技術情報協会（2004）
5）Jeff Sherry, *The Packaging Conference Las Vegasc.*（2011）
6）John V. Standish *et al., The Packaging Conference Las Vegasc.*（2010）

4.3　ボトルの成形法とハイバリア化技術

森　宏太*

4.3.1　はじめに

近年，ボトル容器分野ではガラスや金属からプラスチックへの移行が進んでいる。これはプラスチックが有する優れた成形性や耐衝撃性，軽量性，透明性などの利点によるものである。しかしながら図1に示すようにガスバリア性はガラスや金属に及ばず，容器を透過してきた酸素によって内容品が劣化してしまう。また，用途によっては炭酸ガスや水蒸気に対するバリア性が求められるため，プラスチックのガスバリア性を改善すべく様々な研究が行われてきた。

プラスチックボトルの成形方法はダイレクトブロー成形とストレッチブロー成形に大別できる。本項では，それぞれの成形方法と用途に応じた新たなガスバリア性向上技術について，当社製品の解説を基に述べる。

(1)　ダイレクトブロー成形

ダイレクトブロー成形とは，図2に示すようにチューブ状の溶融樹脂（パリソン）をダイヘッドから押し出し，金型内でブローすることでボトルを成形する方法である。この成形方法では容器の成形性や耐熱性，機械的強度などの観点から，一般にポリエチレンやポリプロピレンなどのポリオレフィンが主材料として適する。ダイレクトブロー成形されたオレフィンボトルは洗剤などの日用品や，食用油ならびにマヨネーズなどの食品の容器として用いられている。後者のような酸化劣化しやすい内容品の場合，ボトルの必須性能として高い酸素バリア性が要求される。そこでオレフィンボトルのハイバリア化技術として，エチレン－ビニルアルコール共重合体（EVOH）などのガスバリア性樹脂をダイヘッド内で多層化する手法が用いられてきた（ラミコンボトル，図3)。しかしながら，昨今ではより高い酸素バリア性が要求される用途もあり，当

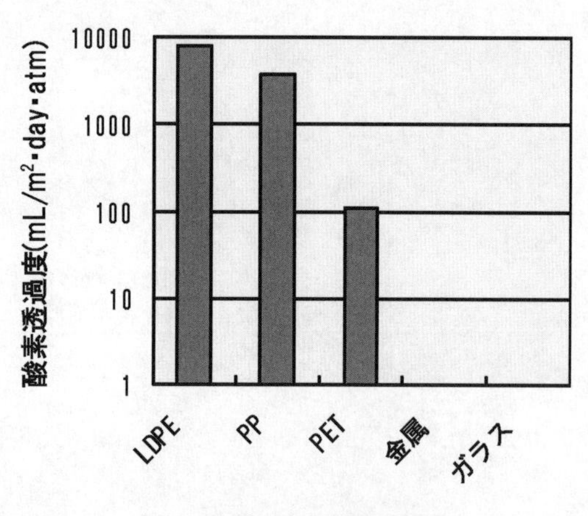

図1　各種材料の酸素透過度

＊ Kota Mori　東洋製罐グループ綜合研究所　第2研究室

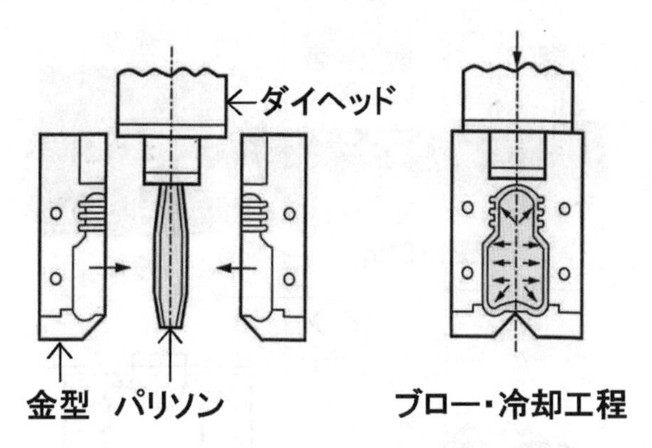

図2　ダイレクトブロー成形

図3　ラミコンボトル

社ではガスバリア性樹脂によるパッシブバリアだけでは達成困難な高い酸素バリア性を，酸素吸収材によるアクティブバリア機能を付加した容器『Multi BLOCK®』で実現した。

(2)　ストレッチブロー成形

ストレッチブロー成形とは，まずプリフォームと呼ばれるボトルの前駆体を射出成形などにより成形し，プリフォームの再加熱および二軸延伸ブローによりボトルを成形する方法である（図4)。この成形方法ではプリフォームを非溶融状態で延伸することにより，樹脂に配向結晶化をかけることが出来る。そのため，ポリエチレンテレフタレート（PET 樹脂）のように配向結晶化によって機械的強度やガスバリア性が向上する樹脂の成形に適する。ストレッチブロー成形されたPET ボトルは主に飲料容器として用いられているが，ここでもさらなるハイバリア化により用途展開の拡大や高付加価値化が達成されている。例えば，コンビニエンスストアで見られるPET ボトル入り緑茶の加温販売が実現し，高級食用油では高い水分バリア性を付与したPET ボトルが採用された。このようにPET ボトルが本来有するガスバリア性では満足できない新たな用途に対し，当社では多層化ボトル（OXYBLOCK®）や無機膜蒸着ボトル（SiBARD®）を上市している。

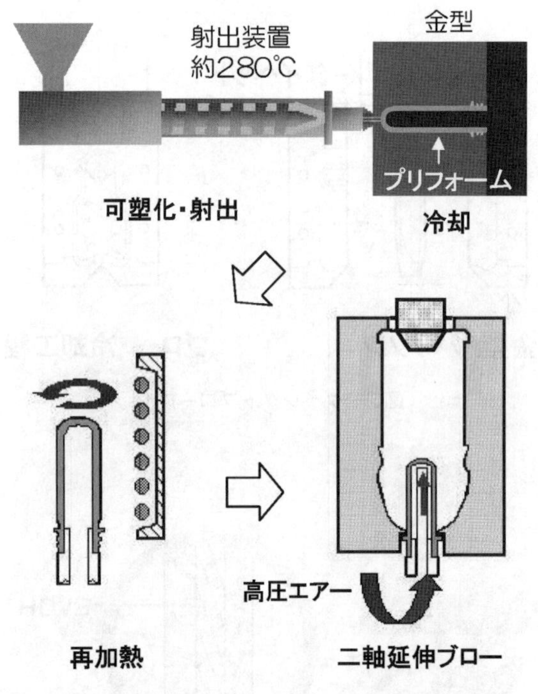

図4　ストレッチブロー成形

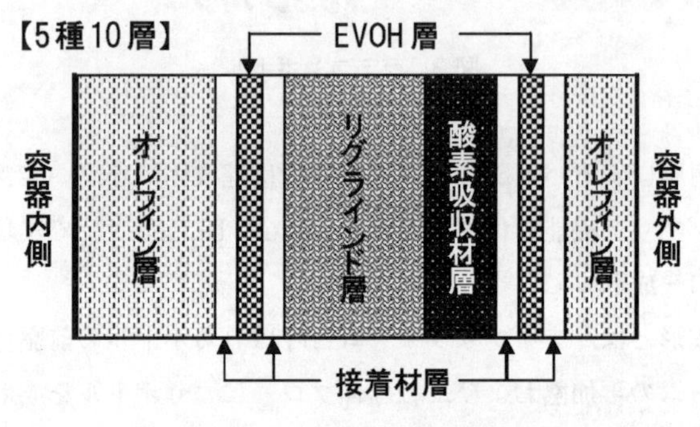

図5　Multi BLOCK®の層構成

4. 3. 2　ボトル容器のハイバリア化技術

(1)　ダイレクトブローボトルのハイバリア化（Multi BLOCK®）

(a)　概要

オレフィンボトルでより高い酸素バリア性の要求に応えるべく開発したMulti BLOCK®は，図5に示す5種10層の多層構造により酸素バリア性を向上したアクティブバリアボトルである[1]。ここで用いた新規開発の酸素吸収材はポリエチレン／スチレン系樹脂／遷移金属塩からなり，酸素吸収はポリエチレンの自動酸化反応を利用している。また，この酸素吸収材をEVOH

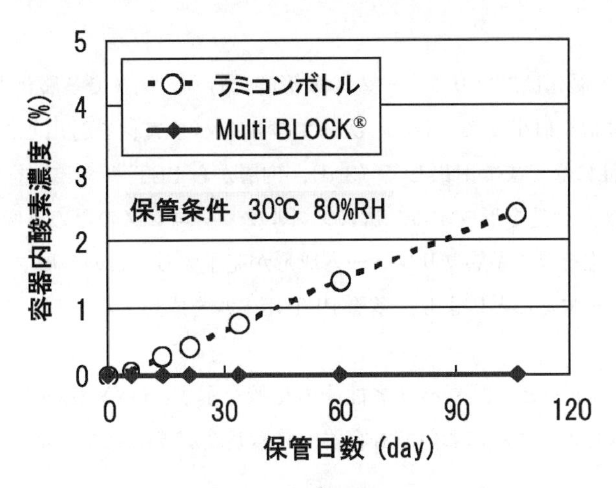

図6　Multi BLOCK®の酸素バリア性能

で挟み込んだ層構成にすることで，空容器保管時における酸素吸収材の失活を防ぐとともに，内容品充填後には酸素吸収材層に到達する酸素量を抑制して優れた内容品劣化防止効果を実現している。

(b)　成形方法

ダイレクトブローにおける多層化は，ダイヘッド内での積層により行う。本開発品ではEVOH層を薄肉かつ均一に形成するために，まずEVOH層の両面に接着材層を積層し，続いて他の樹脂層と積層する新規多層化技術を開発した。この技術によってEVOH層の層切れや乱れを抑制し，これまでにない安定した10層構造が可能となった。

(c)　バリア性能

従来品としてラミコンボトルとの酸素バリア性能の比較を図6に示す。保管条件は30℃ 80%RHである。従来品ではパッシブバリア機能のみのため，経時とともに徐々に酸素が容器内に侵入し，次第に内容品が酸化劣化してしまう。一方，本開発品はアクティブバリア機能の効果が付加され，長期間にわたってほぼ酸素透過ゼロの維持が達成されている。本開発品はマヨネーズ用ボトルとして採用されている。

(2)　ストレッチブローボトルのハイバリア化

①　多層化によるハイバリア化（OXYBLOCK®）

(a)　概要

OXYBLOCK®はPET樹脂とバリア材の多層化によって高い酸素バリア性を達成したアクティブバリアPETボトルである[2)]。ここで用いた新規開発のバリア材はMXD6ナイロン／酸化性有機成分／触媒で構成され，「酸素バリア性」と「酸素吸収能」を併せ持つ。これにより，更に低酸素が要求される用途に適用可能となった。

(b) **成形方法**

OXYBLOCK®の多層化は，プリフォームの成形時に行う。図７で多層化方法を説明する。まず所定量のPET 樹脂を射出する（1st)。次いで少量のバリア材を射出した後（2nd），さらにPET 樹脂をほぼ満注になるまで射出して（3rd)，内層からPET／バリア材／PET／バリア材／PETの２種５層の多層構造を形成する。次にノズルクリーニングのため再度PET 樹種を少量射出し，保圧，冷却工程を経て多層プリフォーム成形が完了する。この多層プリフォームを再加熱および二軸延伸ブローすることにより，多層PET ボトルを成形する。

(c) **バリア性能**

図８に単層PET ボトルとの酸素バリア性能の比較を示す。OXYBLOCK®では，室温保管並びに加温保管した場合のいずれにおいても容器内酸素濃度がほぼゼロに抑えられていることが分

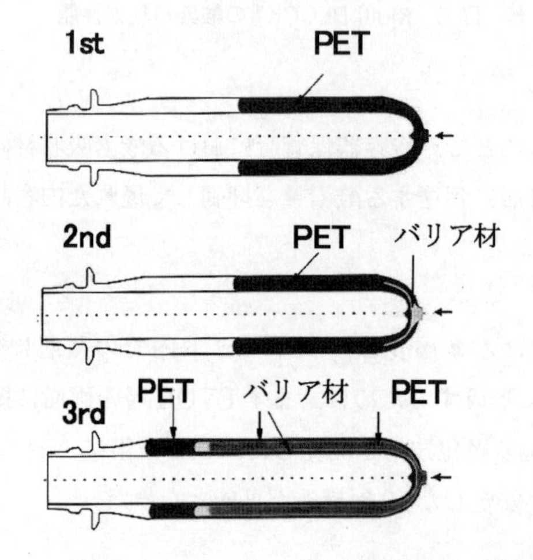

図７　プリフォーム成形における多層構造の形成

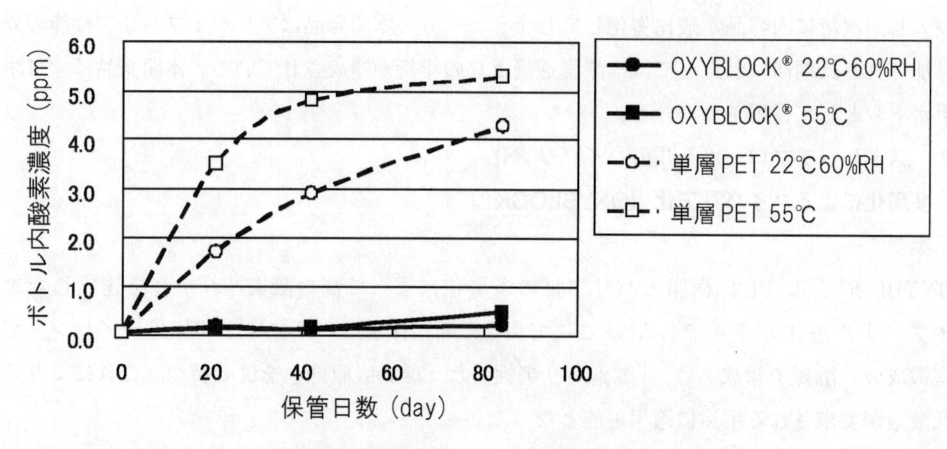

図８　単層PET ボトルとの性能比較

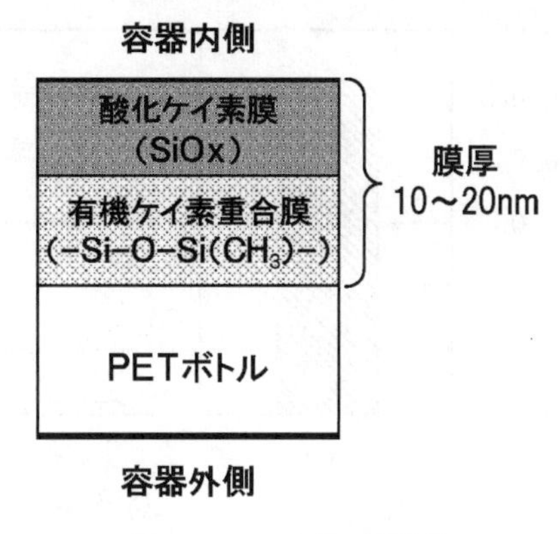

図9　SiBARD®の層構成

かる。用途としては酸素で変質しやすい果汁飲料や機能性飲料，お茶等があり，特に高温下でのバリア性が高いことから，主にお茶系飲料の加温販売で採用されている。

②　無機蒸着膜によるハイバリア化（SiBARD®）

(a)　概要

SiBARD®は，無機蒸着膜によるパッシブバリア機能を付与したPET ボトルである[3]。これまでに紹介したハイバリア化技術は，内容品の酸化劣化を抑制するために酸素に特化したアクティブバリア材によるものであったが，酸素だけでなく炭酸ガスや水蒸気に対するバリア性を必要とする用途も数多くある。このような用途に対してはアクティブバリア材では解決できないのが現状であり，マルチガスバリア性を有するパッシブバリア材が有効である。

(b)　成形方法

SiBARD®の無機蒸着膜は，ブロー成形後のPET ボトル内面にマイクロ波プラズマCVD法を用いて形成される。層構成は蒸着時におけるマイクロ波の出力調整によって制御され，図9に示すように柔軟密着性に優れる有機ケイ素重合膜とバリア性に優れる酸化ケイ素膜の2層で構成される。この積層構造により，通常無機蒸着膜で欠点とされる割れや剥がれなどの課題を克服し，酸化ケイ素膜の高いバリア性をPET ボトルに付与することが出来た。

(c)　バリア性能

SiBARD®の各種ガスバリア性を図10，11，12に示す。蒸着処理によって500 mLのPET ボトル一本当たりの酸素透過量が1/30，水蒸気透過量が1/10，炭酸ガス圧減少量が1/3に減少することがわかる。この高いマルチガスバリア性を生かし，酸素および水蒸気バリア性が必要な食用油ボトルに採用されている。

4.3.3　おわりに

プラスチックボトルの成形方法を中心に，ガスバリア性向上技術について紹介した。今後も消費者指向や環境意識の高まり，グローバル化などからボトル容器に対して様々な要求がなされるであろう。その中でもガスバリア性は必須機能の一つであるため，更に用途に適合した技術が開

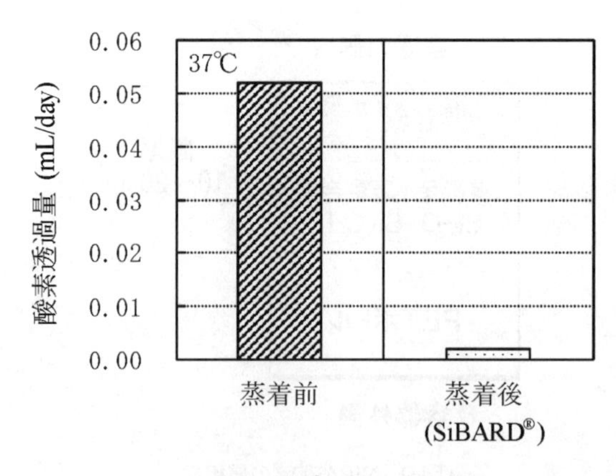

図10　SiBARD®の酸素バリア性

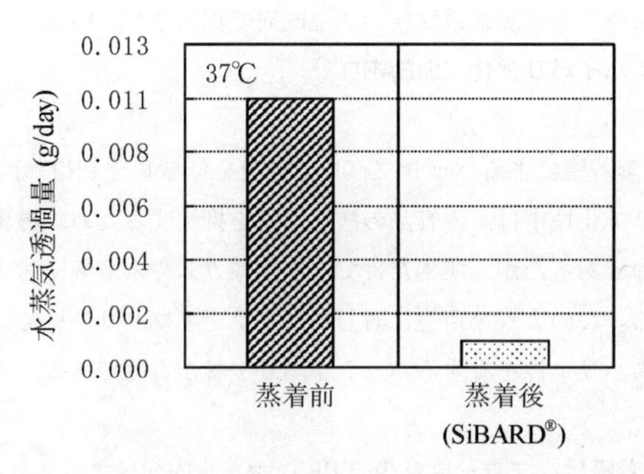

図11　SiBARD®の水蒸気バリア性

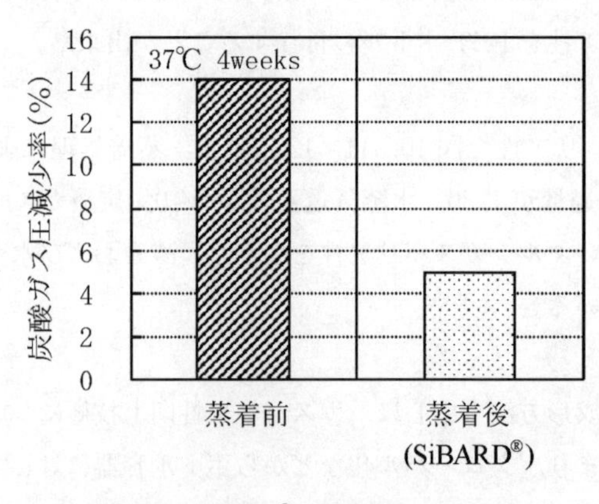

図12　SiBARD®の炭酸ガスバリア性

発され，発展していくと考えられる。

文　献

1)　石原隆幸，プラスチックスエージ，**56** (6), p.74-78 (2010)
2)　菊地淳，成形加工，**14** (12), p.806 (2002)
3)　山田幸司，日本清涼飲料研究会第16回研究発表論文集，p.39-43 (2006)

5　液晶ディスプレイ

山田泰美*

5.1　バリアフィルムを用いた液晶ディスプレイの構成

液晶ディスプレイ（以下 LCD）は一般的に図1のような構成になっている[1]。ガラス基板上に透明導電層，配向膜を順次形成しそれらにより液晶層をサンドイッチした構造になっている。その下側にバックライト構造（光源＋導光板）が設置される。薄膜トランジスタ（以下 TFT）を組み込む場合はバックライト側のガラス基板上（透明導電膜との間）に TFT 層が形成される。またカラーフィルターを組み込む場合は見る側のガラス基板と透明導電膜との間にカラーフィルター層が形成される[1]。ガスバリア層を形成したポリマーフィルム基板を用いたフレキシブル液晶ディスプレイ（以下 F-LCD）でも基本的にこの構成と同じでこのガラス基板がガスバリアフィルムに置き換わることになる。当然バックライト構造もフレキシブル構成にする必要があるが，コレステリック液晶を用いた電子ペーパーでは液晶自体が外光を選択反射し表示光として機能しているためバックライトは不要となる[2]。

F-LCD は曲げることにより液晶層の厚みが大きく変動して表示機能に変化が生じる可能性があるため，本来の目的はフレキシブル化というよりは堅牢性（割れにくい）を主な目的として開発されたものがほとんどである。ただし図2に示したように曲げても液晶層の厚みが変動しないように，液晶層内にスペーサ支柱が形成している構造をもつ F-LCD も報告されている[2]。

5.2　フレキシブル液晶ディスプレイに必要なガスバリア性

LCD では液晶層への水分および気体の浸入により気泡が入ることで表示欠陥（ブラックス

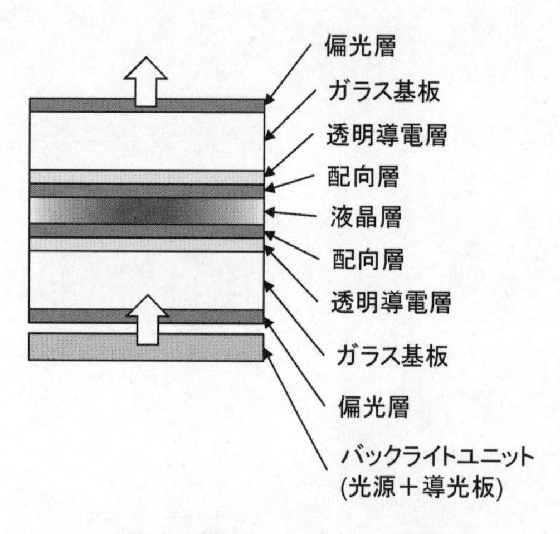

図1　液晶ディスプレイの構造

*　Yasumi Yamada　日東電工㈱　研究開発本部　環境・エネルギー研究センター
主任研究員

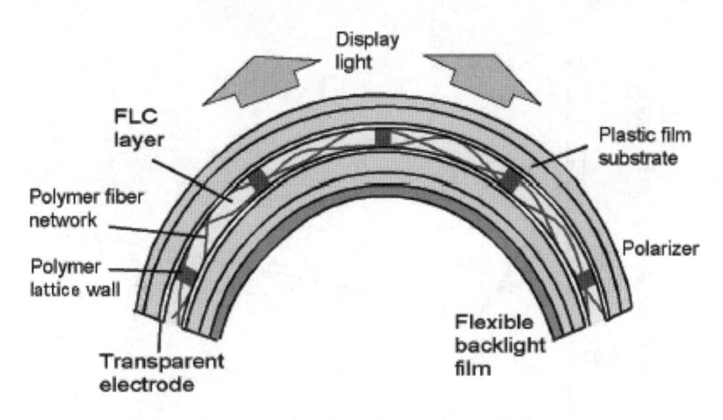

図2　フレキシブル液晶ディスプレイ構成の一例

ポット）発生や駆動電圧の変動が生じるため，ガラス基板からポリマーフィルム基板に替える場合はガスバリア層が必要となる[3~6]。そのために必要なガスバリア性は，水蒸気透過速度（WVTR；Water Vapor Transmission Rate）で 10^{-2}～10^{-1}g-m^{-2}-day^{-1}，酸素透過速度（OTR；Oxygen Transmission Rate）で 10^{-2}～10^{-1}cc-m^{-2}-day^{-1}-atm^{-1} の範囲であると主に報告されており[4~6]，食品パッケージに比べおよそ一桁高いレベルのガスバリアフィルムが必要となる。ただしこのガスバリア性の範囲内外に対しF-LCDの劣化の有無を報告した例はなく，明確な根拠については不明である。またTFTが形成された場合はTFTの構成層である電極層が水蒸気や酸素により劣化されやすいため，WVTRで 10^{-3}～10^{-2}g-m^{-2}-day^{-1}，OTRで 10^{-3}～10^{-2}cc-m^{-2}-day^{-1}-atm^{-1} とTFT無しの構成と比べ更に一桁高いガスバリア性が必要となる[3,7]。

上記のとおりF-LCDではガスバリア層が必要であるにもかかわらず，フレキシブル有機ELやフレキシブル薄膜太陽電池と比較して，ガスバリア層として特定の層を形成していない報告が多いように思われる。このことは用途によりガスバリア層に対する重要性が異なっておりWVTRで 10^{-5}g-m^{-2}-day^{-1} 以下が必要とされる有機ELや薄膜太陽電池に比べると，F-LCDのガスバリア層はさして厳しくないレベルであることを示唆している[8,9]。この理由は，F-LCDの構造がフィルム基板を2枚張り合わせて形成された構造であり，またフィルム基板上に液晶に電圧を印加するための透明導電層や配向層，偏光板などが積層されていることで十分に必要なガスバリア性が得られているためであり，中でも透明導電層が重要な役割を果たしていると考えられる。

通常透明導電層には電気抵抗の低い無機膜である錫添加酸化インジウム（ITO）や亜鉛添加酸化インジウム（IZO）が用いられている。図3にはITO薄膜の膜厚に対するWVTRおよびOTRを示した[10]。成膜プロセスや膜質にもよるがLCDで用いられるITO薄膜は一般的に50～200 nmの範囲であり，この膜厚の範囲から推測すると図3に示したようにWVTRで 10^{-2}～10^{-1}g-m^{-2}-day^{-1}，OTRで 10^{-2}～10^{-1}cc-m^{-2}-day^{-1}-atm^{-1} のガスバリア性を有していると考えられる。つまりITO薄膜を形成したポリマーフィルム基板だけでもF-LCDに必要な上記のガ

(a)

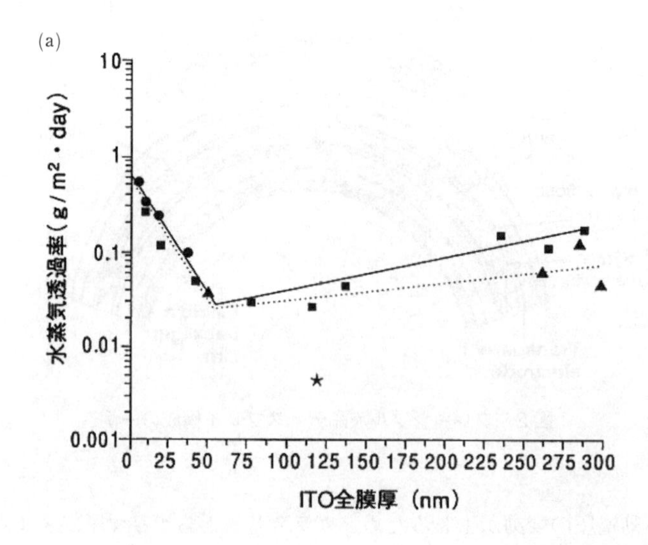

(b)

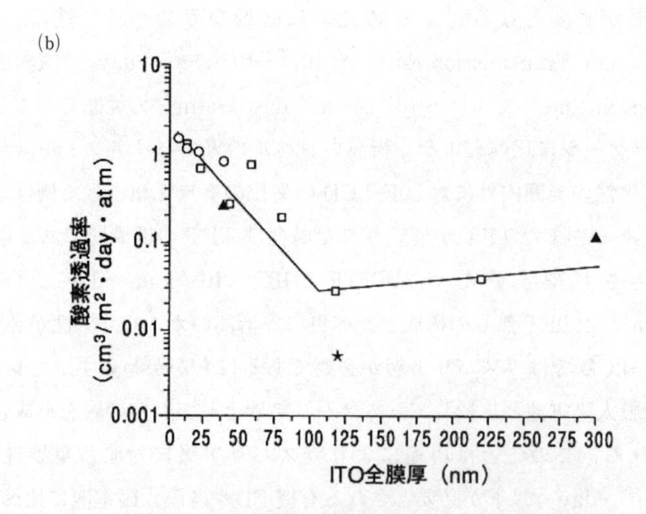

図３　ITO 膜厚に対する(a)水蒸気透過率および(b)酸素透過率

スバリアレベルに十分到達していると言える。導電性を維持する必要はあるが，成膜プロセスを検討することでより高いガスバリア性を有する透明導電層の形成も可能となるであろう。

5.3　フレキシブル液晶ディスプレイおよびその基板の事例

次にLCD用フィルム基板の一例を示す。図4には帝人株式会社にて開発されたLCD用フレキシブル基板“ELECLEAR®”を示した[11]。構成は，ベースフィルムとしてポリカーボネートフィルムまたはポリエチレンテレフタレート上にガスバリア層を形成し，それら両面にハードコートを塗布し透明導電層を形成している。ベースフィルムは，LCD製造工程での加熱工程に十分対応できるよう150℃以上のガラス転移点，そして10 nm以下の位相差を有している。バリ

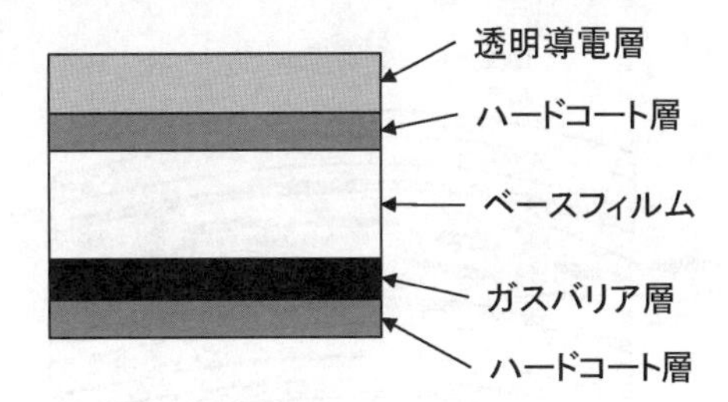

図４　LCD 用フレキシブル基板 “ELECLEAR®”

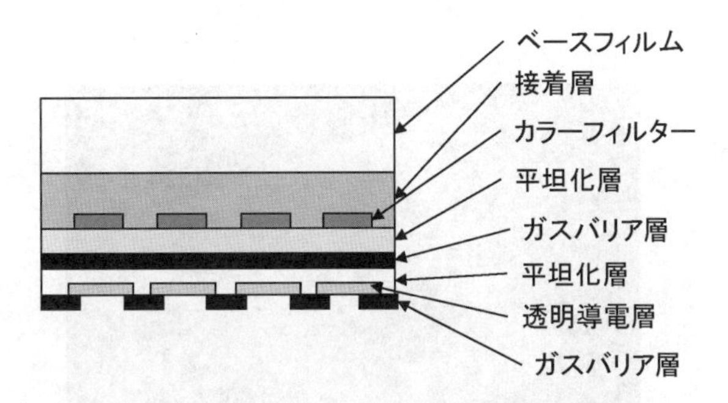

図５　カラーフィルター付プラスチック基板

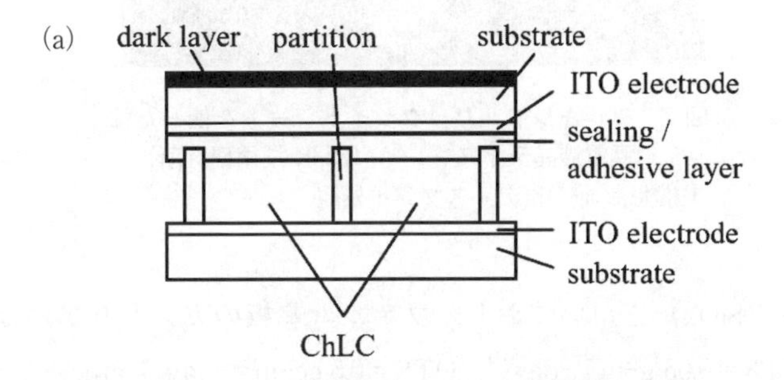

図６　インクジェットプリントコレステリック液晶ディスプレイ
(Industrial Technology Research Institute, Taiwan)
(a)構成の断面図，(b)ディスプレイ外観（左　黒イメージ，右　緑イメージ）

(a)

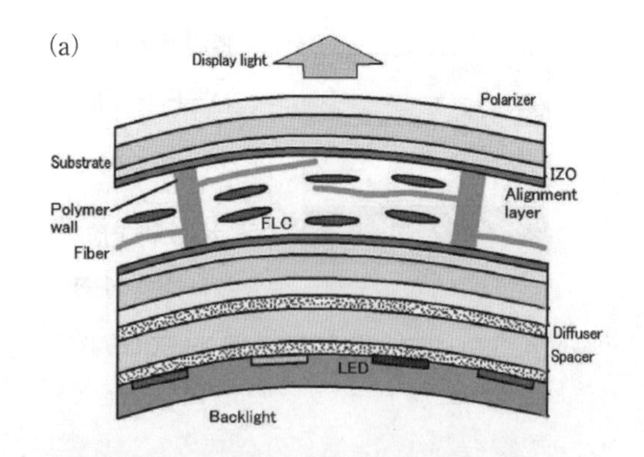

(b)

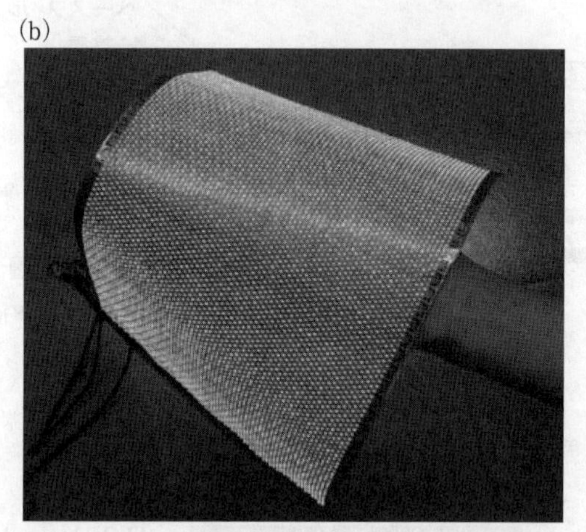

図7　フレキシブルバックライトシートを使った強誘電液晶ディスプレイ（NHK 技術研究所）
(a)構想断面，(b)ディスプレイ外観

ア層は酸化シリコン（SiOx）を用いており，フィルム基板のガスバリア性はハイバリア品（SS120-B60）で WVTR＝0.05 g-m^{-2}-day^{-1}，OTR＝0.5 cc-m^{-2}-day^{-1}-atm^{-1} を有している。

また図5には共同印刷株式会社にて報告されたカラーフィルター付プラスチック基板を示した[3]。カラーフィルター用の顔料レジストは通常 180℃以上の高温で硬化させるためポリマーフィルム基板への形成は難しいが，ガラス上でカラーフィルターを形成し，それをフィルム上へ写し取る転写法を用いてより低い温度での形成を可能としている。ここではガラス基板上にガラスとの密着性をコントロールする剥離層を形成し，ガスバリア層，ITO，保護膜，カラーフィルターと形成した後，接着層を介してポリマーフィルム基板と貼り合わせ，接着剤を硬化してガラスと剥離層の界面でひきはがす工程からなる。ここでのガスバリア層は SiNx 膜を用いている。本フィルムについてのガスバリア性は不明であるが SiNx 膜が2層形成されており，F-LCD には十分なバリア性を備えていると考えられる。

また上記のようなフィルム基板を用いて形成された F-LCD を図6，7に示した。図6は

Industrial Technology Research Institute（台湾）のコレステリック液晶をインクジェット方式にて形成したディスプレイである[12]。基板には前記ELCLEAR（SS120-B60）を使用している。図7はNHK技術研究所の強誘電体液晶（FLC）を用いたディスプレイである[13]。基板にはポリカーボネートフィルム（120μm）を用いガスバリア層として特定の層は形成していない。透明導電層としてIZOを形成しており，これによりガスバリア性を確保していると考えられる。

文　　献

1）G. P. Crawford, "Flexible flat panel displays", p.447, John Wiley & Sons (2005)
2）藤掛秀夫，月刊ディスプレイ，**10**, 85 (2008)
3）古川忠宏，マテリアルステージ，**6**, 1 (2006)
4）J. Lewis, *Materials Today*, **4**, 38 (2006)
5）W. S. Wong *et al*, "Flexible Electronics: materials and applications" p.90, Springer (2009)
6）井手文雄，ディスプレイ用光学フィルムの開発動向，p.175，シーエムシー出版 (2008)
7）P. Burrows, *Proc. SPIE Annual Meeting 2000*, p.1 (2000)
8）J. S. Lewis *et al., IEEE J. SELECT. TOPICS QUANTUM ELECTRON.*, **10**, 45 (2004)
9）T. W. Kim *et al, J. Vac. Sci. Technol.*, **A23**, 971 (2005)
10）稲川幸之助，表面技術，**52**, 20 (2001)
11）城尚志，㈶化学技術戦略推進機構 講演会予稿集"有機EL：長寿命化に向けたバリア技術", p.12 (2003)
12）J. M. Ding *et al., Proc. International Display Workshop/ Asia Display '05*, p.879 (2005)
13）H. Fujikake *et al., Proc. International Display Workshop/ Asia Display '05*, p.871 (2005)

6　有機ELにおける次世代のバリア膜

黒田俊也*

6.1　はじめに

スマートフォンに採用され，有機ELをめぐる市場と技術の動きが活発になってきている。現在，有機ELの主流はガラス基板ベースであるが，薄型化・軽量化に対する要求は益々高まっており，ガラスからプラスチック基板へのフレキシブル化の検討がされている。ガラスと比較して，プラスチック基板の特徴は「薄い，軽い，割れない，曲げられる，多様な形状への対応」などの利点が挙げられるが，その反面，耐熱性，酸素および水蒸気のバリア性などにおいて大きな弱点を有している。特に，デバイスとしての寿命の面で，プラスチック基板へのバリア性の付与は極めて重要な課題である。

6.2　有機ELにおけるバリア膜

6.2.1　有機ELの特徴

非常に薄いある特定の構造をもつ有機膜に電流を流し込むと発光を生じる。これを「電界発光」と呼ぶが，有機ELはこの現象を利用している。有機ELは，電界発光型の自発光ディスプレイであり，高視野角・高輝度・高コントラスト・高速応答・低消費電力・使用温度範囲が広い（−40℃～＋60℃）などの多くの特徴を有している。また，自発光であることから液晶の様なバックライトが不要であり，構造がシンプルであり，発光層が数十～数百nmと非常に薄い膜から構成されるため，薄くて軽くかつフレキシビリティを持ったディスプレイができる可能性を有している。

有機ELデバイスは，有機薄膜層を陰極と陽極で挟んだ構造をしている。有機薄膜層は，電子輸送層，発光層，正孔輸送層などから構成される。この構造に直流電流を流すと，陰極から電子が注入され，陽極から正孔が注入される。電子と正孔は，発光層あたりで再結合し，電子状態は基底状態から励起状態になる。不安定な励起状態から基底状態に戻る際に放出されるエネルギーが有機ELの発光である（図1）。

有機ELデバイスは，用いられる材料により低分子型有機ELおよび高分子型有機ELに分類できる。低分子ELは，発光層としてアルミニウム錯体などの低分子材料を，高分子ELは，ポリ（p-フェニレンビニレン）およびその誘導体やポリフルオレンおよびその誘導体などの共役系高分子や低分子色素含有高分子などを材料として用いる。いずれの材料も炭素 — 炭素の2重結合を持ち，分子内に自由なπ電子系をもつ分子構造となっている。この自由なπ電子系が，荷電キャリアである電子や正孔の輸送，発光，励起エネルギーの授受の機能を担う。

有機ELの研究自体はかなり古くからあるが，実用化を目指した本格的な研究は，低分子ELに関しては1987年のKodakのTangら[1)]の検討があり，また，高分子ELに関しては，1990年

＊　Toshiya Kuroda　住友化学㈱　先端材料探索研究所　主席研究員

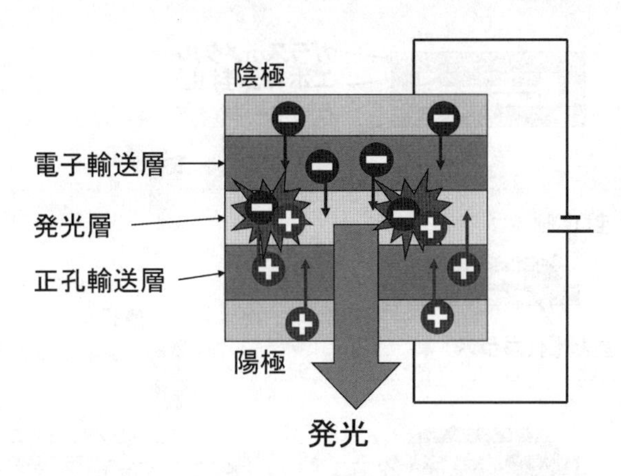

図1　有機ELの発光メカニズム（例：有機層3層構成）

のケンブリッジ大学のFriendら[2]の研究に端を発する。これらの有機ELは，基本的なデバイス構成は同じである。低分子ELは，有機化合物が非溶解性のため，蒸着により有機薄膜を成膜する。一方，高分子ELは，高分子構造により溶解性のコントロールが可能なため，インクジェットや印刷などによる成膜が検討されている。

ここで有機ELを商品化するにあたっては，デバイスの寿命と効率が課題である。デバイスの寿命は，有機ELデバイス開発の鍵を握っており，バリア技術がキーテクノロジーの一つと言える。デバイスの寿命に影響のある主な因子として，陰極と発光層の劣化が挙げられる。

陰極としては，仕事関数が低いこと，すなわち電子注入しやすい特性が重要である。低仕事関数のアルカリ金属やアルカリ土類金属を陰極に用いると，電子注入障壁が低くなり，有機層への電子注入量が増加し，低電圧での駆動が可能になる。陰極ないしは発光層とのバッファー材として，Ca，Al／LiF積層，Mg-Ag合金，Al-Li合金などの報告がある[3,4]。これら陰極は，水や酸素に非常に敏感であり，水や酸素と反応して，金属酸化物（絶縁体）となる。導電金属が絶縁体になるため，電子注入が不十分となり電流の流れが悪化する。合金電極においても酸化等による素子劣化が起こる。すなわち寿命が短くなる。

また，発光層においては，駆動中に酸化され，カルボニル基が生成しているとの報告がある[5]。この場合，カルボニル基が消光中心となり，発光効率が低下する。

このように有機ELデバイスは，水や酸素がデバイス内部に侵入しないようにバリア膜で保護する必要がある。有機ELに許容の水蒸気透過度は，$10^{-5\sim-6}$g・m^{-2}・day^{-1}であり，また，酸素透過度は，$10^{-4\sim-6}$cc・m^{-2}・day^{-1}・atm^{-1}と報告されている[6~10]。

ここで，有機EL用バリア膜の検討は，基板側と封止側とに分類できる（図2）。基板側は，ガラスを使用する場合にはバリア膜は不要であるが，プラスチック基板を使用する場合は必須である。また，封止側はガラス封止やメタル封止が検討されてきたが，ガラスやメタルの封止は嵩張るとともに，フレキシブル化に対応できない問題がある。それで，現在，固体のバリア封止膜の

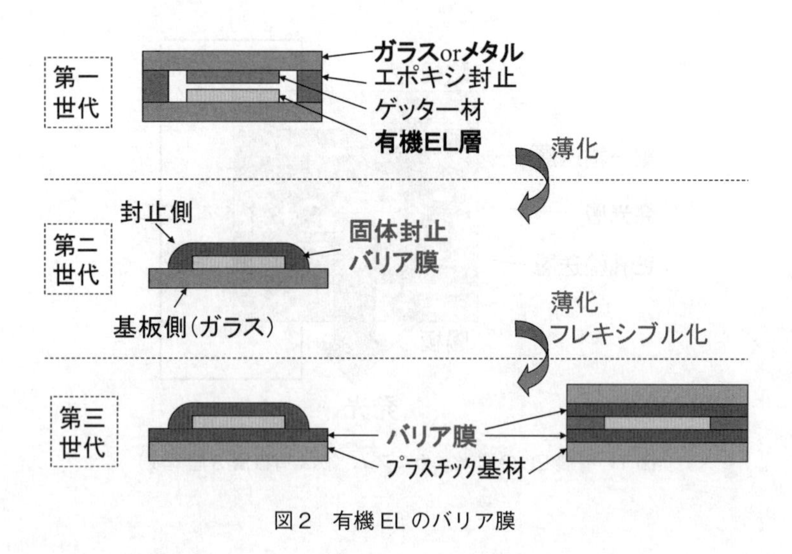

図2　有機ELのバリア膜

検討が盛んにされている。また，封止においては，バリア性を付与したプラスチック基板を封止側に貼合する方法も提案されている。

6.3 バリアのメカニズム

6.3.1 高分子におけるバリア

バリア技術は，これまで包装材料分野において，高分子材料を中心に検討されてきた。フィルムを透過する気体や水蒸気の輸送のメカニズムは「毛細管流れ」と「活性化拡散流れ」の二つの形式がある。毛細管流れは，ピンホールやクラックなどの微細な貫通孔の孔径により，クヌーセン流れとハーゲン — ポアズイユ流れの2種に分けられる。貫通孔の孔径が約2nm以上ではハーゲン — ポアズイユ流となり，1～2nmの範囲ではクヌーセン流となる。また，約1nm以下では，非多孔質タイプの溶解・拡散型の活性化拡散流れとなる。毛細管流れは，膜を構成している材料の化学的構造や熱運動の影響を受けず，透過分子の輸送は圧力勾配を駆動力として行われ，透過量は時間に比例してほぼ直線的に増加する。

次に，活性化拡散流れは，グラハムの溶解拡散メカニズムに基づき，実質的に孔のない高分子フィルムなどの均質な非多孔膜で起こる流れで，高分子表面に透過分子が収着・溶解して高圧側から低圧側に拡散・移動し，低圧側表面より脱着することにより起こる。溶解性が大きくない気体が液体に溶けるときに成立するヘンリーの気体溶解の法則と，フィルムに溶けた気体分子の移動に関するフィックの拡散の法則から説明できる。気体透過度Pの基本式は，溶解度係数Sと拡散係数Dとの積P＝S･Dで表され，透過分子の輸送の駆動力はフィルム内の濃度勾配であるが，高分子材料の一次構造・高次構造や温度によっても影響を受ける。一次構造は，極性，水素結合，凝集エネルギー密度（CED；cohesive energy density），ガラス転移点温度，分子鎖の剛直性に関し，高次構造は，結晶化度，結晶配向，自由体積などの構造の緻密性に関する。これら

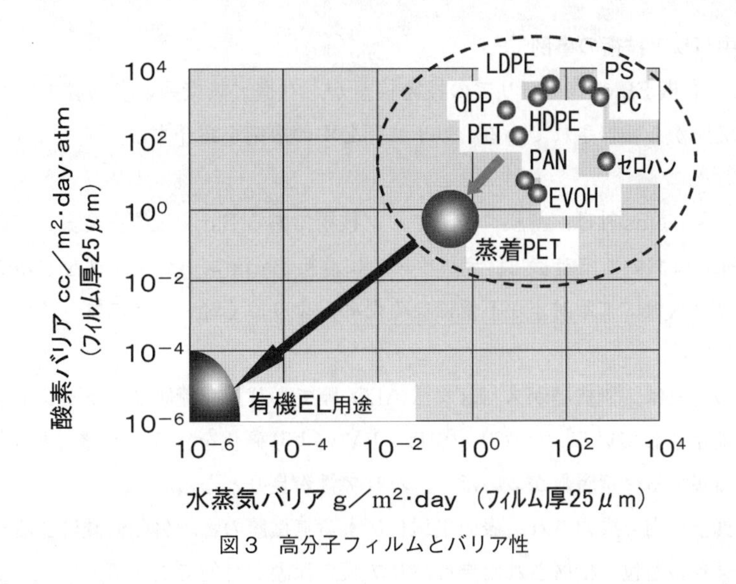

図3　高分子フィルムとバリア性

の中で，ガラス転移点，結晶化度，自由体積，凝集エネルギー密度が特に重要といえる。

このように高分子材料には自由体積や分子運動があることより，フィルムの厚みにもよるが，$1\,g\cdot m^{-2}\cdot day^{-1}$ レベルがバリア性の下限であり，$10^{-6}g\cdot m^{-2}\cdot day^{-1}$ レベルを達成することは事実上無理である。一方，無機材料は，温度や湿度の影響が少ない特徴を持つ。よって，ハイバリアの設計においては無機材料を何らかの形で使用することが必要であり，手法として高分子（有機）と無機との積層またはブレンドが提案されている。市販の包装材用の無機蒸着バリアフィルムのレベルは，$0.1\,g\cdot m^{-2}\cdot day^{-1}$ レベルであり不充分である。ここで，市販のフィルムの水蒸気透過度と酸素透過度を示す（図3）。

6.3.2　無機におけるバリア

無機材料の成膜方法は，大気中でのウェットプロセスと，真空中でのドライプロセスに分類できる。ウェットプロセスの代表的なものに金属アルコキシドを使用するゾルゲル法がある。ドライプロセスとしては，物理蒸着（PVD；Physical Vapor Deposition）や化学蒸着（CVD；Chemical Vapor Deposition）などが挙げられる。前者には，真空蒸着法，スパッタ法，イオンプレーティング法などが，また，後者には，熱CVD法，プラズマCVD法などがある。バリア無機層の組成としては，Al_2O_3，SiOx，SiNx などがある。

無機バリア層の成膜において，真空ドライプロセスがよく用いられる。薄膜の膜厚制御が可能であり，薄膜の原料を真空中でいったん原子状や分子状にばらばらにして，原子レベルから超薄膜を基板上に積層するため，より緻密な構造や良い物性を持つ薄膜を形成できる。しかし，無機バリア膜の膜厚をあまり厚くすると，曲げの際にクラックや剥離を起こしやすくなることから，バリア厚みを最適化する必要がある。また，無機成膜時には，基板に熱が掛かるため，耐熱性の強いプラスチック基板を選択するか，低温成膜が可能な無機成膜方法を選択する必要がある。

6.3.3 開発中バリア技術の事例

2002年頃より有機ELのハイバリアの技術検討が，有機／無機系の多層膜を中心に，海外の企業および研究所から報告されている。以下に開発中の事例を紹介する。

(1) 事例①

米国のVitex Systems社は，薄膜コーティング技術であるBarix技術を発表している。ガラス基板系の有機ELにおいて，有機ELデバイス上に直接Barixコーティングをすることにより，従来の金属やガラス板による封止が不要になるため，より薄く軽いディスプレイの製造が可能となると報告している。

バリア部分の構成は，無機層がスパッタ法Al_2O_3膜であり，有機層はフラッシュ蒸着法によるアクリル膜が開示されている。アクリル層は，UVにより硬化を行う。有機層と無機層を合計8層程度交互に積層する。積層数が多いほど，バリア性が良好となる。

有機層は，真空層内で成膜され，表面平坦化による無機層の物理欠陥低減によるバリア性の向上，パーティクルの埋包，積層された無機バリア膜の保護が目的である[11]。

(2) 事例②

米国のGE（General Electric社）は，無機層としてSiOxNyと，有機層としてSiOxCyを形成し，界面を形成させない連続的な傾斜膜で構成するバリア膜を提案している。無機層と有機層との明確な界面を持たない傾斜膜により，界面強度が改良されるという。

この連続一体型構造は，同社のUHB（Ultra High Barrier）技術により形成されており，その技術としてプラズマCVD技術が開示されている[12]。

(3) 事例③

シンガポールのA＊STAR（科学技術開発庁）傘下のIMRE（Institute of Materials Research and Engineering）は，ピンホールやクラックなどの真空成膜された構造欠陥の存在する無機膜上に，ナノサイズの表面活性な無機酸化物を含んだ組成物をウェットコートする技術を開示している。表面の活性なナノ粒子（Al_2O_3，TiO_2）で，クラックやピンホールなどの無機欠陥を埋めるという思想である。無機層として，マグネトロンスパッタ法にてAl_2O_3などを成膜し，有機層として，Al_2O_3ナノ粒子（20～40 nm）を含有したアクリルモノマーをコートし，UVキュアする技術を開示している[13]。

(4) 事例④

フラウンホーファー研究組織（ドイツ）に属するポリマー表面アライアンス（POLO）は，有機・無機ハイブリッドポリマー「Ormocers」の開発を進めている。これは，ゾルゲル法によりガラス構造に有機成分を導入したもので，ガラス構造に柔軟性を付与した材料である。「Ormocers」はプラスチック基材へ単独でコートしても良好なバリア性を発揮するが，無機膜との組み合わせにより，無機膜の膜欠陥の穴埋めに加え，ハイブリッドポリマー自身のバリア性によって，よりバリア性が改善されるとされている[14]。

これらいずれの技術も無機と有機の多層化・ハイブリッド化により，$10^{-5}g \cdot m^{-2} \cdot day^{-1}$以下のバリア性を報告されているが，ロール to ロールでの量産化技術は，目下開発中である。低コストで安定的に高いバリア性を発現できるプロセス技術の確立が重要である。

6.4　今後の有機 EL の展望など

有機 EL は薄膜で構造がシンプルなためフレキシブル化に適したデバイスと言え，印刷法などによる大面積化の可能性も高く，また，ロール to ロールプロセスにより，低コストで形状の自由度が高いデバイス作製も可能と期待されている。

有機 EL ディスプレイは，スマートフォン用途をはじめとする中小型用途での出荷量が今後さらに増えると予想される。また，有機 EL 照明は直流低電圧で高輝度が得られることや，理論上蛍光灯を上回る発光効率を期待できることから，インバーターが不要，かつ，省エネで環境負荷の少ない次世代照明としても期待されている。

文　　献

1)　C. W. Tang and S. A. VanSlyke *App. Phys. Lett.* **51**, 913 (1987)
2)　J. H. Burroughes, *et al.*, *Nature*, **347**, 539 (1990)
3)　D. Braun and A. J. Heeger, *App. Phys. Lett.* **58**, 1982 (1991)
4)　M. Matsumura, Y. Jinde, *App. Phys. Lett.* **73**, 2872 (1998)
5)　J. C. Scott, J. H. Kaufman, P. J. Brock, R. DiPietro, J. Salem and J. A. Goitia, *J. App. Phys.* **79** (5), 2745 (1996)
6)　S. Amberg-Schwab and U. Weber, 1st International Symposium on Flexible Organic Electronics (2008)
7)　C. Charton, Nshiller, M. Fahland, A. Hollander, A. Wedel, K.Noller, *Thin Solid Films*, **502**, 99-103 (2006)
8)　P. E. Burrows, *et al.*, Proc. SPIE4105, 75 (2000)
9)　L. Moro, *et al.*, Proc. SPIE6334, 63340M (2006)
10)　B. M. Henry, *et al.*, *Thin Solid Films*, **382**, 194 (2001)
11)　WO00/36665
12)　WO04/025749
13)　WO08/057045
14)　S. Amberg-Schwab, 3rd Global Plastic Electronics Conference and Showcase (2007)

7　太陽電池

7.1　太陽電池用バリア材開発の現状

星　優*

7.1.1　はじめに

生産活動の増進や新興国の成長により，世界のエネルギー消費量は増加傾向をたどっている。それに伴い化石エネルギーの枯渇，CO_2 排出による地球温暖化などの問題がクローズアップされ，再生可能エネルギーとしての太陽光発電に注目が集まっている。

また，2011 年 3 月 11 日に発生した東日本大震災による福島第一原子力発電所の事故により，原子力発電に依存しない社会の実現に関する見解も示され，再生可能エネルギーとしての太陽光発電導入の加速および増加が期待される。太陽電池の生産量は，年率 40% 以上で伸長しているが，上記を鑑み今後も高い成長率を維持していくと考えられる[1,2]。

太陽電池の更なる普及のために不可欠な要素として，発電コストの低減が挙げられる。また，太陽光発電における運転や設備維持に必要な費用は，他の発電方式と比較して低いため，発電コストは以下を達成することで低減できるといえる。

・より安価な設備設置費用（製品コスト低減）

・高効率な変換（同一面積でより多く発電）

・長期間安定した発電能力の維持（長寿命化）

これにより，発電コストはグリッドパリティー（Grid Parity：太陽光発電の経済性が系統電力と等価になること）に近づいていく。このうち長寿命化のためにはモジュールの耐久性向上が課題であり，その解決方法の一つに使用部材の水蒸気や酸素のバリア性向上がある。本節では，主な太陽電池の種類とそれらに用いられるバリア材料および製品化例を紹介する。

7.1.2　太陽電池の種類

主な太陽電池の種類を図 1 に示す[3,4]。これらの中で実用化され，普及しているのは無機系のものであり，シリコン系を中心に近年は化合物系の太陽電池が生産量を伸ばしている。

シリコン系の太陽電池は，単結晶型，多結晶型，アモルファス型，ハイブリッド型などがあり，単結晶型はシリコン使用量が多いがエネルギー変換効率が高く，耐久性も高いことが特長として挙げられる。化合物系は，CIGS（銅，インジウム，ガリウム，セレン），CIS（銅，インジウム，セレン），CdTe（カドミウム，テルル）などの化合物半導体を用いたものが実用化されている。レアメタルを使用しているため安定供給に懸念があるが，使用原材料が少ないことや生産効率の高さから，変換効率の向上に伴い拡大していくものと考えられる。

一方，有機系太陽電池には色素増感型，有機薄膜型があり，発電に関与する原材料に希少元素などを含まないこと，非真空のロール to ロールプロセスでの生産が可能であることから，開発

---

*　Masaru Hoshi　リンテック㈱　技術統括本部　研究所　製品研究部　粘着材料研究室　室長

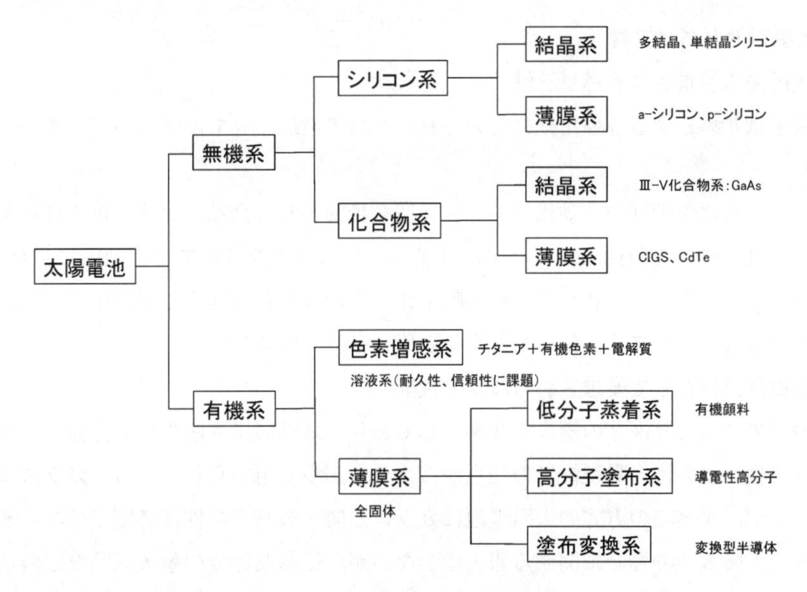

図1　主な太陽電池の分類

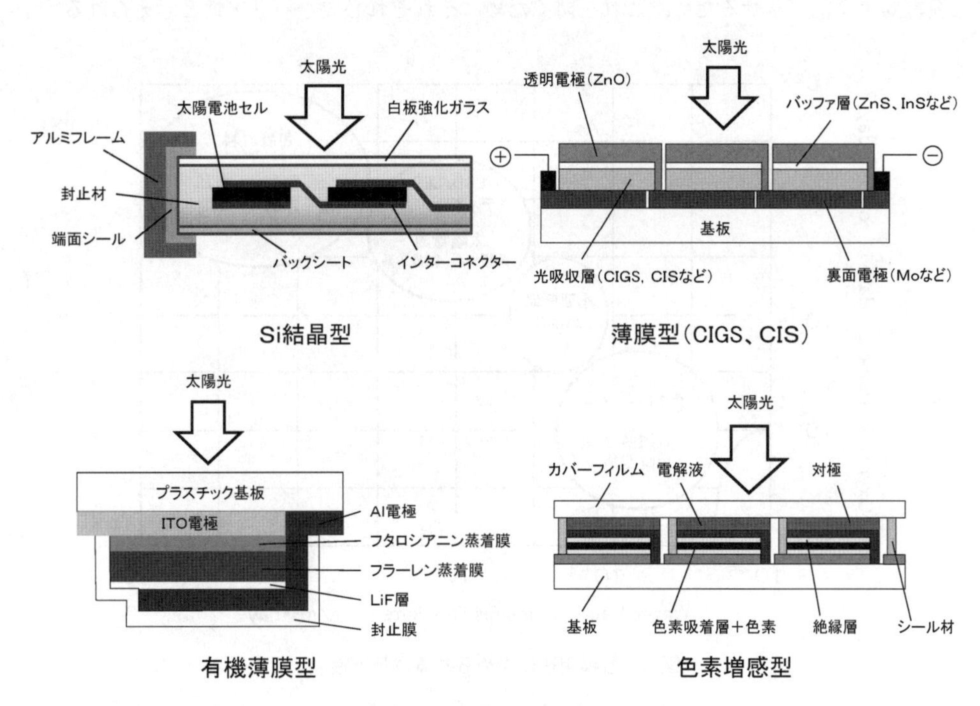

図2　太陽電池の基本構成

が盛んに行われている。

それぞれの太陽電池は，モジュールとしての構成が異なり，求められる構成部材，性能もそれぞれ異なる。各太陽電池の基本構成を図2に示す。

7.1.3 太陽電池とバリア材

(1) 各種用途に要求されるバリア性

太陽電池をはじめとする各種用途に用いられるバリア性能として，図3のレベルが示されている[5~7]。

風味の変化，酸化の抑制や有効成分の品質保持を目的とした食品，医薬品包装材料から，表示や発電素材の性能維持を目的としたハイバリアフィルムまで要求性能は広範囲にわたっている。これらのバリア材はフレキシビリティー，軽量化，生産性などの観点で高分子フィルム（単層，複層）およびこれにバリア性を付与したものが用いられている。

(2) 太陽電池部材として要求されるバリア性能

太陽電池は先に示した図2の構成を基本としており，最外層は太陽光の透過性，強度，水蒸気や酸素バリア性，耐久性（耐候性）の観点からガラスが多く用いられている。ガラスは高いバリア性を有するが，すべての方式の太陽電池にガラスと同一のバリア性は必要ではないといえる。

バリア性と太陽電池の寿命に関する報告は少ないが，促進条件での耐久試験などの結果も踏まえ，表1に示すバリア性が必要とされている[3~6,8]。浸入した水分により以下の変化（劣化）を起こし発電効率を低下させるため，これを防ぐためにそれぞれ必要なバリア性と考えられる[2,9]。

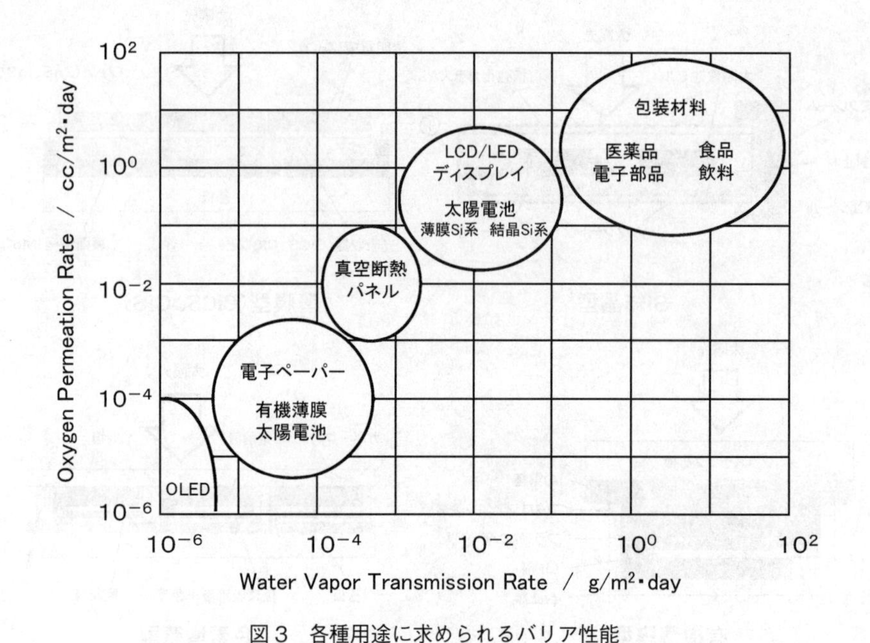

図3 各種用途に求められるバリア性能

表1 各種太陽電池に対するバリア性のレベル

太陽電池の種類	水蒸気透過度（g/m^2･day）	酸素透過度（cc/m^2･day･atm）
結晶系	0.5	10^0〜10^{-2}
薄膜Si/化合物系	10^{-2}〜10^{-3}	—
色素増感/有機薄膜	10^{-4}〜10^{-6}	10^{-4}〜10^{-6}

・結晶シリコン系：配線などの金属部分の腐食（セルそのものの劣化はない）
・薄膜シリコン系：裏面金属電極が水分により劣化し高抵抗化
・有機薄膜系：有機半導体材料，アルミ電極の劣化
・色素増感型：電解液中に浸入した水分による TiO_2 からの色素の脱離や電解液成分の変質

両面ガラスタイプでは表裏面からの水分浸入はほぼないといえるが，端部から浸入した水分が抜けにくくなるといえる。高いバリア性が必要なものほど，表裏面の高いバリア性に加え，端部のバリア性（シール性）がバリア材の開発と同じく重要になってくる。

また，フィルム積層型のバックシートを用いた場合，ガラスより水蒸気透過性が高いため内部に浸入した水分を外部に透過させることができ，耐久性に有利であるという見解もある。

(3)　太陽電池部材としてのバリア材

住宅用の太陽電池は屋根に設置することが一般的であり，建物への負荷を考慮するとより軽量であることが望ましい。設置の自由度，意匠性などから，モジュールのフレキシビリティーに対する要求もある。ガラスは太陽光透過性，耐候性などの性能に優れているが，重量，フレキシビリティー，割れの点で課題を有している。ロール状に加工できる薄膜ガラスも存在するが，価格の面で広く普及する段階ではないといえる。また，太陽光の透過を必要とせず，かつ高いバリア性が必要な場合にはアルミ箔が使用されている。ただし，太陽電池に用いる部材には部分放電などの電気的特性も求められ，金属の有する導電性が不利になることがある。これらの課題解決には高分子フィルムの利用が挙げられ，すでに結晶型太陽電池のバックシートなどに広く用いられている。

結晶型太陽電池用として求められる水蒸気バリア性は，ポリエステル（PET）フィルムが本来有するバリア性で達成できるレベルである。実際には，水蒸気バリア性，部分放電や封止材との接着性を満足するため，厚さを最適化し，さらに複数層積層されたものが用いられている[10)]。

これより高い水蒸気バリア性が必要となる場合は，バリア性の高い高分子フィルムの多積層化（例えば，3種11層，2種9層の積層膜）や高分子フィルムへの各種酸化物（シリカ，アルミナ）薄膜のコーティングによるバリア性付与が行われている。高分子フィルムへのコーティングであるため，低温での薄膜形成が必要であり，真空蒸着，スパッタリング，プラズマCVDなどの真空プロセスにより酸化物薄膜層形成が行われ，各社から製品化されている（表2）[6,11,12)]。

ハイバリアな酸化物薄膜コーティングタイプとして，三菱樹脂製の「テックバリア」シリーズ，これより高いバリア性を有する製品として同社の「X-BARRIER」シリーズがある。「X-BARRIER」は，10^{-4}g/m^2・dayの高いバリア性を有する製品として紹介されている。この他，富士フイルムからは10^{-6}g/m^2・dayレベル，大日本印刷からは10^{-7}g/m^2・dayレベルのハイバリア材の報告がある[12~15)]。

また，酸化物薄膜コーティングのバリア性は，ピンホールやクラックなどの欠陥の発生により低下する。高いバリア性を維持するためには，酸化物コーティング上にさらに有機無機ハイブリッド膜を形成するなどの蒸着膜の積層化や熱的安定性が高い高分子フィルムを基材として使用することなどが検討されている[6,11,12)]。

表2　各種透明蒸着フィルム

メーカー	商品名	コーティング方法	素材*)
凸版印刷	GL	シリカ蒸着 アルミナ蒸着	PET PET，ONy，OPP
三菱樹脂	テックバリア	シリカ蒸着	PET，ONy，PVA
尾池パックマテリアル	MOS	シリカ蒸着	PET
大日本印刷	IB	シリカ CVD アルミナ蒸着	PET，ONy PET，OPP
東洋紡	エコシアール	シリカ／アルミナ二元蒸着	PET，ONy
東レフィルム加工	BARRIALOX	アルミナ蒸着	PET
麗光	ファインバリアー	シリカ蒸着 アルミナ蒸着	PET PET
東セロ	TL-PET	アルミナ蒸着	PET

*）PET：ポリエチレンテレフタレート，ONy：二軸延伸ナイロン，
OPP：二軸延伸ポリプロピレン，PVA：ポリビニルアルコール

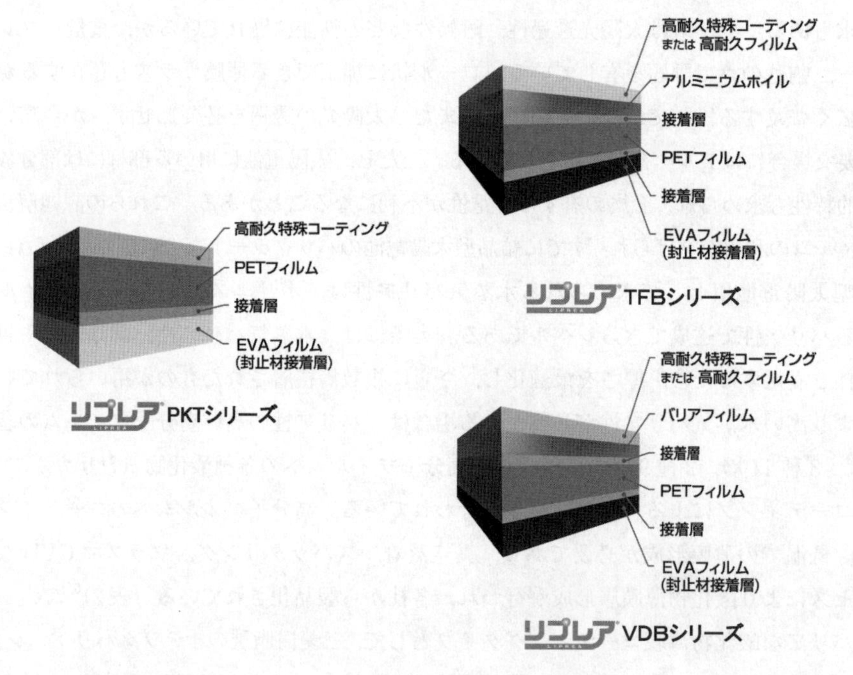

図4　太陽電池バックシート製品化例［リンテック㈱リプレア®シリーズ］

7.1.4　バックシートの製品化例

高分子フィルムを用いた太陽電池用部材として，モジュールの裏面を保護し性能を維持するために不可欠なものとしてバックシートがある。シリコン系（結晶系，薄膜系），化合物系に適用される，各種水蒸気バリア性を有するバックシートは国内外の複数のメーカーから上市されている。この製品化例として，当社 LIPREA®シリーズの構成を図4に，またその水蒸気透過度を表3に示す。

表3　リプレア®の水蒸気透過度

	PKT HD WW	TFB MD WB	VDB MD WB	試験法
水蒸気透過度（g/m^2･day）	2	＜0.005	0.01	ASTM F 1249

※数値は実測値であり，保証値ではない。

それぞれの要求性能に応じて，必要な水蒸気バリア性を有する材料を接着剤により積層しバックシートを構成している。また，最外層には特殊コーティングを施し，高耐候性を付与していることが特長である。

7.1.5　おわりに

今後，再生可能エネルギーの一つとして，太陽光発電はさらなる発展を遂げるといえる。発電方式の変化やモジュールの長寿命化に対応するためには，高い水蒸気や酸素のバリア性が不可欠である。高分子フィルムへの酸化物薄膜コーティングをはじめとするバリア性向上の技術がさらに進むことにより，長寿命化への寄与やガラスの置き換えも可能となるといえる。これによりバックシートの性能向上，フロントシート，フレキシブル太陽電池や両面受光型太陽電池への適用が拡大することが期待される。

文　献

1）独立行政法人新エネルギー・産業技術総合開発機構，太陽光発電ロードマップ（PV2030＋）報告書，第1章
2）川島康司，*MATERIAL STAGE*，**9**（12），77（2010）
3）早川　優，山岡弘明，成形加工，**22**（6），287（2010）
4）半田敬信，コンバーテック，**3**，87（2009）
5）黒田俊也，成形加工，**21**（5），241（2009）
6）小川倉一，表面技術，**61**（10），670（2010）
7）H. Yanagihara *et al.*, *53rd Annual Technical Conference Proceedings*, p.549, Society of Vacuum Coaters（2010）
8）M. Roehrig *et al.*, *53rd Annual Technical Conference Proceedings*, p.540, Society of Vacuum Coaters（2010）
9）藤本　登　編，太陽電池に用いられるフィルム，樹脂の高機能化とその応用，p.427，技術情報協会（2010）
10）井野一英，杉本榮一，コンバーテック，**9**，49（2006）
11）藤本　登　編，太陽電池に用いられるフィルム，樹脂の高機能化とその応用，p.47，技術情報協会（2010）
12）葛良忠彦，プラスチックエージ，**3**，72（2010）
13）山崎善啓，*MATERIAL STAGE*，**9**（1），101（2009）
14）吉田重信，コンバーテック，**3**，107（2009）
15）森本淳一，*Electronic Journal*，**4**，86（2009）

7.2 太陽電池用水蒸気バリアフィルム

赤池 治*

7.2.1 はじめに

近年，資源の有効利用や環境汚染の防止等の面から，太陽光を直接電気エネルギーに変換する太陽電池が注目され，開発が進められている。2010年の太陽電池モジュールの世界市場規模は3兆4162億円（前年比203.3%）に達し，2011年4兆5171億円（見込が）と成長を遂げ，2030年には13兆3140億円市場へ成長が期待される[1)]。

本稿では，現在のみならず2030年においても9兆円[1)]と太陽電池の主役を占める結晶シリコン型太陽電池における水蒸気バリアフィルム，また今後成長が期待できるCIGS太陽電池や有機薄膜太陽電池など軽量フレキシブル太陽電池における水蒸気バリアフィルムの役割について述べる。

7.2.2 太陽電池保護材

太陽電池は種々の発電素子に対して，通常，透明前面保護材，封止材，発電素子，封止材及び裏面保護材をこの順で積層し，真空ラミネーションによる加熱溶融により接着一体化することで製造される。太陽電池用保護材は，前面保護材であっても裏面保護材（以下，保護材）であっても，発電素子を保護することはもとよりこれら部材自体が優れた耐久性を有することが必要であり，具体的には保護材が優れた耐湿熱性と耐光性を有し，かつ発電素子や配線保護のための水蒸気バリア性能や紫外線の吸収性能等を有することが重要である。

上記要求性能を満たすために保護材としてはガラスが使用されている。しかしながら太陽電池用ガラスの重量は15 kg/枚から20 kg/枚と重く，屋根置き太陽電池用保護材の両面にガラスを使用することは過重量による運搬や施工時の作業効率，安全性，屋根材へ負荷，補強が必要など多くの問題があるため，裏面保護材をプラスチックスフィルムとしたバックシートが使用されている。

7.2.3 結晶シリコン太陽電池用バックシート

図1に代表的な太陽電池用バックシート層構成を示す。一般に最外層には耐湿熱性，耐光性に優れたフッ素系樹脂もしくは耐加水分解性を改良したポリエステルが使用されている。最外層フィルムの内側には接着剤を介して水蒸気バリアフィルムが用いられる。水蒸気バリアフィルムはポリエステルフィルムなど蒸着基材に無機薄膜層が蒸着されており水分の浸入を遮断している。さらに水蒸気バリアフィルムの蒸着基材側には接着剤を介してポリエステルフィルムやポリオレフィンフィルムなどが積層される。ポリエステルフィルムはバックシートに強度と弾性を付与し，またポリオレフィンフィルムは封止材との接着性を確保するために用いられる。またバッ

* Osamu Akaike, Ph.D. 三菱樹脂㈱ 本社新規事業企画・開発部 バリアフィルム・太陽電池部材プロジェクト 兼 バリアフィルム開発センター XBR開発グループ グループリーダー

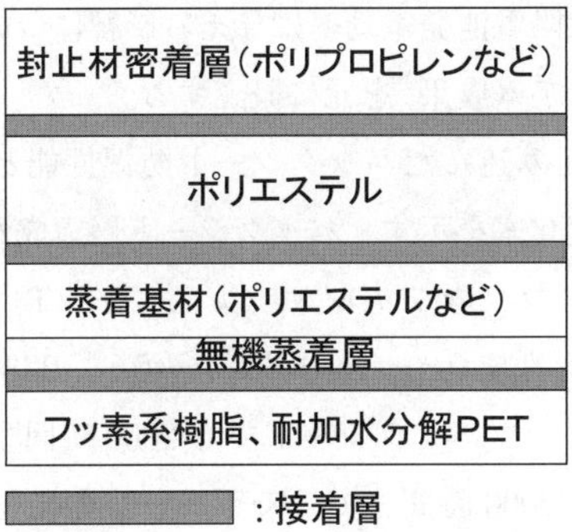

封止材密着層（ポリプロピレンなど）

ポリエステル

蒸着基材（ポリエステルなど）

無機蒸着層

フッ素系樹脂、耐加水分解PET

：接着層

図1　バックシート層構成例示

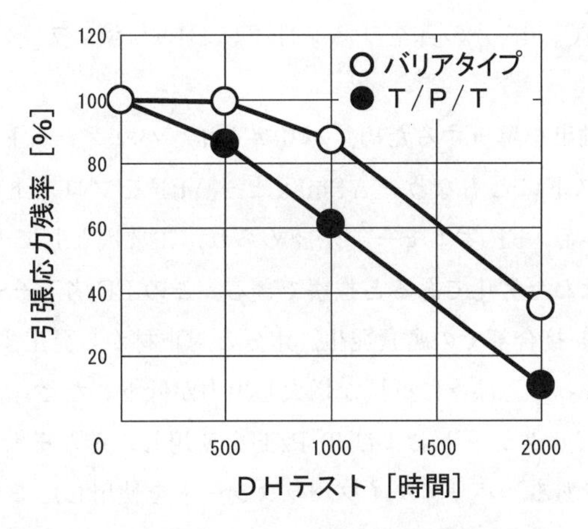

図2　バックシート引張応力残率

クシートは1000ボルト以上の部分放電に対する絶縁性が必要であるためバックシート全体で凡そ250μ以上の厚みが必要である。

水蒸気バリアフィルムより発電素子側にあるフィルムは水分の侵入が遮断されるためポリエステルフィルムなど耐加水分解性に難のあるフィルムを用いることができる。これにより水蒸気バリアフィルムをバックシート内に積層したバックシートは比較的高価なフッ素樹脂系フィルムを最外層以外に用いずにバックシートに必要な厚みや剛性を獲得しながら，加水分解の進行が抑えることが可能であり長期間バックシートの強度等を維持することができる。図2に三菱樹脂製防湿フィルム，テックバリアLXを積層したバックシートと水蒸気バリアフィルムを積層していないバックシート（後述するT/P/Tタイプ）の85℃，85%相対湿度環境下における耐久試験（以下，Damp Heat Test，DHテスト）後の強度比較を示す。水蒸気バリアフィルムを使用することによりバックシートが長期に優れた強度を維持できることが理解できる。またバックシートは太陽電池に組み込む際150℃，10分程度の真空ラミネーション工程時を経るため水蒸気バリアフィルムにも上記温度，時間を経た後も安定な水蒸気透過率を維持する必要がある。

次にバックシートの防湿性が太陽電池発電効率に与える影響について第Ⅰ期高信頼性太陽電池モジュール開発・評価コンソーシアム成果[2]を元に概説する。

図3に太陽電池モジュールに組み込んだバックシート防湿性能とDHテスト経過時間に対する太陽電池の最大出力Pmaxの変化率を示す。バックシート層構成がフッ素フィルム／接着剤／ポリエステルフィルム／接着剤／フッ素フィルム（以下，T/P/T）を使用したモジュールでは2000時間で変化率2％，また防湿性能0.2 g/(m^2・日)（@40℃，90％相対湿度）である水蒸気バリアフィルムを積層したバリアタイプバックシートでも2000時間までの最大出力Pmaxの変化率もほぼ同じであり，DHテスト2000時間まではモジュールの発電に関わる因子への影響はバリア性に因らず安定した結果であった。なおモジュール作成にあたり，結晶シリコン4セルモジュール，封止材はサンビック社製ファストキュアタイプを用いた。サンプル作成時のハンドリングは良好であり，150℃，15分の真空ラミ条件下においてもシワ等の発生なく外観良好なモジュール作成を行った。

主要な劣下モードの抽出を解析するため，バリアタイプバックシートおよびT/P/Tを使用したモジュールのDHテストにともなう－ΔPmaxと－ΔFFをプロットした結果を図4に示す。その結果，FFと相関を持つFF劣下モードが認められ，主要因としてセルとセルを結合しているバスライン結合部のはんだ劣化であると推察できる。このFF劣下モードの原因としては，水分および酸素による導線･接合部での腐食発生，水分と封止材から発生する微量の酸による導線，接合部での腐食進行によって，徐々に抵抗が増大し出力が低下したと考えられる。

図5はバリアタイプバックシートおよびT/P/Tを使用したそれぞれDHテスト2000時間経過後の配線周りの写真である。バリアタイプバックシートを使用したモジュールでは配線周りの劣化は見られず，一方で，T/P/Tを使用したバックシートを用いたセルでは，DHテスト2000時間までは発電効率に影響はまだ見られていないものの，既に配線周りでの錆びの発生や使用した封止材とガラス間の浮きが見られた。このことはバリアタイプバックシートおよびT/P/T

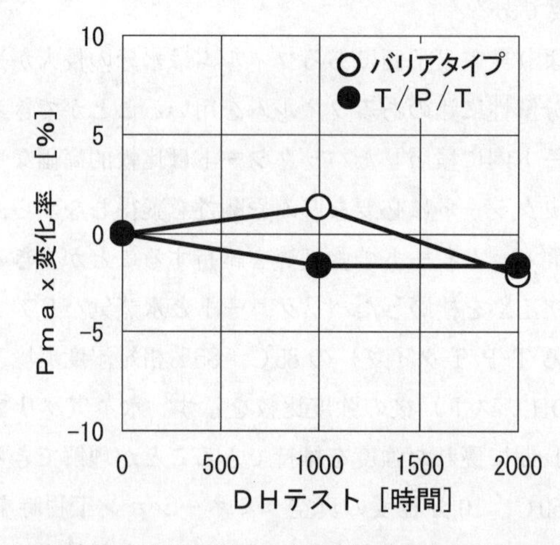

図3　DHテスト経過時間に対する太陽電池の最大出力Pmaxの変化率

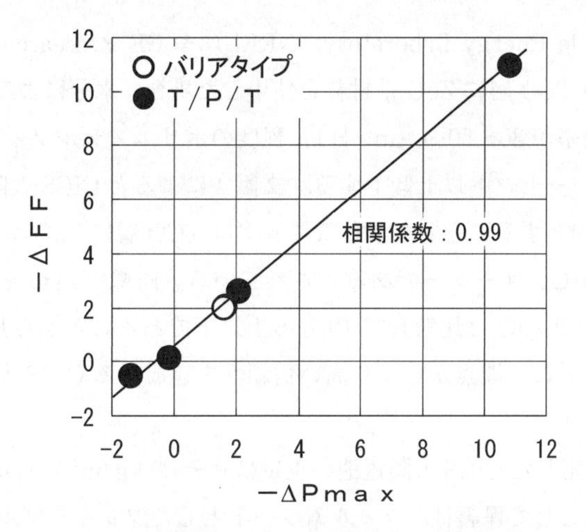

図4　DHテスト−ΔPmaxと−ΔFF

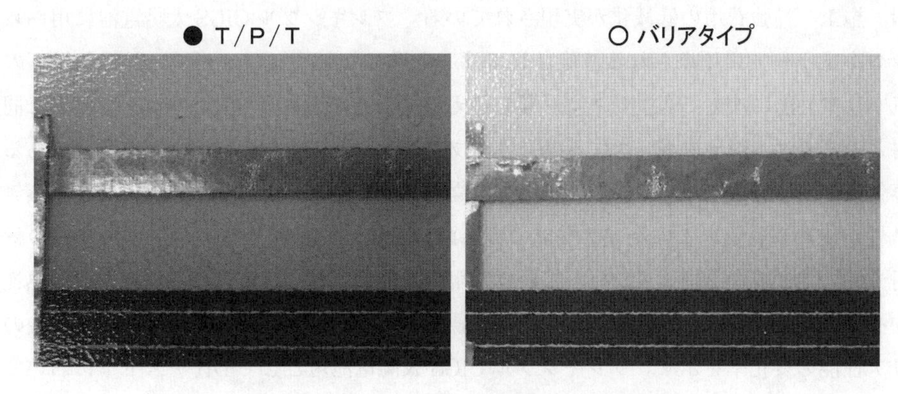

図5　DHテスト2000時間経過後の配線写真

バックシートを用いたモジュールの発電効率の低下はDHテスト2000時間では検出されないが，より長時間のDHテストにおいて差が生じて来ることを示唆している。また太陽電池の実際の使用環境においても，バリアタイプバックシートは太陽電池モジュールにより長期使用に対する信頼性を与えると考えられる。

7.2.4　軽量フレキシブル太陽電池保護材

CIGS太陽電池は銅，インジウム，ガリウム，セレンを光吸収層に用いた薄膜太陽電池である。光吸収係数が大きく薄膜太陽電池として最も高い変換効率を達成している。CIGS薄膜太陽電池の基本的な製造工程は，ソーダガラスなどの基板に裏面電極となるモリブデン膜（Mo）をスパッタリングで製膜し，その上にP型CIGS光吸収層，高抵抗バッファ層（CdS），n型酸化物透明導電膜（TCO）層の順にセルを形成し，その後セル上下に封止材，保護材を積層する。

TCO層には酸化インジウムスズ（ITO）や酸化亜鉛（ZnO）などが用いられている。CIGS太陽電池の発電効率低下の主原因は使用するTCO層の劣下によることが米国再生エネルギー研究所（National Renewable Energy Laboratory，NREL）[3]や GE Rresearch 社より報告されている[4]。CIGS 太陽電池の TCO 層に ZnO 系材料を使用した場合，水分による TCO 層抵抗値の増大は著しく，水蒸気透過率が 30～50〔g/(m^2・日)〕程度のポリエステルフィルムを保護材に使用すると半年で出力は 20 パーセント以上低下する。文献 4 によると CIGS 太陽電池の出力低下を 20 年で 20 パーセント以内とするに必要な水蒸気透過率は TCO 層に ZnO 系材料を使用した場合，10^{-5} の〔g/(m^2・日)，20℃〕オーダーであるとされている。同様に ITO を使用した CIGS 太陽電池は，ITO の劣下速度が ZnO と比較して 10 分の 1 以下であることから凡そ 10^{-4}〔g/(m^2・日)，20℃〕オーダーである。この観点からより高い信頼性を達成する CIGS 太陽電池には TCO 層に ITO を用いることが望ましい。

保護材にガラスを使用した CIGS 太陽電池の重量は凡そ 20 kg/m^2 であり，太陽電池の軽量化，フレキシブル化を目的として保護材をフィルムシートとしたフレキシブル CIGS 太陽電池が開発され販売されている。フレキシブル CIGS 太陽電池の重量は凡そ 2 kg/m^2 であってその軽量性から運搬，施工，補強費用の低減化が実現されている。フレキシブル CIGS 太陽電池に用いられる透明フロントシートに要求される性能としては，先述した 10^{-4}〔g/(m^2・日)，20℃〕以下の高い水蒸気バリア性能に加えて変換効率に影響を与える高い光線透過率や先のバックシートと同様に封止材との密着性，部分放電に対する絶縁性やフロントシート自体の強度などが必要である。特に水蒸気透過率に対しては初期性能のみならず高温高湿下においても劣下しない高い水蒸気バリア耐久性が求められる。このバリア性能の高い耐久性実現には水蒸気バリアフィルムの耐湿熱性，耐光性に加えて，フロントシート積層体に用いる他の部材や接着剤にも同様な耐湿熱性，耐光性が必要である。図 6 に三菱樹脂製 CIGS 太陽電池用のフロントシートの DH テスト後の水蒸気バリア性能の変化率を示す。フレキシブル CIGS 太陽電池用として DH テスト下においても安定な水蒸気透過率を達成していることがわかる。またフレキシブル CIGS 太陽電池用バックシートも先述の結晶シリコンタイプ用バックシートと比較してより高い水蒸気バリア性能を持つこと

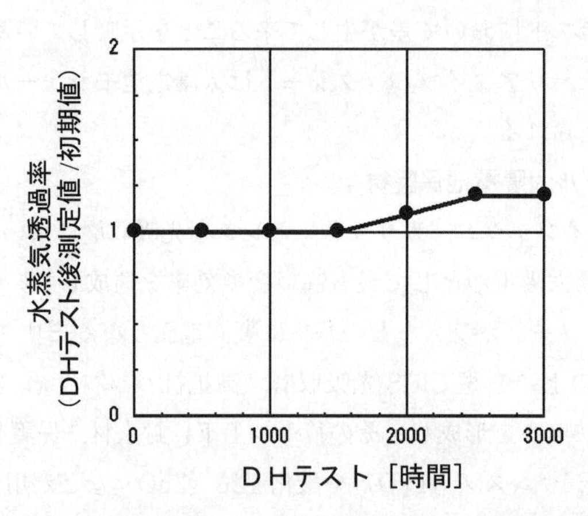

図 6　CIGS 太陽電池用フロントシート DH テスト後規格化水蒸気透過

が必要である。

他の軽量フレキシブル太陽電池として有機薄膜太陽電池（OPV）が生産コストの低さから注目されている。無機材料系と比較して有機材料を使用するため耐久性に問題があり屋根設置用途などには無機系太陽電池用と比較しより高い水蒸気バリア性能を有する保護材が必要である。

しかしながらOPVは無機系太陽電池と比較して生産工程数が少なく初期投資も抑えられることから，太陽電池として数年程度の使用を想定した用途，たとえば乾電池や電気配線を省略できるセンサーや電子棚札への組み込み，LEDと組み合わせた灯油ランプの代替などEH（Energy Harvesting）分野への展開が期待されている[5,6]。EH用途OPVに求められる水蒸気バリア性能は耐用年数がBIPV用途と比較して短いことから結晶シリコン太陽電池用バックシートとフレキシブルCIGS太陽電池用との中間であり，その反面低コストが求められている。

7.2.5　まとめ

従来バックシートに大量に用いられている10^{-1}の水蒸気バリアフィルムに加え，2011年末より市場に登場したフレキシブルCIGS太陽電池や有機薄膜太陽電池など今後も成長することが期待されている。今後の市場拡大の為には結晶シリコンタイプ用バックシートに使用される水蒸気バリアフィルムと比較して1000倍以上の高い防湿性能を有するバリアフィルムを1m以上の広幅で安定に，大量に，適切な価格で供給できることが最も重要である。

文　献

1)　富士経済，太陽電池関連技術・市場の現状と将来展望　2011年版　上巻
2)　第I期高信頼性太陽電池モジュール開発・評価コンソーシアム成果報告書
3)　Degradation of ZnO Window Layer for CIGS by Damp-Heat Exposure, F. J. Pern, B. To, C. DeHart, X. Li, and S. H. and Glick, R. Noufi, *NREL/CP-520-42792*, August 2008
4)　Packaging Requirements for ITO-Hardened CIGS, Dennis Coyle, Holly Blaydes, James Pickett, Todd Tolliver, Ri-An Zhao, and J. ames Gardner GE, *PV Module Reliability Workshop*, February 18-19, 2010
5)　Organic Photovoltaics: Performance and Near-term Applications, Shawn P. Williams, *LOPE Conference*, June 29, 2011
6)　Printed Plastic Solar Power for Emerging Markets, Simon Bransfield-Garth, *LOPE Conference,* June 29, 2011

8 電子機器（コンフォーマルコーティング等）

坂本隆文*

8.1 はじめに

自動車や航空機の電装部品に使用されるプリントサーキットボード（PCB）は，粉塵と，急激な温度変化や高温多湿の厳しい環境に晒されるので，PCBに搭載された電子部品の破損や電気的トラブルが発生する可能性がある。この対策の一つの方法として，防湿表面処理剤であるコンフォーマルコーティング材による，PCB表面を保護する方法がある。

コンフォーマルコーティング（Conformal Coating）は，従来のポッティング，モールディングと比較し，耐衝撃性に劣るものの，小型で軽量，補修が容易，良好な放熱性，熱膨張による損傷が少ない，作業性が良いなどの特長を持つ。

本稿では，コンフォーマルコーティング材に要求される特性，素材，塗布方法について説明すると共に，優れた耐候性，耐熱性，耐寒性が要求される，自動車，航空機電装部品用に使用されているシリコーン系コンフォーマルコーティング材を紹介する。

8.2 コンフォーマルコーティング材

8.2.1 特性

PCBを粉塵，高温，湿気から保護するという目的から，以下の特性が要求される。

(1) 耐久性

長期にわたる高温多湿の環境下でも，安定した特性を持つ。

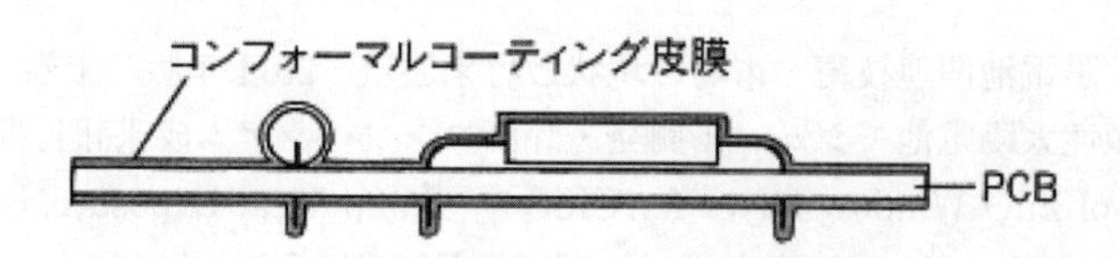

図1 サーキットボードのコンフォーマルコーティング

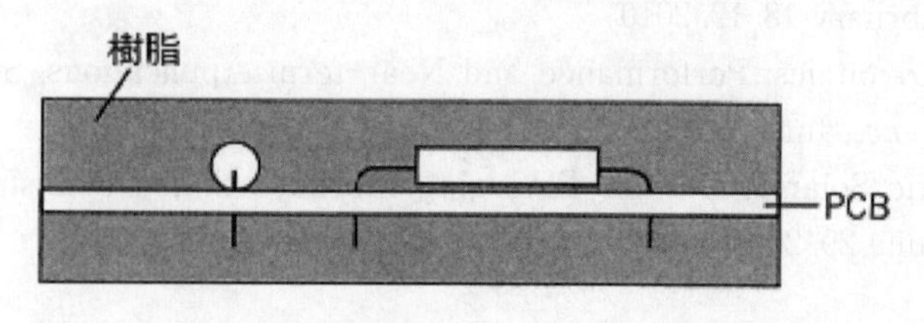

図2 サーキットボードのモールディング

* Takafumi Sakamoto 信越化学工業㈱ シリコーン電子材料技術研究所 第二部開発室室長

⑵　**耐湿性**

PCBと搭載された部品に接着し，水分の浸入を防ぐ。

⑶　**作業性**

粘度が低く，PCB上に塗布することが容易である。比較的低温で短時間に硬化する。

⑷　**柔軟性**

コーティング膜がゴム弾性に富んでおり，柔軟性があることより，PCBや搭載された部品の温度変化による収縮に追従し，ボンディングワイヤーの断線やクラックの原因にならない。

⑸　**補修性**

PCB上の部品の交換が容易である。

⑹　**電気特性**

電気絶縁性に優れ，広い温度範囲と周波数領域にわたって，安定した特性を持つ。

8.2.2　素材

使用されている素材として，5種類の材料が挙げられる。それぞれ長所，短所を有するが，自動車，航空機用途のような高い信頼性を要求されるPCBのコンフォーマルコーティング材には，耐久性に優れたシリコーンが素材として広く用いられている（表1）。

8.2.3　塗布方法

洗浄，熱処理されたPCBに，スプレイイング，ディッピング，フローコーティング，ブラッシング（刷毛塗り）の何れかの方法によって塗布される。ディッピング，フローコーティングは機械化することが可能で，工場でのラインで使用することが出来，大量生産に適している。スプレイイング，ブラッシングは特殊な装置を必要としない簡便な方法で，コーティングが不十分であった個所や部品交換など補修後の再コーティングに適している（図3）。

8.3　シリコーン系コンフォーマルコーティング材

溶剤タイプと環境問題の面から要求が高まっている無溶剤タイプのシリコーン系コンフォーマルコーティング材を紹介する。

8.3.1　溶剤タイプ

KR-112は，室温あるいは低温加熱で溶剤の揮散と共に縮合反応で硬化し，シリコーンの皮膜を形成するレジンタイプのコンフォーマルコーティング材である。短時間に硬化することから機

表1　コンフォーマルコーティング素材

素材	長所	短所
アクリル	速硬化性　補修性	耐熱性
ウレタン	耐湿性　耐溶剤性	毒性
エポキシ	耐摩耗性　耐溶剤性	硬化収縮　補修性
シリコーン	耐熱性　耐湿性	補修性
パリレン	耐溶剤性　耐熱性	プロセス

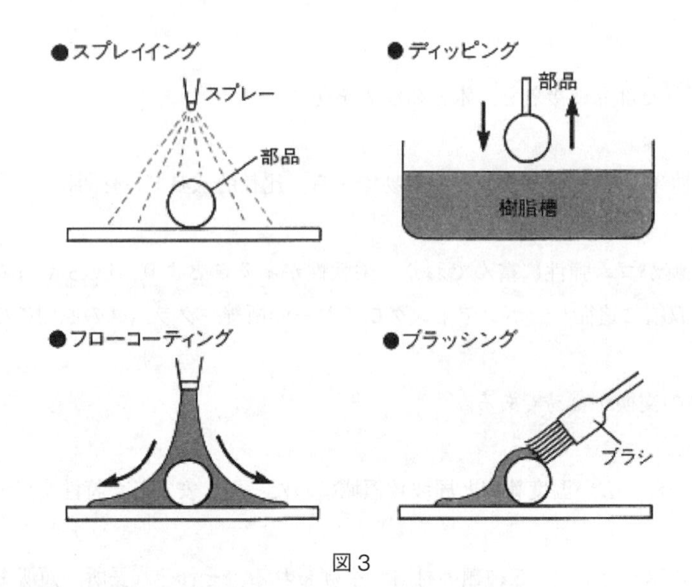

図３

コンフォーマルコーティングされたプリント基板

写真１　コンフォーマルコーティングされた基板

機械化によるフローコーティング

写真２　機械化によるフローコーティング

表２　溶剤タイプシリコーンコンフォーマルコーティング材

品名		KR-112
外観		無色透明液体
粘度	(mPa･s)	250
不揮発分	(%)	70
比重		1.06
溶剤		キシレン
指触乾燥時間	(分)	20-30

(規格値ではない)

表3　シリコーンコンフォーマルコーティング材

品名	KE-1870	KE-1871	KE-3470	KE-3472
粘度（mPa·s）	400	800	60	200
硬化タイプ	付加	付加	縮合（アセトン）	縮合（アセトン）
硬化条件	0.5 hr/150℃	0.5 hr/150℃	23℃50%RH 7 days	23℃50%RH 7 days
硬さ（デュロメータ A）	15	27	30	35
体積抵抗率（TΩ·m）	10	10	20	60
比誘電率（50 Hz）	3.1	3.1	3.0	3.0
誘電正接（50 Hz）	1.0×10^{-3}	1.0×10^{-3}	0.1×10^{-3}	3.0×10^{-3}

（規格値ではない）

械化に適している。塗布方法としてはディッピングが一般的である（表2）。

8.3.2　無溶剤タイプ

溶剤が作業者に対して健康面で悪影響を与え，また地域の大気汚染の原因となることから，無溶剤タイプのシリコーンコンフォーマルコーティング材が開発されている。KE-3472，KE-3470は縮合反応で室温硬化する製品である。一方，KE-1870，KE-1871は付加反応で加熱硬化する製品である。何れも硬化後フレキシブルなシリコーン皮膜を形成する。

塗布方法としては何れもディッピングが向いており，室温あるいは加熱条件下で短時間硬化することから，KR-112と同様に機械化することが可能である。

また，室温硬化型のKE-3472，KE-3470は表面硬化が速く，室温でタックフリーとなるので，加熱炉を持たないディッピングマシーンやフローコーティングマシーンでも使用することが出来る。さらにKE-3470は粘度が60 mPasと低くスプレイイングによって塗布することが出来，補修用としても使用できる（表3）。

8.4　おわりに

複雑かつ精度の度合いがますます高まるPCBの保護コーティングは，今後更に要求が高度化していくことが予想される。今後より一層の性能向上，クリーンな環境維持への対応，そして自動化を基軸とした生産効率の向上を目指したシリコーンコンフォーマルコーティング材の製品開発を進める。

文　献

1）柳沼篤，*Silicone Review*, **22**（1993）
2）伊藤邦雄編，シリコーンハンドブック，日刊工業新聞社（1990）
3）RTVゴムカタログ，信越化学工業（2010）

9　鉄道車両（床材等）

伊藤幹彌*

9.1　はじめに

公共交通機関である鉄道において安全・安定輸送の確実な遂行は重要な事項である。そのため，使用する製品や部材においても安全性，信頼性は高い水準で要求される。鉄道車両に関わる材料においては必要な強度物性を有することはもちろんのこと，難燃性や使用期間を通じた長期耐久性が求められる。鉄道車両用の内装に使用される部材，製品に求められる難燃性は国土交通省令に規定されるものであり，この規定を満足しない製品は鉄道車両に用いることができない[1,2)]。

塩化ビニル（PVC）はハロゲンを含有しているため難燃性が高いほか，安価で長期耐久性にも優れているなど多くの利点を有している。こうした背景から，鉄道車両用の部材にはPVCを用いた製品が多く使用され，床材としても広く用いられている。しかし，国際的な鉄道規格では材料燃焼時の発生ガスの安全性などについても規制する動向にある。こうした動向においてハロゲン含有のPVCやハロゲン系の難燃剤は燃焼時に有害ガスを発生するため使用が制限される方向にある。また，こうした有害ガスの発生は廃棄処理においても課題となっており，PVCは焼却処理の困難な材料として認識されている。一方，脱ハロゲン化と難燃化を両立する方法にも課題があげられる。アルミニウムやマグネシウムの水酸化物は無機系難燃剤として高分子材料に配合されるものだが，十分な難燃性を発現するためには材料に対して数十％もの多量の配合を必要とする。こうした配合は重量増加を伴うとともに柔軟性低下にも影響し，高分子材料の利点を損じてしまう。

そこで，これらの課題解決に向け，ナノコンポジットの床材への適用を検討した。ナノコンポジットは数%のクレーを配合することで難燃性を含めた材料特性を大きく改善する効果がみられる。そこで，こうした特性を鉄道車両用床材の難燃性向上へ活用することを考えた。

ここでは，ナイロン-6／モンモリロナイトナノコンポジットを床材に適用することを目的として，ナノコンポジットフィルムを床材に積層した試験品を数種類作製し，これらを用いて燃焼性能の評価を実施した。得られた結果から難燃性向上の観点からナノコンポジットの効果的な積層方法を検討した。また，廃棄処理の困難なPVC製床材についてリサイクル利用を検討したので併せて紹介する。

9.2　ナノコンポジットの難燃性[3)]

ナノコンポジットの難燃性は第1章4節でも述べたように，J. W. Gilmanらによって詳細な検討がなされている。ここではもう少し具体的な難燃のメカニズムについて概説する。

一般的に高分子材料が燃焼すると図1のような定常状態を形成し，以下のようなプロセスで燃

---

*　Mikiya Ito　公益財団法人　鉄道総合技術研究所　材料技術研究部　主任研究員

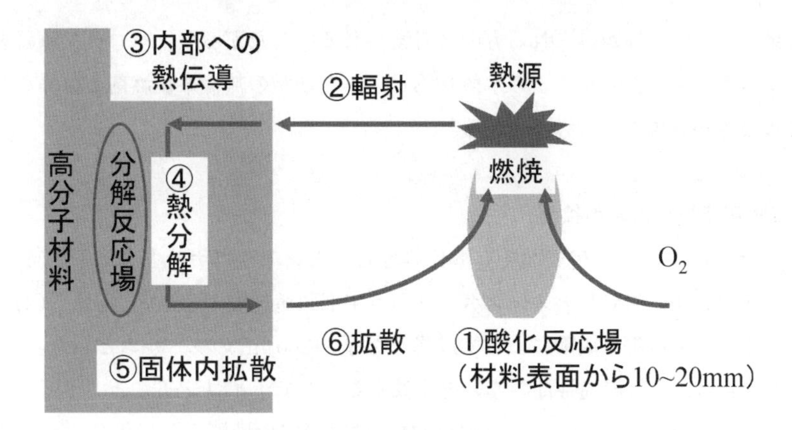

図1　燃焼の定常状態

焼が継続する。

①酸化反応場の形成

燃焼の初期においては十分な酸素が材料表面上に供給されるが，燃焼反応は急速に進行するため，酸化反応場への酸素の供給は不足しがちになる。そのため，酸化反応場は材料表面近傍から酸素が十分に供給される場所へと徐々に離れ，定常状態では表面から10〜20 mm程度のところに形成される。

②火源の継続，熱の輻射

酸化反応場では燃焼が継続的に起こり，炎の輻射によって材料表面が加熱される。

③材料内部への熱伝導

燃焼の最初の段階では加熱された材料の表面が分解するが，表面は早々に分解生成物に覆われ，燃焼が継続している時には熱は材料内部に伝わる。

④材料内部での熱分解

表面からの熱が材料の内部に伝熱する。伝熱した材料内部で分解温度に達し，材料の熱分解が発生する。

⑤固体内拡散

材料内部で分解し，発生した低分子化合物やガスは，加熱されて溶融状態にある材料内部を拡散し，材料表面まで達する。固体状の高分子内ではガスの拡散係数が小さいが，溶融状態にある高分子では拡散係数が大きく，燃焼が継続するのに十分な分解生成物が内部拡散する。

⑥気相拡散

材料表面に達した低分子化合物やガスは，材料表面から拡散し，酸化反応場に到達し，継続的な燃焼に関与する。気体中の拡散であるため，この速度は極めて早い。

ナノコンポジットを用いることで発現する難燃性は⑤に示す固体内拡散を抑制する効果にある。既に述べたようにナノコンポジットは高いガスバリア性を有しており，こうした材料を製品に組み合わせることは，燃焼時に材料から酸化反応場へ供給される可燃ガスを抑制する効果が期待でき，結果として難燃性が得られるものと考えられる。したがって，ハロゲン系難燃剤はもとより，アルミニウムやマグネシウムの水酸化物といった通常の無機系難燃剤とは異なるメカニズムによって難燃性が発現すると考えられる。

9.3 鉄道車両用床材への適用検討

ここでは，ナイロン-6および表面を有機化処理したモンモリロナイト（以下，MMTとする）を配合したナイロン-6／MMTナノコンポジット（宇部興産㈱製 UBE NYLON NCH）を用意した。ナノコンポジットは押出成形によって成形した厚さ200μmのフィルムとした。

また，粘土化合物による燃焼特性の違いを比較する目的でナイロン-6にセリサイト（Sericite）を配合したナノコンポジットフィルムを㈱物質・材料研究機構殿より提供頂いた。ナイロン-6およびこれにセリサイトを配合したナノコンポジットフィルムはホットプレスにより作製し，厚さは300μmとした。ここで，MMTとセリサイトは粒子のアスペクト比が異なる粘土化合物であり，それぞれのアスペクト比はMMTで75，セリサイトで150となっている[4,5]。

ナノコンポジットフィルムは作製にあたり，老化防止剤や熱安定剤などの配合処理は実施しないものとした。得られたナノコンポジットフィルムを既存のオレフィン系床材の基材に積層した床材試験品を作製し，後述する燃焼試験（コーンカロリメータ）を実施した。ナノコンポジット

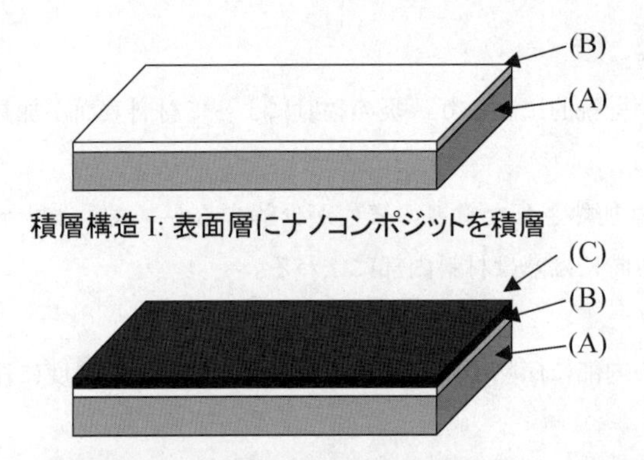

(A):既存のオレフィン製床材基材
(B):ナノコンポジットフィルム
(C):既存のオレフィン製床材表面材

図2　床材試験品の積層構造

フィルムの床材への積層方法はプライマーを用いた加熱接着とし，積層した床材の厚さは2 mmとした。また，ナノコンポジットフィルムの積層位置としては図2に示すような3種類の構造を作製した。試験品の詳細を表1に示す。

作製した試験品を用いて図3に示すコーンカロリメータを用いて燃焼性能を評価した。試験条件として輻射熱量は35 kW/m^{2}とし，試験品のサイズは長さ100 mm×幅100 mm×約厚さ2 mmとした。試験は3回実施し，試験結果の平均値をそれぞれの結果とした。

発熱速度の測定結果のうち最大発熱速度を図4に示す。また，積層構造Iを例にして試験品の測定データを図5に示す。ここでは難燃性向上の効果を把握することを目的として最大発熱速度

表1　床材試験品

積層構造	試験品番号	クレー種類	クレー配合量（wt%）	フィルム暑さ（μm）
I	1	—	—	200
	2	MMT	1.15	200
	3	MMT	2.3	200
Ⅱ	4	—	—	200
	5	MMT	1.15	200
	6	MMT	2.3	200
Ⅲ	7	—	—	200
	8	MMT	1.15	200
	9	MMT	2.3	200
I	10	—	—	300
	11	セリサイト	3	300
	12	セリサイト	5	300

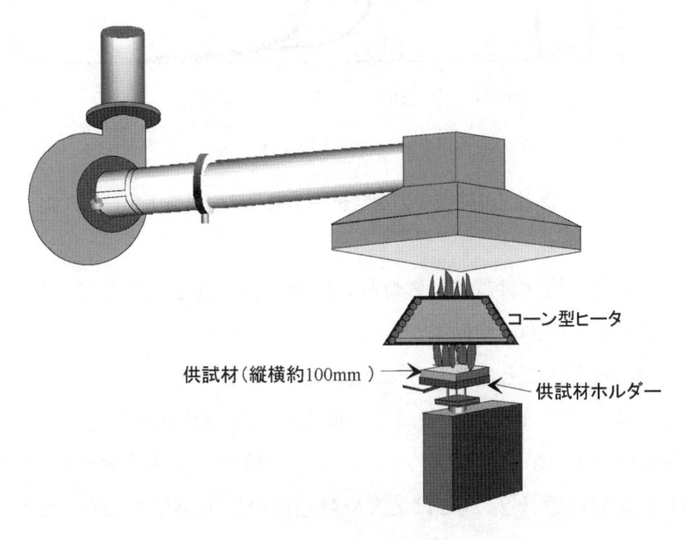

図3　コーンカロリメータ

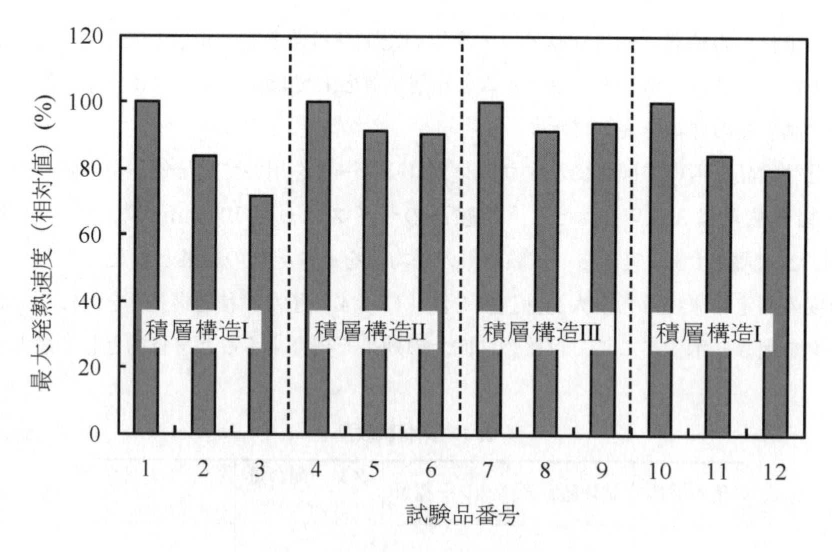

図４　最大発熱速度の測定結果

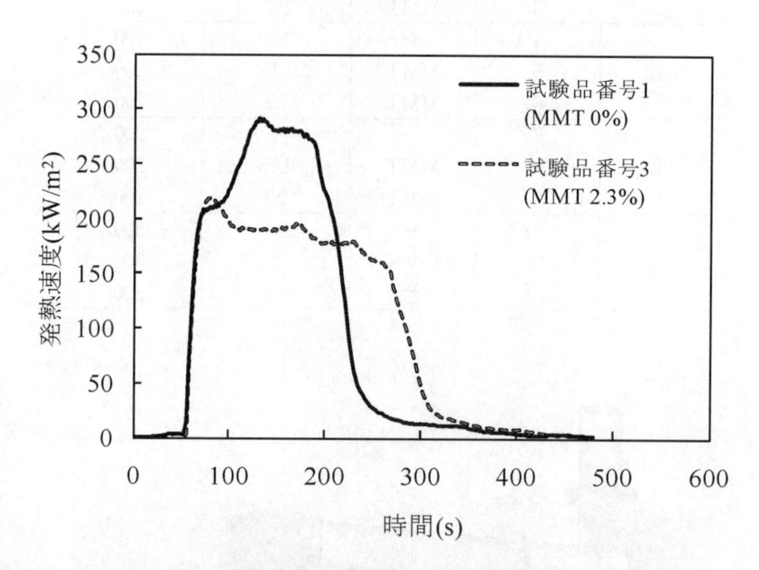

図５　発熱速度の測定データ例（積層構造Ｉ）

を中心に述べる。最大発熱速度は試験品燃焼時の燃焼拡大挙動を反映しており，その値が低いほど難燃性が高く，燃焼拡大の抑制に効果があることを示している[6)]。

図４はそれぞれの積層構造ごとにクレー未配合の試験品番号１，４，７，10を100とし，それぞれの積層構造ごとのナノコンポジット積層品の最大発熱速度の相対値をグラフにしたものである。結果から，積層構造Ｉの場合，通常のナイロンを積層した試験品番号１と比較してナノコンポジットを積層した試験品番号２，３では最大発熱速度の低下が見られた。また，最大発熱速度はMMT配合量が増加するにしたがって低下する傾向が認められ，試験品番号３では30％程度

の低下が見られた。この結果から，ナノコンポジットを積層することで急激な燃焼拡大を抑制する効果があるものと考えられた。しかし，それぞれの試験品の総発熱量に大きな差異は見られず，いずれの試験品も可燃成分量に大きな差異はなく，試験終了までに大部分が燃焼したことが明らかとなった。

積層構造Ⅱ，Ⅲでは，積層構造Ⅰと同様にナノコンポジットを積層した試験品番号5，6，8，9の最大発熱速度は通常のナイロンを積層した試験品番号4，7と比較して低下が見られた。しかし，低下の割合は積層構造Ⅰと比較して小さく，最大で10％程度であった。この結果から，積層構造Ⅱ，Ⅲでは積層構造Ⅰと比較してナノコンポジット積層による難燃性向上の効果は低いと考えられた。

以上のことから，ナノコンポジット積層による難燃性向上の効果は積層構造Ⅰが最も高く，積層構造Ⅱ，Ⅲでは多少の効果は得られるが，積層構造Ⅰと比較して効果が少ないと認められた。

MMT配合品と同様にセリサイト配合品を積層した試験品の場合，通常のナイロンを積層した試験品番号10と比較して試験品番号11，12における最大発熱速度の低下が見られた。また，セリサイトの配合量増加に伴って最大発熱速度の低下が認められた。しかし，セリサイトを5%配合した試験品番号12においても最大発熱速度は20％程度の低下に留まり，MMT以上の難燃性の向上効果は見られなかった。

セリサイトはMMTと比較してアスペクト比が大きくガス透過性の試験結果においてはガスバリア性が向上することが知られている[7)]。しかし，燃焼試験の結果としてはMMT配合品以上の難燃性の向上効果は得られなかった。このことから，燃焼条件においては一定量のクレーがナノレベル分散していることによる難燃効果は一定範囲に留まる可能性が考えられた。

以上の結果から，難燃性向上の観点から試験品番号3の構成が最適であることが明らかとなった。車両用床材として実際に鉄道車両に適用する上では省令に定める燃焼性のほか旧JRSに定める機械的特性を満足する必要がある。そこで，試験品番号3を試験品としてこうした評価を実施した。

その結果，表2に示すように試験品の引張強さは規格値の3倍以上を示し，また，所定時間の加熱老化試験後の物性変化も規格値を満足した。加えて，試験品はハロゲン系難燃剤を使用せずに規格に定める難燃性を得ることができ，車両用床材としての適用可能性が確認された[8)]。

表2　床材試験品の特性

項目		試験品番号14(3)	床材の規格値
機械的強度	引張強さ[1]（MPa）	27 MPa	5.88 MPa以上（旧JRS）
	破断時伸び[1]（%）	125%	100%以上（旧JPS）
耐加熱老化性[2]		−17%	±30%以下（旧JPS）
燃焼性[3]		難燃性	難燃性以上（省令）

1：JIS K6251
2：引張強さ変化率（100℃48時間加熱老化試験後）
3：国土交通省令第151号第8章第5節第83条解釈基準

9.4 PVC 製床材のリサイクル

PVC 製床材のリサイクルとしては雑草の生長抑制に用いられる防草シートへの適用を目標に検討を行った。防草シートは高い強度を必要とする用途ではないが，屋外に暴露して長期使用されるものであり，その長期耐候性は検証する必要がある。そこで，実用配合を施した軟質 PVC の耐候性条件における劣化解析を実施して劣化メカニズムの解明を行った。その結果，同材料の主な耐候性劣化メカニズムは図6に示すように無機物質（主に炭酸カルシウム），可塑剤の段階的な流失であることが明らかとなった[9]。こうした結果に基づき，PVC 製床材をリサイクルした防草シートには表面にバージンの PVC を積層することで長期耐候性が改善することが期待された。そこで，表面へバージン PVC を積層したリサイクル防草シートを作製し，図7に示すように鉄道総研内で試験施工を実施した。その結果，リサイクル防草シートは可塑剤の急速な流失抑制に効果を発揮し，製品の長期耐久性が向上することが明らかとなった[10]。リサイクル防草シートは施工から10年経過しているが，現在も機能を保持している。

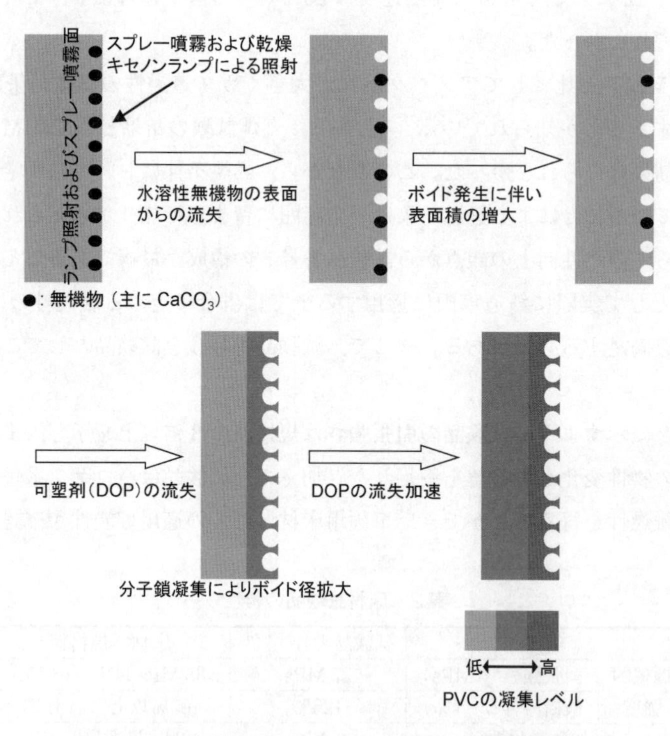

図6 耐候性条件における軟質 PVC の劣化機構

(a) 雑草刈取前の状況

(b) 雑草刈取後

(c) リサイクル防草シートの施工

図7　リサイクル防草シートの試験施工

文　　献

1)　伊藤幹彌，日本ゴム協会誌，**83**, 6 (2010)
2)　M. Ito and K. Nagai, *Polym. Degrad. Stab.*, **93**, 1723 (2008)
3)　西沢仁編，高分子の難燃化技術，p.113, シーエムシー出版 (1996)
4)　H. Uno *et al.*, *Applied Clay Science*, **46**, 81 (2009)
5)　K. Tamura *et al.*, *J. Polym. Sci. Part B*, **47**, 583 (2009)
6)　J. W. Gilman *et al.*, *Chem. Mater.*, **12**, 1866 (2000)
7)　宇野光ほか，*Polymer Preprints*, **55**, 2, 5165 (2006)
8)　M. Ito *et al.*, *Fire. Mater.*, **35**, 171 (2011)
9)　M. Ito and K. Nagai, *Polym. Degrad. Stab.*, **92**, 260 (2007)
10)　M. Ito and K. Nagai, *Polym. Degrad. Stab.*, **92**, 1692 (2007)

第5章　封止材・シーリング材の現状と展開

1　ガスバリア性接着剤の最新動向

沓名貴昭*

1.1　はじめに

食品や生活用品などの保存を目的とした包装材料では，プラスチックフィルムやシート，あるいはそれらの成形加工品の使用が主流になっているが，特に，内容物の性能・品質を保持するという目的から，ガスバリア性に対するニーズがますます高まっている。かかるニーズに対応すべく，当社では優れたガスバリア性を有するラミネート用接着剤「マクシーブ®」を開発した。本稿では，ガスバリア性ラミネート用接着剤マクシーブの特徴と最近の展開について紹介する。

1.2　マクシーブとは

マクシーブは優れたガスバリア性を有する接着性樹脂である。図1はその典型的な用途である既存ガスバリア性フィルム構成からの置き換えを示したものである。既存のガスバリア性ラミネートフィルムは，各種ガスバリア性フィルムとシーラントフィルムをウレタン系接着剤でラミネートすることにより製造されている。一方，マクシーブを使用した場合，安価なプレーンフィルム（非ガスバリア性フィルム）とシーラントフィルムを，既存設備でラミネートすることで，

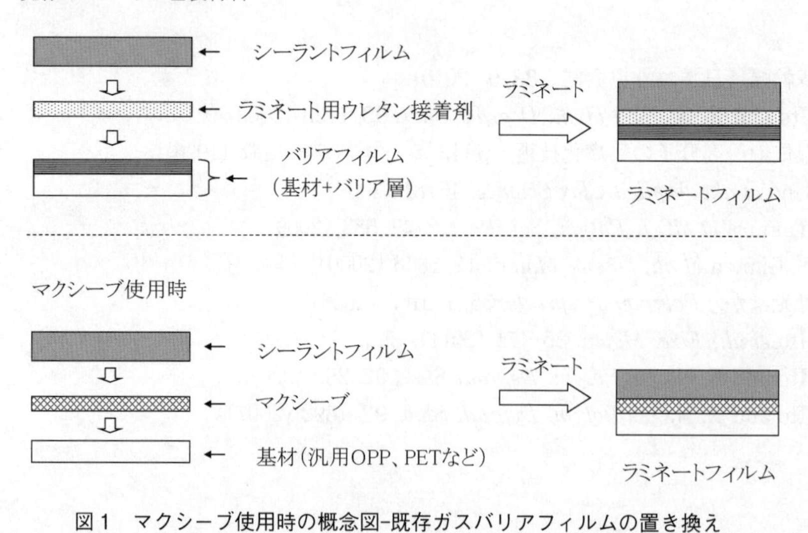

図1　マクシーブ使用時の概念図-既存ガスバリアフィルムの置き換え

*　Takaaki Kutsuna　三菱ガス化学㈱　芳香族化学品カンパニー　企画開発部　主査

表１　マクシーブの性状

	M-100	C-93
種別	非ビスＡ系エポキシ樹脂	ポリアミン樹脂
外観	無色透明	無色透明
不揮発分	100%	65%（メタノール溶液）
粘度（25℃）	約 2000 mPa･s	約 1300 mPa･s

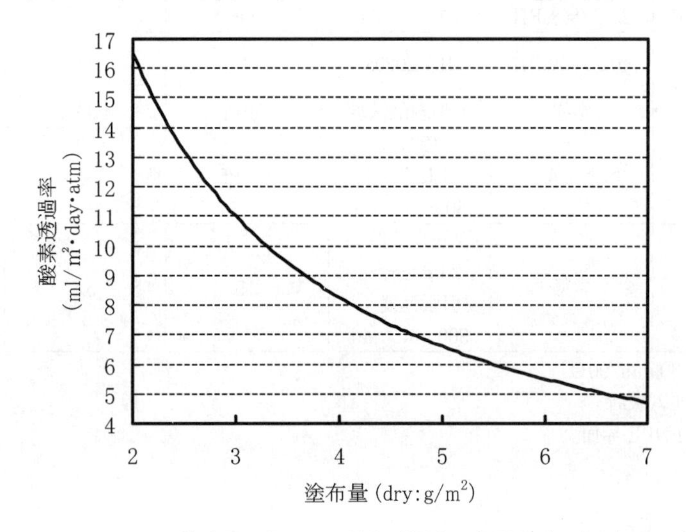

図２　フィルムへの塗布量と得られる酸素透過率の相関図（23℃/60%RH）

容易にガスバリア性フィルムを製造することができる。すなわち，マクシーブの使用によりラミネートフィルムの構成層数の削減，工程数の削減が可能となる。

1.3　マクシーブの特徴

1.3.1　基本性状

表１にマクシーブの基本性状を示す。M-100は非ビスフェノールＡ系のエポキシ樹脂，C-93はポリアミン樹脂であり，作業前に混合し，溶剤で所定の濃度に希釈して使用する。また，マクシーブは食品衛生法に基づく衛生試験（厚生省告示370号）に適合しており，日本接着工業会にて規定されたラミネート用接着剤に関するネガティブリスト，および内分泌撹乱化学物質（環境ホルモン）の対象となる原材料等は一切使用していない。

1.3.2　ガスバリア性能

マクシーブはその塗布量を調整することで，ラミネートフィルムの酸素バリア性能をコントロールできるという特徴がある。図２にドライラミネートで塗布可能な範囲の塗布量と得られる酸素透過率の関係を示す。例えば4 g/m^2の塗布量の場合，60%湿度下で約8 ml/m^2･day･atmの酸素透過率となり，これはPVDCコートフィルムをバリアフィルムとして使用した場合と同程

表2　マクシーブを使用したラミネートフィルムの基本性能

項目	測定条件	測定方法	フィルム構成		
			OPP/マクシーブ/LLDPE	ONY/マクシーブ/LLDPE	PET/マクシーブ/LLDPE
厚み（μm）			20/3.8/40	15/3.8/40	12/3.8/40
酸素透過率 (ml/m^2·day·atm)	23℃/60%RH	JIS K7126 準拠（モコン法）	9	7	8
	23℃/80%RH		11	9	10
水蒸気透過率 (g/m^2·day)	40℃/90%RH	JIS Z0208	4	11	9
ラミネート強度 (g/15mm)	常態	T 型剥離試験 (23℃) 引張速度：300mm/min	OPPf	900 a	750 a
	水ボイル後		OPPf	980 a	800 a
ヒートシール強度 (kg/15mm)	常態	シール条件：2 kg/cm^2·s 引張速度：300 mm/min	2.5	5.8	4.6

ボイル処理条件：30 min/90℃
OPPf：OPP フィルム破断
a：マクシーブ /LLDPE 界面

度の酸素バリア性である。

表2にマクシーブを使用して実際に作製したラミネートフィルムの酸素バリア性能とラミネート性能の一例を示す。OPP，ONY，PET いずれの基材に対してもラミネート可能であり，外観も問題ない。酸素バリア性は 3.8 g/m^2 の塗布量の場合，60% 湿度下で約 7 ～ 9 ml/m^2・day・atm である。接着性については各構成とも実用に耐え得るラミネート強度およびヒートシール強度を有しており，ボイル処理後もその性能は十分保持されていることがわかる。ただし，現在各社より上市されている基材フィルム，シーラントフィルムは樹脂種やグレード等，多岐にわたっているため，使用にあたっては事前に性能確認することを推奨している。

1. 4　マクシーブの用途展開

前述した既存ガスバリアフィルム構成からの置き換え用途に加え，現在採用・検討が進んでいるマクシーブの用途例のいくつかを簡単に紹介する。

1. 4. 1　透明蒸着フィルムとの組合せによるバリア性向上・補完

透明蒸着フィルムは優れたガスバリア性を有する材料であり，広範な用途で使用されているが，加工時の引張りや擦れ，屈曲によりクラック（ひび割れ）が発生し，そのバリア性が低下することがある。透明蒸着フィルムのラミネートにおいてマクシーブを使用することで，バリア性のさらなる向上が達成されるだけではなく，加工時のクラック発生によるバリア性低下を防ぐ事ができる。図3にラミネート品の屈曲試験（ゲルボフレックステスト）後の酸素透過率測定結果

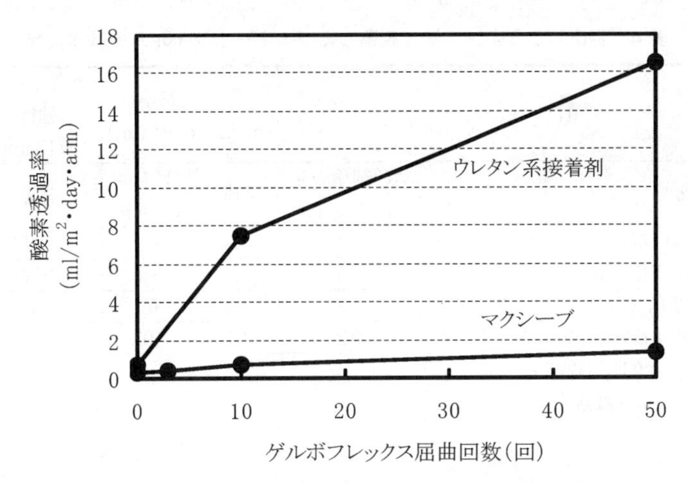

フィルム構成：シリカ蒸着PET(VM面)/接着剤/LLDPE
酸素透過率測定条件：23℃/60%RH

図3　マクシーブ使用時の透明蒸着フィルムの耐屈曲性

表3　マクシーブを使用したラミネートフィルムの耐内容物性

内容物	マクシーブ	ウレタン系接着剤
リモネン	○	×
サリチル酸メチル	○	×
クローブ（香辛料）	○	×
パーマ液	○	×
殺虫剤	○	×
床洗浄剤	○	×

フィルム構成：ONY15/ 接着剤 /LLDPE40
保存温度：40℃，保存期間：1ヶ月
○：変化無し　　×：ラミネート強度低下

を示す。ウレタン系接着剤使用時に比べ，屈曲によるバリア性の低下が著しく抑制されている。本特長を活かし，安定した高ガスバリア性が必要とされる医薬品向け包装や電子部品向け包装，工業材料用途等で現在採用が進んでいる。

1.4.2　耐内容物性の向上

一般にエポキシ樹脂の耐薬品性はウレタン樹脂のそれに比べて高い。マクシーブも優れた耐薬品性を有することを確認しており，ウレタン系接着剤では適用が難しい内容物への適用が検討されている。表3に耐内容物性評価結果の一例を示す。ウレタン系接着剤ではラミネート強度の低下が見られたリモネン，サリチル酸メチル，クローブ（香辛料），パーマ液，殺虫剤等に対し，マクシーブは優れた耐性を示す。

1.4.3　押出しラミネート用アンカーコート剤（AC剤）としての利用

マクシーブは押出しラミネート用AC剤としても利用されている。ドライラミネートに比べ塗

表4　押出しラミネート法で製造したラミネートフィルムの基本性能

項目			酸素透過率 (ml/m²·day·atm)		ラミネート強度 (g/15 mm)	ヒートシール強度 (kg/15 mm)
構成	AC剤	AC剤塗布量 (dry：g/m²)	初期	ゲルボ 50回後	常態	常態
PET(12)/AC剤/LDPE(20)/LLDPE (20)	マクシーブ	0.7	33	—	PETf	3.7
	ウレタン系	0.5	128	—	PETf	3.5
シリカ蒸着PET(VM面)/AC剤/LDPE(20)/LLDPE(20)	マクシーブ	0.2	0.1	0.3	400 a	5.0
	ウレタン系	0.2	0.3	10.9	230 a	3.0

酸素透過率測定条件：23℃/60%RH
PETf：透明蒸着フィルム破断
a：蒸着/AC界面

布量が少なくなるため，マクシーブ層が示す酸素透過率は20～60 ml/m²·day·atm程度となるが，例えばPETやOPP，PE等に適用する事で，現行のAC剤を使用した場合と比べて数倍から数十倍の酸素バリア性の向上が期待できる。表4に押出しラミネートで製造したPETラミネートフィルムの性能の一例を示す。酸素バリア性は約4倍向上しており，押出し樹脂層との接着性も問題ない。また，透明蒸着フィルムと組み合わせた場合においては，ドライラミネートの場合と同様に蒸着層の屈曲によるバリア性低下を抑制できる。

1.4.4　塗料・コーティング剤としての利用

マクシーブは優れたガスバリア性，耐薬品性を有する塗料，コーティング剤としても使用できる。各種溶剤で希釈をして溶液粘度を調整した後，スプレー塗装，刷毛塗り，浸漬，注入などの一般的な方法で塗装できる。例えば金属部材用防錆塗料や，表示材料の酸化劣化防止用コーティング剤・封止材など，フィルム以外の形状の物品に対しても容易にバリア性が付与できるため，幅広い用途・目的で利用・検討されている。

1.5　マクシーブの技術動向 — ポットライフ改善グレード「C-115」の上市

マクシーブの使用にあたっては，既存のウレタン接着剤と比較して混合後の使用可能時間（ポットライフ）が短い，という注意点があった。この点については改善を望むユーザーの声も多く，そのニーズに応えるためポットライフ改善グレードC-115を上市した。図4にポットライフ比較データを示す。C-115を使用することでポットライフが2倍以上延長され，日中の平均的な作業時間（約8時間）での使用が可能となる。また，ガスバリア性や接着性についてはC-93を使用した場合と同等の性能が発現する事を確認している。既に多くのユーザーより好評を頂いており，採用も始まっている。

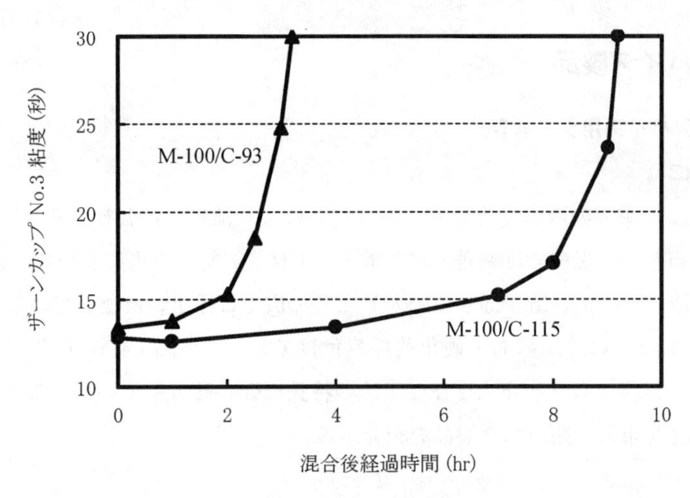

液固形分濃度:35wt%、測定温度:25℃

図4　C-115 および C-93 使用時のポットライフ

1.6　今後の展開

現在，マクシーブはその特徴が受け入れられ，麺類，菓子，飲料などの食品包装や電子材料，工業材料などの非食品包装の各用途で採用が進んでいる。また，本稿で紹介した用途展開を始め，その特徴や自由度を活かした様々な用途への適用が今後も期待できる。現在当社ではさらなるガスバリア性の向上や各種基材に対する接着力の向上などの改良検討を積極的に進めている。

包装材料に求められる品質，安全性，環境適性，省資源，ユニバーサルデザイン等を念頭に置きつつ，昨今のラミネート用接着剤に対するニーズである無溶剤系への取り組みに関しても積極的に進めていく予定である。

2　電子デバイス製品

2.1　車載電子デバイス用シール剤

有田奈央*

2.1.1　はじめに

スリーボンドは産業界の洩れを止めるという使命により創業した会社であり，1955 年に液状ガスケットを上市した。現在では輸送，電気電子，工材等広範な市場において，自動塗布設備とともに FIPG 工法（Formed-In-Place Gasket）として広くご採用いただいている。

また液状ガスケットには，塗布・硬化後組み付けてシールする CIPG 工法（Cured-In-Place Gasket）もあり，固型ガスケットと FIPG 工法の特長を合わせもっている。ここでは，CIPG 工法の概要と高性能を求めて開発した製品を紹介する。

2.1.2　背景

ガスケットとは，JIS によれば「管または機器の接合面に挿し込み，ボルトその他の方法で締め付けることにより，接合部からの洩れを防止する目的に使用する諸物」と規定される。

ガスケットは，自動車，電気電子等様々な市場で使用されており，シールする媒体も，潤滑油，作動油から水，ダストなど多岐にわたっている。またガスケットは，その性状より固型ガスケットと液状ガスケットの 2 種類に大別される。

従来より，フランジ面のシールには，固型ガスケットが広く採用されているが，近年，その使いやすさから液状ガスケット（FIPG 工法）が，固型ガスケットに代わるシール工法として幅広く使用されている。しかし，一般的に使用されている湿気硬化型の FIPG 材料では，完全硬化まで時間を要するといった課題も残っていた。

そこで，より短時間で安定したシール機能が得られるよう，液状ガスケットをフランジ面に塗布し，硬化させてから組み付ける CIPG 工法が考案された。当初の CIPG 材料は，加熱硬化工法が用いられており，加熱炉での硬化を必要としていた。その為ワークサイズが大きいものに対しては，長時間の加熱硬化工程を必要とすること，材料面においても硬化時の熱に充分耐えるものを選定する必要が生じることなどから，なかなか実用化されないという問題を抱えていた。今回は紫外線硬化に着目し，短時間で硬化し，熱に弱い部材にも悪影響を及ぼしにくい UV-CIPG 材料を開発した。

2.1.3　シールメカニズム

ガスケットのシールメカニズムは，圧縮シールと接着シールに大別される。

図 1. A に示すように CIPG や固型ガスケットは，締め付けられることにより，ガスケット自身の圧縮反力が生じ，洩れを防ぐ。一方，FIPG は，液状であるため接合面の凹凸を充填する効果がある。図 1. B に示すように接合面と接着することと，硬化後のガスケット自身の凝集力により洩れを防ぐ。

＊　Nao Arita　㈱スリーボンド　研究開発本部　開発部　輸送開発課

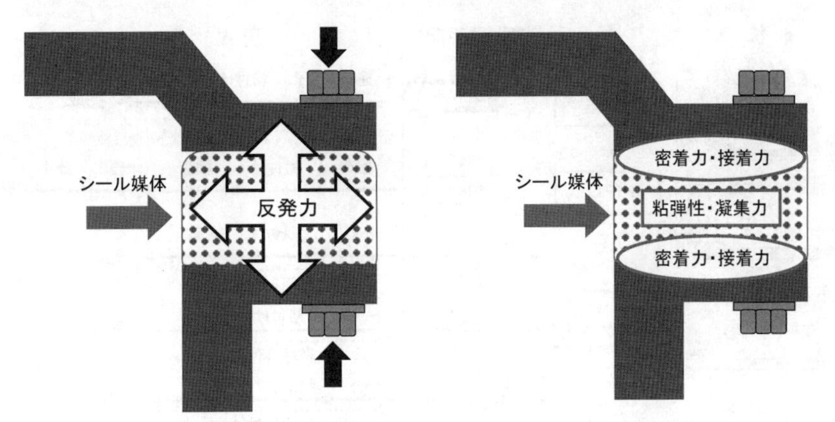

図１　シールメカニズム

表１　各ガスケット工法の比較

		液状ガスケット		固形ガスケット
		CIPG	FIPG	
手法		紫外線硬化	湿気硬化	Oﾘﾝｸﾞ
シール		圧縮ｼｰﾙ	両面ｼｰﾙ	圧縮ｼｰﾙ
工程速度	硬化速度	○	△	◎
ﾗｲﾝ構成	自動化	○	○	△
	管理面	○	○	△
設計自由度	形状変更	○	○	△
	取り外し性	○	△	○

各項目に対してUV-CIPG の性能を基準値とし：○　：◎優れる　○：同等　△：やや劣る

2.1.4　各工法での工程比較

各ガスケットの工法について比較する。各工法は，その特長の違いにより異なった工程になる。

CIPG は，液状のシール剤をフランジ面に塗布し，一般的には加熱により硬化させて，組み付ける。なお UV-CIPG は，紫外線硬化型であり，紫外線を数秒～数十秒照射することで硬化させることができる。

FIPG は，液状のシール剤をフランジ面に塗布し，未硬化の状態でワークを組み付ける。その後シール剤が硬化するまでの養生時間が必要となる。

固型ガスケットは，あらかじめワーク形状ごとに成型された固型ガスケットを人によってはめ込み，組み付ける。

このように各工法・工程には，長所・短所がある。今回紹介する UV-CIPG を基準とし，他の工法との比較を表１に示す。

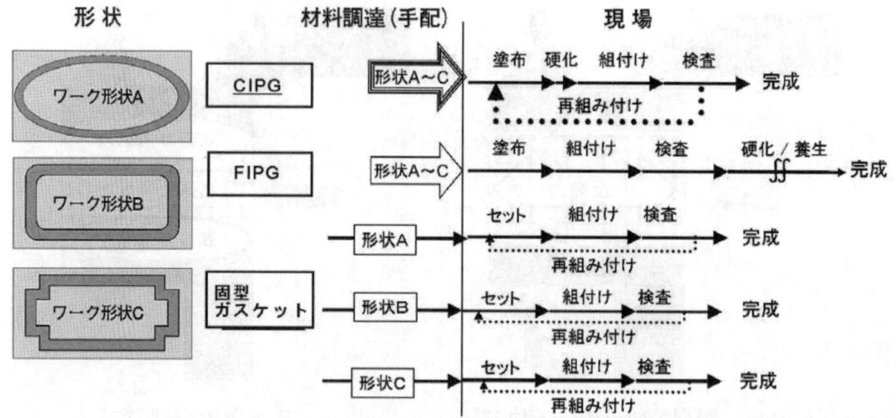

図2　各ガスケット工法の工程時間

固型ガスケットに対するメリットは，

・自動化が図れるので，人件費が抑えられる。

・ワーク形状変更に柔軟に対応できる。

・ワーク形状毎の在庫管理が不要。

FIPG に対するメリットは，

・UV 硬化であるので，硬化時間の短縮化。

・取り外しが容易。

さらに図2に示すように材料調達から現場までの工程をトータルで考えると，UV-CIPG が最も優れていることがわかる。これは，材料手配の簡便さと現場工程の短さから得られるものである。

2. 1. 5　CIPG の試験方法

(1)　耐圧性

耐圧性は，モデルフランジを用いて確認する。圧縮率は，スペーサーにて管理し，また最大圧力は，0.4 MPa とした。

その他条件を以下に示す。

※モデルフランジ：フランジ外形：70 mm，フランジ内径：56 mm，フランジ幅：7 mm

※加圧媒体：空気

※昇圧条件 0.01 MPa/15 sec にて昇圧

(2)　圧縮永久歪み

圧縮永久歪みは，耐久後のガスケットの歪みを評価するものであり，値が大きい程，ガスケットに歪みがあり，シール性の確保が難しくなることを意味する。

評価方法は，試験片を試験治具にセットし，圧縮率が一定となるよう，スペーサーを用いて締め付け，所定の条件にて耐久試験を行う。圧縮永久歪みは，耐久前後の試験片の厚みより次式を用いて算出する。

$$C_s = (t_0 - t_1) / (t_0 - t_2) \times 100$$

C_s：圧縮永久歪み［%］，t_0：試験片の元の厚さ［mm］

t_1：圧縮試験後の試験片の厚み［mm］

t_2：スペーサーの厚み［mm］

（JIS K6262 準拠）

2.1.6　材料特性

UV-CIPG 用に新規開発された製品 ThreeBond3081J（以下 TB3081J）の特性を示しながら，UV-CIPG に必要とされる特性について説明する。

(1)　硬化性

CIPG 材料の反応機構として UV，加熱，室温硬化などあるが，速硬化性を有する反応機構として UV 硬化型が好適である。

完全硬化までに湿気硬化は数日，熱硬化は数十分に対して UV 硬化は，数秒～数十秒硬化になるため他と比較し短時間で硬化する。

紫外線を照射することにより，活性ラジカルが生じ，ラジカル重合が開始される。

(2)　シール特性

CIPG は，締め付けることによる圧縮反力により，シール性を発揮する。

図 3. A に示すように CIPG の耐圧性は，圧縮率と比例して上昇するので，製品で必要となる耐圧性が得られる範囲で圧縮率を設定する。但し，圧縮率 50％で耐圧性が落ちているように CIPG に亀裂や著しいクリープを起こさない範囲で，使用することが重要となる。

図 3. B に示すように CIPG の圧縮範囲は，圧縮率別の圧縮永久歪み評価より設定する。圧縮率 20～40％の範囲において圧縮永久歪みが良好であり，この範囲内で CIPG を使用することが望ましい（但し，ワーク形状等の条件により適正圧縮範囲は変化する）。

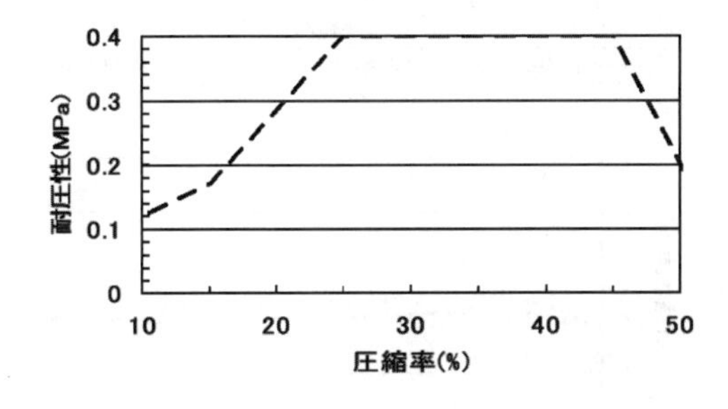

A.圧縮率と耐圧性

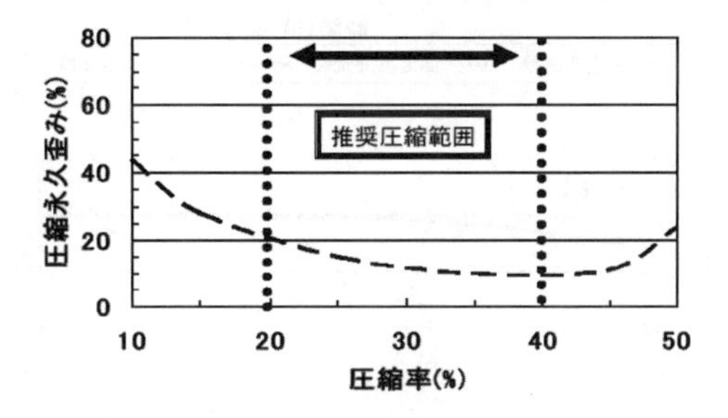

B.圧縮率と圧縮永久歪み
（120℃×72h）

図 3　圧縮率，耐圧性，圧縮永久歪みの関係

⑶　耐久性

UV-CIPG 材料は，使用環境下（耐熱性，耐湿性，耐寒性）において著しい変化を起こさないことが重要である。使用環境下を想定した耐久評価結果を示す。

【試験内容】

1. 圧縮永久歪み（25%圧縮）
2. ゴム物性（硬さ，伸び，引張強さ）

【硬化条件】

45 kJ/m^2

【耐久試験条件】

1. 高温（120℃）
2. 高温高湿（85℃×85%Rh）
3. ヒートサイクル試験

（−40℃×30 min⇔120℃×30 min）

TB3081J は，UV-CIPG 材料に求められる圧縮永久歪み（図 4. A）やゴム物性（図 4. B～D）において高温，高温高湿，ヒートサイクル試験条件下においても変化が少なく良好な耐久性を有している。

また TB3081J はガラス転移点が低い（T_g：−55℃）ことから高範囲な温度領域で軟質なゴム弾性を有していると言える。

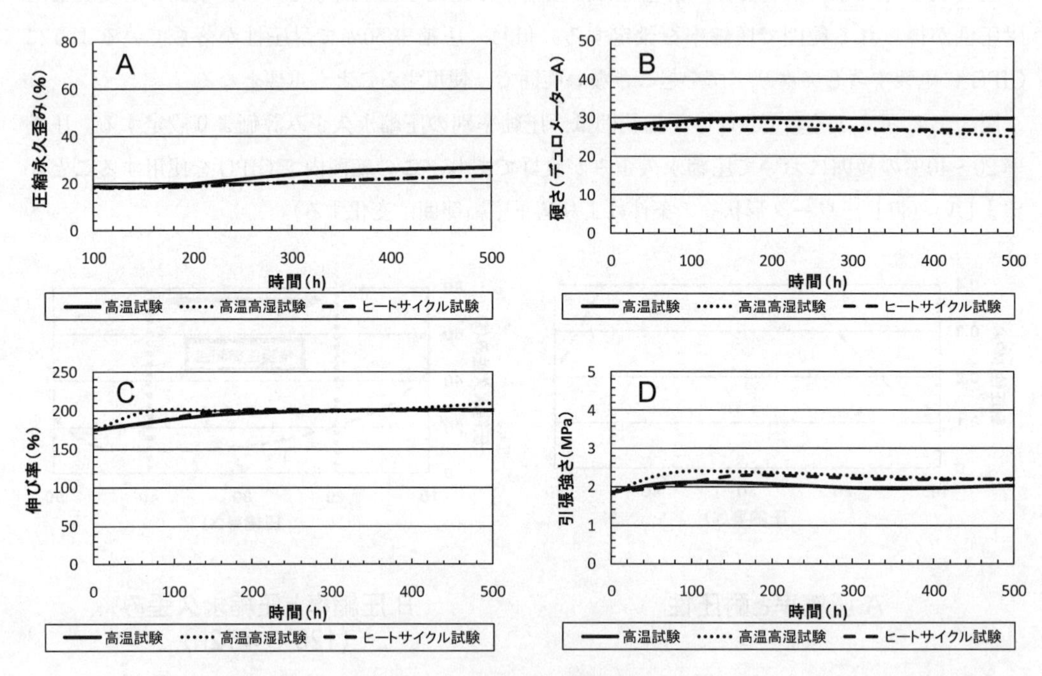

図4　TB3081J 耐久評価

以上の結果よりTB3081Jは，UV-CIPGとして硬化性，シール性，耐久性などの必要な特性を兼ね備えている。

2.1.7　フランジの設計留意点

このような特長をもつUV-CIPGを最適に使用する為には，フランジ設計において注意が必要である。

⑴　フランジ設計

CIPG工法における最適フランジ形状について表2に示す。シール性と耐久性を考慮し，片壁フランジ形状を推奨している。

この構造は，壁部で相手フランジ面と接触するので安定した圧縮率が得られること，水，オイル，ダストからCIPGビードを保護する役割を果たす。また，溝形状は，内部応力を緩和できずにCIPGのビード割れが発生する恐れがある。

⑵　フランジ設定例

フランジ形状について，モデルケースより壁面高さ，フランジ幅の設定例を紹介する。

・CIPGビードの高さ / 幅：2 mm/3 mm

　※シリンジ塗布（ノズルを使用）

壁面高さの設定は，耐圧性，圧縮永久歪みが良好な範囲内で設定するので，下記のようになる。（本設定では圧縮率30％で算出）

　壁面高さ＝CIPGビードを30％圧縮する高さ

　　　　　＝CIPGビード高さの70％が壁面高さ

　　　　　∴＝2.0×70％＝1.4 mm

続いて，フランジ幅は，圧縮時にCIPGが壁に触れないようにするため，CIPGビードと壁面の間に隙間を設ける必要がある。30％圧縮をした際のCIPGビードの横への広がりを考慮し算出すると，片側におよそ0.4 mm必要となり下記のようになる。

　　　　　∴フランジ幅＝3.0＋(0.4×2)＝3.8 m 以上

尚，壁面高さ，フランジ幅とともに実際の設計に際しては，寸法公差（ビードやワーク精度）を考慮する必要がある。

表2　フランジ形状のCIPG適合性

フランジ形状	名称	CIPG耐久性	耐圧性への影響	塗布性
	片壁形状	◎	◎	◎
	フラット形状	△	○	◎
	溝形状	×	×	×

◎:大変優れている　○優れている　△:可能性あり　×:適さない

2.1.8 使用用途

・車載用電装品ケースシール

・各種電気・電子部品の防水，防塵シール

2.1.9 おわりに

CIPG 工法は，固型ガスケットと FIPG 工法の特長を合わせもっている。

UV-CIPG 技術は，速硬化による工程メリット及び広範な温度域で優れた材料特性を有しており，様々な用途展開の可能性があると考えられる。

文　献

・JIS B0116
・JIS K6262
・JIS K6824
・「スリーボンドテクニカルニュース No.42」 1994 スリーボンド
・「スリーボンドテクニカルニュース No.44」 1995 スリーボンド
・「スリーボンドテクニカルニュース No.60」 2003 スリーボンド
・「スリーボンドテクニカルニュース No.69」 2007 スリーボンド

2.2　LED用シリコーン封止材

伊藤真樹*

2.2.1　はじめに

シリコーンは優れた耐熱性，耐候性，電気絶縁性等の特長を有しており，電気・電子産業，自動車産業，建築・土木産業等に幅広く利用されている。電子デバイス用封止材としては半導体用，光デバイス用，太陽電池用，ディスプレイ用（液晶や有機EL）などがある。本節では，このようなシリコーンの特性と，最近注目されているLED封止材としての応用について述べる。なお，シリコーン（silicone）という語句は，ポリジアルキルシロキサンの繰り返し単位R_2SiOがケトンと類似していることから，ケイ素（silicon，シリコン）とケトン（ketone）を組み合わせて作られたことばで，これらの化合物・材料のより正確な表現はポリオルガノシロキサンである。

2.2.2　シリコーンとその特性

ポリシロキサンにはM（$R_3SiO_{1/2}$），D（$R_2SiO_{2/2}$），T（$RSiO_{3/2}$）およびQ（$SiO_{4/2}$）単位という4種の骨格構成要素がある。炭素骨格と違ってこれらが同じ反応化学で扱えること，加えて種々の置換基を持てることから多様な構成要素を持つ材料である。置換基は工業的にはメチル，フェニル等が主体である。シリコーンの工業製品の主流をなすオイル，ゴムはD単位からなる直鎖高分子（ほとんどの場合ポリジメチルシロキサン）を主成分とし，レジンと呼ばれるネットワークポリマーはTおよびQ単位を主たる成分とする[1,2]。シリコーン工業の設立には，1930年代，Corning Glass Worksがプラスチックより強靭で耐熱性が高く，ガラスより柔軟性がある“有機無機ハイブリッド材料”の開発を目指して電気絶縁用途のシリコーンレジンの開発を開始したことがその一端を担う[3]。これが1943年のDow Corningの設立につながり，次いで1946年にはGeneral Electricがシリコーンの工業生産を開始した。レジン系の材料では，上記の多様性に加え，図1に示すように環状四，五量体を中心とした環構造により，同じ化学式でも種々の異なった構造を取りえる（たとえば図1dとe。ただしeの構造は仮想）[4,5]。すなわち，このような構造制御により，シロキサンとしての限界はあるものの，異なった機械物性等が得られると考えられる。

シリコーンは通常有機溶媒中で生成物中のM，D，T，Q単位に対応するクロロシランもしくはアルコキシシランの加水分解と，それに引き続く縮合反応によって合成される。生成物はネットワークポリマーであるレジンでも平均分子量数千から数十万の溶媒可溶あるいは溶融可能なポリマーである。これらは，残存させてあるシラノールやアルコキシ基の縮合反応により架橋させたり，ビニル基とSiH基を導入してヒドロシリル化架橋させることより（このような架橋重合を硬化という），最終使用形態である塗膜等にいたる。下記LED封止材では主としてヒドロシリル化硬化が使われる。

---

* Maki Itoh　Dow Corning（東レ・ダウコーニング㈱）Electronics Solutions
Associate Research Scientist

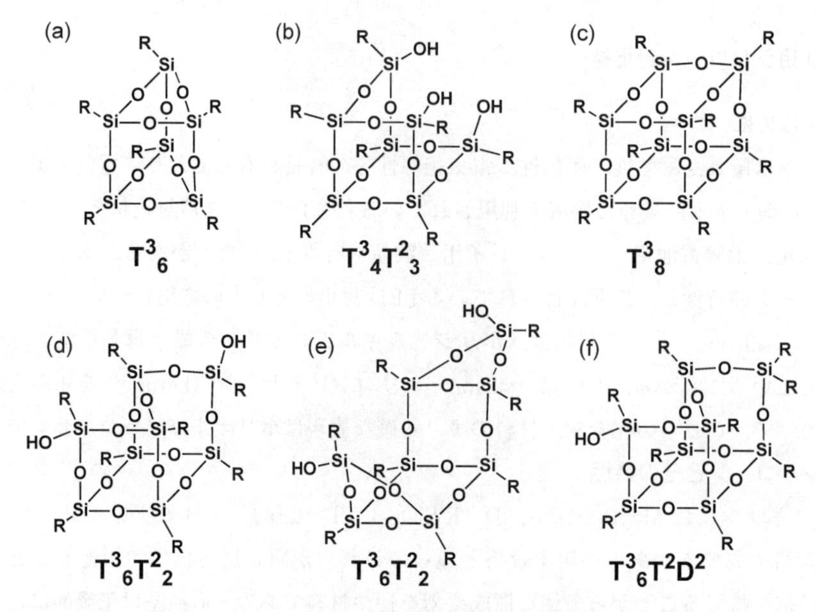

図1　シルセスキオキサンの構造（e は推定）

ポリシロキサンは主鎖のSi-Oの結合エネルギーがC-C結合よりも大きいこと（後者の85 kcal/moleに対し106 kcal/moleなど[6]），結合間距離や結合角が大きいために主鎖が回転し易いこと（柔軟性があること），主鎖のイオン性は高いが分子はメチル基などに覆われていること，カルボニル基やエーテル結合などの極性基を含まないなどから，有機高分子に比べて耐熱性，耐寒性，耐候性，電気絶縁性，撥水性，難燃性，気体透過性等に優れている。

2.2.3　シリコーンのLED封止材への応用

シリコーンは上記のような特性に加えて300 nm程度の紫外領域までの透明性を持つため，光学材料としての応用が考えられ，特に最近注目されている分野の一つにLEDデバイスの封止材[7]がある。LEDデバイス封止の一つの形態では，図2に示すように反射機能を持ったパッケージに半導体チップを接着・配線したものに，蛍光体を混ぜ込んだ封止材を注入後，加熱による硬化が行われる（最近では圧縮成型による一括封止も行われている[7]）。LEDデバイスにおいて白色光を得る方法はいくつかあるが，現在もっとも一般的なのは，図3に示すように450 nm程度の青色光を黄色の蛍光体を用いて変換し，青色の直接光と合わせて白色に見せる方法である。以下，シリコーン封止材について，現行の製品の性能ベースで記述する。

LEDは省エネルギー照明源であるが，それでも発光効率は30%以下である。近年の高輝度，高出力化に伴う光量とチップ温度の上昇，液晶ディスプレイや一般照明用途における長寿命への要求，さらに赤外光として熱を放射しないことなどから，封止材の耐熱・耐光性への要求は高まっており，白色LEDには従来のエポキシ樹脂に替わってシリコーンが主力になっている。工業的に多く用いられるシリコーンには，置換基がすべてメチル基であるメチルシリコーンとメチ

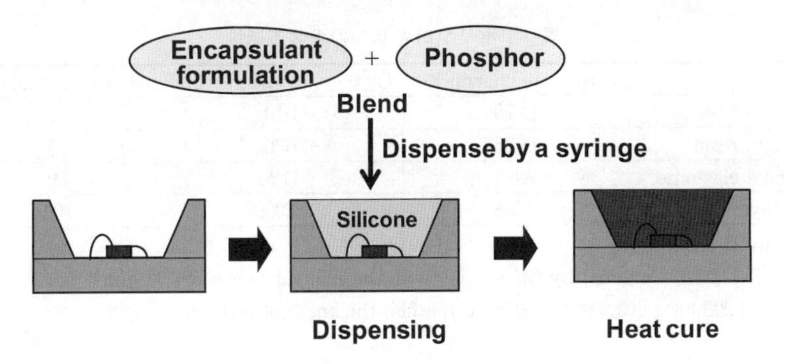

図2　LEDパッケージ封止の例

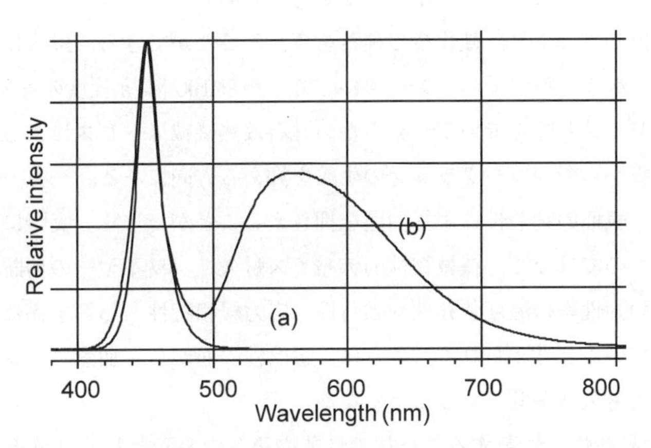

図3　LEDの発光スペクトル：(a)青色LED，(b)青色LEDと黄色蛍光体による白色光

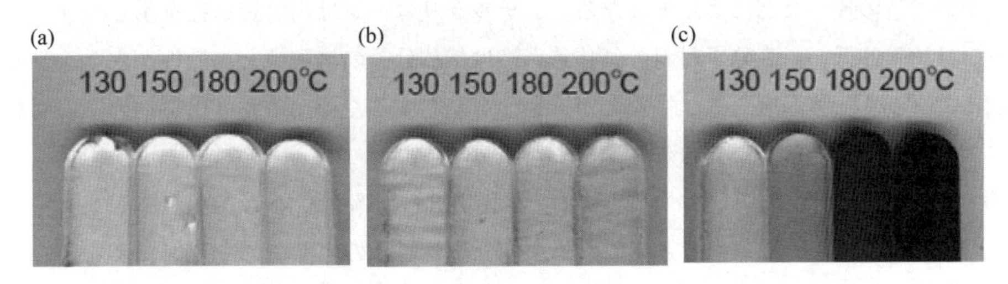

図4　硬化サンプル（4 mm厚）の200時間加熱エージング後の着色
(a)メチルシリコーン，(b)フェニルシリコーン，(c)エポキシ樹脂

ルに加えて多くのフェニル基を含むフェニルシリコーンがある。図4に空気中で130から200℃にて200時間加熱したヒドロシリル化硬化サンプルの着色状態を示す。エポキシ樹脂では150℃以上で顕著な着色が見られるが，シリコーンは優れた耐変色性を示し，中でもメチルシリコーンは200℃においても変色が見られない。封止材の着色が起これば発光強度が落ち，デバイスの耐

表1　ポリシロキサンのガス透過性

	Durometer hardness[a]	O_2 ($cm^3/m^2/24\ h/atm$)[b]	H_2O ($g/m^2/24\ h$)[c]
Phenyl resin	D 70	510	12
Phenyl resin	D 36	630	15
Phenyl elastomer	A 57	1120	19
Methyl elastomer	A 53	＞20000	104

a. Shore D or JIS type A.
b. JIS K 7126；(Detected by GC at 23℃ with the film thickness of 0.91 mm)
c. JIS Z 0208；(at 40℃/90% RH with the film thickness of 0.91 mm)

久性（発光強度の維持）を損なうことになる。耐熱性への要求は封止材だけではなく，LED半導体チップをパッケージに接着するダイアタッチ材にもあり，シリコーンの採用が進んでいる。

シリコーンは組成制御により，硬化後の硬さを変えることができる。針入により硬度を測定できる柔らかいものをゲル，室温でのヤング率にして1から100 MPa程度のものをエラストマー，さらに硬いものをレジンと呼んでいる。柔らかい材料は熱機械ストレスによるワイヤーの変形・切断，封止材の基板からの剥離やクラックの生成を抑える方向にある。一方，硬い材料は外力からの保護能に優れ，表面の粘着性による問題を押さえることができる。実際には単に硬さという尺度で捉えられるものではなく，機械物性的デバイス耐久性（ワイヤーの切断や剥離を起こさないこと）は封止材の弾性率の温度依存性や強靭性，応力緩和特性，熱膨張係数，接着力等の要因に複雑に影響されていると考えられる。さらに，耐熱性の面から，加熱エージングによる脆化が起これば機械物性的耐久性が低下することになる。

LEDデバイスの耐久性に影響する封止材の性能の第3の要素として気体透過性がある。封止材の水蒸気その他の気体透過性が高いことは耐久性に悪影響を与える要因であると考えられている。ポリシロキサンは本来高気体透過材料である[8)]が，表1に示すように気体透過性は置換基の種類，架橋構造の違いなどによって異なる。メチルシリコーンは高い透過性を示し，フェニルシリコーンは比較的低い。高分子材料の気体透過性は気体分子の溶解性と拡散性が主たる要因であり，加えてガラス転移温度，結晶性などが透過性を左右するため，これも構造制御によりある範囲でコントロールできると考えられる。

LED封止材には「保護」以外の目的として光取り出し効率を高めることがある。チップ，蛍光体ともに屈折率が1.8～2.5程度と高いため，高分子材料との界面での全反射による光取り出し低下の問題があり，封止材の屈折率は高い方が望ましい。実際，表面実装型の青色LEDに黄色蛍光体を添加したシリコーンを表面が平らになるように注入・硬化し白色光を出したところ，屈折率が1.41程度であるメチルシリコーンに比べ，1.53程度であるフェニルシリコーンでは約11%の光取り出し効率の向上が観察された。

表2に当社主要封止材製品（一部ダイアタッチ材料を含む）を示す。

表2　ダウコーニングのLED用シリコーン主要製品[a]

	Gel（Modulus range：0.01-1 MPa）	Elastomer（Modulus range：1-100 MPa）	Resin（Modulus range：0.1-10 GPa）
Methyl Silicone Normal RI 1.41-1.42	Dow Corning® OE-6250	Dow Corning® OE-6351 Dow Corning® OE-6336 Dow Corning® OE-6370 M Dow Corning® OE-6370 HF	Dow Corning® OE-8001 （Die-attach）
Phenyl Silicone High RI 1.53-1.54	Dow Corning® OE-6450	Dow Corning® OE-6520 Dow Corning® OE-6550 Dow Corning® OE-6551 Dow Corning® OE-6631	Dow Corning® OE-6635 Dow Corning® OE-6636 Dow Corning® OE-6630 Dow Corning® OE-6650 Dow Corning® OE-6652

a. As of July, 2011.

2.2.4　おわりに

LED用シリコーン封止材は既に市場に浸透しているが，LED照明のさらなる高輝度化，多様化に対応するためには耐熱・耐光性といったシリコーンの特長をさらに改善し，機械強度や気体透過性といった弱点を克服していく必要がある。上述のようにシリコーンは多様な分子組成単位に加え，同じ化学式でもいろいろな構造があり得るため，機械物性を中心としていまだ達成できていない性能をもたせることができる可能性を秘めている。LEDの高輝度，高出力，長寿命化を支える高分子材料としての発展に挑戦したい。

謝辞

本稿の執筆に際しご助言をいただきました中田稔樹，尼子雅章，堤麻紀，Eric Tsai各氏（以上ダウ・コーニング）に感謝いたします。

文　献

1）R. H. Baney, M. Itoh, A. Sakakibara, T. Suzuki, *Chem. Rev.*, **95**, 1409-1430（1995）
2）伊藤真樹，“シリコーンレジン入門とその特徴”，技術情報協会編，“ケイ素化合物の選定と最適利用技術 — 応用事例集 —”，技術情報協会，pp. 219-231（2006）
3）E. L. Warrick, “Forty Years of Firsts”, McGraw-Hill（1990）
4）伊藤真樹，“ポリシルセスキオキサンの構造解析と反応化学”，伊藤真樹編，シルセスキオキサン材料の合成と応用展開，シーエムシー出版，pp.11-21（2007）
5）伊藤真樹，未来材料，**8**（6），10-15（2008）
6）W. Noll, “Chemistry and technology of Silicones, Academic Press（1968）
7）(a)中田稔樹，月刊ディスプレイ，**15**（2），69-73（2009）；(b)尼子雅章，“LED照明の高効率

化プロセス・材料技術と応用展開", サイエンス＆テクノロジー, pp.270-279 (2010)
8) Y. Kawakami, H. Karasawa, T. Aoki, Y. Yamamura, H. Hisada, Y. Yamashita, *Polym. J.*, **17**, 1159-1172 (1985)

2.3 有機デバイス用ハイバリア性封止材

管野敏之[*1]，王　小冬[*2]，若林明伸[*3]

2.3.1 有機デバイス用封止材

有機EL，有機太陽電池，電子ペーパーなどの有機デバイスは，軽量，フレキブル，省エネ，低コストと高機能性から注目され，開発から商品化へ向けて急速に進んでいる。

これらの有機デバイスは，極薄い有機薄膜と電極膜から構成されており，極微量のガス成分，水分に敏感である。そのガス成分，水分は，外部から侵入したものと内部構成材料から発生するもの（アウトガス）がある。その影響によって，ダークスポットと言われる劣化が発生したり，電極膜が腐食されたり，有機デバイスの特性と寿命を著しく低下させる。

よって，有機デバイスの長寿命化を図るためには，外部からのガスや水分成分を遮断するハイバリア性を有し，アウトガスを発生しない封止材が求められている。さらに，プロセスに対応する封止材も期待されている。

電子ペーパー，有機太陽電池，有機ELなどの有機デバイスから要求される水分透過湿度は，図1に示されるように10^{-3}～10^{-6}g/m^2/dayである。

有機デバイスの構造は，図2に示されるように中空構造を有し，平坦な基板同士が貼り合わさっている。封止材によるシール部分はパネルの周縁部のみであり，中空部には乾燥窒素が封入されている。

有機デバイスを外部のガスや水分の侵入から保護するのは，封止材である。有機デバイスの初

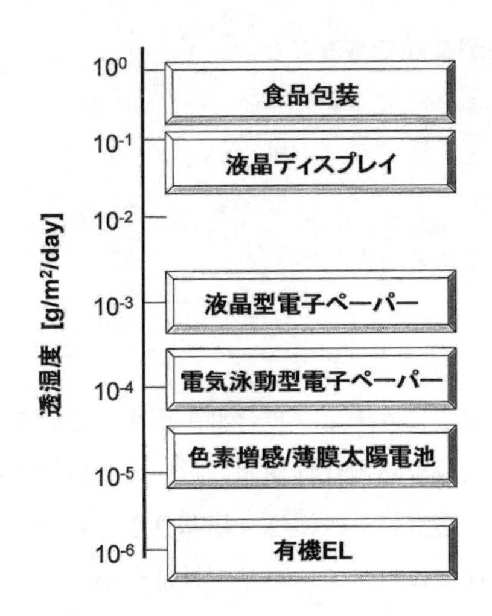

図1　各デバイスに要求される水分バリア性能

＊1　Toshiyuki Kanno　㈱MORESCO　技術顧問
＊2　Xiaodong Wang　㈱MORESCO　基盤技術研究部
＊3　Akinobu Wakabayashi　㈱MORESCO　基盤技術研究部

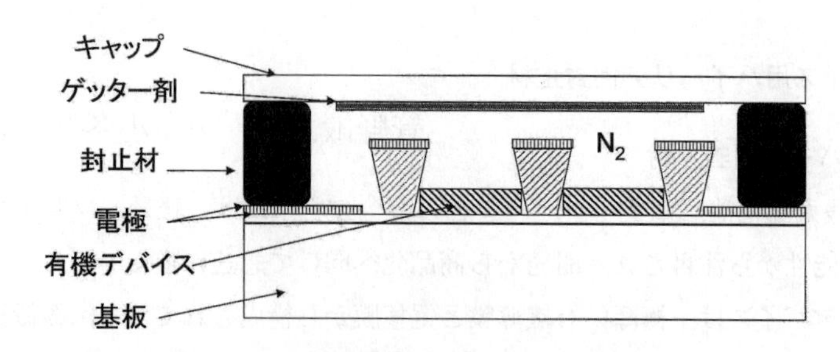

図２　有機デバイス構造（有機 EL）

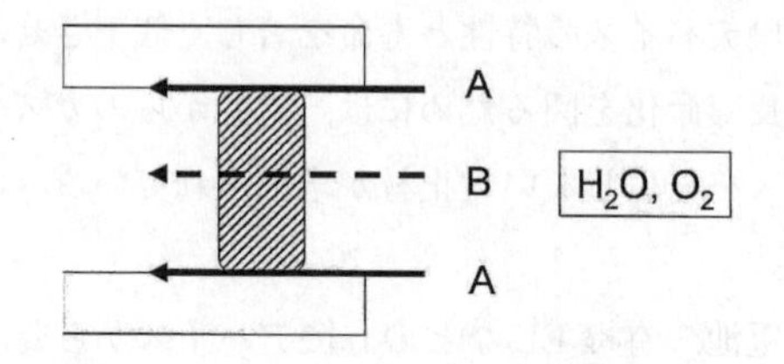

図３　有機デバイスにおける水蒸気透過モデル

期性能を維持するには，ハイバリア性の封止材が必要不可欠である。

一般的に，有機デバイスの封止材に対して

①　ハイバリア性であること

②　基材や電極への接着性が良好であること

③　アウトガスが少ないこと

④　電極を腐食させないこと

⑤　絶縁性が良好であること

⑥　低温で短時間硬化可能であること

⑦　気泡を含まないこと

などの特性が要求される。

現状の有機デバイス封止材は主にカチオン重合型エポキシ樹脂を主成分としている。低温で短時間硬化可能の特徴を持つと同時に熱硬化性樹脂に近い硬化特性を有している。しかし，短所として，これらの封止材の中に，透湿性，吸湿性，塩基性などの物質が含まれているため，硬化反応の阻害になると共に，要求性能に対して，バリア性能が不十分となる。また，これらの封止材にはイオン性物質が含まれており，封止材としての絶縁性能も不十分となる。

ここでは，有機デバイス用ハイバリア性封止材を紹介する。

2.3.2　有機デバイス封止材の開発指針

図３に有機デバイスにおける水蒸気の透過モデルを示している。封止材のバリア性能を上げるには，水分透過の界面制御（図３のA）とバルク制御（図３のB）を考慮する必要がある。

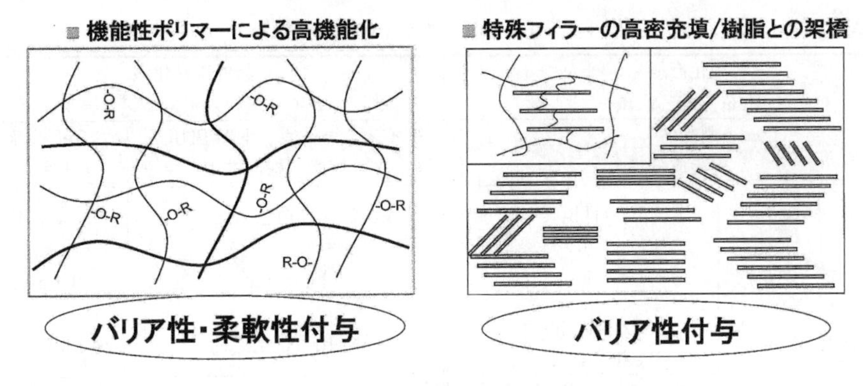

図4　ハイバリア性封止材の設計モデル図

バルク状態での封止材のバリア性向上メカニズムとしては，迂回理論が公知である。迂回理論とは，層状無機物が高分子膜を透過する分子の障害物となり，分子の透過選択性や拡散の抑制性を高めることである。つまり，ガスや水分が透過する物理的な距離を長くし，ガスと水分の拡散速度を抑える理論である[1]。

マトリックス樹脂中に層状無機物を密に配列することが，有効にガスや水分を迂回させる手法である。マトリックス樹脂中に均一分散させるためには，層状無機物と樹脂の相溶性を考慮し，層状無機物の粒径，アスペクト比を最適に設計することが重要である。さらに，マトリックス樹脂中に，層状無機物と添加剤を配合最適化することで，層状無機物をマトリックス中にスタッキングさせ，最密充填構造状に配列させることが必要である。ハイバリア性封止材の開発指針を図4に示す。

一方，界面における封止材のバリア性の実現は，基材と封止材の界面制御にかかっている。封止材と基材の密着性が高いほど，封止材のバリア特性が高くなる。高分子材料に官能基を導入し基材界面との密着性を向上させることは，封止材開発のもうひとつの指針である。封止材の配合設計により，熱膨張係数を基材の熱膨張係数に近づけるとともに歪みのないように制御することが，封止材と基材界面の接着性向上の有効な手段である。また，有機デバイスの封止材は，直接電極の上に覆うため，電気的特性や電極に対する影響がないことが必要である。封止材の配合にイオン性材料を用いると，イオンマイグレーションによる電極の腐食や電極と封止材界面のクラックなど，デバイスに悪い影響を及ぼすことがある。よって，イオン性の高いモンモリロナイトなどのクレー系化合物は好ましくない。

以上のように，バルクと界面両方で水蒸気の透過を抑止し，化学的・電気的安定性を考慮した封止材が有機デバイスに必要である。

2.3.3　有機デバイス封止材（モイスチャーカット）

有機デバイス用ハイバリア性封止材であるモイスチャーカットの特性を表1に示す。

カップ法で水蒸気透過率を測定した結果，モイスチャーカットの透過率が従来品より低い。そ

表1　モイスチャーカットの特性一覧表

硬化形態 塗布方式／種類			紫外線硬化型 ディスペンス／エッジシール	
製品名 樹脂成分			モイスチャーカット WB90US エポキシ樹脂／機能性ポリマー	Ref. 従来品 エポキシ樹脂
硬化前物性	概観	目視	乳白色	乳白色
	比重（25℃）	—	1.4 g/cm^3	1.4 g/cm^3
	粘度（25℃）	C/P 型粘度計 Shear rate 2.0/sec	約 100,000 mPa.s	約 130,000 mPa.s
硬化後物性	水蒸気透過率	カップ法（JIS Z 0208） 40 C/90%RH	4 g/m^2-24 h	5 g/m^2-24 h
	アウトガス	ヘッドスペース GC-MS ベンゼン換算値	19 μg/resin	30 μg/resin
	引張り強度	ガラス／ガラス貼り合せ 26×2.5 mm	材料破壊	材料破壊
	ガラス転移温度 (T_g)	DSC	120℃	121℃
	線膨張係数	TMA	5.7×10^{-5}/℃	8.6×10^{-5}/℃
	標準硬化条件		6 J/cm^2 + 80℃/1 h	

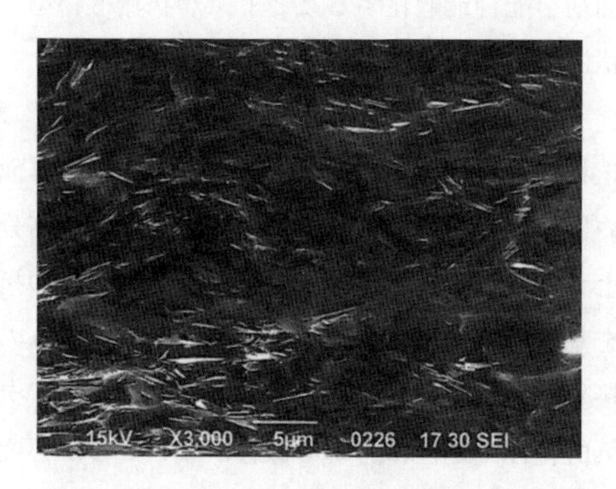

写真1　モイスチャーカットの断面 SEM 写真

のハイバリア性の要因が封止材の内部構造にある。

写真1にモイスチャーカットの断面 SEM 写真を示している。封止材のマトリックス高分子の中に，層状無機物が密に配列している様子がわかる。密に配列している層状無機物は，ガスや水分の透過・拡散ルートを阻害して，封止材のハイバリア性の要因である。

X 線回折のデータを図5に示している。層状無機物（無機フィラー）や従来品と比較して，モイスチャーカットの X 線回折カーブでは，特定方向におけるピークが極めて強いことがわかる。

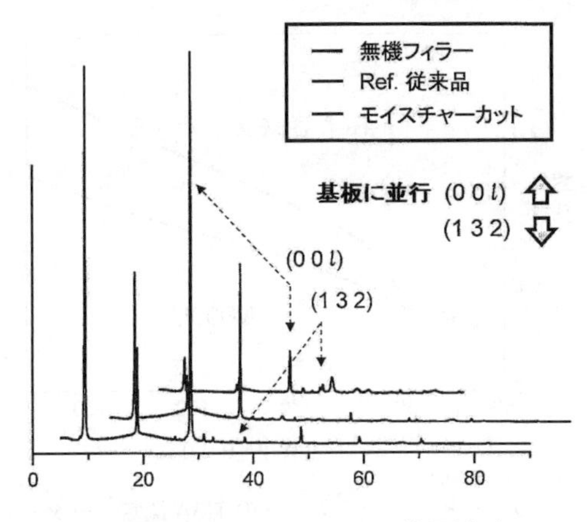

図5　モイスチャーカットのX線回折データ

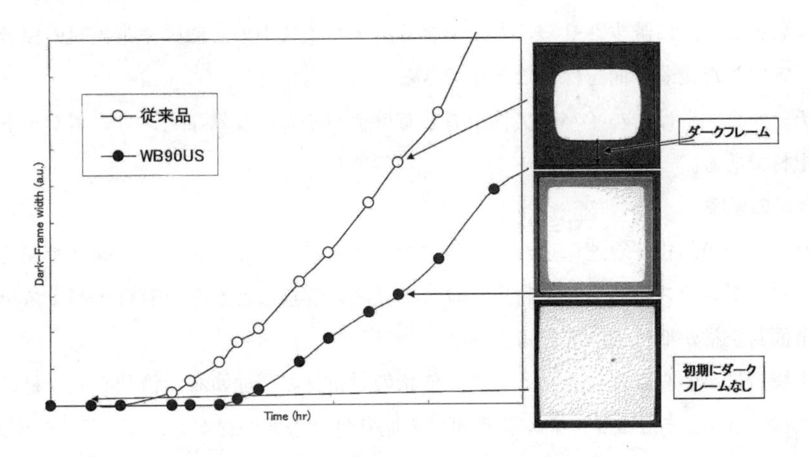

図6　モイスチャーカットを用いた実装テストデータ

パウダー状態では無配列の層状無機物が，モイスチャーカットの中で，非常に規則正しく配列している。層状無機物の密なスタック構造が水分やガスの透過・拡散を防げている要因である。

図1で示したように，有機ELデバイスは最も厳しいバリア性を要求されている。図6にモイスチャーカットを用いた有機ELデバイスの実装試験結果を示している。60℃，90％RHの環境で行った加速試験により，光っている有機ELデバイスのエージにダークフレームが水分の侵入によって徐々に増えている。同条件では，モイスチャーカットを用いた場合は，従来品の封止材よりダークフレームの成長速度が低いことがわかる。ダークフレームの成長速度で判断するなら，モイスチャーカットは従来品の1.7倍以上バリア特性を持つことが考えられる。

表1からわかるように，モイスチャーカットのアウトガスの量が少なく，従来品より40％低減している。また，基材との接着強度は，優れている。

さらに，モイスチャーカットの線膨張係数は，図7のTMA測定で示されるように低く，歪が

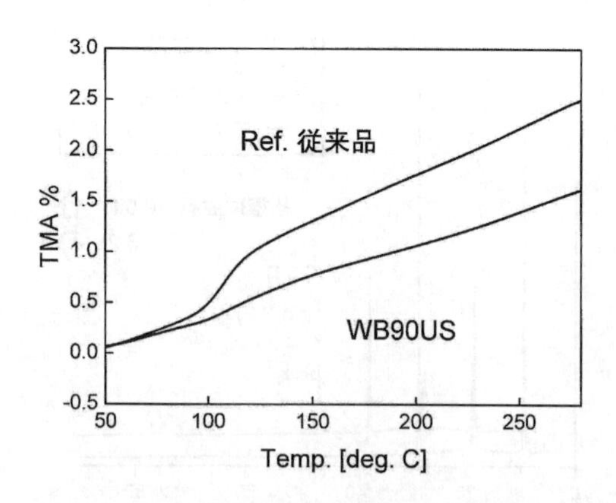

図7　モイスチャーカットのTMA測定データ

少ない。この特性を有するから，実際にデバイスへの実装に応用する際に，熱収縮による界面分離などの現象を最大限に減少させることができる。デバイス中の有機膜や電極膜の保護ができると同時に，安定した接着界面を保つことができる。

モイスチャーカットは，ハイバリア性を有し有機デバイスに有効なナノコンポジット化合物からなる封止材である。

2.3.4　今後の展望

有機デバイスの商品化が急速に進んでいる中で，さらにフレキシブル化へ向けた開発が推進されている。封止プロセスの簡素化や封止材コスト低減の要求などから，有機デバイスを全面で覆うような全面封止材が期待されている。

全面封止構造に用いられる封止材として，液状の封止材の全面塗布，液状シール材の周辺塗布と液状充填材の併用，またはフィルム状接着剤の貼り付けなどが提案されている。全面封止材は，直接有機デバイスに接触しているため，バリア性などの特性が要求される以外に，

①　有機薄膜と層間構造を侵すことのない化学的・物理的安定性が良好であること
②　有機デバイスに機械損傷を与えないほど柔軟であること
③　優れた放熱性を持つこと
④　アウトガスが少ないこと
⑤　電極を酸化・腐食させないこと
⑥　絶縁性が良好であること
⑦　低温で短時間硬化可能であること（なるべく紫外線硬化を行わない）

以上のような特性も要求される。

フレキシブル化にも対応でき，プロセスの簡素化につながるような全面封止材の開発を進めている。

文　　献

1)　中條澄，ポリマー系ナノコンポジット ― 基礎から最新展開まで，p.145，工業調査会 (2003)

3　エレクトロニクス製品（防水接着等）

坂本隆文*

3.1　はじめに

自動車の高性能化に伴い，電子部品が多く搭載されている。車種によっては70種類以上のECU（Electronic Control Unit）が搭載されており，これに使用されるシーリング材や，接着剤，封止剤は，振動や急激な温度変化，高温多湿の厳しい環境から保護する必要がある。防水性，接着性，耐久性に優れ，低温から高温までの幅広い温度範囲で安定した性能を発揮できるシリコーンエラストマーが使用されている（図1）。

本稿ではシーリング材，接着剤，封止剤に要求される特性，素材，使用方法について説明すると共に，優れた耐候性，耐熱性，耐寒性が要求される，自動車電装部品，電気電子部品用に使用されているシリコーン系防水接着剤を紹介する。

3.2　電子部品保護

防塵，防湿を目的としたコンフォーマルコーティング材，ポッティング材，シール材を紹介する。

一般的なシリコーン製品はポリマーの側鎖にメチル基が導入されていることから，ジメチルシリコーンと呼ばれる。ガソリンやエンジンオイルなどに晒される箇所では，膨潤が大きいため適

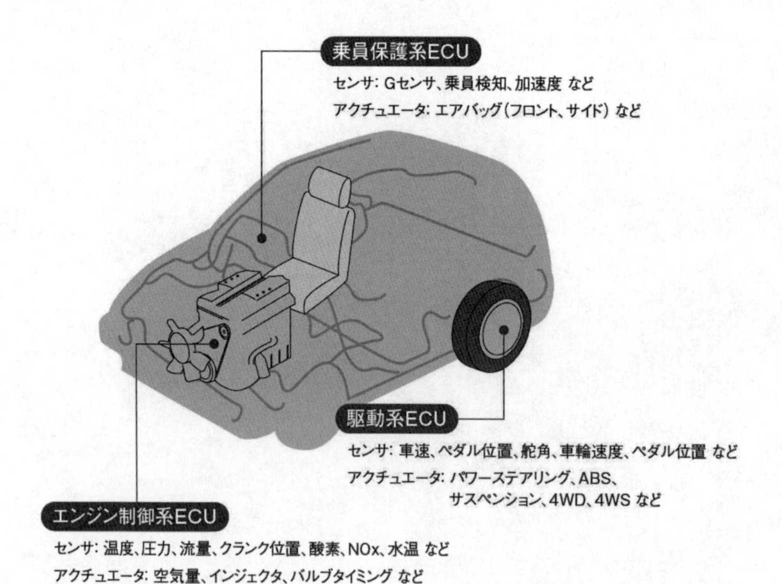

図1　シリコーンエラストマーのカーエレクトロニクスへの応用

＊　Takafumi Sakamoto　信越化学工業㈱　シリコーン電子材料技術研究所　第二部開発室室長

していない場合がある。この問題を解決した製品は，ポリマーの側鎖にトリフルオロプロピル基を導入した，フロロシリコーンがある。過酷な条件下でも使用が可能となっている。

3.2.1　コンフォーマルコーティング材

電気・電子部品に対して防湿，防結露，防塵，絶縁コーティングを行うために，部品全体をシリコーンで覆う「コンフォーマルコーティング材」が使用されている。環境に配慮した無溶剤タイプであり，低粘度品から高粘度品までラインナップしており，使用箇所に応じて使い分けが可能である（表1）。

3.2.2　ポッティング材

ポッティング材もコンフォーマルコーティング材同様に，防湿，防結露，防塵を行うことで回路基板上に配置されている電子部品を保護する（写真1）。また使用温度や振動などに起因する電子部品への力学的なストレスを緩和する目的から軟らかいシリコーンゲルと呼ばれる製品もラインナップしている（表2）。

3.2.3　ケースシール材

電子部品が設置されているECU内部への防水接着を目的として，ケースシール材が使用される。長期間苛酷な環境に晒されるため，優れた耐久性が要求される。さらに生産性や使用される被着体の耐熱性を考慮し，室温硬化，比較的低温での加熱硬化型も上市している。

また，自動車の排ガスに由来するSOxやNOxを含む酸性ガスを捕捉させる物質をシリコーン

表1　コンフォーマルコーティング材（ジメチルシリコーン）

品名	KE-1870	KE-1871	KE-3470	KE-3420
硬化タイプ	付加	付加	縮合（アセトン）	縮合（アセトン）
粘度（mPa·s）	400	800	60	700
硬さ（デュロメータA）	15	27	30	17
体積抵抗率（TΩ·m）	10	10	20	60
比誘電率（50 Hz）	3.1	3.1	3	3
誘電正接（50 Hz）	1.0×10^{-3}	1.0×10^{-3}	0.1×10^{-3}	3.0×10^{-3}
硬化条件	0.5 hr/150℃	0.5 hr/150℃	23℃50%RH 7days	23℃50%RH 7days

（規格値ではない）

写真1　電子部品をシリコーンゲルでポッティングした一例

表2　ポッティング材

品名		KE-1056	FE-57	KE-1842	KE-200/CX-200
側鎖官能基		メチル，フェニル	フロロ	ジメチル	ジメチル
硬化タイプ		付加	付加	付加	縮合（アセトン）
特徴		耐寒性透明ゲル	耐油耐溶剤ゲル	低硬度	低分子低減 速硬化
外観	性状	液状	液状	低粘度	液状
	色相	微濁色	薄茶色	白色	淡黄色半透明／ 青色透明
粘度（mPa·s）		800	2000	4000	2800
密度（g/cm^3）		0.99	1.25	1.00	1.01
針入度		90	60	—	—
硬さ（デュロメータ A）		—	—	13	25
体積抵抗率（TΩ·m）		10	0.02	1	60
絶縁破壊強さ（kV）		15		20	20
比誘電率（50 Hz）		2.9	7.0	3.5	2.9
誘電正接（50 Hz）		2×10^{-4}	1×10^{-2}	5×10^{-3}	3×10^{-3}
硬化条件		0.5 hr/130℃	2 hrs/125℃	1 hr/120℃	72 hrs/23℃

（規格値ではない）

表3　ケースシール材（付加系，ジメチルシリコーン）

品名		KE-1833	IO-SEAL-300	X-32-3213A/B
硬化タイプ		付加	付加	付加
特徴		耐熱性接着剤	SOx，NOx 捕捉	室温硬化
外観（硬化後）		赤褐色	白色	乳白色
粘度（Pa·s）		140	60	A 100 B 70
密度（g/cm^3）		1.34	1.23	1.05
硬さ（デュロメータ A）		33	30	8
切断時伸び（%）		350	250	490
引張強さ（MPa）		3.4	2.0	1.3
剪断接着力	ガラス	1.8	1.5	—
	アルミ	1.8	1.5	—
	PBT（ファイバー入り）	1.8	1.5	0.8
	PPS（ファイバー入り）	1.8	1.5	0.9
硬化条件		1 hr/120℃	1 hr/100℃	1 hrs/23℃

（規格値ではない）

に添加することで，部品性能を長期間保持させることが可能となっている（表3，表4）。

3.3　放熱用途

回路基板上に配置されているトランジスタやICチップなどから発生する熱を効率よく逃がすために，熱伝導率の優れた材料が使用される。高熱伝導のフィラーをシリコーンポリマーに高配

表4　ケースシール材（縮合系，ジメチルシリコーン）

品名		KE-4818	KE-4930	X/CX-31-2645
硬化タイプ		縮合	縮合	縮合
特徴		高耐久	スズフリー	二液，速硬化
外観（硬化後）		白色	灰色	白色
粘度（Pa･s）		200		X-31- CX-31-
密度（g/cm³）		1.50	1.35	1.15
硬さ（デュロメータ A）		55	32	40
切断時伸び（%）		200	370	210
引張強さ（MPa）		2.9	1.8	2.0
剪断接着力	ガラス	1.9	1.8	1.5
	アルミ	2.0	1.7	1.5
	PBT（ファイバー入り）	2.0	1.7	1.3
	PPS（ファイバー入り）	—	1.7	—
硬化条件		23℃50%RH 7 days	23℃50%RH 7 days	23℃50%RH 3 days

（規格値ではない）

合することにより，熱伝導率を向上させている。シリコーンが持つ特性を維持し，フィラーの持つ特性を生かせることは，他の有機樹脂にはないシリコーンポリマーの特長とも言える。この用途では，電気・電子部品に直接材料が接触するため，低分子シロキサン対策が必要である。多くの製品がこの成分に由来する電気接点トラブルが生じにくい設計となっているが，使用時は注意が必要である。放熱材のラインナップとしては，その形態から，放熱グリース，放熱接着剤，放熱シートなどがある。代表的な放熱接着剤は表5に記載する。

3.4　使用方法

電子部品の固定や構造接着など数多くの接着剤が使用されている。使用環境によっては常時高温となる箇所やガソリンなどに晒される箇所もある。また生産工程によって最適な硬化タイプを選定して頂くために当社では，用途・製造工程に合わせた接着剤をラインナップしている。

液状タイプのシリコーンエラストマーには主に3つの硬化形態があり，それぞれに特徴がある（表6）。

3.4.1　縮合硬化タイプ

空気中の水分と反応し硬化するため，付加硬化タイプのような加熱炉を必要としないことから，取り扱いが容易である。硬化反応に伴い副生成するガスの種類によって硬化タイプが分類され，電気・電子部品用途には，脱アセトンタイプ，脱アルコールタイプ，が使用されことが多い。一般的な硬化条件は，「23±2℃，50±5%RH，7日間」であるが，硬化日数は使用箇所，硬化部分厚みを考慮する必要がある。

表５　放熱材

品名		KE-3466	KE-3467	X-32-2020	KE-1867
硬化タイプ		縮合（アセトン）	縮合（アセトン）	付加	付加
特徴		低分子低減 UL 認定品	低分子低減 UL 認定品	低分子低減	低分子低減 UL 認定品
外観	性状	中粘度	高粘度	高粘度	中粘度
	色相	白色	白色	灰色	灰色
粘度（Pa･s）		50	100	100	60
密度（g/cm^3）		2.80	2.90	2.82	2.92
硬化条件		23℃50％RH 7 days	23℃50％RH 7 days	1 h/120℃	1 h/120℃
硬さ（デュロメータ A）		88	91	78	75
引張強さ（MPa）		3.1	3.6	2.5	1.2
切断時伸び（％）		30	30	40	70
体積抵抗率（TΩ･m）		2.9	5.9	1.0	1.2
絶縁破壊強さ（kV/mm）		24	25	23	23
熱伝導率（W/m･K）		1.9	2.4	1.9	2.1

（規格値ではない）

表６　補足資料

硬化機構			硬化温度	硬化時間	利点
付加	1 成分		80℃以上	60 分程度	速硬化
	2 成分		室温以上	1 ～ 3 日	加熱不要，（速硬化）
デュアルキュア			150℃以上	60 分程度	耐硬化阻害
縮合	1 成分	アルコール	室温	7 日間	加熱不要
		アセトン			加熱不要
		オキシム			加熱不要
		酢酸			加熱不要
	2 成分	アルコール		1 ～ 3 日	加熱不要
		アセトン			加熱不要
紫外線	アクリル		室温	20 秒	加熱不要，（速硬化）
	メルカプト				加熱不要，（速硬化）

3. 4. 2　付加硬化タイプ

一般の硬化条件は，硬化温度が 120℃，硬化時間が約 1 時間程度である。最近では，更に低温度化，短時間化の要求に応えた製品が開発されている。硬化反応時において副生成物の発生がほとんどない。また，付加硬化タイプの弱点である，窒素・リン・硫黄・錫の各化合物による硬化阻害に関しては，白金付加／パーオキサイド加硫を併用したデュアルキュアタイプを上市している。

3. 4. 3　UV（紫外線）硬化タイプ

紫外線照射により，付加タイプより更に短時間硬化が可能である。UV が当たらない部分を硬化させる技術としては，縮合硬化を併用した製品も上市されている。

文　　献

1) 明田隆，*Silicone Review*，**75** (2007)
2) 伊藤邦雄編，シリコーンハンドブック，日刊工業新聞社 (1990)
3) RTV ゴムカタログ，信越化学工業 (2010)

4　建築用シーリング材

鳥居智之*

4.1　シーリング材の概要

4.1.1　シーリング材とは

ビルや住宅の外壁は，取付けられた構成部材間に間隙が存在し，この間隙は目地と呼ばれる。目地は部材が温湿度の変化によって伸縮したり，あるいは地震や風圧によって位置がずれたりして，部材が相互にぶつかり合うのを防いでいる。この目地をそのままにしていると，そこから水や空気が進入して水密性・気密性を損ない，居住活動以外に内部構造体へも影響を与える。そのため，ここに何か詰め物が必要になるが，その目的としてシーリング材が使用される。

シーリング材は，二つに大別でき，形状があらかじめ決まっている定形シーリング材（あるいはガスケットと呼ばれる）と，形状があらかじめ定まっていない不定形シーリング材とがある。この不定形シーリング材は，目地に詰める段階ではペースト状で，その後ゴム状に変化するものであり，一般的にシーリング材といえばこちらを指すことが多い。本節では，シーリング材のうち，建築用途で使用されるシーリング材について説明する。

4.1.2　シーリング材の3要件

建築用途で使用されるシーリング材は，防水材料であるため，長期期間その性能を維持しなければならない。これらの要件をまとめると次の通りであるが，建築物の意匠上の観点から美観を損なう不都合も生じてはならない。

①　水密性・気密性を付与できる材料である。

②　目地のムーブメントに追従できる。

③　耐久性に優れている。

4.1.3　シーリング材の要求性能

シーリング材が先に示した3要件を満たすためには，以下に示す性能を備えていなければならない。ここでは，後述するシーリング材の施工工程を考慮し，順を追って説明する。

①　施工段階

・混ぜやすさ（2成分形のみ），押し出し易さ，仕上げ易さ，垂れにくさ等が作業現場での気温や湿度に影響を受けることなく，十分な作業可能時間を確保できる。

②　硬化段階

・硬化の立ち上がりが早い。

・接着発現が早い。

・硬化物が所定の外観（色調・艶等）に落ち着く。

③　硬化後

・温湿度や風，地震等によって発生するムーブメント（動き）に対して追従する。

---

*　Tomoyuki Torii　サンスター技研㈱　ケミカル事業部　ケミカル研究開発部

・接着面でのはく離や，シーリング材自体が破断しない。
・外的因子（紫外線，オゾン，熱，雨水）に影響を受けることなく，長期にわたり水密性・気密性を維持する。
・シーリング材自体の概観に極端な変化（変色，変形，塵埃の付着，カビの発生，ひび割れ等）が生じない。
・シーリング材が接している外壁に対し，塵埃の付着・成分の染み出し・溶解・変色等の外観上の影響を与えない。
・地球環境に悪影響を与えない。

4.1.4　シーリング材の分類

施工時に混合工程が必要な2成分形と，混合工程が不要な1成分形に大別される。シーリング材を製品形態，硬化機構，及び主成分別に分類[1]したものを図1に示す。

4.1.5　シーリング材の特徴

シーリング材を適用する場合，建物の構造・立地条件により様々な性能が要求される。各シーリング材の有する特徴を理解することは，長期にわたりシール性能を維持する上で重要である。ここでは，2成分形シーリング材の性能比較[1]を一例として表1に示す。

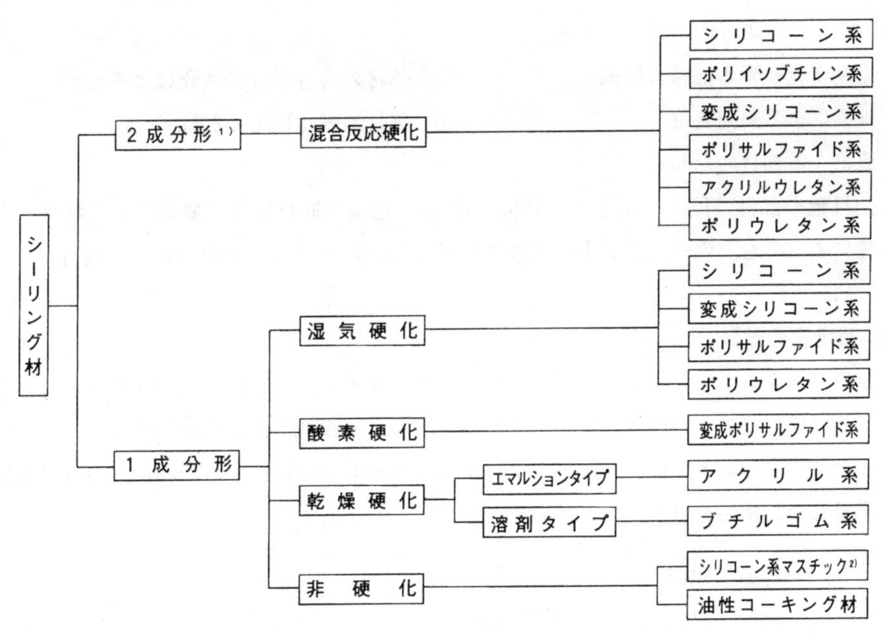

図1　シーリング材の分類[1]

表１　２成分形シーリング材の特性[1)]

シーリング材 / シーリング材の特性	シリコーン系	ポリイソブチレン系	変成シリコーン系	ポリサルファイド系	アクリルウレタン系	ポリウレタン系
動的追従性（温度）	◎	◎～○	○	○～△	○	△
動的追従性（地震・風圧）	◎	◎～○	◎～○	○	○	○
耐熱性	◎	◎～○	○	○	○	△
表面耐候性	◎	◎～○	○	○	○	△
耐光（ガラス越し）接着性	◎	◎～○	×	○	×	×
表面非汚染性	×	○	○～△	◎～○	○～△	○
目地周辺非汚染性	×	◎	◎	◎	◎	◎
塗装適合性	×	○	○	○	◎～○	◎～○

優◎～×劣

4.2　シーリング目地の設計

4.2.1　ムーブメントの種類

シーリング材を充填する目地は，その目地で発生するムーブメントの大きさによってワーキングジョイントとノンワーキングジョイントに大別される。前者は，カーテンウォール工法の目地に代表されるような，ムーブメントが比較的大きい目地を指し，後者はムーブメントが小さいか，もしくはほとんどムーブメントが発生しない目地を指す。目地に発生するムーブメントの要因としては，主に以下の５つが挙げられる。

①　温度変化による部材の伸縮
②　地震による層間変位
③　風による部材のたわみ
④　部材の含有水分の変化による変形
⑤　部材の硬化による収縮

また，目地や部材の種類，大きさ（形状・寸法）・色調・取付状態・暴露される状態（方位，日照）等によっても，ムーブメントの大きさは異なる。ムーブメントの種類と，該当する主な目地[1)]を表２に示す。

4.2.2　目地幅の設計

目地は，ワーキングジョイントとノンワーキングジョイントの２種類に大別できることを上述した。ここでは，そのうちのワーキングジョイントの目地設計に関して説明する。

ワーキングジョイントでは，シーリング材がムーブメントに追従するために，設計目地幅が次の式を満足した目地幅を有することが必要となる。

$$W \geqq \sigma / \varepsilon \times 100 + |We|$$

W ：設計目地幅（mm）
σ ：ムーブメント（mm）
ε ：シーリング材の設計伸縮率・設計せん断変形率（%）
We：目地幅の施工誤差（mm）

表２　ムーブメントの種類と主な目地の種類[1)]

目地の区分	ムーブメントの種類	主な目地の種類
ワーキングジョイント	温度ムーブメント	金属部材の目地 ・金属カーテンウォールの各種目地 ・金属外装パネルのパネル間目地｛塗装鋼板／ほうろう鋼板／アルミニウムパネルなど｝ ・金属笠木の目地 ・金属製建具の目地｛サッシ回り目地／水切・皿板などの目地｝ プレキャストコンクリートパネルのパネル間目地 ガラス回り目地
	層間変位ムーブメント	金属部材の目地 多孔質部材の部材間目地（セメント系部材） ・プレキャストコンクリートパネルのパネル間目地 ・ALC パネル構法のパネル間目地｛ロッキング構法／スライド構法（横目地）／（カバープレート構法*）｝ ・プレキャストコンクリート笠木の目地 ・GRC，セメント押出成形板の板間目地 ガラス周り目地
	風圧力によるムーブメント	ガラス周り目地
	湿気ムーブメント	セメント系ボード類のボード間目地（押出成形板を含む） 窯業系サイディングのパネル間目地
	硬化収縮ムーブメント	窯業系サイディングのパネル間目地
ノンワーキングジョイント	（ムーブメントが小さいか，または生じない）	コンクリート外壁の各種目地 ・鉄筋コンクリート造のサッシ回り目地 ・鉄筋コンクリート造の打継ぎ目地 ・鉄筋コンクリート造の収縮目地（亀裂誘発目地） ・プレキャストコンクリートパネルの打込みサッシ回り目地 ・湿式による石張り及びタイル張りの目地 ・プレキャスト鉄筋コンクリート造の目地 ALC パネル構法のパネル間目地｛（挿入筋構法*）／ボルト止め構法｝

*カバープレート構法，挿入筋構法は現在採用されていない。

部材やその色調・取付方法等を考慮し，上式の各係数の目安が示されている。ここでは，一例としてシーリング材の設計伸縮率・設計せん断変形率（%）の標準値[1)]を表３に示す。

表3　シーリング材の設計伸縮率・設計せん断変形率（%）[1]

シーリング材の種類		伸　縮		せん（剪）断		耐久性の区分
主成分・硬化機構	記　号	M_1*1	M_2*2	M_1*1	M_2*2	
2成分形シリコーン系	SR-2	20	30	30	60	10030
1成分形シリコーン系［低モジュラス］	SR-1 LM	15	30	30	60	10030，9030
1成分形シリコーン系［高モジュラス］	SR-1 HM	(10)	(15)	(20)	(30)	9030G
2成分形ポリイソブチレン系*3	IB-2	20	30	30	60	10030
2成分形変成シリコーン系*4	MS-2	20	30	30	60	9030
1成分形変成シリコーン系	MS-1	10	15	15	30	9030，8020
2成分形ポリサルファイド系*5	PS-2	15	30	30	60	9030
		10	20	20	40	8020
1成分形ポリサルファイド系	PS-1	7	10	10	20	8020
1成分形変成ポリサルファイド系	MP-1	7	10	10	20	9030
2成分形アクリルウレタン系※	UA-2	20	30	30	60	9030
2成分形ポリウレタン系	PU-2	10	20	20	40	8020
1成分形ポリウレタン系	PU-1	10	20	20	40	9030，8020
1成分形アクリル系	AC-1	7	10	10	20	7020
備　考	［注］＊1：温度ムーブメントの場合 ＊2：風・地震による層間変位ムーブメントの場合 ＊3：事前の検討・確認が必要 ＊4：応力緩和タイプは対象としない ＊5：イソシアネート硬化形を含む （　）：ガラス回り目地の場合					

※　2成分形アクリルウレタン系については「9030」品として当工業会で補足

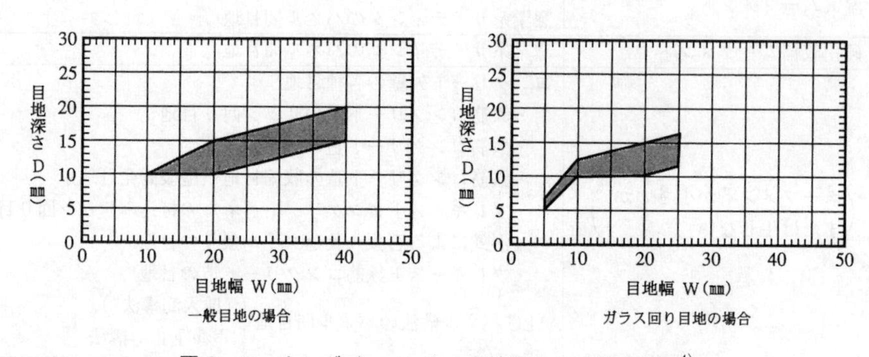

図2　ワーキングジョイントの目地深さDの許容範囲[4]

4.2.3　目地深さの設計

目地幅と同様に，目地深さに関しても適切な設定が必要である。Tons[2]やSchutz[3]らの研究を基に，日本建築学会建築工事標準仕様書・同解説 JASS 8 防水工事のワーキングジョイントでは，目地深さは図2の範囲に納まるよう設定されている[4]。なお，同図のグレイジング（ガラスをはめ込み固定すること）の場合，実際の目地の納まりを考慮して一般の目地よりも最低値を低く設定している。

なお，目地深さが浅すぎる場合，接着面積の不足によるはく離や，表層部分からの劣化によっ

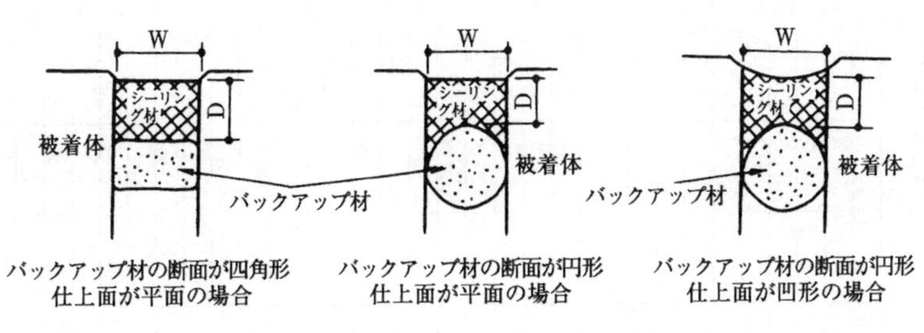

図３　目地深さＤの寸法の取り方[1)]

てシーリング材が破断する危険がある。また，目地深さが深すぎる場合，シーリング材の種類によっては，硬化阻害や硬化遅延等の危険がある。

4.3　シーリング材の選定

ワーキングジョイント，ノンワーキングジョイントにおける構法・部位・構成材とシーリング材との適切な組合せ[1)]を表4に示す。なお，適材適所の考え方は，上記以外に日本建築学会のJASS 8，及び「外壁接合部の水密設計および施工に関する技術指針・同解説」-2008にも記載されている。ただし，利用するに当たっては以下の点に留意する必要がある。

① 表中の記載は一般的な目安である。実際の適用にはシーリング材製造業者の技術資料等で十分に確認することが必要である。

② 市場での使用実績が少ない変成ポリサルファイド系，ブチルゴム系及び油性系は除外している。

③ 表面塗装が施される場合，事前検討を行う必要がある。シーリング材と仕上塗材との組合せによっては，はく離・変色等の不具合が発生する可能性がある。

④ 異種シーリング材との打継ぎが生じる場合は，打継ぎによる接着不良・硬化不良・経年による物性変化等について事前検討を行う。

⑤ シリコーン系は，定期的なクリーニングを前提としたガラス等の外壁や，水回りに適用する。

⑥ 2成分形ポリイソブチレン系は，非汚染性に優れるため意匠上の観点から適用されるが，接着性・ムーブメント追従性・塗装性等の事前検討を行う。

⑦ 変成シリコーン系はガラス回り以外の幅広い用途に適用できるが，薄層部の未硬化現象や石材との適合性等の事前検討を行う。

⑧ 2成分形ポリサルファイド系は，温度変化によるムーブメント追従性が劣るので，ムーブメント量が比較的小さい場合に限定される。1成分形ポリサルファイド系は，耐候性・表面着塵性などについて事前検討を行う。

⑨ 2成分形アクリルウレタン系は，耐候性・表面着塵性等について事前検討を行う。

⑩ ポリウレタン系は，耐候性・表面着塵性等について事前検討を行う。

表４　適材適所表（構法・部位・構成材とシーリング材の適切な組合せ）[1)]

目地の区分	構法・部位・構成材				シリコーン系(＊4)			ポリイソブチレン系(＊6)	変成シリコーン系		ポリサルファイド系		アクリルウレタン系	ポリウレタン系		アクリル系
					2成分形低モジュラス(＊5)	1成分形高・中モジュラス(＊5)	1成分形低モジュラス(＊5)	2成分形	2成分形	1成分形	2成分形	1成分形	2成分形	2成分形	1成分形	1成分形
ワーキングジョイント	カーテンウォール	ガラス・マリオン方式	ガラス回り目地		○		○	△								
			方立無目ジョイント		○			△								
		金属パネル方式	ガラス回り目地		○		○	△			△(＊7)					
			パネル間目地		○(＊8)			△	○		△					
		PCaパネル方式　石打込みPCa	PCaパネル間目地					△	○		○		△			
		PCaパネル方式　タイル打込みPCa	窓枠回り目地					△	○		○		△			
		PCaパネル方式　吹付塗装PCa	ガラス回り目地		○(＊8)		○(＊8)	△			△(＊7)					
	各種外装パネル	ALCパネル（スライド，ロッキング，〔カバープレート〕(＊1)）構法(＊2)	ALCパネル間目地	塗装あり(＊3)					△	△	△		○	○	○	○(＊9)
			窓枠回り目地	塗装なし					○	○	○		△		△(＊10)	
		塗装アルミニウムパネル（強制乾燥・焼付塗装）	パネル間目地		○(＊8)		○(＊8)	△	○		△					
		塗装鋼板，ほうろう鋼板パネル	パネル間目地・窓枠回り目地					△	○		○					
		GRC，押出成形セメント板	パネル間目地	塗装あり(＊3)					△	△	△	△	○	○	△	
			窓枠回り目地	塗装なし					○	△	○	△	△			
		窯業系サイディング	パネル間目地	塗装あり(＊3)					△(＊11)	△	△	△			○(＊12)	
			窓枠回り目地	塗装なし					○(＊11)	○	△	○			○(＊12)	
	金属製建具	ガラス回り	ガラス回り目地		○(＊8)	○	○	△			△(＊7)					
		建具回り	水切，皿板目地		○(＊8)			△	○							
			建具間目地					△	○	△	△		△			
		工場シール(＊13)	シーリング材受け							△(＊13)	○					
	笠木	金属笠木	笠木間目地		○(＊8)			△	○							
		石材笠木	笠木間目地					△	○		○					
		PCa笠木	笠木間目地					△	○		○					
	RC壁	構造スリット	構造スリットの目地	塗装あり(＊3)				△	△		△		○	△		
				塗装なし				△	○		△					
ノンワーキングジョイント	コンクリート壁	RC壁，壁式PCa	打継ぎ目地，ひび割れ誘発目地，窓枠回り目地	塗装あり(＊3)					○	△	△	△	○	○	○	
				塗装なし						○	○	△	△		△(＊10)	
		石張り（湿式）（石打込みPCa，石目地を含む）	石目地							△(＊14)	○	○				
			窓枠回り目地						○	○	○	△				
		タイル張り（タイル打込みPCaを含む）	タイル目地						○(＊15)	○	○	○				
			タイル下躯体目地						△		△			○	○	
			窓枠回り目地						○	○	○	△				
	外装パネル	ALCパネル（挿入筋(＊1)・ボルト止め構法）(＊2)	ALCパネル間目地	塗装あり(＊3)					△	△	△		○	○	○	○
				塗装なし					○	○	○		△		△(＊10)	
			窓枠回り目地	塗装あり(＊3)					△	△	△		○	○	○	
				塗装なし					○	○	○		△		△(＊10)	

（つづく）

（つづき）

目地の区分	構法・部位・構成材			シリコーン系(＊4)			ポリイソブチレン系(＊6)	変成シリコーン系		ポリサルファイド系		アクリルウレタン系	ポリウレタン系		アクリル系
				2成分形低モジュラス(＊5)	1成分形高・中モジュラス(＊5)	1成分形低モジュラス(＊5)	2成分形	2成分形	1成分形	2成分形	1成分形	2成分形	2成分形	1成分形	1成分形
外壁以外の目地	屋根・屋上	シート防水等の端末処理									○			○	
		瓦の押さえ（台風被害の防止）			○										
		金属屋根の折り曲げ部のシール			○						○				
	水回り(＊16)	浴室・浴槽（耐温水性必要部）			○										
		キッチンキャビネット回り			○										
		洗面化粧台回り			○										
	設　備	排気口回り・貫通パイプ回り（設備機器用スリーブ等含む）	塗装あり(＊3)					△	△	△			○	○	
			塗装なし					○	○	○	○				
		バルコニー等手すりの支柱脚回り	塗装あり(＊3)					△	△	△			○	○	
			塗装なし					○	○	○	○				
		避難ハッチ回り	塗装あり(＊3)					△	△	△			○	○	
			塗装なし					○	○	○	○				
	その他	ポリカーボネート・アクリル板			○(＊17)										

○：適用可　　△：適用に際して事前検討要

（＊1）JASS 21（ALC 工事）で挿入筋構法・カバープレート構法は現在採用されていないが，補修・改修で適用。
（＊2）50%引張応力 0.2 N/mm^2 以下の材料。
（＊3）塗装性の事前確認が必要。
（＊4）SSG 構法用の構造シーラントは対象外。SSG 構法に適用するシーリング材は JASS 17（ガラス工事）に従う。
（＊5）50%引張応力の区分：低モジュラス＜0.2 N/mm^2 ≦中モジュラス＜ 0.4 N/mm^2 ≦高モジュラス。
（＊6）接着性等の事前検討が必要。
（＊7）シリコーン系に比べ耐用年数が短い。
（＊8）汚染性に注意。
（＊9）経時で柔軟性が低下するものもあるので事前検討が必要。スライド構法の横目地，カバープレート構法の横目地，窓枠回り目地には適用できない。
（＊10）耐候性の事前確認が必要。
（＊11）サイディング用の応力緩和形。
（＊12）サイディング用。
（＊13）シーリング材受けを用途とした材料。
（＊14）高モジュラス品。
（＊15）薄層部が残らないように注意する。
（＊16）防かびタイプを使用。
（＊17）脱アルコール形。

4.4　シーリング材の施工

シーリング材の施工は，これまでに述べてきた目地設計やシーリング材の選定を経た後，図4に示す施工フロー[1]により行われる。各工程の施工手順を確実に満足することで，はじめてシーリング材の防水機能が発揮される。

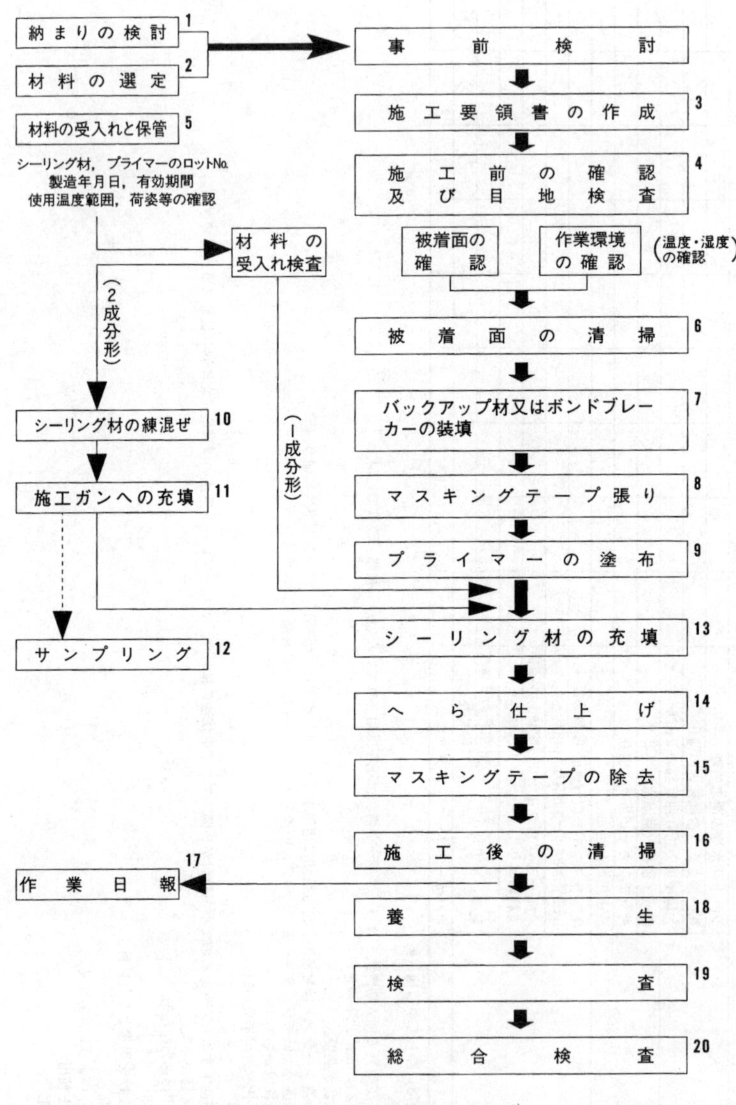

図4　シーリング施工のフロー[1]

4.5　最近のトピックス

4.5.1　テレケリックポリアクリレート系シーリング材

近年,「スクラップアンドビルド」という考え方から「建築物の長寿命化」という考え方に移行していく中で，シーリング材にも長寿命化（高耐久性）が求められている。このような性能が要求される場合，以前はシリコーン系シーリング材が主に使用されていたが，撥水汚染による目地周辺部への汚染が問題となり，ポリイソブチレン系シーリング材などが併せて使用されている。こうした背景の中，ポリアクリレートを主鎖とし，両末端に加水分解性シリル基を有するテレケリックポリアクリレートポリマー（以下，TA と略記）を使用したシーリング材が開発された。このシーリング材は，以下の特徴を有している。

① 目地周辺部の非汚染性に優れる
② 耐候性，ガラス越し耐候接着性に優れる
③ 接着耐久性に優れる
④ 低モジュラス・高伸びタイプであり，追従性に優れる（JIS A 5758：2010 タイプ F，G-クラス 25 LM 相当）
⑤ 耐久性・動的疲労性に優れる（JIS A 5758：2010 耐久性区分 10030 相当）

ここでは，代表例として，目地周辺部の非汚染性と動的疲労特性について紹介する（写真 1，図 5)。

4.5.2　シーリング材の VOC 対策

社会問題化している「シックハウス」,「シックスクール」等の原因となる化学物質に関し，厚生労働省は平成 9 年のホルムアルデヒドの指定を皮切りに，現在では表 5[6] に示す 13 種類の化学物資を室内空気汚染物質とし，室内濃度指針を策定している。

これらシックハウス等の問題は，建築用シーリング材としても特に室内での適用では無関係ではないため，日本シーリング材工業会でもシーリング材と室内空気質の関係を明らかにすべく，以下の事柄に関して自主的に取り組んでいる。

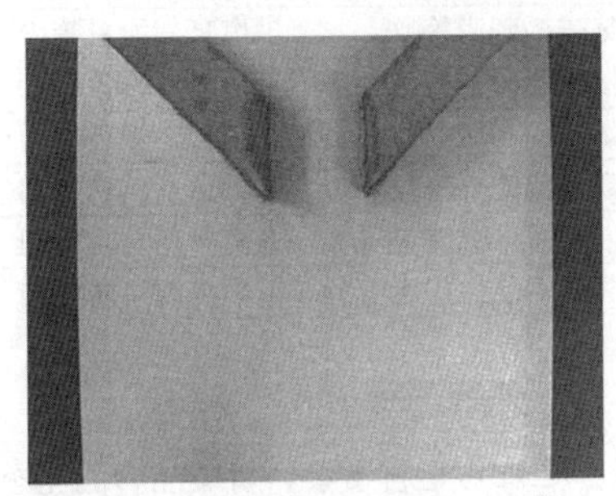
テレケリックポリアクリレート系シーリング材
(汚染なし)

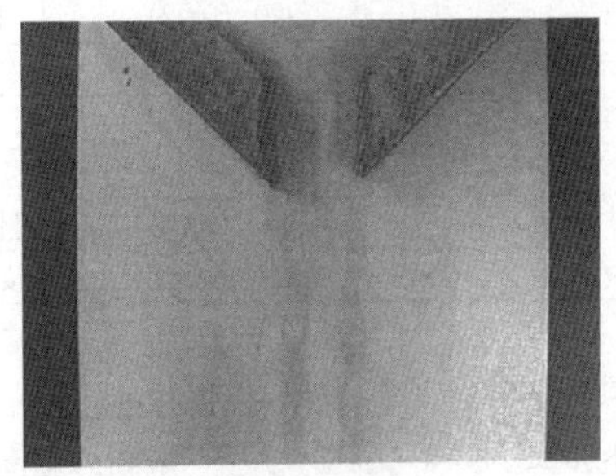
シリコーン系シーリング材市販品
(撥水汚染)

写真 1　屋外暴露 2 年経過後の試験体[5]

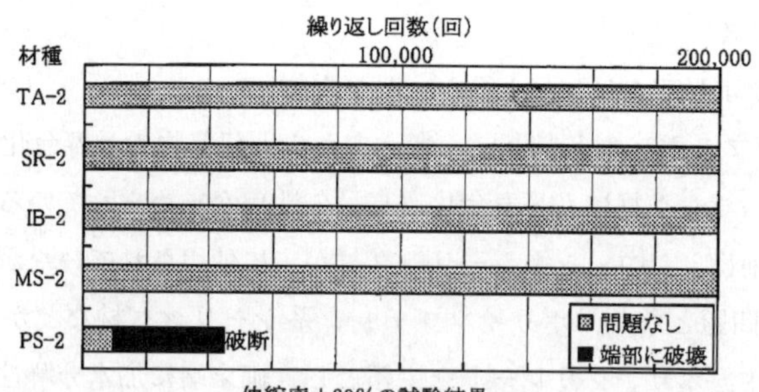

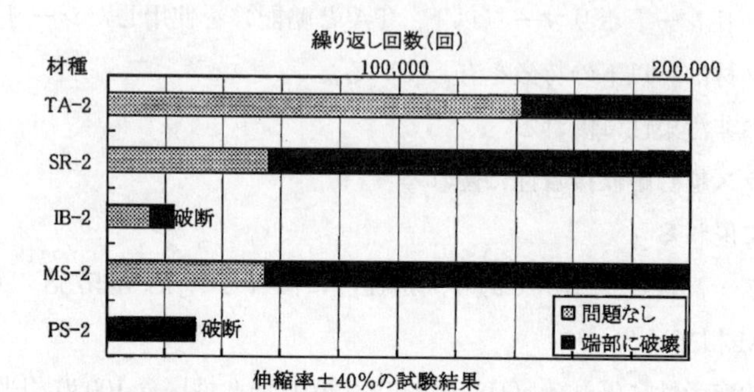

・試験体形状:JIS A 1439:2010 5.17.2 H型(陽極酸化アルミ)
・試験装置:変形繰り返し試験装置(東洋精機製作所)

図5　長期繰り返し疲労試験結果[5)]

表5　室内濃度基準値策定化学物質（厚生労働省）とその概要[6)]

対象化学物質	指針値 $\mu g/m^3$ (ppm)	主な症状	主な用途
ホルムアルデヒド	100 (0.08)	目・鼻の刺激，喉炎症等	接着剤，防腐剤
トルエン	260 (0.07)	目・気道の刺激，吐き気等	接着剤，塗料
キシレン	870 (0.20)	喉・目の刺激，頭痛等	接着剤，塗料
P-ジクロロベンゼン	240 (0.04)	目・皮膚の刺激，肝臓機能障害等	防虫剤，トイレ芳香剤
エチルベンゼン	3800 (0.88)	喉・目の刺激，頭痛等	接着剤，塗料
スチレン	220 (0.05)	喉・目に刺激，中枢神経異常等	接着剤，塗料
クロルピリホス	1.0 (0.07)	急性中毒，意識混濁，神経障害等	防蟻剤
DBP	220 (0.02)	目・皮膚・気道の刺激等	塩ビ・塗料等の可塑剤
テトラデカン	330 (0.04)	麻酔作用，接触皮膚炎等	塗料等の希釈剤
DOP	120 (7.6 ppb)	目・皮膚・気道の刺激，皮膚炎	塩ビ・塗料等の可塑剤
ダイアジノン	0.29 (0.02)	急性中毒，意識混濁等	殺虫剤，防蟻剤
アセトアルデヒド	48 (0.03)	目・呼吸器の刺激，意識混濁等	防黴剤，防腐剤
フェノブカルブ	33 (3.8 ppb)	皮膚・目の刺激，急性中毒等	殺虫剤，防虫剤

①会員各社への啓蒙活動

　トルエン，キシレンなど，規制の動向を踏まえ，これらを含まない新製品の開発を会員各社に要請（2003年2月）

②ホルムアルデヒド・VOC放散速度試験方法の確立

　シーリング材は「線」で用いられる材料であり，塗料のような「面」使用される材料とは異なる。このため，シーリング材の使用実態に即した試験方法を開発する必要があり，㈶建材試験センターと共同でシーリング材に適した試験方法を確立し，日本建築学会大会で成果を発表した（2005年9月）

③ホルムアルデヒド・VOC放散速度試験方法を規格化

日本シーリング材工業会JSIA002：2006「建築材料　シーリング材 — 揮発性有機化合物（VOC），ホルムアルデヒド及び他のカルボニル化合物放散量測定におけるサンプル採取，試験片作製及び試験条件」を制定（2006年1月）

④ホルムアルデヒドに関する自主管理を開始

試験方法確立後，「ホルムアルデヒド汚染対策のための自主管理規定」を制定（2006年3月）。F☆☆☆☆登録認定を開始（2006年4月）

4.5.3　住宅瑕疵担保履行法への対応

(1)　住宅瑕疵担保履行法とは

新築住宅については，平成12年4月施行の「住宅品質確保法」に基づき，売主および請負人に対し10年間の瑕疵担保責任を負うことが義務付けられた。しかしながら，平成17年11月に構造計算書偽造問題が発覚すると，こうした法制度だけでは消費者保護として不十分であることや，売主や請負人の財務状況によっては義務化された責任が果たされない場合があること等の問題が判明した。そこで，平成21年10月1日に「住宅瑕疵担保履行法（特定住宅瑕疵担保責任の履行の確保等に関する法律）」が施工された。大きな変更点は，図6[7]に示すような資力確保が義務付けられた点にある。

これにより，万が一倒産などにより瑕疵の補修等が出来なくなった場合でも保証金の還付，または保険金により必要な資金が払われることになる。なお，適用される住宅は新築住宅だけであり，対象となる部位は「構造耐力上主要な部分」と「雨水の浸入を防止する部分」である。

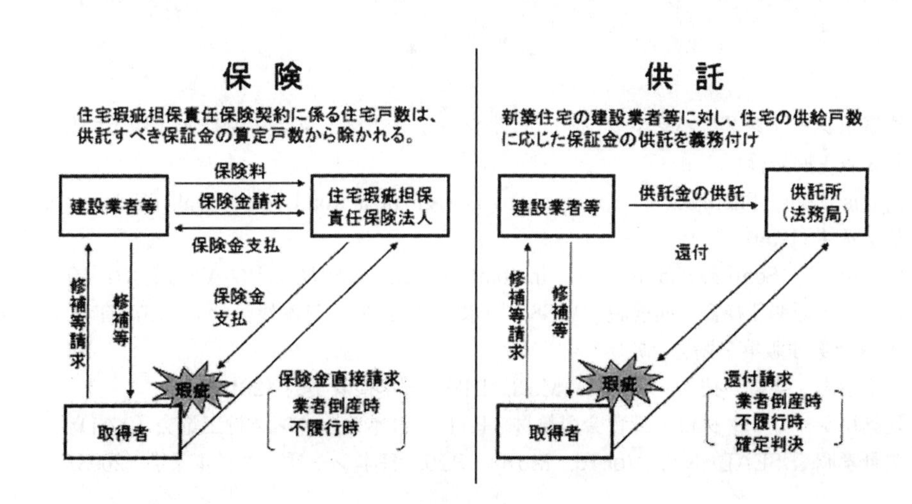

図6　供託と保険の内容[7]

(2) 住宅瑕疵担保履行法とシーリング材

瑕疵担保責任保険の適用を受けるには，国土交通省指定の責任保険法人が定める各社共通の設計施工基準に従う必要がある。この設計施工基準の中に，シーリング材についての性能規定があり，これによると戸建住宅のサイディング目地には，「各サイディング材製造所の指定するシーリング材」を使用するとされている。また，鉄筋コンクリート造住宅の外壁等の場合については，「JIS A 5758（建築用シーリング材）に適合するもので，JIS の耐久性による区分の 8020 の品質，またはこれと同等以上の耐久性能を有するシーリング材」を使用することとなっている。

なお，「各サイディング材製造所の指定するシーリング材」とは，サイディング材メーカーの純正シーリング材および日本窯業外装材協会推奨品（JTC 品質基準適合品）であるため，これらは 1 成分形に限定されている。ただし，市場ではサイディング用途の 2 成分形シーリング材の使用実績も多いため，日本シーリング材工業会は，㈶日本住宅性能保障機構に対して，性能および用途が適切なシーリング材については，設計施工基準の規定と同様の扱いができるように申請し承認を得て，2 成分形シーリング材も使用可能となっている。

4.6 おわりに

本節では，建築用途のシーリング材の概要について説明した。現在，日本の住宅着工件数は暫減傾向にあるものの，マンションのストック戸数は膨大にあり，改修市場が活況を呈している。

こうした状況の中，建築部材のグローバル調達や建築物の長寿命化・環境対応等，シーリング材を取り巻く環境は大きく変化している。これらの変化に対し，シーリング材としてどう対応していくかがこれからの課題と考えられる。

文　献

1） 建築用シーリング材ハンドブック，日本シーリング材工業会（1997 年 1 版 1 刷発行，2008 年 3 版 1 刷発行）
2） Egons Tons, Theoretical Approach to Design of a Road Joint Seal, *Highway Research Board*, **1** (1959)
3） Raymond J. Schutz, Shape Factor in Joint Desighn, *CIVIL ENGINEERING*, **10** (1962)
4） 建築工事標準仕様書・同解説 JASS8　防水工事，P.361，日本建築学会（1972 年第 1 版発行，1999 年第 4 版第 7 刷発行）
5） 八田泰志，接着の技術，**Vol.30**，Mo.3，P.36，日本接着学会（2010）
6） 建築用シーリング材検定講習会用教材，P.111，日本シーリング材工業会（2011）
7） 矢野孝昭 & SEALANT，**Vol.16**，Mo.62，P.29，日本シーリング材工業会（2008）

最新バリア技術
ーバリアフィルム,バリア容器,封止材・シーリング材の現状と展開ー《普及版》(B1240)

2011年10月31日　初　版　第1刷発行
2018年 4 月10日　普及版　第1刷発行

編　集　永井一清,黒田俊也　　Printed in Japan
　　　　山田泰美,狩野賢志,宮嶋秀樹
発行者　辻　賢司
発行所　株式会社シーエムシー出版
　　　　東京都千代田区神田錦町 1-17-1
　　　　電話 03(3293)7066
　　　　大阪市中央区内平野町 1-3-12
　　　　電話 06(4794)8234
　　　　http://www.cmcbooks.co.jp/

〔印刷　あさひ高速印刷株式会社〕

ISBN 978-4-7813-1277-4 C3043 ¥6400E